教育部高等学校工程管理和工程造价专业教学指导分委员会规划推荐教材

高等学校工程管理专业系列教材

工程管理设计原理与实务

成虎　李洁　杨高升 等　编著

中国建筑工业出版社

图书在版编目(CIP)数据

工程管理设计原理与实务 / 成虎等编著. — 北京 ：
中国建筑工业出版社，2023.1
教育部高等学校工程管理和工程造价专业教学指导分
委员会规划推荐教材　高等学校工程管理专业系列教材
ISBN 978-7-112-28322-4

Ⅰ. ①工… Ⅱ. ①成… Ⅲ. ①建筑工程－工程管理－
高等学校－教材 Ⅳ. ①TU71

中国国家版本馆 CIP 数据核字(2023)第 022564 号

本书论述了工程管理设计的概念和基本架构，介绍了工程目标和流程设计、工程组织设计、工程管理系统设计、信息管理系统设计等方面的知识，并探讨了工程前期策划、工程建设项目策划、施工组织设计、工程承包企业项目管理系统设计、投资企业工程全寿命期管理系统设计的一般过程和方法。

本书可作为工程管理本科专业核心课程（如工程项目管理、工程合同管理、施工组织设计等）的课程设计、毕业设计、实践课的参考用书，还可作为工程管理及相关专业研究生的教学参考用书，以及实际工程管理人员的工作用书。

为更好地支持相应课程的教学，我们向采用本书作为教材的教师提供教学课件，有需要者，请加 754799097QQ 群下载。

责任编辑：张晶
责任校对：孙莹

教育部高等学校工程管理和工程造价专业教学指导分委员会规划推荐教材
高等学校工程管理专业系列教材
工程管理设计原理与实务
成虎　李洁　杨高升 等　编著
*
中国建筑工业出版社出版、发行（北京海淀三里河路 9 号）
各地新华书店、建筑书店经销
北京红光制版公司制版
北京同文印刷有限责任公司印刷
*
开本：787 毫米×1092 毫米　1/16　印张：20¾　字数：513 千字
2023 年 4 月第一版　　2023 年 4 月第一次印刷
定价：**56.00** 元（赠教师课件）
ISBN 978-7-112-28322-4
(40283)

前　言

在工程管理实践中，人们较少用“设计”一词，而用“策划”“规划”“计划”等词。但在专业教学中，“设计”一词用得还是比较多的，如许多核心课程（工程项目管理、工程合同管理、工程估价等）都有课程设计，学生最后要做毕业设计。本书将工程的可行性研究、工程建设项目策划（包括建设项目实施计划和管理规划等）、施工组织设计、施工企业项目管理系统设计、企业工程全寿命期管理系统设计等统一归入“工程管理设计”的范围，探讨工程管理设计的体系、基本原理和实际应用方法。

本书的缘起：

（1）在我国工程实践中，工程管理文件的科学性和实用性不足是普遍性问题。如对工程的可行性研究、建设工程项目管理规划、施工组织设计等，一方面，人们的重视程度不够，编制时就是应付式的，不认真做“设计”；另一方面，在实际应用中也缺少敬畏，常常“计划没有变化快”，没有发挥它们应有的作用。这对我国工程整体管理水平、质量、效益等的影响极大，严重制约着在我国建设工程中推进精细化和标准化管理。

当然，这种现象有复杂的根源，如工程管理本身的复杂性和“软科学”属性、决策的人为因素作用、工程组织行为和文化的特殊性以及环境变化快等，其问题解决的难度也是非常大的。但学术界和教育界能够做的，首先是要在这方面的科学研究和人才培养上有所进步，以认真务实的精神提升工程管理设计的科学性和实用性，以此引领工程界逐渐走向良性循环。

现在，在我国建设工程领域，人们特别关注现代信息技术的应用，关注工程实施和管理的数字化和智能化，在系统硬件方面有大量的投入，现代信息技术应用也达到较高的程度。但它们都是以工程管理系统建设为基础，没有目标设计、范围管理、流程管理、组织责任制度、职能管理系统、信息管理等方面的规范化是很难充分发挥作用的。

同时，科学和理性的工程管理设计是现代工程管理理论、方法和工具在工程实践中有效应用的前提，也是工程管理学科和专业成熟的标志之一。

（2）在我国，工程管理专业教育属于工程教育系列，以培养工程师为目标。按照国际以及我国工程教育标准中的“毕业要求”，设计是学生应具备的基本能力。

本书的基本定位是为工程管理本科专业教学服务的，主要用于课程设计和毕业设计等环节，以训练学生做“工程管理设计”的思维方式和方法，掌握设计能力。

本书基于工程管理设计成果的基本要求，以及不同参与方主体的工程管理设计工作，系统地阐述了工程管理毕业生应该具备的基本设计能力，以及这些能力培养或训练的基本路径和方法。

工程管理设计涉及工程管理领域的专业教育、科学研究、管理实务等方面的基础性问题，希望本书能对工程管理专业的学生、教师、研究生、实际工程管理人员有所帮助。

（3）工程管理是“工程科学”和“管理科学”的交叉学科。在工程实践中，工程管理设计属于综合性设计，它的编制所涉及的知识面很广，从宏观战略、企业经营，到工程专业技术、施工技术和方法、流程、组织、职能管理系统、信息技术等各方面，以及各种优化方法。本书不可能面面俱到，仅提出了体系构建的设想，讨论了工程管理设计的定义、目标、准则、特殊性、范围和分类，以及主要设计的过程和方法等。

本书的内容还不够成熟，这需要通过更为细致的研究，在实践中修改和完善，最终达成共识。希望本书的出版能够起到抛砖引玉的作用，供大家批评指正。

（4）东南大学工程项目管理研究所近 30 年来参与了许多实际工程项目，承担了许多属于工程管理设计方面的工作，如南京地铁计划和招标文件策划、国家电网资产全寿命期管理系统建设、核电施工企业项目管理系统建设、南京国际广场总承包项目建议书编制、南京航空航天大学教学主楼施工项目投标文件编制、苏州地铁和马鞍山大桥建设项目信息管理系统建设等。并在本科生教学、毕业设计、研究生教学中进行探索，有许多硕士和博士研究生在这方面选题进行相关研究。本书是在这些工程实践、科学研究和教学研究成果的基础上形成的。

本书撰写的分工为：绪论和第 1 章由成虎撰写，第 8、10 章由李洁撰写，第 4、9 章由杨高升撰写，第 6 章由杜静撰写，第 2 章由佘健俊撰写，第 7 章由简迎辉撰写，第 3 章由陆彦撰写，第 5 章由成于思撰写，第 11 章由李洁、杨高升、杜静、佘健俊、陆彦共同撰写。最后由成虎统稿。

在本书大纲构建和写作过程中，征求了国内一些高校老师的意见，如清华大学王守清、天津大学王雪青、大连理工大学李忠富、四川大学谭大璐、沈阳建筑大学李丽红、浙江财经大学彭毅、南京大学宁延、深圳大学丁志坤、南京农业大学韩美贵、武汉理工大学陈伟、江苏大学韩豫、河北理工大学苑东亮、西安理工大学姜仁贵、西安财经大学尚宇梅和李侠、厦门理工学院严庆、昆明理工大学陈永鸿、吉林建筑大学丁晓欣、兰州理工大学樊技飞和刘平、兰州交通大学杨林、苏州科技大学张尚、四川科技学院赵立、中南林业科技大学沈良峰、盐城工学院王延树和刘宏伟、福建工程学院陈群和林晓燕、嘉兴学院贺成龙、南京工程学院马晓国、安徽财经大学张玮等。此外，还邀请上海建科叶少帅、江苏建科李存新、中建一局三公司阮小涛、苏中集团江明山、江苏建科侯永春、江苏华厦工程项目管理有限公司韩平等企业界专家进行研讨。他们提出了很多很好的意见和建议，并给笔者以很大的鼓励，在此向他们表示衷心的感谢。

本书在写作过程中还参考了许多国内外专家学者的论著，将在附录中列出。笔者向他们表示深深的感谢。

由于本人学术见识有限，书中难免有疏忽甚至错误之处，敬请各位读者、同行批评指正，对此本人不胜感激。

成　虎
于东南大学
2023 年 01 月 10 日

目　　录

0　绪论 …… 1

0.1　工程管理设计的必要性分析 …… 1

0.2　工程管理设计的地位和作用 …… 9

0.3　本书的目标和知识体系 …… 12

0.4　教学的注意点 …… 14

复习思考题 …… 17

第1篇　工程管理设计基本原理

1　工程管理设计概述 …… 21

1.1　基本概念 …… 21

1.2　工程管理设计体系的构建 …… 23

1.3　工程管理设计的原则和特殊性 …… 32

1.4　工程管理设计的过程、工具和载体 …… 39

1.5　工程管理设计的系统逻辑 …… 41

复习思考题 …… 42

2　工程目标、范围和流程设计原理 …… 43

2.1　概述 …… 43

2.2　工程目标设计基本原理 …… 44

2.3　工程范围的确定和工作分解结构 …… 51

2.4　工程流程设计一般原理 …… 57

复习思考题 …… 71

3　工程组织设计原理 …… 73

3.1　概述 …… 73

3.2　工程组织实施方式设计 …… 78

3.3　工程组织结构设计 …… 82

3.4　工程组织责任体系设计 …… 86

3.5　工程组织运作规则和组织设计文件 …… 92

复习思考题 …… 93

4　工程管理系统设计原理 …… 95

4.1　概述 …… 95

4.2　工程管理工作分解和流程设计 …… 97

4.3　工程管理职能部门设置 …… 103

4.4　各职能管理部门工作职责和职能分工 …… 105

4.5 职能管理体系文件设计 …… 107
4.6 管理部门的考核和激励机制设计 …… 109
4.7 工程管理系统设计文件 …… 113
复习思考题 …… 113
5 工程信息管理系统设计原理 …… 115
5.1 概述 …… 115
5.2 工程信息管理系统设计过程 …… 122
5.3 工程信息管理范围确定 …… 126
5.4 工程信息流程设计 …… 129
5.5 工程信息管理标准化设计 …… 131
5.6 工程数据库和数据仓库构建 …… 136
5.7 信息管理软件系统开发 …… 137
复习思考题 …… 139

第2篇 工程管理设计实务

6 工程项目前期策划 …… 143
6.1 概述 …… 143
6.2 工程可行性研究的内容和过程 …… 144
6.3 可行性研究报告编制的依据 …… 146
6.4 可行性研究中的主要设计工作 …… 148
6.5 项目评价体系设计 …… 162
6.6 工程总目标系统设计 …… 164
复习思考题 …… 167
7 工程建设项目规划 …… 169
7.1 概述 …… 169
7.2 建设项目目标的分解与论证 …… 172
7.3 工程系统规划 …… 173
7.4 工程建设项目实施规划 …… 177
7.5 工程建设项目管理规划 …… 187
复习思考题 …… 196
8 施工组织设计 …… 197
8.1 概述 …… 197
8.2 施工组织设计的内容和过程 …… 200
8.3 施工组织设计前导工作 …… 202
8.4 重要的设计工作 …… 207
8.5 工程总承包项目实施计划框架 …… 226
复习思考题 …… 231
9 工程承包企业项目管理系统设计 …… 233
9.1 概述 …… 233

9.2　系统设计的内容和流程 …… 237
9.3　承包项目范围和流程设计 …… 239
9.4　企业项目管理部门组织设置 …… 241
9.5　各职能管理体系设计 …… 250
9.6　工程承包企业工程项目信息管理相关设计工作 …… 258
9.7　工程承包企业项目管理系统建设过程中应注意的问题 …… 261
复习思考题 …… 264
10　工程全寿命期管理系统设计 …… 265
10.1　概述 …… 265
10.2　工程全寿命期管理系统建设的内容和过程 …… 269
10.3　工程范围管理和流程设计 …… 271
10.4　工程管理组织设计 …… 278
10.5　工程管理体系设计 …… 282
10.6　工程全寿命期信息管理相关的设计工作 …… 288
复习思考题 …… 293

第3篇　工程管理设计能力训练

11　工程管理专业毕业设计 …… 297
11.1　概述 …… 297
11.2　毕业设计主要选题和设计任务 …… 299
11.3　毕业设计主要交付成果 …… 301
11.4　毕业设计过程管理 …… 303
11.5　工程管理设计成果考核评价 …… 307
11.6　关于团队联合毕业设计 …… 308
复习思考题 …… 320
参考文献 …… 321

0 绪论

0.1 工程管理设计的必要性分析

0.1.1 工程管理设计的内涵界定

本书将“工程管理设计”界定为，以工程全寿命期中的工程项目为对象，以工程组织成员为主体所进行的策划、规划、计划、系统设计等方面的工作，主要包括可行性研究报告的编制、建设项目策划（包括工程建设项目实施规划、管理规划）、施工组织设计、工程管理系统（如施工企业项目管理系统、企业工程全寿命期管理系统、软件系统）设计等内容。

工程管理设计是工程管理专业教学中课程设计和毕业设计最常见的选题，是学生应掌握的专业能力，也是学生毕业后最常见的专业岗位工作。

此外，有些工程管理领域的研究生（特别是 MEM）做应用型研究，相关学位论文的选题也主要在这方面。

0.1.2 工程管理实践中的问题

在工程管理实践中，人们对待工程专业技术设计文件通常比较慎重，会进行认真的设计，并有设计图纸审查等环节。设计依据充分，方法缜密，过程严格。在工程实施中，严格地执行设计文件，如在施工中，各层次人员“按图施工”的思维是根深蒂固的。这已经形成了制度性、系统性的安排和工程惯例。而对工程管理相关文件，如可行性研究报告、工程建设项目实施规划和管理规划、施工组织设计等，存在如下比较普遍的现象：

（1）人们（业主、承包商、项目管理单位，甚至上层领导）都不是很重视工程管理设计工作。工程管理的目标和方案常常是“拍脑袋”出来的，“设计”内涵不足，导致科学性不足。设计文件常常存在如下问题：

1）缺乏逻辑性。如缺少对设计过程逻辑（技术路线）的论述，设计成果文件的各部分，如各目标因素（质量目标与成本目标、环境保护目标与成本目标）、各职能计划（如进度计划与资源计划)、各职能管理体系（合同管理与成本管理、合同管理与资源管理等）之间缺少有机联系，常常形成各自独立的体系。

2）缺少现代项目管理方法的有效应用。如工作分解方法（WBS）、合同分析方法、价值工程方法、网络计划方法等。

3）缺乏严谨性，依据不是很充分。如工程可行性研究报告中的有些数据常常是凑出来的；在投标文件中，施工组织设计常常可信度不大，拷贝其他工程文件和企业标准模板的内容较多，没有与具体工程和环境的特殊性相结合，设计成果很难准确执行。

4）工程视野狭窄。做一个具体工程项目的管理设计（如施工组织设计），只关注自己任务范围内的工程系统和工作过程以及任务的完成方式，而不关注整个工程的目的，缺乏工程建设整体概念，忽视本工程所承担的社会责任、历史责任、环境责任等，较少考虑对工程相关者的影响。

5）设计成果粗略，缺少细节的描述，难以指导精细化的实施和管理过程。

有些问题甚至在我国建设工程领域的标准规范中也存在。

(2) 工程管理文件在实际工程中没有发挥应有的作用，宏观指导作用较大，而具体实施的参照性作用较小，人们常常随意地修改和变更。

有些上层管理者常常忽视工程管理设计文件的科学内涵和严谨性，随意进行工程管理方面的决策，随意修改工程管理的目标、计划、实施方案，随意干预工程管理的实施过程。如在我国工程界，人们常常说“计划没有变化快”，这导致现场施工管理还是“粗放式”的。

在工程实际建设过程中不能有效地发挥管理设计文件的作用，如不能将计划进行分解，促进精细化实施和管理；也不能进行“计划与实际”的对比。由此导致对工程项目的实施过程不能进行有效的跟踪和诊断。

这种现实情况又进一步使工程界人士（投资者、业主、咨询公司、承包商）以及工程管理专业的学生、教师轻视工程管理设计工作，将它作为一个无足轻重的应付式的程序性工作，形成恶性循环。

(3) 这些现象存在的原因是非常复杂的。有客观因素，如工程管理设计本身具有综合性、复杂性、软科学属性等特点，其主要对象是实施过程，由于环境的开放性、多变性，使得需要采取机动灵活的应对策略，就容易造成“计划没有变化快”的情况。也有主观因素，如工程决策受人为因素影响大，企业存在重技术轻管理的现象，人们在工程中易受组织行为和工程文化的影响等。

这种状况对我国工程的影响非常之大，使工程管理很难发挥它的作用、实现它的专业使命。甚至在很大程度上使人质疑工程管理有没有科学性，是不是属于“工程科学”？

(4) 这种现象与我国在工程管理设计方面的理论和方法研究不足、导致设计成果科学性不足、实用性较差有很大关系。这些文件的编制常常都缺少一个严密的、科学的设计过程，也缺少工程设计的基本要素。

现在，要从这样的恶性循环中走出来，使工程管理设计真正起到作用，有许多系统性工作要做。但工程界首先必须要提高工程管理设计的质量，提升其科学性和实用性。在工程管理专业的本科教育中，必须强化工程管理设计的教学、研究和应用，学生不仅应该掌握工程管理方面的科学知识，还要具有工程管理方面的设计能力，知道“应该怎么做”

“做真的”、能“真做”工程管理设计。

(5) 在我国，工程管理理论、方法和工具与工程实践存在一定程度的脱节，实际工程中的做法与课堂上、书本上讲的不完全一样，甚至有很大差距。这使得现代工程管理理念、理论、方法和技术的进步对工程管理实践的促进作用并不明显。如在我国，现代项目管理制度、监理制度、招标投标制度、合同管理制度以及精益建造、敏捷建造、BIM技术、VR技术等引入工程建设中，并没有带来预想的效果。其基本原因之一是，在它们被应用到实践中时，缺少严谨和科学的配套“设计”环节。

所以，要实现工程管理理论和方法的有效应用，在工程管理领域的教学和研究中，首先要脚踏实地地解决工程管理设计的一些基础性问题。

(6) 工程管理受国家工程建设管理制度的制约，如有法定的建设程序、招标投标法等规定；一些重要文件都有规范性标准文本，如建设工程项目管理规范、施工组织规范、监理规范、可行性研究规范、合同示范文本等；还有各种通用的管理模式（如融资模式、承发包模式、项目管理模式）等。它们对工程管理工作以及相关设计文件具有约束性。

但由于工程管理的特殊性，这些规范、通用模式、标准等的规定都是非强制性的，比较宏观的。要真正发挥它们的作用，还需要按照工程系统和环境的特殊性，构建更为细致的、科学合理的工程实施和管理流程，建立详细的工程组织结构和责任体系，落实在具体的管理工作中。

如要建设一个基础设施工程，需要根据工程的特殊性、环境因素等，编制建设项目建议书和可行性研究报告，选择融资方式（如采用PPP模式）、承发包方式和项目管理方式，编制相应的合同，制订各种计划，设置相应的组织结构等。这些都属于工程管理设计工作。

又如国家颁布了施工合同标准文本，在施工合同招标中，需要结合具体工程情景起草“专用条款”。同时，还要按照新的标准合同修改相应的项目管理程序。

现在，工程管理设计所需要的各种资料非常丰富，有各种标准文件、相似工程的管理文件，各企业又有许多标准化的管理体系文件、子模块（模板）和工具。这就需要通过设计过程“装配”成一个符合具体工程要求的有机的能有效运行的管理系统，而不是一堆“构件”。

不解决工程管理设计的基本原理和实务问题，就无法实现工程管理的程序化、专业化、标准化和精细化。

0.1.3 我国工程管理专业教育的基本要求

1. 我国工程教育的基本要求

我国《工程教育认证标准》T/C EEAA 001—2022 与国际工程教育标准实质等效，它符合华盛顿协议的相关要求。其中，“毕业要求”涉及以下内容：

(1) 工程知识。能够将数学、自然科学、工程基础和专业知识用于解决复杂工程问题。

(2) 问题分析。能够应用数学、自然科学和工程科学的基本原理，识别、表达、并通过文献研究分析复杂工程问题，以获得有效结论。

(3) 设计/开发解决方案。能够设计针对复杂工程问题的解决方案，设计满足特定需求的系统、单元（部件）或工艺流程，并能够在设计环节中体现创新意识，考虑社会、健康、安全、法律、文化以及环境等因素。

(4) 研究。能够基于科学原理并采用科学方法对复杂工程问题进行研究，包括设计实验、分析与解释数据，并通过信息综合得到合理有效的结论。

(5) 使用现代工具。能够针对复杂工程问题，开发、选择与使用恰当的技术、资源、现代工程工具和信息技术工具，包括对复杂工程问题的预测与模拟，并能够理解其局限性。

(6) 工程与社会。能够基于工程相关背景知识进行合理分析，评价专业工程实践和复杂工程问题解决方案对社会、健康、安全、法律以及文化的影响，并理解应承担的责任。

(7) 环境和可持续发展。能够理解和评价针对复杂工程问题的专业工程实践对环境、社会可持续发展的影响。

(8) 职业规范。具有人文社会科学素养、社会责任感，能够在工程实践中理解并遵守工程职业道德和规范，履行责任。

(9) 个人和团队。能够在多学科背景下的团队中承担个体、团队成员以及负责人的角色。

(10) 沟通。能够就复杂工程问题与业界同行及社会公众进行有效沟通和交流，包括撰写报告和设计文稿、陈述发言、清晰表达或回应指令，并具备一定的国际视野，能够在跨文化背景下进行沟通和交流。

(11) 项目管理。理解并掌握工程管理原理与经济决策方法，并能在多学科环境中应用。

(12) 终身学习能力。

上述第 (1) 条为专业知识；第 (2)～(5) 条为专业能力；第 (6)～(12) 条都是超越具体工程专业（主要是工程管理方面）的知识和能力。

在其中，第 (3) 条“设计/开发解决方案”在毕业要求中具有特殊的作用与地位。对工程专业的毕业生来说，“设计能力”是非常重要的，是核心能力。

工程知识、问题分析、研究、现代工具的使用等就是为了解决实际工程问题，即为“设计”服务，或为工程设计提供支持，或提出要求。要做好工程设计：

(1) 需要综合运用专业知识，需要核心课程知识之间的沟通；

(2) 需要对工程实践中的问题进行分析；

(3) 需要进行“研究”，同时需要设计研究方法和过程，包括设计实验方法和过程；

(4) 需要熟练运用工程技术和工具；

(5) 需要关注解决方案对社会、健康、安全、法律以及文化的影响，并理解应承担的责任；

(6) 需要关注对环境、社会可持续发展的影响；

(7) 需要理解并遵守工程职业道德和规范，履行责任；

(8) 需要团队合作，需要与同行及社会公众进行有效沟通和交流；

(9) 需要应用项目管理方法；

(10) 需要掌握最新的工程知识，不断进行知识更新，需要终身学习等。

所以，设计应该是工程专业毕业生应具备的核心专业能力，也是工程教育的基本特征。

2. 我国设计类课程的开设

在我国许多工科专业教学中都有明示或隐含的设计类课程。如东南大学一些工科专业开设的设计方面的课程有：

(1) 土木工程专业：工程结构设计原理、建筑结构设计、地下结构工程、桥梁工程、道路工程、施工组织设计等课程以及它们对应的课程设计。

(2) 建筑学专业：建筑设计基础、建筑设计Ⅰ-Ⅱ-Ⅲ-Ⅳ、建筑技术与设计、建筑理论与设计、绿色建筑理论与设计、医疗设施规划与设计方法、室内设计原理、室内装饰设计、家具设计等课程。

(3) 风景园林专业：建筑设计基础、建筑设计、视觉设计基础、风景园林设计原理、景观建筑设计、景观规划设计、城市绿地系统规划等课程。

(4) 工业工程专业：设计原理与方法、可靠性工程、人因工程等课程。

(5) 机械专业：设计原理与方法（机械设计）、电子机械设计、电子设备环境适应性结构设计、产品概念设计、人性化产品设计等课程。

3. 我国工程管理专业的属性

(1) 工程管理本科专业人才培养定位（第一职业定位）是工程师（建造师、监理工程师、造价工程师），在大多数学校授予工学学士学位，属于工程教育的一部分，具有工程教育的本质属性。因此，设计能力也应该作为工程管理专业学生应该具备的基本能力。

(2) 目前我国工程管理专业的本科毕业生大多数（有些学校达到80%以上）就业单位是工程承包企业、房地产企业、设计单位、咨询公司（工程项目管理公司、造价咨询公司、招标代理公司等）和建设单位等，主要在建设工程项目中承担专业性工作。

工程管理专业（还有大量的土木工程专业）的学生毕业后进入这些企业，首先承担的工作可能有：

1) 参与工程管理设计文件（如可行性研究报告、工程建设项目实施规划或管理规划、施工组织设计、合同文件、监理规划、房地产策划等）的编制。这需要学生能够编制一份优质的工程管理设计文件。

2) 在工程中执行（实施）这些设计文件，并进行“深化设计”。如在投标文件中，施工组织设计（技术标）通常比较粗略。按照施工合同的要求，中标后，承包商要编制详细的实施计划提交工程师批准；在施工中，每月底还要编制更为详细的下月度实施计划提交工程师审批等。

3) 在工程实施过程中，要贯彻应用好设计文件，还需要以文字和图表形式把设计思想和意图更具体地表达出来，与项目各参与方进行广泛的交流，使大家充分理解。

4) 在发生工程变更的情况下，还要按照工程师的要求修改实施计划，或提交新的实施计划。

所以，工程管理设计应该是工程管理专业学生最基本和最重要的能力，他们需要进行设计思维和相关能力的训练。

(3) 工程管理专业和学科都是实用性的。工程管理的研究、应用和人才培养是要解决实际工程管理问题的，以实际工程管理问题和需求为导向，不仅要能根据过去资料的统计分析、研究工程管理状况、规律性、存在的问题，更重要的是要提出科学的有实用性的问题解决方案，需要对工程和工程管理活动作出安排，使工程实践更为科学、高效，使工程更加成功。

这就像建筑师首先要能设计出建筑方案，医生首先要会临床开药方治病一样。即使毕业生将来读博士，做研究，在本科层面也要有较好的“设计”能力。这样学生能对“工程管理”有真正的领悟，做真正的“工程管理研究”。现在，很多博士生不了解工程管理实务，如“研究”工程合同却写不出合同文件；做项目管理研究却编写不出项目管理规划；做工程承包企业的项目管理研究，却构建不出企业的项目管理流程等。这样即使做“高水平”的研究，也很难落地。

（4）工程管理具有工程科学和管理科学的综合属性，但不同组织层次和阶段的工程管理工作其属性存在差异。

工程管理专业的本科生主要面向建设工程项目，特别是施工项目，承担与工程技术相关（如施工方案、质量和技术）的管理工作，首先需要掌握应用工程管理理论和方法解决现场工程管理问题的能力，偏向工程科学。只有发展到高层管理岗位，或者在工程项目前期做投资决策工作，才偏向管理科学。即使这样，他们要能胜任高层管理岗位或前期投资决策等方面的工作，也需要有坚实的实际工程管理能力。

0.1.4 工程管理专业教学中存在的主要问题

现在许多高校工程管理专业的定位是，学生要有“全过程”“综合性”工程管理的能力。但在工程管理专业教学体系中，设计思维和能力的系统性训练不足，很难实现培养目标。

1. 专业课程教学问题

现有的工程管理教学体系中包含了比较全面的工程管理相关的理论和方法体系，有专业核心课程，如“工程项目管理”“工程经济学”“工程估价”“工程合同管理”“建设法规”等，它们主要按照知识特性（学科）分类，提供了解决工程管理问题的专业理论和方法，属于原理性知识。而工程管理设计需要面向具体环境和特殊工程的综合性和应用性知识和能力。

为了加强学生的实践能力培养和训练，有些学校分别开设工程项目管理Ⅱ、可行性研究、施工组织设计、建设项目管理规划、监理规划、工程项目策划（如房地产策划）等方面的课程，有些课程还有相应的“课程设计”。它们在性质上都属于“工程管理设计类”的课程。但存在如下问题：

（1）这些课程一般都不是核心课程，专业重视程度不够，各校所开设课程的名称和讲述的内容也是多样性。

如“工程项目管理Ⅱ”课程，有些高校以建设项目管理规划为主；有些高校以施工组织设计为主；有些高校的教学内容是“工程项目管理”课程的深化，仅增加了难度，或理论的深入，或研究的前沿。

（2）相关课程的教学内容和课程设计并没有从“工程管理设计”方面进行教学，只强调“做什么”，交付什么成果，而很少涉及“如何做”及“如何做出来”，更没有“工程管理设计”一般原理和方法方面的教学，学生通过这些课程学习并没有解决具体“做法”问题。

有些高校开设“施工组织设计”课程，通常教学内容包括：施工组织概论、流水施工、网络技术、单位工程施工组织设计、施工组织总设计、施工组织设计的实施等。并没有从实际工程施工组织设计的编制过程和要求方面进行教学，没有体现工程逻辑和应有的系统性，也没有与前面的专业课程（如“工程合同管理”“工程项目管理”“工程估价”和“建设法规”等）形成有机的联系，如没有施工合同分析、施工项目工作分解结构（WBS）、工程活动逻辑关系安排、管理流程设计等方面的内容。

在教学过程中，对课程内容之间的相关性没有进行系统的总结，如工程承发包方式与合同结构的关系，施工合同对施工组织设计的影响，工程特点、实施方案、施工合同条件、环境与工程范围的对应关系等，教学上基本靠学生的悟性和思考，在实践中基本靠管理者的经验，体现不出学科的科学性。

（3）这些课程仅解决某一方面的工程管理设计问题，没有作统一性归纳，没有提炼出工程管理设计中一般规律性的东西。所以，知识面是狭窄的，学生并没有具备在不同企业、在工程的不同阶段做不同的“工程管理设计”的能力。

（4）由于整个专业教学课时的限制，一般这些课程开设较少（一般一两门），课时也较少，所以学生知识面较窄，没有达到综合性能力训练的目的。

（5）由于许多其他课程教学还没有完成，所以仅做某一课程的课程设计，很难体现知识的综合性和系统性。如项目管理的课程设计，很难应用合同管理、工程造价和工程经济学方面的知识。只有到毕业设计时，各门课程教学都已经完成，才能进行综合性的设计训练。

2. 工程管理专业毕业设计存在的问题

毕业设计在整个本科教育体系中具有独特的地位，是学生综合应用本科阶段学到的专业知识，解决实际工程管理专业问题，将专业知识转化为专业能力的过程。它使学生毕业前得到综合训练，也是学生毕业前的工作岗位适应性训练。做毕业设计是我国工程教育认证标准和CDIO（构思—设计—实施—运作）教育模式的基本要求。

目前，在形式上，工程管理专业都要求学生做毕业设计，选题有建设项目可行性研究、建设项目管理规划、招标文件策划、施工组织设计、房地产全过程策划等。它们都属于工程管理设计类选题。

最为典型的是，以施工组织设计为题的毕业设计，其设计任务可能包括：主要工程施工方案、方法与技术措施，工期计划（网络计划、横道图）及保证措施，施工项目管理组织设计，工程质量管理体系及保证措施，HSE（健康—安全—环境）管理体系及保证措施，文明施工方案，项目风险预测与防范措施，施工场地平面布置等工作。设计任务内容涵盖面广，能够综合运用本科期间的专业核心课程知识，同时与实际工程管理应用需求相吻合。如果做到位，对培养学生解决实际工程管理问题的能力有重要促进作用。

但目前的毕业设计存在如下问题：

（1）我国目前许多高校的施工组织设计课程教学内容比较陈旧，较少应用现代工程项目管理理论和方法，也没有体现工程管理的设计思维。学生还没有掌握工程管理设计的基本逻辑，不知道如何入手。毕业设计和专业课程之间缺少有机衔接，学生无法对各项设计任务进行梳理，从而有效地将毕业设计任务的相关工作集成起来，形成设计工作流程，并综合运用过去所学的专业知识解决其中的问题，甚至不知道完成各项设计任务的知识、信息（资料）来源。

(2) 毕业设计通常要求学生最终提交一个工程招标文件、投标文件、施工组织设计、可行性研究报告、房地产策划报告等。但网上下载的东西多，拷贝标准文本较多，如直接套用规范、标准文本或标准模板。许多数据有很大的随意性，其“工程设计”和研究内涵不足，不符合“工程设计”的基本范式，不是真正意义上的“设计”。甚至有些内容学生自己也不明白其原理、作用和意义。

如人们只关注采用某种承发包模式和项目管理模式，引用标准合同文本、规范。而工程管理领域的模式、规范、标准都是原则性和框架性的，提出需要做什么，最终提交什么文本，但没有如何做，许多选择和“设定”都有很大的随意性。在一个具体的环境中，针对一个具体的工程项目，将这些模式（如融资模式、承发包模式、管理模式等）转化成本工程的具体“方式”，尚有许多具体、详细的“设计”工作要做。如使用FIDIC标准合同文本也需要做相应的修改、补充，需要对修改、补充部分作出分析或专题研究。又如，选择招标文件范本，还需要具体确定（设计）招标过程的各时间节点和各评标指标的分值等。

(3) 在毕业设计中没有综合性运用所学的工程管理专业课程知识，与相关课程的课程设计差异不是很大。如在毕业设计做的施工组织设计中，没有施工合同的分析和环境调查，没有工程的特殊性分析，也没有施工项目范围的确定和工作分解结构（WBS），对工程活动时间和逻辑关系的安排也没有作出系统说明。

在毕业设计中，应该结合本工程的特殊性进行个性化的系统设计，如对这些工作进行组织，安排工作过程、工作准则、逻辑等，提出科学性的论证、依据，对环境和制约条件等进行系统分析，并提出相应的专项设计或专题研究报告。

(4) 最终提交工程管理设计的成果（如招标文件、施工组织设计），缺少编制的中间过程资料，很难评价设计的科学性，也很难追溯设计的依据。如评标指标分数的设定、工期目标的确定以及投标策略的选择都带有随意性，没有分析过程、依据和分析工具，不能证明其科学性和适用性。

在指导过程中，教师无法针对毕业设计内容的细节进行检查，实时找出错误，也无法对设计成果细节的正确性进行核实。对于最终设计成果中是否存在抄袭，或是否完全参照其他人的工作成果，除文本查重的方法外，很难进行具体检查，并作出判断。设计成果也很难体现学生所学知识的综合运用，没有使专业核心能力得到训练。所以，毕业设计的质量评价和成绩评定是比较困难的。

(5) 作为工程专业本科毕业设计，要符合一般工程设计的要求，除了提交设计成果外，还应该提交设计依据（如环境、依据的规范、上层战略、工程目标和工程系统特殊性等）、设计流程（技术路线或工程管理的思路）、设计准则的说明，以及计算过程、计算书、数据处理过程的说明文件或分析文件，且应该有专门问题研究的内容（如专题分析报告或专项设计）。

如对招标文件中评标指标的分数设定，应该考虑业主的工程总目标和实施策略、工程技术和经济的特殊性、环境状况（特别是市场状况）、拟选择的承包商状况等因素，且应该有相应的资料和数据处理过程，最终才得到各评标指标的权重。

又如，投标文件（施工组织设计）中的工期设定，应该通过对定额工期、业主要求工期、工程范围、施工工作结构分解、工作量和逻辑关系安排、工程技术和经济的特殊性、工程环境（特别是自然环境）、施工方案和组织计划、当地邻近其他同类工程实际工期、其他风险因素等进行综合分析，通过一定管理工具的处理得到目标工期。在做进度计划、资源计划的过程中，需要提出计划和优化的方法、过程、依据和影响因素等。这些分析应该有依据、可追溯、过程清晰。这样的工期设定符合实际工程的决策思路。

又如，编制投标报价可以在工程量计算、标准定额算价的基础上，综合进行项目环境、实施方案、合同条件、风险因素、企业经营策略等分析，提出报价的综合分析报告。

通过这样的训练，学生知道到哪里搜寻原始资料，采用正确的处理过程，选择适当的工具和方法等。

通过这个过程不仅能培养学生本专业的设计能力，还能培养学生的研究和创新能力。

（6）有些毕业设计选题过于注重学生软件的应用和建模能力，却忽视工程管理系统设计方面的能力训练，将来学生解决实际工程问题的能力就会受到限制，就像手里拿着先进的兵器，但武艺却很差的“侠客”。

0.2 工程管理设计的地位和作用

在现代工程管理的学科、专业领域和实践应用中，“设计”都具有非常重要的地位。

1. 在工程管理科学研究中的作用

设计关注对实际问题的解决，提出可行的解决方案，而工程管理科学在很大程度上是为解决工程中的问题，为实现工程管理目标，提升工程价值，构建和评估干预措施和解决方案，或构建工程管理系统而产生和发展的知识体系，属于“设计科学”。

从总体上说，工程管理实践的科学研究和实际应用过程，如图 0-1 所示。

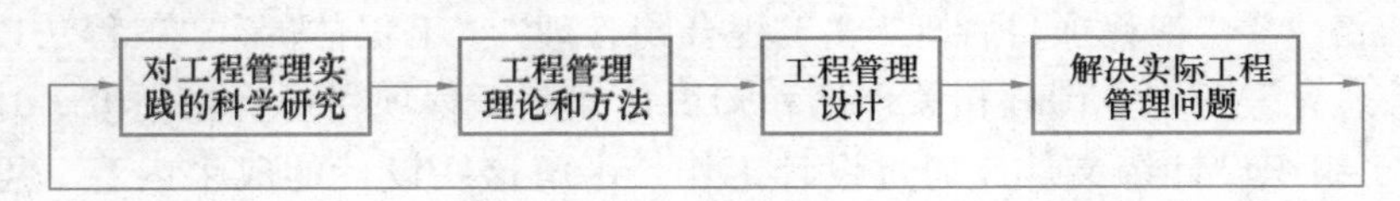

图 0-1 设计作为工程管理理论和方法与实践之间的桥梁

（1）通过对工程管理实践的总结、研究，发现工程管理实践中的问题，提炼出规律性、机理等，并形成基本理论和解决问题的方法。本学科的许多理论知识就是实践经验的总结。

（2）将这些理论和方法应用于工程管理设计中，提出解决工程管理问题的方案、干预措施或构建新的系统，最终又应用到实践中去。

（3）设计成果的应用效果验证了理论的科学性和设计方案的可行性，以对理论进行进一步提升和对实践进行修正。

由此，“从实践中来，到实践中去”，循环往复，促进工程管理科学和工程管理实践的进步。

工程管理设计应是工程管理科学研究与实践之间的桥梁。工程管理领域大量研究属于应用型研究，特别是 MEM 研究生的论文研究大多属于“设计类”的。同时，工程管理设计本身又是研究性工作，需要创新思维。

2. 在工程管理本科专业教学中的作用

（1）工程管理本科专业教学在总体上经历由宏观（总体概况）到微观，又回到宏观（总体综合）的过程（图 0-2）。

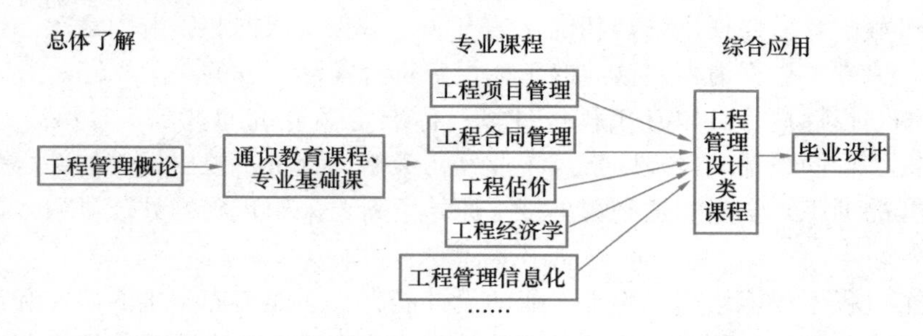

图 0-2 工程管理设计在工程管理专业教学体系中的地位

1）“工程管理概论”作为学生的专业入门课程，使学生首先宏观地了解工程管理专业、行业、学科和岗位职业等的基本框架。

2）通过通识教育课程和专业课程的学习，使学生掌握各门课程的知识，进行各方面能力的培养。

3）通过“工程管理设计类”课程（如施工组织设计、房地产策划等）的学习和毕业设计，具备分析和解决实际工程管理问题的综合性知识和能力。

“工程管理设计类”课程以学生专业设计能力的培养为目标，应是专业教学最重要的目的和内容之一。

“工程管理设计类”课程应是工程管理专业课程与毕业设计之间的桥梁，是专业知识综合应用的平台。它以实际工程项目为背景，面向工程管理专门问题，综合应用“工程施工”“工程经济学”“工程项目管理”“工程合同管理”“工程估价”“工程法律法规”和“工程管理信息化”等专业课程相关理论和知识，编制工程项目可行性研究、建设项目管理规划、施工组织设计等文件。通过设计工作，了解这些设计的成果内容、思维过程逻辑，应用工程管理理论和方式方法解决实际工程管理问题，得到初步的工程管理工作训练，为毕业设计、毕业后从事工程项目管理工作打下良好基础。这方面的能力对学生将来职业发展至关重要。

所以，它应是“工程项目管理”“工程合同管理”“工程经济学”“工程估价”“工程管理信息化”等课程知识的“集成”应用。

（2）工程管理设计课程教学对培养学生的工程管理思维方式和工作方式，掌握工程逻辑有非常重要的作用。而这对于整个工程也是非常重要的。

通常在工程建设领域，理论知识并不是很难，但实际应用的难度较大。学生毕业后要胜任工程管理岗位工作，首先需要掌握工程管理设计的思维方式和方法，而不仅是高科技的应用能力。

（3）现在在国际上推行 CDIO 工程教育模式。CDIO，即构思（Conceive）、设计（Design）、实施（Implement）和运作（Operate），它以产品研发到产品运行的全寿命期为载体，让学生以主动的、更接近实践的方式学习工程知识。

CDIO 模式将工程专业毕业生的能力分为工程基础知识、个人能力、人际团队能力和工程系统能力四个层面，要求以综合的培养方式使学生在这四个层面达到预定目标，使学生具有系统工程技术能力，项目的构思、设计、实施和运行能力，以及较强的自学能力、组织沟通能力和协调能力。

工程管理专业教学就是以工程项目为基本对象，突出工程管理设计知识和能力的培养，最符合 CDIO 教学模式。

在教学过程中，工程管理专业学生在项目的价值引领、系统分解和集成、系统优化和成果评价等方面起重要作用。

（4）工程管理设计理论和方法体系的构建和完善是工程管理专业和学科成熟的重要标志之一。只有这样，工程管理才能屹立于工程专业和学科之林。

3. 工程界对工程管理设计的需求

工程管理对整个工程发挥决策、评价、组织、激励、集成的作用；负责工程的可行性研究，计划编制，实施控制；提出工程的指导思想、方针、原则、评价指标，对整个工程系统的价值、精神具有导向作用，承担引领整个工程界的责任。所以，工程管理设计的科学性、先进性、实用性是工程技术设计有效应用的前提，对整个工程的成功和价值实现起决定性作用。

现代工程涉及众多参与方，技术及创新体系更加复杂，影响面更广泛，管理更加强调系统化、精细化、信息化、智能化，更需要严谨科学的系统设计。特别是在建设工程、建筑业和房地产企业等领域，对工程管理人才的设计能力有广泛的需求。

（1）新的工程建设项目需要构建管理系统，需要对工程建设项目进行目标设计、范围管理和项目分解、合同策划、组织设计、各种职能型管理计划的编制，还需要制定项目管理运作规则，才能顺利运行。

对建设期长的群体工程，如南京地铁，需要构建标准化的建设项目管理系统（包括各种标准化的管理体系文件）。

目前，我国工程界推行全过程咨询、EPC 总承包、代建制、PPP 融资模式等，对工程管理专业学生的知识、能力和素质有许多新的要求，特别是在工程管理设计相关方面。

（2）施工（工程承包）企业承接项目，做好项目都需要编制施工组织设计。这是企业经营管理最重要的工作之一。

企业进行项目管理体系（或职能管理体系）的建设或变革，也需要进行相应的系统设计。

1）施工企业属于项目型企业，进行多项目管理，应该根据承包项目的规模、数量、专业特性、企业的项目治理模式等设计（构建）企业的项目管理系统。

2）施工企业进行一些职能管理体系建设，如进行 ISO 9001、14001、18001 等贯标认证，需要构建、变革或完善相应的施工项目管理系统。

3）企业实施新的发展战略或推行新的治理或管理模式，需要持续改进企业的项目管理系统，并进行相应的系统设计。

如我国施工企业的项目管理模式一直处于变革中，20 世纪 80 年代，就由计划经济模式过渡到“项目法施工”模式，采用项目经理责任制，之后有些企业又实行“法人管项目”模式。每次改变，企业的项目管理系统都应该做相应的重构。

环境的变化、企业新的战略、发生新的状况使得现有的企业项目管理系统难以高效率运作，或系统运行存在问题，达不到企业的愿景、使命或战略目标时，需要研究（设计）新的管理系统，或更新其中一部分。

近几十年来，由于缺乏系统设计，许多科学管理的理论和方式方法在我国施工企业中推行并没有收到预期的效果。

（3）投资项目法人责任制需要构建企业工程（或资产）全寿命期管理系统。

我国从20世纪80年代就推行建设项目法人责任制，由项目法人对工程项目的策划、资金筹措、建设实施、生产经营、偿还贷款和资产的保值增值全过程负责。作为项目法人就需要构建工程全寿命期管理系统。

如国家电网在2008年开始推行资产全寿命期管理系统建设，对电网公司投资的工程构建从前期策划、决策、规划设计和计划、施工、运行维护，直到退役的全寿命期一体化管理系统。随着环境、企业治理方式、企业发展战略和工程实施方式的变化，该管理系统需要持续改进。

在我国，这样的需求在许多工程领域都存在，如铁路工程、化工工程、城市轨道交通工程、公路工程、高新技术开发区工程、港口工程等。与此相似的还有，采用PPP融资模式建立的项目公司。

（4）现代信息技术在工程中的有效应用需要进行工程管理系统设计。如BIM的推广应用，我国建设工程项目、企业工程项目管理系统都需要做相应的变革。

我国在工程领域推广信息技术的应用已经很多年了，投入很大。但长期以来，人们只重视硬件和软件的购置，不重视相应工程管理系统的建设，使信息技术不能发挥应有的效用。

工程管理领域的软件系统开发也包括相应的管理系统构建。工程管理软件是工具性的，要实现一定的管理功能，必须依附于一定的管理系统。软件的应用手册应该是管理系统的运行说明，而不能仅关注软件的信息处理功能，仅作操作方面的说明。

（5）建设工程领域新的政策、合同标准文本、实施方式（如EPC总承包、代建制、全过程咨询等）的推行也需要进行相应的“工程管理设计”，否则难以达到预期的效果。

如现代工程承包合同设计的思路是，先确定工程的发包方式、承包范围，再确定相关方的合同关系、工程管理方式，再设计工程过程中一些事务的处理流程和管理流程，最后才起草具体的合同条件。

工程管理设计涉及我国建设工程项目管理的基础问题。近几十年的实践证明，没有系统设计和基础管理水平的提升，我国的建筑业和基本建设领域很难引进或创新管理体系和模式，很难有效应用新的先进的管理理论和方法。

随着新型建筑工业化、智慧建造的推进，工程管理所面临的问题越来越复杂，对于管理的标准化要求也会越来越高，工程管理工作需要更为坚实的基础，仅依靠过去那种经验式的、粗放式的管理一定会越来越不适应，工程管理设计会越来越重要。

0.3 本书的目标和知识体系

1. 本书的目标

本书是为工程管理专业本科教育服务的，其基本目标是培养工程管理专业学生的设计思维和设计能力。工程管理专业学生的“设计”能力具体体现在如下方面：

（1）能够领导一个小组承担具体的工程管理设计工作，能合理安排“设计”中的各项活动，协调相关专业和职能人员的工作，并能进行有效的时间（进度）管理。

工程管理设计内容广泛，需要许多工程专业技术人员和其他各方面人员共同工作。在工程实践中，通常工程管理专业人员承担牵头、引领、协调和集成的作用。

（2）了解设计工作的目的、原则和目标，熟悉设计工作范围、内容和过程，逻辑、思路清晰。

（3）对涉及工程管理方面（如项目管理、合同管理、工程造价、经济分析、工程组织等）的内容能进行专项方案设计和专题研究。

（4）对工程管理相关系统（子系统）方案进行整合、集成、评价，如多方案比较、优化，方案的经济性分析、综合评价等。

（5）能起草一份文字清楚、逻辑清晰、内容完整的工程管理设计文件。对如下几方面有深入的把握：

1）需要提供最终的设计成果；

2）设计的依据，以及所需要的原始数据；

3）这些原始资料（数据）的来源；

4）从原始数据到提交最终成果所经过的过程，所需要采用的方法和工具等。

工程管理设计的任务，不仅需要提出所解决的问题，专业化地展示设计成果，还应该说明设计的逻辑、依据（所用的理论和方法、资料及其来源、数据处理过程等），有时还需要提供专题分析报告。

2. 本书的知识体系

本书的知识体系，如图 0-3 所示。

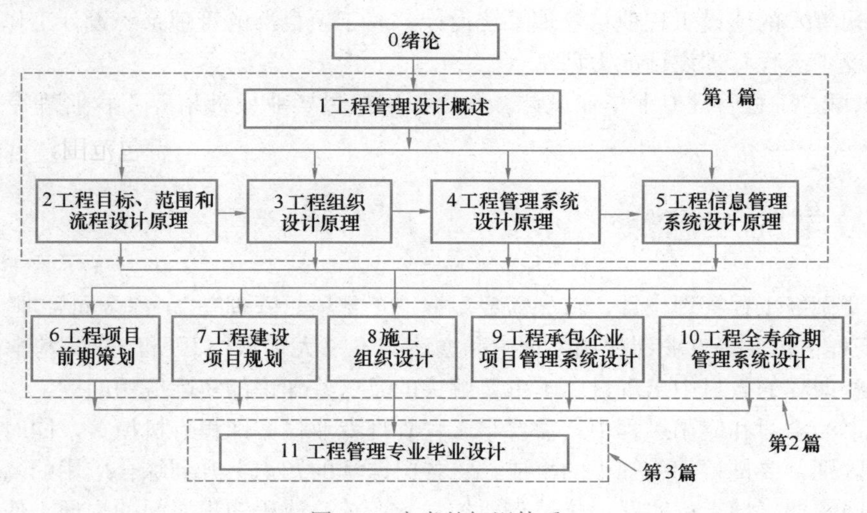

图 0-3 本书的知识体系

第 0 章：绪论。从我国工程管理实践中的问题、工程管理专业的属性、工程教育的基本要求、专业教学中的问题、工程界的需求等角度介绍工程管理设计的必要性、地位和作用等。

第 1 篇：工程管理设计基本原理。

本篇论述工程管理设计的一般性原理，对工程管理设计进行体系性构建。它既是工程管理专业核心课程（“工程管理概论”“工程经济学”“工程项目管理”“工程合同管理”“工程估价”等）内容的延伸，又为第 2 篇各章做出铺垫，提供原理性知识。具体包括如下内容：

第 1 章：工程管理设计概述。主要探讨工程管理设计基本概念（定义、目标、准则、特殊性），工程管理设计的对象、主体、主要内容、分类、过程和工具，系统逻辑等。

第 2～5 章是按照一般工程管理设计的内容要素划分的。

第 2 章：工程目标、范围和流程设计原理。

第 3 章：工程组织设计原理。

第 4 章：工程管理系统设计原理。

第 5 章：工程信息管理系统设计原理。

第 2 篇：工程管理设计实务。

本篇以常用的工程管理设计为对象，论述其内容、过程和方法等。

第 6 章：工程项目前期策划。这是针对一个具体工程建设项目的前期策划，是从投资者角度进行设计的，主要涉及可行性研究、工程总目标设计等内容。

第 7 章：工程建设项目规划。这是针对一个具体建设工程项目立项后从业主角度进行的设计工作。

第 8 章：施工组织设计。这是从承包商的角度针对一个具体施工项目的设计工作。

第 9 章：工程承包企业项目管理系统设计。这是针对施工企业的项目管理系统设计，属于多项目管理的系统设计。

第 10 章：工程全寿命期管理系统设计。这是针对一个投资企业（如国家电网、南京地铁总公司等）的建设工程项目管理系统设计，属于项目群的管理系统设计工作。

第 3 篇：工程管理设计能力训练

第 11 章：工程管理专业毕业设计。介绍如何通过毕业设计培养工程管理专业学生的设计能力。

0.4 教学的注意点

（1）要做好工程管理设计，首先需要掌握“工程项目管理”“工程合同管理”“工程经济学”“工程估价”等专业课程相关理论和方法。本书大多数内容所涉及的基本理论和方法都在这些课程的教材中出现过，本书要解决的是这些知识的实际应用问题。

在本书的学习和应用过程中，需要与工程管理专业核心课程有机衔接，同时又要注意与它们的区别，要进行相关知识的集成，将各门课程的知识上升到综合应用的高度，解决实际工程问题，指导工程实践。这就需要加强专业核心课程知识之间的沟通，使它们产生“化学反应”。

本书的特点在于整个体系的构建，内容的系统性和相关性，以及所体现的工程管理思维方式。从总体上说，要关注如下方面：

1）原理篇与实务篇的对应性。原理篇介绍的内容是实务篇各章涉及的一些基础性和共性知识。

2）原理篇第 2～5 章涉及的内容具有关联性。这种关联性由图 1-10 工程管理设计的系统逻辑定义。

3）实务篇的 5 章内容虽然是某一方面的“工程管理设计”，但它们存在相关性。这种相关性由图 1-8 工程管理设计文件的关系定义。

4）实务篇各章所涉及的设计工作内容的相关性。这由各章的设计过程图描述，即图 6-1 工程可行性研究的一般过程、图 7-2 工程建设项目策划总体流程、图 8-1 施工组织设计的工作过程、图 9-1 工程承包企业项目管理系统设计过程、图 10-1 某企业工程全寿命期管理系统设计流程图。

(2) 工程管理设计是以工程项目为对象，以培养学生做项目的能力为目标，具有极强的实践性，是实务性工作。

在课堂上学习的工程管理理论和方法仅是纸上谈兵的东西，要做好设计工作，还需要在实际工程应用中进行训练、加深理解，需要进行调查研究，积累专业实践经验。要结合实际工程，经常到施工现场考察（实习），看现场布置，阅读实际工程文件，如工程可行性研究报告、招标投标文件、项目手册、工程项目管理规划、施工组织设计等；参与实际工程管理问题的讨论，掌握信息，逐渐积累工程数据、知识和经验，有定量的概念。这样才能运用知识和经验解决实际工程问题。

实际工程情况是非常复杂的，不同性质（私有资本投资、公共工程）、领域（房地产、水利、化工、城市轨道交通等）、规模（一般项目、大型项目、巨型项目）的工程，相关工程管理设计工作的内容、形式有较大的差异性，但基本原理、要求、逻辑应该是相同的。在教学中，要针对常见的工程，使学生掌握基础性的、共性的东西。

现在工程管理方面的软件很多，许多企业有相应的模板（子模块），在教学中要让学生不仅会用软件和模板，还要能够针对具体的工程要求和企业情况进行合理的选择和“组装”，掌握软件的应用过程、原理和规则。

(3) 需要结合工程管理方面的规范、标准、实践案例进行教学，了解实际工程的做法，同时又要以批判性思维分析实践中存在的问题，以新的理念、理论和方法引领工程实践，以推动工程实践的进步。

目前，在我国实际工程中，工程管理设计文件（如可行性研究报告、建设项目管理规划、施工组织设计等）的缺陷很大，科学性和实用性不足，缺少逻辑性和系统性。工程界对它还没有足够的重视和敬畏，常常“计划没有变化快”。

要改变这种状况，不仅需要教育学生重视工程管理设计工作，培养严谨的思维方式，掌握工程管理设计的逻辑，提升设计文件的科学性和实用性，认真做好；还要努力执行好工程管理设计文件，不能随意修改，使工程界逐渐改变粗放式管理的风格。

(4) 需要思维方式的变化。

1）设计思维与科学研究思维不同。

设计思维是通过观察和思考去发现问题，再针对这些问题提出解决办法。这些解决办法必须是可行的、经济的、符合目标和约束条件要求的。而科学研究思维是要发现问题，对相关问题的内在本质和规律进行研究和分析，以追求认识未知世界和创新。

2）工程管理设计与工程技术专业设计存在差异性。

如土木工程结构设计都是有针对性的，成果有图纸和实物模型，可视化程度较高，可以通过严密的计算或实验检验设计效果，体现科学性。

而工程管理专业和学科是工程科学和管理科学的交叉，它既是一门工程科学技术，也是一门艺术。工程管理设计除了工程估价有比较严密的计算训练，以及应用BIM模型提高设计成果的可视化程度外，目标系统、范围管理和WBS、管理流程、组织结构、工期计划等都很难进行比较形象的展示，对设计成果也很难进行科学的评价和验证。

这是工程管理设计的特殊性，既需要掌握工程科学严谨的科学方法，又需要有抽象思维和发散性思维。对习惯工程技术专业学习方式和思维方式的学生，需要进行专门的训练，否则难以理解和掌握。

(5) 工程管理设计方面的教学对教师要求极高，他们必须具有丰富的工程管理设计实践经验，否则很难保证教学达到预期目标。

由于工程管理的特殊性，要编制科学的、具有实用性的管理设计文件，其技术难度和数据处理难度常常并不大，不需要非常复杂的计算模型。但必须结合具体的环境、工程的特殊性，对工程管理者的实际工作经验有很高的要求。

所以，课程目标的实现需要师资队伍的“工程化”。而这个“工程化”不是考取某个执业资质证书，以及到企业、政府部门里挂职就能够解决的，必须亲身参与实际工程的可行性研究、建设项目管理规划、施工组织设计或房地产项目全过程策划的编制和执行工作。

(6) 本书实务篇（第6～10章）介绍了工程全寿命期中常见的比较重要的工程管理设计工作（图1-7），对象范围很广，涉及不同的管理主体。它们可以分为两个层次：

1) 第6～8章是针对一个工程项目进行的管理设计。通常，工程管理专业的本科生应该熟悉建设项目的可行性研究、工程建设项目规划和施工组织设计等方面的工作，能够领导这些文件的编制小组工作，对小组工作流程作出安排，且需要对最终设计成果的内容非常熟悉。

现在许多高校工程管理本科毕业设计选题也主要在这些方面。

2) 第9、10章属于企业的工程管理系统设计，其难度和层次较高。这方面内容是为工程管理及其相关领域的研究生（特别是MEM的研究生）在工程承包企业和投资企业工程管理方面的研究中提供思路。他们应该能够参与施工企业的工程项目管理系统建设和企业工程（资产）全寿命期管理系统建设工作，能领导管理系统（体系）建设小组工作，思路清晰，具有这方面的能力。

在论述中可以看到，这两个层次的内容之间存在非常密切的联系。

按照工程管理专业应用型人才培养的基本要求，对不同层次的学生，其设计对象会不同，教学的内容和深度也不一样。如对工程管理专业的本科生，企业项目管理系统设计方面的内容可以不做要求。当然，对于研究型院校的本科生，也可以作为拓展教学内容。

但现在，许多高校工程管理专业的定位是，培养“全过程、综合性、实用型、高层次工程管理人才”，因此上述两个层次的工程管理设计能力都是非常重要的。

(7) 可以按照本学校工程管理专业的具体定位、培养目标，以及前期课程安排和学生毕业设计的主要选题等，对实务篇内容作出选择，重点讲述某一专题。

现在许多高校都开设“工程管理设计类”课程，如“施工组织设计”“工程项目管理

Ⅱ”“房地产策划”“可行性研究”等，可以不改变现有的课程名称，而变革部分教学内容。如开设“施工组织设计”课程 32 学时，可以用 8～10 学时讲“基本原理”，另外 22 学时重点讲“实务”中“施工组织设计”方面的内容。再如，开设“工程项目管理Ⅱ”课程 32 学时，也可以用 8～10 学时讲“设计原理”，另外 22 学时重点讲“实务”中的“建设项目规划”等内容。

本书内容重点放在原理、体系、框架、流程方面，在实务篇相关内容的教学中需要充实大量“专项设计”内容。但实务各章的“专项设计”包括哪些，如何进行“设计”、如何进行教学，还需要对工程实践做深入的研究，并通过教学实践进行探索。

(8) 本书所论及的原理和方法是按照工程管理原理从理性和系统性角度要求的做法，是“应该这样做”，但与现在的工程管理实践、专业理论和专业教学都有一定的差异。要在实践中有效应用、形成体系还有很长的路要走，需要进一步解决如下问题：

1) 企业（投资企业和工程承包企业）和工程项目中管理设计的现状调查。要了解现在工程管理设计文件怎么编制，在工程管理实践中作用究竟多大，应用效果如何，有什么现象和问题，其原因是什么，有哪些影响因素等。

2) 工程管理设计理论和方法的体系构建，特别是第 6～10 各章相关部分“设计”体系的进一步完善。

3) 在工程管理本科教育的课程教学、课程设计、毕业设计中进行实验，探索出设计文件编制的方法和路径，培养学生“真做”“真用”工程管理设计文件的能力。

4) 在实际工程项目中开展应用试点。这需要在同一个工程领域，投资者、业主（建设单位）、承包商按照体系要求共同工作。

5) 专题研究。在其中还有许多专题需要进行学术研究，这是 MEM 应该解决的问题。

这些尚需要工程界、工程管理学术界和专业教育界长期的共同努力。

复习思考题

1. 对实际工程中，工程承包企业和建设单位工程管理文件的编制、应用情况进行调查和问题分析。
2. 对工程管理专业课程设计和毕业设计情况进行调查和问题分析。
3. 工程管理设计对专业教育、科学研究、工程实践有什么作用?
4. 工程管理设计与工程管理科研存在什么关系?
5. 工程管理设计对设计者（团队）提出了怎样的能力要求?

第1篇 工程管理设计基本原理

≫ 1 工程管理设计概述
≫ 2 工程目标、范围和流程设计原理
≫ 3 工程组织设计原理
≫ 4 工程管理系统设计原理
≫ 5 工程信息管理系统设计原理

1 工程管理设计概述

【内容提要】

本章探讨工程管理设计的总体框架和一些基础性问题，包括：

(1) 工程管理设计的基本概念。

(2) 工程管理设计体系，包括设计的对象、范围界定、分类和主体。

(3) 工程管理设计的原则和特殊性。

(4) 工程管理设计的过程、工具和载体。

(5) 工程管理设计的系统逻辑。它源自于工程项目的系统关系，由于工程项目是工程管理设计最主要的对象，大多数工程管理设计过程都遵循这种关系，由此形成工程管理设计的系统逻辑。这不仅构建了后面第 2～5 章内容的关系，而且作为第 6～10 章相关工程管理设计所遵循的基本逻辑。

1.1 基本概念

1. 设计

设计是指在做某项工作之前，按照预定的目标和要求，制订解决方案和计划，并采用各种能够感知的形式（如文本、实物模型、图样等）表达出来。它既可以指为实现预定目标而进行的有计划的创作创意活动，又可以指这些活动的成果。

设计具有普遍的意义，在生产、经济、科学研究、艺术、社会活动、日常生活等各方面都有广泛的应用。

2. 工程设计

将“设计”的概念应用于工程，“工程设计”的概念也非常广泛。从不同的角度，有不同的定义。如：

(1) 工程设计是对造物活动（工程）进行预先的计划，是人们运用科学知识和方法，有目标地创造工程的构思和计划的过程，是以构思解决工程问题的方案或构建工程系统为核心的活动。

工程与设计是不可分离的，“工程”英文一词“Engineering”本身就有设计的内涵，就指一种设计过程。工程科学属于设计科学。

（2）工程设计是指为工程建设提供有科学技术依据的设计文件（如图纸、规范等）的整个活动过程。

我国《建设工程勘察设计管理条例》定义，建设工程设计是指根据建设工程的要求，对建设工程所需的技术、经济、资源、环境等条件进行综合分析、论证，编制建设工程设计文件的活动。通常工程都是先设计，再施工。

设计作为一项非常广泛的工程专业性工作，存在于工程全寿命期各阶段。如在可行性研究中有融资方案设计、评价体系设计、工程总目标体系设计等；施工阶段还要进行设计细化、实施方案的细化设计、更为详细的现场平面布置图的设计等；在运行阶段，需要进行运行管理方案、维修方案的设计以及更新改造（技术改造、扩建等）方案的设计；工程退役后需要进行遗址的生态复原方案设计等。

（3）工程设计又是工程寿命期的一个重要阶段，处于立项之后，工程施工之前。在这个阶段要完成工程技术系统的设计，编制实施计划，做现场准备等工作。

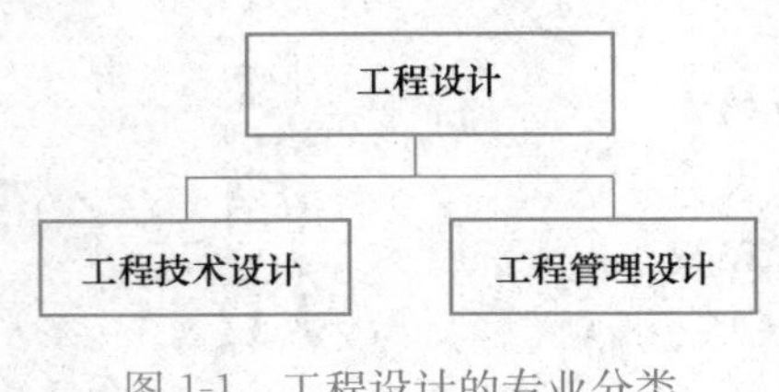

图 1-1 工程设计的专业分类

（4）按照工作内容和工程的专业分类，工程设计又可以分为（图 1-1）：

1）工程技术设计，包括工程规划、建筑设计、结构工程设计、装饰装修工程设计、园林工程设计、消防工程设计、机电设备工程设计等。

2）工程管理设计，包括可行性研究、建设项目管理规划、施工组织设计等。

上述两方面设计既有分工，又是互相依存和协调配合的，如在工程技术设计文件中也有许多工程管理设计的内容，如对技术方案进行经济分析、比较和优化。

在工程领域，人们常常将“工程设计”一词仅理解为专业工程的技术设计，这是比较狭窄的概念。实质上，现代工程推行的 EPC 总承包模式已经大大扩展了“设计”的范围[1]。

3. 工程管理设计

（1）管理本身就是实践活动，管理者的职责就是设计一个未来发展目标和实现策略、方法、路径等，为组织创造价值。所以，设计是管理工作的应有之义。

（2）将前述设计的概念引入工程管理中，则工程管理设计是为了实现工程管理的预期目标，解决工程过程中的实施和管理问题而进行的一系列创作与创意活动，是工程实施工作和管理工作的前导。

工程管理设计主要面向待建的工程，以工程实施过程、工程管理工作和工程管理系统作为对象，提出工程实施和工程管理过程的安排、干预措施，或改进的建议方案，或提出工程管理系统的构建方案。

（3）按照上面的定义，工程管理设计的范围很广。但在工程管理实务中，人们较少用“设计”一词，而是针对不同的对象常常使用如下用语：

1）策划。策划是对预先的设想（愿景），通过谋划、创意和论证，寻找发展（开发）

---

[1] 如现在常说的 EPC 总承包，其中“E”即“Engineering”，翻译为“设计”，就包含工程的策划、规划、技术设计和计划。

策略，提出总体目标，形成创新路径和可执行的最佳方案的活动。

在工程中，策划常常是战略性和前瞻性的，是个很大的概念，重点在总目标、准则、策略、理念、市场定位、创意等方面，如工程前期策划、建设项目策划、房地产策划、市场策划、合同策划等。

在工程管理实践中，还常用“总体策划”一词，如房地产总体策划、建设项目总体策划。通常它并不是指某一个特定方面的策划，而是指全面的一系列策划的综合。

2）规划。在管理学中，规划是指全面的、综合的计划。如在工程中，人们常用城市规划、工程规划、项目管理规划等。它通常较少用于某一职能管理中。

规划是按预定的总目标、市场定位，按规定的方式，对未来的工作进行合理安排，重点是技术性的实现，级别低于策划。

3）计划。它是管理学中最常用的名词之一，是管理职能之一，有普遍的适用性，其对象范围可大可小，如国民经济发展计划、行业（或企业）发展计划、项目实施计划、工期计划、质量管理计划、班组作业计划、劳动力计划、成本计划等。

它们有相似的意义，本书将它们统归入“工程管理设计”的范围。为了照顾到实际工程的通常用法，以及区别所描述的设计对象和范围的不同，这些词在本书中也都会用到。

1.2 工程管理设计体系的构建

1.2.1 工程管理设计的视野

1.“工程”视野

工程管理专业所指的工程，是“人类为了特定的目的，依据自然规律，有组织地改造客观世界的活动”。这些活动通常包括：可行性研究与决策、规划、勘察与设计、设备的制造、施工、运行和维护，还包括新产品、新材料、新工艺、新装备和软件的开发、制造和生产过程，以及技术创新、技术革新、更新改造、产品或产业转型过程等。

工程是在一定的时间跨度上和空间范围内建造和使用（运行）的，它是一个开放的系统。工程管理设计应具有的工程视野包括工程系统总体概念模型（图 1-2）的各个方面。

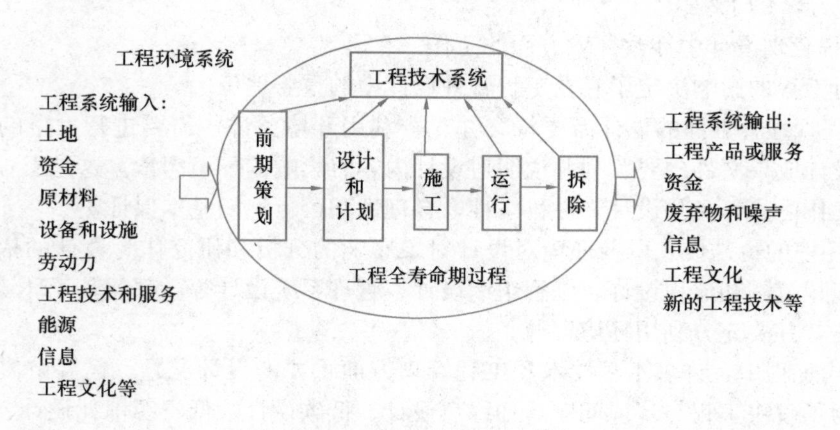

图 1-2 工程系统的总体概念模型

(1) 工程环境系统

任何工程项目都是处于一定的社会历史阶段，在一定的时间和空间中存在的。工程环境是指对工程的建设、运行有影响的所有外部因素的总和，它们构成工程的边界条件。

1) 工程环境是一个庞大且复杂的系统，有自身的系统构成。可以从许多角度进行分类，如自然环境、社会环境、法律环境、政治环境、经济环境、上层组织等。

2) 环境对工程的各个系统和各个方面都有决定性影响。

① 工程产生于上层系统和环境的需求，环境决定着工程的存在价值。通常环境系统的问题，或上层组织新的战略，或环境的制约因素产生工程总目标，由此产生对工程的需求。环境是工程管理设计中目标因素的主要来源和限制条件之一。

② 工程作为一个开放系统，环境是工程的边界条件，常常也是约束条件。它在全寿命期过程中都与环境相互作用。工程的价值、作用和影响，主要是通过工程的输入和输出实现的。

a. 工程系统的输入决定了工程需求要素，包括：土地、资金、原材料、设备和设施、劳动力、工程技术和服务、能源、信息、工程文化等。这些输入是工程建设和运行顺利进行的保证，是一个工程存在的条件。

b. 工程系统的输出决定了工程最终的价值实现和影响。工程向外界环境的输出通常包括：工程产品或服务、资金（实现利润）、废弃物和噪声、信息、工程文化、新的工程技术等。

③ 环境影响工程的范围、实施方案、组织结构、责任体系、管理系统的构建和运作等。如在 EBS 和 WBS 中必须包括环境需要的功能和工作；实施方案要按照环境条件制定；施工项目部组织要与企业职能管理部门相对应；项目职能管理体系文件的编制要引用国家、行业和企业的标准文本等。

④ 环境的变化形成对工程的外部干扰，是风险产生的根源。环境的不确定性和环境变化对工程的影响是风险管理的重点。

所以，环境对工程的技术方案和实施方案以及工期和成本都有重大影响。如果没有充分地利用环境条件，或忽视环境的影响，必然会造成实施中的障碍和困难，增加实施费用，导致不经济的工程。

3) 工程管理设计中涉及环境方面的工作。

环境对工程的影响决定了它在工程管理设计中的重要地位。

① 工程管理各方面的设计需要符合并充分利用环境条件，需要进行大量的环境调查工作，在设计成果文件中要罗列并说明对设计内容有影响的环境因素。这是工程管理设计的基础性工作之一，又是设计文件科学性、合理性和可行性的基本保证。

② 将环境的特殊性，以及环境对设计对象影响的分析和研究作为设计的依据。如目标设计、工程范围和流程设计、工程组织设计、管理系统设计等，都要基于环境条件，受环境的约束，并要充分利用环境资源。

③ 现代工程中，许多工程技术和工程管理方面重要的设计课题（需要解决的核心问题）都是为了解决工程与环境问题，如绿色设计、低碳设计、低资源消耗设计、可持续性设计、防灾减灾设计、HSE 管理体系等。

④ 环境是工程风险的主要来源，涉及风险管理方面的设计内容必然以环境研究为重点。在实施过程中，设计文件的调整常常都是由环境变化引起的。

(2) 工程技术系统

它是工程活动所交付的成果，是实现预定功能和价值目标的依托，在工程全寿命期中，从工程构思开始，经历“由建造到退役”的过程，有自身的规律性。

工程技术系统是具有一定使用功能、规模和质量要求的系统。它占据一定的空间，有自身的系统结构形式（包括空间结构和专业系统构成）。任何工程都可以采用系统方法按空间、功能、专业（技术）系统进行结构分解，得到工程系统分解结构（EBS，即 Engineering Breakdown Structure）。

工程技术系统在工程管理设计中具有重要地位，对工程和工程管理活动的范围、工作分解、流程、组织等各方面都有决定性作用。

1) 工程管理设计需要进行工程技术系统策划，提出技术系统设计的准则，研究技术系统的特殊性，把握技术系统范围、结构、专业构成等。工程实施和工程管理工作都是针对（或围绕）EBS 进行的。所以，在工程管理设计中，涉及范围管理、实施流程构建、工程招标投标和组织策划、职能管理体系（特别是质量管理、安全管理、成本管理、进度管理等）设计等都以 EBS 为基础，体现了工程管理设计的专业技术特性。这在工程可行性研究、建设项目策划、施工组织设计中都能体现出来。

2) 在任何工程管理设计中，都要分析研究工程技术系统的范围、结构和特殊性（如规模、系统构成、新颖性、难度），以此作为设计的依据之一。

3) 作为投资企业工程管理的对象，如工程全寿命期费用管理，必须基于标准化的 EBS 进行费用统计、分析和核算。

对于工程领域，EBS 的标准化是专业工程系统标准化、实施工作和流程标准化以及相关职能管理标准化的基础。如工程全寿命期信息管理应该以 EBS 为主要对象。

(3) 工程全寿命期过程

不同类型和规模的工程，其寿命期是不一样的，但它们都经过前期策划、设计和计划、施工、运行，到最终结束（退役、拆除、灭失）五个阶段，每个阶段又有复杂的过程。

工程管理设计必须体现工程全寿命期理念。

2. 工程管理设计要素

由于工程管理设计是为工程总目标服务的，又是工程管理系统的一部分，与工程要素[1]相对应，工程管理设计要素主要包括（图 1-3）：

(1) 工程管理设计目标。

(2) 工程管理设计客体，通常是工程项目。

(3) 工程管理设计主体，就是工程组织。

(4) 工程管理设计理论、方法、工具和载体。基本理论包括，工程管理设计的基本概念、分类、相关性、原则、特殊性和系统逻辑等。

---

[1] 见《工程管理概论（第三版）》成虎，中国建筑工业出版社，2017 年。

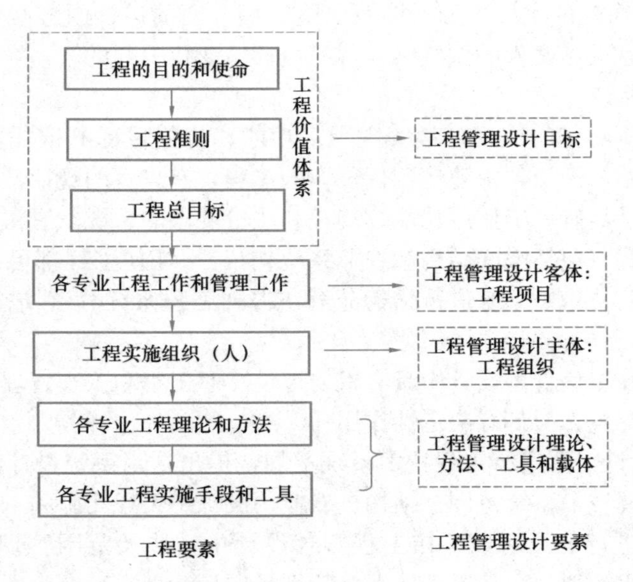

图 1-3 工程要素及工程管理设计要素

1.2.2 工程管理设计的目标

工程管理设计的目标决定了工程管理设计的价值体系。具体地说，工程管理设计的目标分为3个层次（图1-4）：

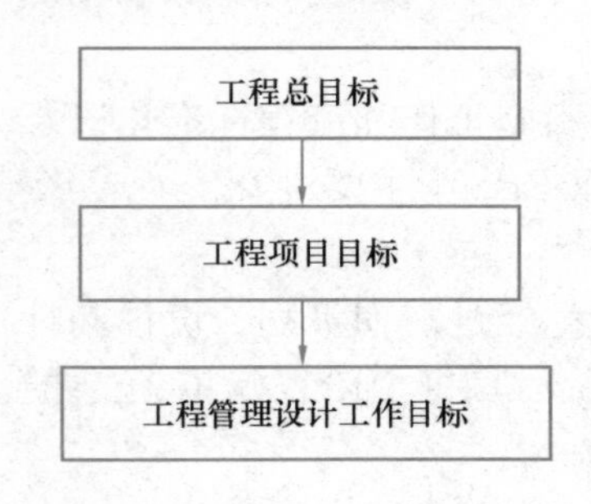

图 1-4 工程管理设计的目标

（1）工程总目标。工程管理设计作为工程活动，它的目标就是使工程全寿命期顺利进行，使工程健康、高效率地运行，保证工程总目标的实现。所以，它要服从工程的目的、使命、准则和总目标。无论做投资企业工程管理系统设计，还是某个工程项目的管理规划都要体现工程总目标，明确说明并贯彻工程的价值体系。这对具体的工程管理设计具有指导性意义。

（2）工程项目目标。许多工程管理设计都有一个具体的设计对象，通常是一个具体的工程项目，工程管理设计则要保证这个项目目标的实现。如做施工组织设计，其对象是一个施工项目，则要保证施工项目目标的实现；做一个工程建设项目管理规划，则要保证该建设项目目标的实现。这对工程管理设计的具体内容有规定性。

（3）工程管理设计工作目标。工程管理设计工作本身又是工程中的一个项目过程，需要在限定条件下，在预定时间和费用（成本）范围内提出工程管理设计成果（规划、计划、研究报告、管理系统等文件），这些成果应符合预定的质量要求，使用户满意。这是从上述工程总目标和工程项目目标派生出来的，体现对工程管理设计工作的具体要求。如编制一个工程建设项目的管理规划文件，其任务就符合“项目”的定义，是一个项目过程（有时被具体定义为“咨询项目”）。又如承担一个施工项目的投标任务，需要编制作为投标文件一部分的施工组织设计，这个过程也符合“项目”的定义。它的目标是，在投标截止期前提交投标文件，且符合招标文件的要求，能够吸引业主，最终能够中标。

工程管理设计文件的质量表现在许多方面，如：

(1) 设计方案有符合预定要求的工作性能、使用可靠性和有效性，与工程管理任务相适应，保证工程项目目标、工程总目标和企业总目标的实现。

(2) 管理方案的实施或系统运行成本低，或能获得更大的收益，管理设计费用和设计方案的实施成本较低。

(3) 设计成果表述清楚，易于一般工程管理人员和相关工程人员理解、掌握和有效应用。

设计工作目标通常由设计任务书、咨询合同、项目经理责任书等定义。它对具体设计任务的安排，设计工作成果的评价有规定性。

1.2.3 工程管理设计的客体

工程项目是工程寿命期中最常见和最具体的管理对象，所以也是工程管理设计最常见和最重要的对象。

“工程项目”是在工程寿命期中存在的或与工程相关的项目。人们将工程中的各种工作任务和活动作为项目来进行管理。

在一个工程的寿命期中，有许多种类、数量和层次的“项目”。按照工程实施方式、工作任务范围和工作性质划分，最重要和比较典型的工程项目有如下种类（图 1-5）：

图 1-5 工程寿命期中常见的项目分布

(1) 工程投资项目。这是对一个工程的投资过程，如独资项目、PPP 项目、合资项目等。

(2) 工程建设项目。这是一个工程的建设过程，目标是完成一个工程的建设任务。它是最典型和最为重要的工程项目，其他“工程项目”常常都是围绕它进行的。

(3) 工程承包项目。按照工程承包范围的不同，这类项目还可以分为：

1) 工程总承包项目，其项目范围包括整个工程的设计、供应、施工任务，最终交付一个完整的工程系统。

2) 工程施工项目，其是以完成工程施工任务为目的的项目，包括工程施工总承包和专业工程施工项目。

(4) 工程咨询类项目。工程咨询项目种类很多，性质也各有不同，存在于工程寿命期的不同阶段。如可行性研究、投资（造价）咨询、工程设计、技术咨询、招标代理、工程法务咨询、项目管理服务（如设计监理、施工监理、项目管理、代建）、企业工程管理咨询等。

(5) 供应类项目。如为工程供应劳务、材料、设备、软件系统等。

(6) 工程维修项目。工程在运行过程中，各种维修过程都具有项目的特征，如工程的大修通常就是一个复杂的项目过程。

(7) 工程扩建、更新改造项目。在役工程的系统更新、工程范围的改变、增加新的功能等通常是通过工程的更新改造、扩建等实现的。

(8) 旧建筑生态复原项目。即在工程退役后，对已有建筑进行再利用，或采取措施恢复工程所在地的生态功能。这是一种很特殊的工程项目类型。

(9) 科研类项目。它存在于工程寿命期各阶段，如在可行性研究中要做市场专题研究、技术研究、环境调查研究；在工程设计过程中要做专项方案研究、技术方案模拟；在施工中做工法研究、施工技术创新等。

还可能包括，企业的项目管理系统开发、工程管理软件开发等项目。

由于这些项目的对象、目标、范围、任务、内容和主体存在差异性，所以它们的管理工作也存在差异性。

工程全寿命期过程常常是由各种类型的工程项目构成的。这些工程项目可能是并行的，也可能是分层次的。如PPP项目下可能会有EPC总承包项目；EPC总承包项目中会有工程设计项目、工程施工项目等。

不同类型的工程项目有不同的特性，由此带来项目管理方式和规律性的不同，使相应的工程管理设计有不同的特质。

1.2.4 工程管理设计的主体

工程组织作为工程管理的主体，不仅是工程管理设计的主体，也是设计成果应用的主体，同时又是工程管理设计的重要内容之一。

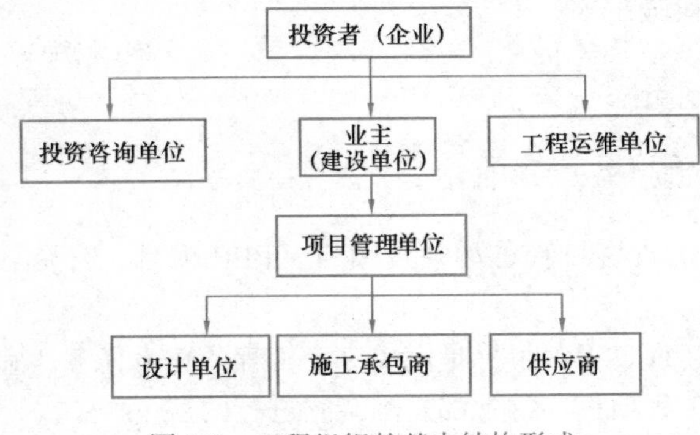

图1-6 工程组织的基本结构形式

工程组织是由工程前期策划、建设和运行阶段的任务（工程项目）承担者构成的组织系统，主要由投资者（企业）、业主（建设单位）、施工承包商、设计单位、投资咨询单位、供应商、工程运维单位等构成。它的基本结构形式如图1-6所示，其主要构成有：

(1) 工程投资者（或群体）[1]。作

[1] 在许多建设项目中，投资者和业主是同一个主体。如在房地产开发项目的建设阶段，房地产开发商（企业）就是投资者和业主的双重身份。如果实行投资项目业主全过程责任制，则图中的投资者也就是业主。

为工程的所有者或发起人，主要负责工程的投资决策、项目组合管理、项目治理等战略决策工作，居于组织的最高位置。

(2) 工程前期策划组织。一般由投资者（或企业）组成临时性的研究机构具体负责，部分工作（如可行性研究等）可以委托给相关投资咨询单位。

(3) 工程建设项目组织。工程建设项目组织主要由负责完成建设工作的人、单位、部门组合起来的群体组成。

1）业主负责工程发包和工程实施中的宏观管理。在工程建设阶段，“业主”作为工程的所有者向咨询单位、设计单位、施工承包商、供应商等委托工程任务，签订合同，属于工程的战略管理层。在我国常常又被称为“建设单位”。

2）项目管理单位（咨询单位）为项目管理层，负责建设工程项目的具体管理工作。

3）工程任务承担单位（包括施工承包商、设计单位、供应商等）负责工程建设项目的具体实施工作。

(4) 工程运行组织。通常工程建成后由投资者成立的专门组织（如项目公司）承担运行维护和健康管理工作，或作为一个已有企业的一部分。

在工程运行过程中，还会因为工程更新改造、扩建、产品转向、产权变化等使组织产生变化。

工程管理设计受工程组织结构形式、任务和组织关系的影响。上述组织在组织目标、组织结构设计、组织规则、组织运作、管理体系等方面存在层次性和相关性。

1.2.5 工程管理设计的范围界定和分类

1. 范围界定

按照国际工程教育标准对学生工程设计能力的要求，“针对复杂工程问题的解决方案，设计满足特定需求的系统、单元（部件）或工艺流程”，在工程管理中，它们指的是什么？即工程管理设计的具体内容和交付成果是什么？

(1) 工程管理设计交付成果的范围也非常广泛，从总体上说，最常见和最重要的工程管理设计有：

1）投资者需要做工程的前期策划，最重要的是工程建设项目可行性研究报告的编制。

2）项目立项后，业主（建设单位）要做工程建设项目策划，编制工程设计任务书、建设项目实施规划、建设项目管理规划、招标文件、合同文件、项目手册等。与它相似的还有，项目管理单位要做建设项目管理规划，监理单位要做监理规划。

3）施工单位要编制投标文件，做施工组织设计等。与它相似的还有，总承包单位要编制工程总承包项目实施计划，设计单位、供应单位要编制相应的项目实施计划。

4）施工企业需要管理许多不同的施工项目，要做企业级的施工项目管理系统设计。与它相似的还有，咨询、设计、项目管理、监理、供应企业都需要做企业的项目管理系统设计。

5）投资者（企业）需要做工程全寿命期管理系统设计。

6）其他，如运行单位需要构建运行维护管理系统等。

在具体工程实施过程中，上述这些都属于针对工程管理问题“满足特定需求的系统”，属于综合性的设计，如可行性研究的主要内容实质上属于工程全寿命期的“实施方案”。

上述设计围绕“工程”进行，它们的内容具有统一性和相关性（图 1-7）。

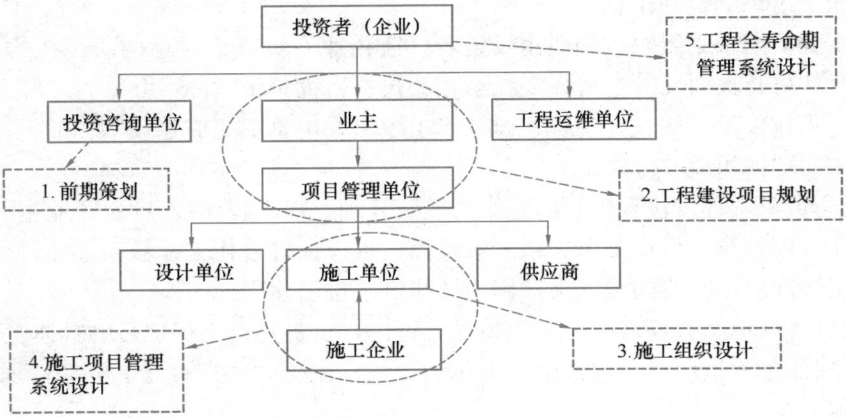

图 1-7　常见的工程管理设计工作

（2）对这些设计文件内容进行分解，可以得到许多构成单元（部件），如工程实施和管理流程、组织结构、相关方责任分配矩阵、网络计划图、现场布置图、现场形象设计、质量和 HSE 管理措施、评标指标体系等。

（3）在上述设计文件中，对这些构成单元需要设计工程管理问题的“解决方案”，如项目融资方案、工程建设方案、施工组织方案、责权利体系、各职能管理体系、信息管理系统、进度安排、工程采购方案、费用安排、培训方案、业绩考核方案等。

针对这些“解决方案”常常需要进行专项设计或专题研究。其中还会有一些工程技术性很强的专项设计，如施工组织设计中有施工技术方案的设计，在工程建设项目规划中要提出各专业工程技术设计的准则等。

所以，工程管理设计内容丰富，涉及面非常广，属于综合性的设计。

2. 工程管理设计的分类

从上述分析可知，工程管理设计的对象很广泛，有各种分类方法和许多分类角度，从设计对象的层次可以分为：

（1）工程项目层面的设计

这是对一个具体工程各个阶段各类项目的管理设计工作。如图 1-5 所示，在工程寿命期的不同阶段，有不同类型的工程项目，有不同的项目管理主体，管理设计有不同的对象、重点和工作任务：

1）前期策划阶段。本阶段主要有投资者或上层组织对项目的构思、目标设计、可行性研究以及评估和决策等工作。最典型的管理设计是工程的可行性研究。与它相似的、比较全面的工程管理设计有基础设施 PPP 项目的策划以及房地产全程策划。

2）工程建设阶段。本阶段的工程管理设计最为复杂，需要编制工程建设项目实施规划和管理规划，以及施工组织设计、监理规划等。由于工程的建设实施方式（融资方式、承发包方式、管理方式）是多样性的，相关工程管理设计的工作范围、名称也各不相同，但有一定的相似性，如 EPC 总承包项目实施计划、全过程咨询项目实施计划等。

3）运行阶段。本阶段首先需要构建工程运行管理体系。有时，这项工作在建设阶段完成，由EPC总承包商或设备供应商负责。在本阶段，可能会有工程维修项目、扩建项目、更新改造项目等，需要进行相应的工程管理设计。

4）退役和生态复原阶段。有退役评估项目、生态复原项目等，需要进行工程管理设计。对一些特殊类型的项目，如核电站工程，需要对废墟进行持续维护，这个阶段持续时间很长，还需要特殊的工程管理设计工作。

（2）企业层面的设计

1）施工企业项目管理系统设计。它属于工程承包企业的多项目管理系统设计。

2）投资企业工程（或资产）全寿命期管理系统设计。它是从投资企业（即工程所属企业）角度进行的系统设计工作，属于项目群管理系统设计。如国家电网的企业资产全寿命期管理系统设计。

（3）其他类型的设计

1）工程管理相关科研项目的设计，如科研项目的技术路线设计。

2）工程管理系统软件开发，如建设工程项目管理软件、企业版项目管理软件开发，都需要进行相应的系统设计。

3）政府行政主管部门对建设行业管理体制和机制设计的，建设工程领域标准合同文本的设计等。

4）企业为改进工程管理绩效、解决某些问题提出新的措施，以及实施这些措施的方法、路径设计等。

3. 不同层次工程管理设计的相关性

如图1-7所示，工程组织的相关主体都需要编制相关的工程管理设计文件。这些不同层次的设计文件有不同的内容、不同的作用，但它们之间又有相关性。

通常企业的工程管理系统具有统领性，比较宏观，作出一般性的范围、流程、组织、职能管理体系等方面的规定，对企业所属的项目管理工作进行规范。而在一个具体项目层面的管理设计文件可以引用企业标准化的内容作为基本部分，再增加个性化设计的内容。这就像施工合同通用条件与工程中特殊条件的关系。由此形成的项目层设计文件与企业层设计文件的关系如图1-8所示。

（1）投资企业工程全寿命期管理系统设计。这是最高层次的工程管理设计，其编制的标准文件对本企业具体工程的可行性研究和建设项目策划具有规定性。这方面内容将在本书第10章详细论述。

（2）具体工程项目的可行性研究应该按照投资企业的工程全寿命期管理体系进行编制。这方面内容将在本书第6章详细论述。

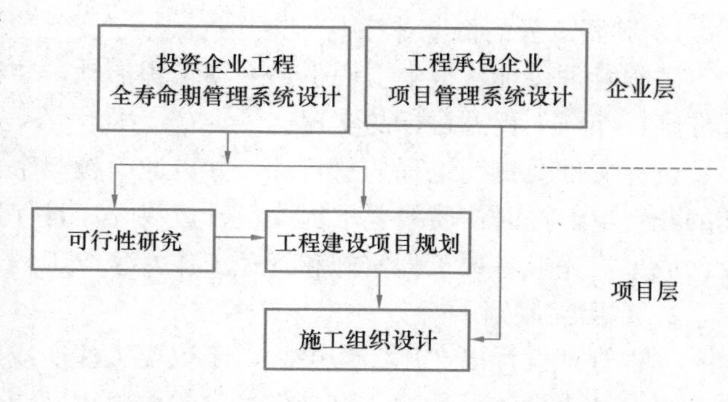

图1-8　工程管理设计文件的关系

（3）业主的工程建设项目规划必须按照投资企业的工程全寿命期管理系统文件和可行性研究报告编制。如应按照可行性研究报告确定建设项目的目标、融资方式、承发包方式、管理方式和时间安排等。同时，业主的建设项目管理规划文件中的主要内容应引用投资企业工程全寿命期管理体系文件作为标准文本，另外再按照标准文本的要求编制具体工程特殊要求的内容，以对标准文件的内容进行专门定义、修改、补充。这方面内容将在本书第7章详细论述。

（4）工程承包企业项目管理系统设计。工程承包企业需要构建企业的施工项目管理系统，对本企业承接的工程施工项目进行标准化管理，提出一般性的管理范围、管理流程、组织方式、管理体系文件等方面的规定。这方面内容将在本书第9章详细论述。

（5）施工组织设计。具体工程的施工组织设计文件应该按照业主建设项目规划（招标文件、合同条件和建设项目管理规划等）的要求编制，其中涉及管理体系方面的内容应该引用施工企业的项目管理标准文件。在此基础上，再按照企业标准文件和建设项目规划的要求编制反映工程特殊要求和个性化的内容，以对标准文件的内容进行专门定义、修改、补充，如具体施工项目的目标、工程环境的特殊性、组织安排、时间安排等。这方面内容将在本书第8章详细论述。

这种关系也适用于具体工程管理设计中目标、范围、流程、组织结构、管理系统、信息系统等方面的内容。

随着工程领域和企业管理的规范化和项目管理成熟度的提高，特别是伴随着智能建造和装配式建筑的推广，工程管理设计标准化和规范化的内容会越来越多，需要个性化和独立设计的内容应该逐渐减少，工程建设和运行应逐渐趋向制造业标准化的生产过程。

1.3 工程管理设计的原则和特殊性

1.3.1 工程管理设计的原则

设计原则决定了设计的基本要求，具有指导设计工作、规制设计工作过程、检验和评价设计成果的作用。设计原则都是抽象的，具有理论意义。做任何一个工程管理设计工作，都要注重梳理和研究设计的基本原则，以及设计成果与设计原则的符合性。

工程管理设计需要符合工程设计的一般原则，并赋予其特殊的内涵。

1. 贯彻工程的价值体系

工程管理设计从根本上说也是一项工程活动，要符合工程的价值体系，传承和落实工程准则，保证工程总目标的实现。

设计文件要贯彻工程的总目标，并以此引领整个工程的实施工作。即不仅追求设计工作的花费少，按时按质量要求提交设计成果，而且保证以低成本、高效率、高安全性实施设计成果，完成各项工程实施和管理工作，争取工程全寿命期整体效率与效益的提高。

2. 实用性原则

工程管理设计以“用”为中心，不仅要关注所应用的理论、方法和工具的先进性，更要关注设计成果的可行性、可操作性，关注工程问题的解决，不能纸上谈兵。

（1）设计成果通常是为具体工程“定制的”，是具体的有可靠性和可行性的解决方案，要反映实际需要，能解决实际问题，具备针对性、适应性，而不是仅提出一些概念。这就需要设计者对工程需求和实践问题进行充分的研究，对环境进行充分分析，并做出准确诊断，设计方案要依据工程的环境条件、各方面能力和所掌握的信息进行设计。

设计成果要反映工程各参与方的实际情况，必须对承包商、工程小组、供应商、分包商等做调查，征求其意见，或要让相关企业部门和项目部门共同参与工作，如让具体工程任务承担者参与项目实施计划的编制。

（2）要反映工程本身的客观规律性，特别是对工程、工程承发包方式、工程实施过程和工程管理任务的特殊性和复杂性有深入的总结和分析。

工程管理设计也是“无定式、无成法”，如工程的实施方式（融资方式、承发包方式和管理方式）、组织结构形式没有先进和落后之分，只要适合本工程要求的，能够实现工程总目标的就是好的，要根据工程的市场条件、工程系统特殊性、工程所处的环境等做出选择，追求合理性、灵活性。

如：港珠澳大桥建设工程与国内常规的道路桥梁建设工程相比，有如下特殊性：

1）工程规模大、难度大、地质条件复杂；技术新颖，没有现行的工艺、技术标准；没有相关的技术和成本数据；没有“有成熟经验”的承包商等。这一切导致工程风险很大。

2）工程具有重大的社会、政治、环境影响，特别是对我国香港、澳门的稳定和发展有重大影响，世界瞩目，具有重大的历史责任和使命。

3）特殊的投资构成和组织方式，需要三地合作，而三地有不同的法律背景和文化环境。工程的整个实施过程，特别是招标的实施过程需要完全透明。

在可行性研究、建设工程策划（包括建设实施规划、建设管理规划、建设项目组织设计、招标投标和合同策划等）文件中，不仅要提炼出这些特殊性，并予以充分论述，而且要以此为基础进行设计，设计成果要符合这些特殊要求，这是保证建设项目成功的关键。脱离工程特殊性的解决方案是不可能有好的实施效果的。

（3）具有开放性，系统可以扩展、修改，能适应工程环境和利益相关者需求的变化，并持续改进。

（4）要简单易懂，简练明确，使人一目了然。工程管理设计成果的使用者不仅有工程管理专业人员，还包括企业管理人员、工程技术人员、现场施工人员等，所以要采用各方面都能够看懂的方式描述，如采用可视化工具描述实施过程。

在我国工程领域基层管理水平较低的情况下，简单而有效的设计方案才是最好的，如组织和工作过程要简化，消除冗余，尽可能标准化，减少专门的设计工作。复杂的设计方案不仅会导致费用增加，而且设计成果可用性不强。

（5）工程管理设计是应用性的，不是纯理论性研究项目，并不追求成果的原创性和新颖性，因此要防止两种倾向：

1）研究型思维，过于注重理论和方法的“创新”，最终“纸上谈兵”。设计方案的每一步都必须经过实际工程管理部门（或人员）的认证和确认，才能进行进一步的细化设计或推广，切不可“闭门造车”。

2）一味迁就企业的现状和人们的习惯运作方式，拒绝应用新的管理理论、方法和工具，不想进行组织变革。

3. 技术和管理并重原则

工程管理设计不仅针对工程管理活动，还包括工程的实施过程和活动，如可行性研究、网络计划、施工组织设计主要就是针对工程实施过程和活动的。所以，工程管理设计需要有一定的技术含量，这体现在两个方面：

(1) 注重工程技术问题。工程管理属于对工程技术活动的管理，需要对技术方案进行选择、分析、评价，必须与工程技术高度结合。工程管理设计中包含很多实施技术和方法的内容，不仅要符合工程技术系统的特性，而且要符合工程技术设计规范的要求，特别是在建设项目实施规划和施工组织设计中。如在施工组织设计中，质量管理、HSE管理、现场管理计划中都有大量技术问题，例如高支模、深基坑的支护方案等都需要进行专项技术设计。

(2) 要强化工程管理技术和工具的应用，如定量分析方法、试验和实证方法的应用，以提升工程管理设计成果的科学性。如市场的预测、工期目标和成本目标的设定、实施方案的制定、资源的安排等，都应有定量的分析和计算，有一定刚性的内容。

目前，在我国的工程管理设计文件中柔性的东西多，降低了工程管理的科学性和有效性。在工程管理设计中要强调刚性和柔性的有机结合。

4. 集成化设计

工程管理设计必然是系统设计，应用集成化设计方法。需要有全局和整体意识，要从"整体"上去考察、分析、研究和解决问题，要考虑各方面的联系和影响，追求工程整体优化。现代工程项目管理、工程合同管理、工程全寿命期管理都强调集成化。在这方面有许多研究和应用成果，如集成化的合同设计方法、集成化的项目管理信息系统、集成化的企业项目管理系统等，这些都需要应用在工程管理设计中。

(1) 要有前述图1-2所示的工程视野，要有工程全寿命期的理念，要将工程规划、设计、施工、运行维护、退役一体化考虑，争取全寿命期优化的方案。

(2) 不仅要争取本工程的效益，而且要考虑对本企业或部门，以及工程的整个上层系统（如国家、地区、企业）的贡献、工程的社会影响（如社会成本）。

(3) 对工程问题常常需要采用技术、管理、经济、法律（合同）等综合措施解决。

(4) 综合采用如下设计方式：

1) "以问题为导向"，即设计成果要基于对问题的充分研究，以问题的解决程度为目标，并对问题和解决方案进行专题研究或专项设计。

2) "以结果为导向"，即要关注工程项目最终交付成果和它的价值实现。

3) "以过程为导向"，即要有详细的工程流程设计，在设计成果的应用中要强化中间过程控制。

5. 树立以人为中心的意识，进行人性化设计

人是工程管理设计的主体，也是工程管理设计成果应用的主体。设计成果需要发挥人的智慧才能完成，同时通过人的参与才能应用和发挥作用，因此需要赋予设计成果深厚的文化内涵和人文精神。

(1) 工程管理设计必须明确角色，即设计应用主体。在设计中，关注工程利益相关者，特别应该把用户的需求放在首位。

(2) 设计成果必须从设计应用主体的需求出发，坚持以人为中心，使用户能安全舒适地应用设计成果，使每个相关者都关心和参与系统的设计、成果的应用和持续改进工作。

6. 标准化和个性化的统一

(1) 标准化是指在企业和工程项目中管理工作要规范化，按照规范执行，尽量使用标准文件、范本，不要有随意性。只有标准化，才能专业化，才能提高管理水平，实现高效率和高效益。

1）与一般工程专业技术设计一样，工程管理也有很多设计标准和规范，如在我国，可行性研究、建设项目管理规划、施工组织设计都有相应的规范，有明确的工作内容和要求、明确的评价指标、规范性的编制和审批机制，还有相应的标准（或示范）文本。

2）工程相关企业（承包企业、工程投资企业、咨询企业等）需要构建标准的管理系统，如实施和管理流程、组织、管理体系文件等内容要规范化，要有刚性的设计成果要求。

企业要制定工程的实施工作和管理工作标准，落实组织责任，确定工作所要达到的要求，构建适用于不同工程、管理系统的基础模块（子系统、模板），以实现精细化管理。

工程管理专业人士要熟悉规范和标准，有工程管理规范的应用能力。在编制具体工程管理设计文件时，要尽可能采用标准的管理文件，或按照规范（如国家规范、行业规范、企业规范）要求工作。

(2) 从总体上说，与工程技术规范相比，工程管理方面的规范都是原则性的，比较粗略，规定比较宏观，具有较少的强制性。在具体工程应用中，还需要有大量具体和细致的设计工作，设计者主观发挥的空间比较大。

(3) 由于工程管理的特殊性，规范化管理文件和工具的使用存在如下问题：

1）每个工程都是独特的，需要在考虑工程环境、工程系统、利益相关者要求等特殊性的基础上进行专门的设计，以对相关内容进行明确定义、补充、修改等。就像在工程中采用标准合同条件，还需要编制专用条款一样。

另外，由于工程的特殊性，很难统一构建通用的、详细的实施程序和规则。对一次性的工程项目，程序和规范的编制、推行、修改和完善需要时间和成本，存在时间和成本的矛盾：规定得太细，活动分解和计划太细，等到编制完成，组织成员都熟悉，已经过了磨合期，也许工程就要结束了，时间和成本的投入不是很有价值；且刚性太大，执行成本会很高，甚至是不可执行的。而在一些项目型企业（如房地产公司、施工企业、咨询公司）和工程建设企业（如国家电网总公司、城市地铁总公司等），可以编制比较细的流程和规范，通过严格的规范和过程管理来实现对项目的控制，甚至可以引进制造业企业的流程管理方法。

2）过于细化的程序和过于细致的规则会使组织成员关注细节和具体指标，而违背工程的价值体系，会束缚工程组织成员的活力和积极性，使计划和流程僵化，最终导致低效率。特别是风险大的研发性和创新型项目，更需要柔性化管理，很难将流程和组织规则细化。

3）不同的项目组织方式对管理程序化和规范化的依赖性不同。在20世纪80～90年代，我国工程承包企业推行项目经理承包责任制，采用独立的（项目型）项目组织，当时基本上没有建立项目管理的程序和规则。如果施工企业采用矩阵式项目组织，则必须有比较完备的管理程序和规则，否则不能顺利运作。

4）如果工程组织相关方有比较好的合作关系、利益共享机制和组织文化，工程组织对管理程序和规则的依赖性就会低些，不需要过于细化。

1.3.2 工程管理设计的特殊性分析

1. 工程设计的一般特性

在工程领域，许多专业（如土木工程、建筑学、城市规划、工业工程、工业设计、信息工程、系统工程、环境工程等专业）都是围绕工程进行的，都有相应的“设计”。

（1）工程设计的共性。

总体上，工程设计有如下共性：

1）艺术性和灵活性。工程设计首先是艺术创作，需要创造性思维和想象力。

2）科学性。工程设计是工程科学的应用，遵循物理学、化学、力学、材料科学等客观规律及机理，即符合工程科学的规律性。如果采用该设计方案，在预定条件下就能达到某种效果或实现既定的目标，其成果具有可靠性，能够被验证。所以，许多工程设计成果的正确性需要通过设计过程中精确的结构分析、计算、模型实验，或通过施工过程中的监控和运行过程中的监测等验证设计方案的效果。

3）工艺性。工程设计要体现工程技术的应用，需要特殊的工艺将工程系统构建起来，具有高技术含量，需要不断地学习和修正。

但不同的工程专业设计，它们在以上三方面的显示度不一样。如建筑设计较多偏向艺术性，结构工程设计更多偏向科学性，而施工技术和方法的设计更多偏向工艺性。

（2）许多工程技术系统（如结构工程、设备工程等）的设计成果具有确定性和精确性。

1）对一般工程技术系统，在设计前系统构成能充分定义，并且能够事先确定系统单元（如专业子系统）的要求，以及它们之间的相互关系。

通常工程技术设计首先要对复杂的工程系统进行科学的分解，对各专业工程子系统进行深入研究，找出各个部分、方面、要素的特点和规律，提出设计方案，再采用集成化方法对系统进行综合，提出整个工程系统的设计方案，形成解决工程问题和实施工程具体的策略、方法和措施。

2）许多工程专业（如建筑学、结构工程）做的设计都是以物为对象，相对固定，环境条件可控。系统（和子系统）具有确定性的功能，其设计成果的运作机理服从物理学规律。

3）技术性强，具有高度的分析性和严谨性，能够进行比较精确的数据分析。设计成果具有可见性和较高的显示度，可以通过严格的验算、实验、模拟等方法评价设计成果的科学性。

4）设计成果具有可重复性，如一个工程结构设计方案（包括结构形式、材料、工艺等），只要应用环境条件相同，不管在何地（不同城市和不同国度）都可以应用，而且应该有相同的应用效果。由此带来了工程专业技术设计成果的严肃性和强制性，不能随意地修改。例如，长期以来国内现场“按图施工”、按照规范施工已经成为基本的行为准则。

由于这些特点使得许多工程技术系统的规范比较详细和精确，许多都具有强制性。

2. 工程管理设计的特性

工程管理设计作为工程设计的一部分，具有工程设计的属性，其基本原理、准则、工具和方法与工程技术设计有相似性，需要遵循严谨的工程逻辑。但它又有如下特殊性：

（1）与工程技术设计有相关性。

1）工程管理设计中涉及工程系统策划、实施（施工）方案（如脚手架、基坑支护、模板等）设计、系统设计等方面的工作就属于“工程科学”，与结构设计类似，也需要应用力学、物理等基础学科知识，服从物理学规律。

2）工程管理设计在过程上与各工程技术设计具有相关性，它隐含在工程的建设过程中，常常与工程规划、工程技术设计和施工技术方案设计有密切的关系，相辅相成。如在工程技术设计前要完成可行性研究或下达设计任务书，按照工程投资目标分解进行“限额设计”；在工程设计完成后再进行详细的计划和费用预算；施工组织设计和工程估价等必须基于工程技术设计和施工方案设计。

3）工程管理设计需要研究工程目标，提出工程设计准则，论证工程方案，确定评价指标，对各个专业工程技术设计具有价值引领和最终系统集成的作用。

（2）工程管理设计的内容广泛，属于综合性设计。

许多工程技术设计的内容具有专业方面的单一性（如结构工程设计、给水排水工程设计等），一般由相对单一的主体完成。而工程管理设计涉及工程系统、各个工程专业、工程实施过程，及工程的功能、经济、法律、环境、社会等各方面。设计内容广泛，内涵复杂，不仅包括一般“管理系统设计”的内容，还有工程技术设计的内容（如建筑设计、结构工程设计、给水排水工程设计、电力工程设计等），还可能包括工业设计、商业设计、包装设计、产品设计、服务设计、软件设计、广告设计、形象设计、实验设计等。它们交织在一起，需要综合性的知识和不同专业之间的合作，需要各种理论、方法和工具。

（3）工程管理设计中会涉及大量软科学的内容，有许多软性成果，需要柔性（弹性）设计，需要利用行为科学、组织学、心理学等理论和方法。

1）许多专业工程技术设计可以通过图纸、实物模型展现设计成果，能够方便地进行评价。而工程管理尚没有成熟的能够指导具体设计工作的理论和方法。

工程管理设计成果常常是研究性报告、策划报告和系统说明文件等，很难直观明了。尽管现代信息技术的应用使许多工程实施过程（特别是施工过程）可视化，这在很大程度上提高了工程管理设计成果的直观性，但大多数内容还是不可视的，如工程项目目标系统、范围管理（包括 WBS）、组织结构、承发包方式、管理方式、管理流程等的设计，很难通过技术手段对设计成果和应用状况进行直观展示，只能通过抽象思维理解设计逻辑和设计成果。

2）工程管理问题通常是非常复杂的，很难被全面观察，甚至难以被陈述。如现实情况（系统输入条件）很难进行精确分析和充分的定义；存在大量不同性质，且不能直接观察的系统因素；各系统因素间相互联系，而相互关系常常是模糊的，又是动态变化的、不确定的，其作用机理和作用结果常常也不能被直接地观察到，需要进行深入的研究。因此在设计前，人们所获得的资料和信息是有限的、模糊的，很难对工程问题和解决方案形成完整的认知。

3）工程管理工作受工程、工程项目、工程承发包方式、建筑业企业的特殊性，以及参与工程的不同人员的文化背景、工程观、工程视野和利益关系等影响，由此造成人们对工程的认知和目标的不一致性，以及对工程问题评价标准的不同，进一步导致人们差异化的、不可预测和随机的工程行为。这会导致工程管理设计与一般工程技术设计方案不同，工程管理设计方案的验证，如设计的假设、数据和条件等，设计成果的解释，设计模型的试验环境选择，设计方案的科学性和实用性，以及对实际工程所产生的作用的验证都是非常困难的。

4）由于上述原因，工程管理设计成果的实际应用会有如下问题：

① 科学的分析方法和工程管理理论和方法的应用效果存在随机性和不确定性，且很难预测，进而很难对设计成果的科学性和可行性设置评价标准，并作出客观评价。通常，它的检验主要通过实践进行项目后评价，将实施效果与预设的价值体系（目标）相比较。

② 对一个设计成果的应用效果，不同的视角还会有不同的评价和判断标准，存在主观随意性。

③ 设计成果的可复制性较差，没有普适性，不能“放之四海而皆准”，因此很难进行标准化，很难在不同企业和不同工程中推广。

工程管理设计大多数都是个性化的。每个企业，甚至每个工程都是独立的，有特殊的目标和环境条件，需要个性化的系统设计，不应该模仿趋同，对工程和环境的特殊性描述应该作为工程管理设计的基本内容和依据。

所以，与一般的专业工程技术设计不同，在工程管理设计中更要注重“软信息”[1] 的收集、应用，并关注它产生的影响。

（4）在许多工程技术专业设计中常常要追求最优化方案，可以通过一些算法获得最优解。而工程项目是多目标系统，需要解决方案呈现多元的价值追求，设计存在多重制约。同时要从实施方案、组织、流程、成本、责任体系、职能管理、信息系统等方面进行集成化设计，设计方案需综合考虑功能、结构、经济、管理等因素，还要考虑自然环境、文化背景等影响，需要把工程管理系统作为自然和社会大系统中的一个子系统来理解。所以，工程管理设计方案没有最优解，人们只能追求“相对适宜”的方案，选择能够为工程相关者各方所理解和接受（满意）的方案。

如施工组织设计受制于工程总目标、业主的建设项目管理规划、施工项目目标、施工合同、施工企业的项目管理系统、企业的经营方针以及资源限制等条件，是不可能有最优解的，通常只能寻求各方面都能接受的方案。

另外，许多工程技术设计专业性很强，由总工程师做总体方案，再由专业技术人员做详细设计，在施工中必须“按图施工”。而工程管理设计涉及的组织单位多，内容范围相当广泛、十分复杂，通常由各种专业人员组成的综合性小组完成，特别是需要与各层次管理人员和工程任务承担者共同工作，设计成果需要供不同层次、专业，甚至不同领域的人员阅读和应用。

（5）具有独特的设计逻辑。与工程技术系统的设计和企业管理系统的设计都不同，工

---

[1] “软信息”主要指反映工程相关者的心理行为和工程组织状况的信息。例如：利益相关者的心理动机、期望；项目管理者的工作作风、爱好、习惯、责任心；组织成员之间的融洽程度，热情或冷漠，甚至软抵抗等。这些信息很难用常规的信息形式表达和通过正规的信息渠道收集，难以定量化，甚至很难用具体的语言表达，但都会影响工程管理设计过程、设计成果的应用效果，以及对效果的评价。

程管理设计有自身的逻辑。如工程管理是过程管理，以过程（工程实施过程和工程管理过程）为中心，由过程到实施方式，再到组织结构和组织责任，过程在一定程度上是固定性的，组织却是高度动态性的。这种逻辑常常决定了工程管理设计的技术路径，不仅决定了设计过程，还决定了设计内容。

这些特性都会在后面的具体设计中体现出来。

1.4 工程管理设计的过程、工具和载体

1.4.1 工程管理设计一般过程

工程管理设计过程是指从提出设计任务和设计目标到提交设计文件（工程管理系统或方案）的过程，它是一个项目过程。不同的设计任务、设计对象有不同的设计流程。在总体上，它们通常都有如下过程（图 1-9）：

(1) 问题识别和需求定义。工程管理设计是面向市场需求（如用户需求、业主要求）、实际工程问题，或为了寻求工程业务、工程管理问题的解决方案。通过机会研究、问题识别、问题诊断、问题分解，界定设计的动机和价值。设计需求通常还包括实现企业发展战略，或管理创新和组织变革等方面。

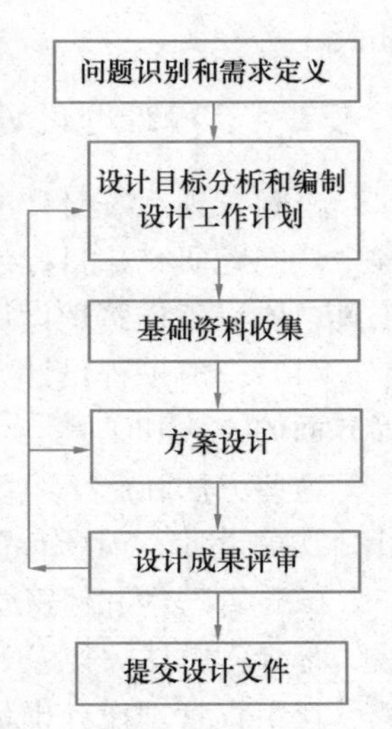

图 1-9 设计过程

(2) 设计目标分析和编制设计工作计划。通过分析企业的期望、工程的目标，得到设计任务相关的要求，确定设计最终提交的成果，或系统应该达到的要求或设计准则。在此基础上，进行设计任务和工作范围的界定及工作分解。

(3) 基础资料收集。这是设计工作的依据和制约条件，包括：

1）前阶段的工程设计文件。

2）政府法律法规、规范性文件，工程管理相关规范、标准，工程技术标准等。

3）环境调查资料。

4）过去同类工程的资料等。

(4) 方案设计。按照设计目标和要求，提出设计方案。设计方案通常是基于过去的工程管理知识、原理、经验，以及对未来的主观认知或预测做出的，这是设计最重要的工作。其与工程技术设计相似，需要先进行总体系统构建（方案设计），再进行各子系统（各职能方案、技术方案、进度方案、采购方案、安全措施等）设计，最后进行系统集成。

1）需要应用工程管理设计所需的各种理论、方法和工具，构建框架、模型，提出相应的设计方案。

2）对设计方案进行数据分析、评价和优化。通常对项目总体方案和各个部分（子系统）都应该进行多个设计（解决）方案的比选论证。

3）分析和研究设计方案的作用机理、作用形式、发挥作用的条件以及实施方式。不仅要对有关系统、设施、流程、方案等进行创新性设计，并开展相关问题研究，还要为设

计成果的实施提出具体建议，对应用可能出现的问题作出预测，提出相应的对策措施。

4）由于管理设计的特殊性，针对创新性的设计方案，以及一些重点、难点问题的解决方案，需要进行专题研究或专项设计。

（5）设计成果评审。评价其与设计目标和准则的符合程度，通常采用专家评审会等方式进行评审。对具有专业工程技术特征的设计成果，需要通过实验、模拟、第三方测试等方法评估其科学性和可行性。

上述工作常常需要经过多重交叉迭代、不断反馈和调整、持续推进的过程。

（6）提交设计文件。按照工程设计的要求，设计文件要提出设计背景、需求分析、设计依据、设计过程及验证结论等。

在设计成果实施过程中，还要进行设计成果交底，跟踪设计成果应用，测试和评价解决方案的有效性。要根据工程管理活动和工程管理系统的运行情况、工程状态、绩效监测的结果和外部环境的变化，不断进行优化、调整、纠正、完善和提升，实现持续改进。

当然，针对不同的设计任务，更详细的设计过程会有所区别，在后面实务篇各章中再述及。

1.4.2 工程管理设计的方法和工具

工程管理系统设计的综合性决定了它的内容非常广泛，涉及众多专业领域。在设计过程中，问题研究、目标设计和工作计划、方案设计、成果评审等都需要应用一定的方法和工具，所以工程管理设计的方法和工具也非常广泛。

（1）一般工程设计方法和工具，如工程图学、力学、工程测绘、结构工程、材料科学等方面的方法和工具。

这些方法在施工组织设计的施工方案设计中应用较多，如模板设计、基坑维护方案设计、支撑设计、现场布置等。

（2）管理学和经济学常用的方法和工具，如系统方法、评价方法、决策方法、预测方法、统计学方法，以及目标管理、组织学、模拟技术、线性规划、排队论等方法和工具。

在工程管理设计中最常用的系统工程方法是系统分解和集成方法，如工程的目标系统分解结构（OBS）、工程技术系统分解结构（EBS）、工作分解结构（WBS）、组织分解结构（OBS）、成本（投资）分解结构（CBS）、合同分解结构（CBS）、风险分解结构（RBS）等。

（3）工程管理专业工具和方法，包括工程项目管理、工程经济学、工程合同管理、工程估价等方面的方法和工具。如：

1）工程项目范围管理方法，如范围说明书、工作报表、界面说明书等。

2）工程项目的实施方式，如各种承发包模式、管理模式、融资模式、组织模式、责任制模式等。

3）项目组织工具，如组织结构图、责任矩阵、任务说明表等。

4）工程质量管理方法和工具。

5）工作流程图（网络计划技术）、横道图、作业测定、工效学、风险分析方法等。

6）工程经济学方法，如成本与利润分析、价值工程方法、投入产出分析方法等。

7）合同策划方法，如标准合同文本、合同分析方法、索赔与反索赔方法等。

8）工程项目的其他职能管理方法和工具，如HSE管理体系等。

（4）工程建设领域一些成熟的方式方法体系，如并行工程、准时生产（Just In Time，JIT）、精益建造、敏捷建造等。如精益建造就是在建筑工程中综合应用价值管理和优化方法、流程管理、组织管理、顾客关系管理、完美施工和持续改进等，形成独特的体系。

（5）计算机和信息技术工具，如各种工程项目管理软件、BIM技术、虚拟现实技术、办公系统（OA）软件、大数据分析和算法工具等。

（6）其他学科领域的方法和工具，如数学、物理、化学、生态学、市场学、美学、人体工程学、社会学、心理学、哲学、统计学等方法和工具。

1.4.3 工程管理设计的载体

设计的载体是指设计成果的表现（描述）体系，即设计思想和方案表现所采用的手段和方法。工程管理设计成果主要通过信息方式描述和传递，它的载体通常有：

（1）文本文件、电子文件，包括文字、图表、图纸、计算书、分析报告等。

（2）实物模型、沙盘等。这在一些房地产开发项目、大型基础设施建设工程项目中经常用到。

（3）项目管理程序（如网络计划、信息管理系统软件）、BIM（三维或四维动画）模型、虚拟仿真模型等。

（4）其他，如云储存等。随着现代信息技术的发展还会有新的载体出现。

1.5 工程管理设计的系统逻辑

工程是一个复杂的系统，是技术、物质、组织、行为和信息等系统的综合体，它可以从各个系统角度进行描述，如目标系统、工程技术系统、行为系统、组织系统、管理系统等。这些系统之间存在错综复杂的关系，有内在的逻辑性，即它们之间存在出现的时间顺序（逻辑）关系、依附关系以及从属关系等（图1-10）。

这些系统概念和系统相关性在工程项目管理教学、研究和实践应用中具有特别重要的地位。工程管理设计作为一种管理系统设计，它的对象是各式各样的“工程项目”，服从工程项目系统原理，因此必须遵循这种基本逻辑。

（1）这在很大程度上决定了工程管理设计的主要内容，包括环境研究（上层战略研究）、目标设计、工程系统（交付成果）策划、工程范围和流程设计、组织设计、管理系统设计、信息管理系统设计等方面。

（2）这在很大程度上决定了工程管理系统设计的思路，即由环境研究到目标设计，到技术系统设计（由各工程专业人员承担），到范围管理、工作分解和流程设计，到组织设计，再到管理体系设计，最后才是信息管理系统设计。这是工程管理设计成果科学性的保证，不仅适用于工程全寿命期管理系统设计，也适用于相关的各工程项目管理系统的设计。

（3）这种逻辑同样适用于工程管理设计成果体系的构建和内容的陈述。即工程管理设计成果（研究报告、策划文件、组织设计文件、系统设计文件等）应该按照环境和上层战略、所要实现的目标、最终交付的成果、工程项目范围、工作分解和过程、任务的承担

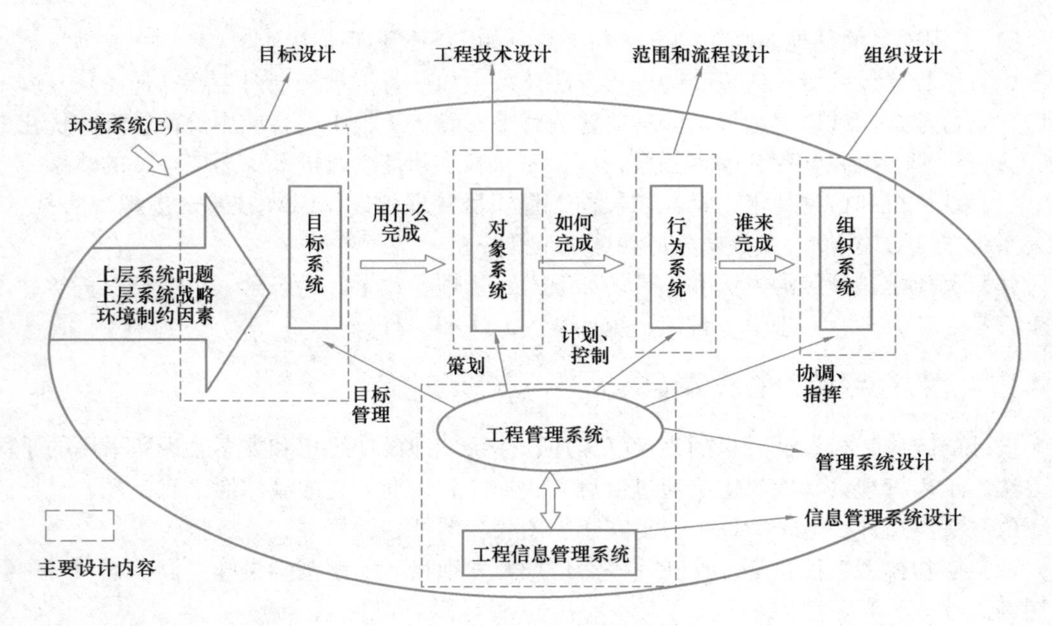

图 1-10 工程管理设计的系统逻辑

本图绘制基于：《工程项目管理（第4版）》，成虎，中国建筑工业出版社 P29。

者、管理系统等逐一进行说明，同时要体现并强调它们的相关性。

（4）在设计成果应用过程中，对设计成果的执行情况进行检查、分析并调整，或进行错误的修改，都适用于这样的逻辑。

复习思考题

1. 简述设计、工程设计、工程管理设计的内涵。
2. 与结构工程设计相比，工程管理设计有哪些特殊性？
3. 在后续的工程管理设计实务中如何体现工程管理设计的原则？
4. 在后续的工程管理设计实务中如何体现项目层面和企业层面设计的联系与区别？
5. 工程领域还有哪些重要的工程管理设计工作？

2 工程目标、范围和流程设计原理

【内容提要】

本章涉及对工程目标和行为系统的设计，主要介绍如下内容：

（1）工程目标设计原理。

（2）工程范围界定和工作结构分解方法。

（3）工程流程设计原理。

本章内容是工程组织设计、管理系统设计和信息管理系统设计的基础。

2.1 概述

在各种工程管理设计中，工程目标设计、工程系统范围确定、流程设计是基础性工作，具有相似的工作内容和过程。这几方面内容具有相关性（图 2-1）：

（1）工程目标设计（包括分解、论证）。工程目标设计是工程、工程项目、工程管理系统设计的起点，在具体工程管理设计中都应该有明确的目标设计过程。

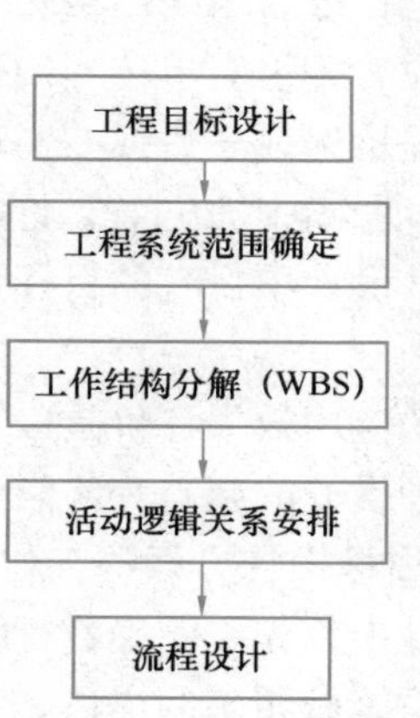

图 2-1 工程目标、范围和流程设计过程

（2）工程系统范围确定。其包括：

1）实现目标所必须完成的工作范围，即确定管理对象的边界和内涵。

2）工程范围通常包括工程交付成果的范围和工程活动的范围。

（3）工作结构分解。进行工作结构分解，得到 WBS，对各项工作进行定义。按照现代项目管理的要求，首先要将确定的项目范围分解成明确的可管理的活动，并落实各工作任务的责任人。

（4）活动逻辑关系安排。确定工程活动之间的逻辑关系，进一步即可进行工作流程设计。

（5）流程设计。工程管理设计既注重结果（交付成果），又注重过程（流程和中间成果），所以在工程范围和流程设计中要兼有这两方面的内涵。

上述设计过程适用于整个工程、某个工程项目以及项目管理工作，在项目管理课程教学中具有重要的地位。

由于工程管理具有过程管理的特性，工程活动的范围（项目范围）和结构分解是工程管理设计的“咽喉”，它将工程目标与实施流程、工程组织、各职能管理工作等相连接，既是工程目标实现的保证，又是后续各种工程实施计划、工程组织设计、管理工作范围和流程设计、信息管理系统设计的依据。

上述过程也适用于（包括）工程管理活动，但通常将工程管理工作的范围、结构分解、流程管理等方面的工作作为工程管理系统设计的内容。

2.2 工程目标设计基本原理

2.2.1 概述

1. 目标系统的概念

目标系统是工程所要达到的最终状态的描述系统，它是抽象系统。目标系统有如下作用：

（1）目标是工程和工程管理的“命题”，工程目标主要是通过工程系统的建设和运行实现的，所以目标系统决定工程的技术系统、行为系统、组织系统、管理系统等。工程管理设计需要将目标与工程实施任务、组织结构相联系，建立自上而下、由整体（工程全寿命期、企业）到部分（各阶段、各组织单位）的目标控制体系，并通过对各层次目标的控制、完成情况的考核和业绩评价保证总目标的实现。

（2）目标系统决定工程管理的范围和过程。许多职能管理子系统都直接对应目标因素。

（3）工程管理设计工作（设计项目）的目标也来源于工程的目标系统，是为了保证工程总目标的实现。

（4）工程管理设计成果的应用效果评价是以目标系统作为参照系。

所以，目标既是工程管理设计的起点和终点，又贯穿工程管理设计全过程。

2. 工程管理设计中涉及目标系统方面的工作

（1）在任何工程管理设计中首先要明确目标，包含目标系统设计（或分析、分解、评价、论证）过程，要对目标系统做明确的描述，并构建目标保证体系。

（2）工程目标系统是工程管理设计中的一条主线，决定工程管理设计的具体内容。工程技术系统、行为系统、组织系统和管理系统等都是围绕目标系统进行设计的。

工程寿命期各阶段、各工程项目、各层次组织都有目标设计过程，有相同或相似的设计逻辑。但在工程实践中，目标设计过程显示度不够，缺少“显性”的过程，所以导致工程的目标管理过程缺少科学性和约束力。

（3）工程目标设计，包括工程各层次和各阶段目标体系构建、目标因素定义和目标关系分析等内容。

3. 工程目标管理的总体过程

工程目标设计包含在工程目标管理总体过程中。在工程全寿命期中，目标管理经历如图 2-2 所示的总体系统过程。

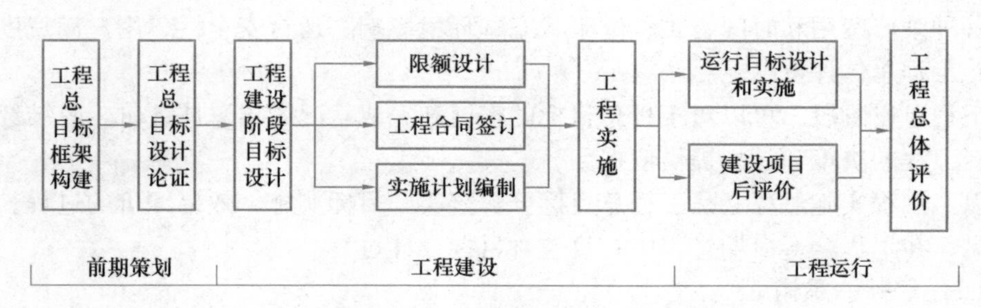

图 2-2 工程目标管理总体系统过程

（1）工程总目标系统❶设计。

工程总目标系统以工程全寿命期为对象，包括工程实施和运行的所有主要方面，体现综合性、系统性和完备性。它不仅包括工程自身的价值（目的、使命、准则）实现，还应体现对企业战略的贡献和工程的社会价值、历史价值。

在前期策划阶段，首先提出工程总目标，并构建工程总目标系统框架。通过可行性研究和项目评价，对工程总目标体系进行精心优化和论证，作为项目立项的依据。可行性研究被批准，工程建设项目立项，就具有明确的工程总目标和目标系统。

工程总目标来自环境系统出现的问题，或上层组织新的战略，或环境的制约因素，是环境（或上层组织、市场）对工程的要求和工程的整体价值体现。工程总目标还要分解形成各阶段、组织各层次、各个工程项目的目标。

（2）工程建设项目目标设计

项目立项后，需要按照批准的可行性研究报告编制工程建设项目任务书，由工程总目标分解得到建设阶段的目标体系，并作详细定义，作为工程技术设计和计划、实施控制的依据。

1）按照建设阶段的目标定义工程建设项目，进行工程建设项目实施规划。

2）提出工程设计的限额，作为工程系统规划设计的依据和限制条件。

3）提出工程采购招标和合同的相关要求，将建设项目目标分解到各个施工合同、采购合同、咨询合同上。由此形成建设阶段各项目的目标，进而确定各组织层次的目标。各个工程采购招标文件和合同的策划过程实质上又是建设项目目标分解和详细设计的过程。

4）在工程建设过程中，要进行建设项目目标的实施控制，依据目标实施监督、跟踪和诊断，有时需要对目标进行调整。

5）在工程竣工交付运行后一段时间，进行建设项目后评价，总结、分析建设项目目标的实施状况、存在的问题、经验和教训。

（3）运行阶段的目标设计

工程投入运行前，需要由工程总目标分解出运行阶段的目标系统，并作详细定义。通常，工程在运行阶段作为工程所属企业（包括项目公司）经营管理的一部分，每年都要对工程的运行维护设置相应的目标，主要包括生产能力、工程的产品收入、正常的运行维护

❶ 通常“工程总目标系统”专指经过可行性研究后构建的如图 6-12 所示的结构。在前期策划阶段，上层组织常常提出一个概念性的“总目标”，如港珠澳大桥的总目标是“世界级跨海通道，为用户提供优质服务，成为地标性建筑”。

费用、各种维修费用和时间、工程健康状态、环境影响、运行安全性、用户满意度等。

(4) 工程总体评价

在工程退役阶段，可以对工程总目标的实施和完成状况做出总体评价，总结经验和教训，为新工程的决策和计划提供依据。

所以，工程实施过程又是工程总目标分解落实、目标实施、效果评价的过程。从上述分析可见，在工程全寿命期过程中一直包含目标设计过程。

4. 工程目标体系构建

在前期策划阶段设立工程总目标，工程立项后，需要将总目标分解落实到各阶段、各项目和工程组织的各个层次，形成一个多维、多层次的工程目标体系（图 2-3）。这样在工程各阶段和各组织界面上，通过目标设计可将工程价值体系由前向后、由上向下传承。

(1) 工程总目标。它在可行性研究阶段设置，是对工程全寿命期实施效果的总体概括，对工程各阶段目标、各工程系统目标、各层次项目目标、各组织单元目标等具有规定性和统领性。

(2) 各阶段目标。工程总目标必须分解落实到各阶段，形成各阶段实施工作的目标，作为各阶段计划和控制的依据，是各阶段工作近期的目标。

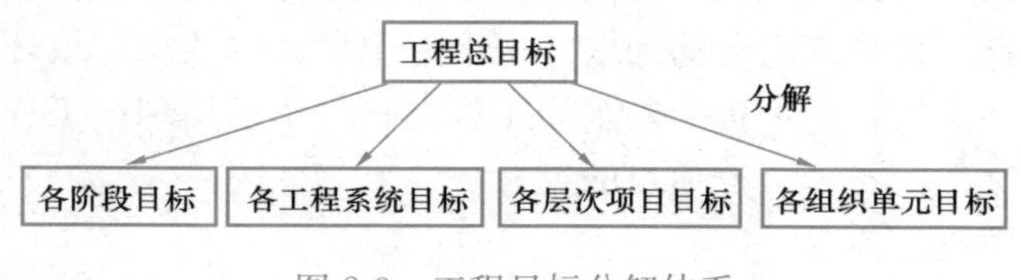

图 2-3 工程目标分解体系

最典型和最重要的是工程建设阶段的目标，它可作为工程建设项目实施计划和管理规划编制的依据。

(3) 各工程系统目标。如大型工程各功能区（实际工程中被称为单项工程、单体工程或区段等）的功能（如生产能力、服务能力）、技术标准（如质量标准、服务寿命），环境保护、城市规划、防震、防洪、防空、文物保护等方面的要求和相应的标准，以及时间、投资（限额设计、成本或费用）等方面的要求。

对于大型工业工程项目，还要分解到专业工程系统（如结构工程系统、工艺设备系统、采暖通风系统、智能化系统、装饰装修工程系统、车辆系统等）的目标，它们对这些工程系统有规定性。

(4) 各层次项目目标。工程的实施是通过各阶段的项目进行的（图 1-5），每个项目都有相应的目标系统，它们都是为了保证工程总目标的实现，都应按照工程总目标设置，如投资项目目标、工程总承包项目目标、施工项目目标等。

如施工项目目标通常是建设项目目标的一部分，对施工组织设计具有规定性，通常由施工合同定义。

(5) 各组织单元目标。工程的每个组织单元都要承担相应的工程任务，有相应的目标体系，作为组织单元的责任，并作为对其进行工作检查、监督、考核和业绩评价的依据。这是组织责任制的核心内容。它们是通过工程招标投标和企业内的项目责任制分解和落实的。

这些目标体系和目标因素之间具有相关性，如各阶段目标、各层次项目目标、各组织单元目标之间会有交叉，同时又存在差异性。这些目标常常又直接形成工程管理者的任务，作为相关工程管理工作的目标。

5. 工程目标设计的一般工作过程

目标设计属于工程管理设计的一部分，即各个层次和维度的目标体系设计工作隐含在相应的工程管理设计中，都必须按系统工作方法有步骤地进行。

目标设计工作主要包括如下过程：

(1) 目标设计的前提条件研究。如对上层系统的问题、战略、需求、资源约束条件等进行研究。

(2) 目标因素分解和目标系统构建。上述每个目标体系中都包含许多目标因素，需要将它们罗列出来，并进行分解、集合、排序和结构化，形成目标系统。

(3) 目标因素定义。即需要对各目标因素进行定性或定量说明。

(4) 目标因素之间的关系分析，争执的解决和目标系统评价。

2.2.2 工程目标因素分解和定义

1. 工程目标因素的一般构成

在上述目标体系中，工程总目标规定或制约着下层次的各目标，而下层次的目标是为了保证上层次目标的实现，因此它们所包括的目标因素构成有相似性。

不同层次的工程目标对目标因素的描述方式会有所不同，但通常都包括如下因素（图 2-4）：

(1) 质量和功能目标（功能、技术标准、质量等级等），这主要是对交付成果的要求。

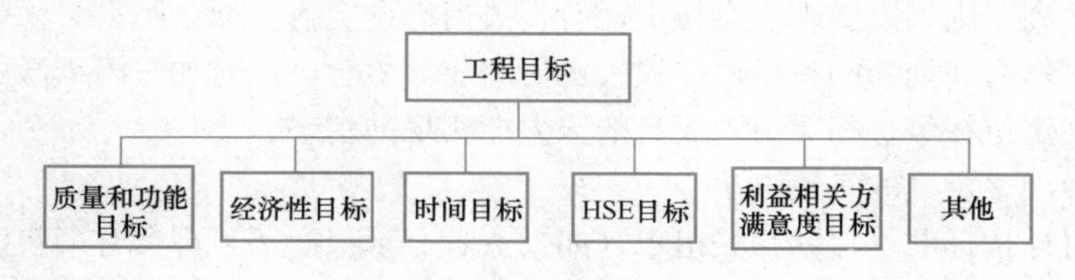

图 2-4 工程目标因素构成

(2) 经济性目标，如费用、投资、成本、收益等。

(3) 时间目标，如工程设计寿命、建设期限、施工工期、投资回收期等。

(4) 健康、安全和环境（HSE）目标。

(5) 利益相关方满意度目标。

(6) 其他，如社会影响、对战略的贡献等。

在不同的工程项目中，对这些目标有不同的用语和描述。比较典型的是，施工项目目标包括质量、工期、成本、安全、环境保护、业主满意度等目标因素。

2. 工程目标因素的来源

在图 2-4 所示的目标体系中，目标因素通常来自于：

(1) 上层次目标的分解。上层次的目标常常是综合性的、概念性的或笼统的，随着工程设计、计划的深入，要逐渐将一些目标因素明确，或具体化、细化和定量化。如：

1）工程总目标所包括的部分因素来自于企业的需求、问题、经营战略或项目组合目标的分解。

2）工程建设项目的部分目标因素来自于工程总目标、所属企业经营目标的分解。

3）施工项目的部分目标因素来自于建设项目目标的分解（由招标文件和合同定义）、施工企业目标的分解等。

由此形成自上层目标向下层目标的传承，以保证工程总目标和企业总目标的实现。上层目标的分解通常作为相应目标系统最核心的内容。

（2）新增加的目标因素。各个层次的目标系统都会增加一些新的目标因素。

1）特殊的环境制约条件。如新发现的文物或物种需要保护。

2）法律要求。

3）其他利益相关者（如周边组织）的要求。如施工项目也会因为分包商、周边组织新的要求等，增加或调整目标成本。

4）一些创新型工程项目在工程实施过程中可能会发生新的情况、提出新的要求、开发出新的技术等，因此产生新的目标因素。

3. 工程目标因素指标的定义

（1）对目标因素进行定义，即采用定量或定性方法对目标因素作出说明和限定。目标因素应尽可能明确，尽可能定量化，能用时间、成本（费用）、利润、产品数量等特性指标来表示，以便能进一步进行量化分析、对比、评价和考核。这是工程目标管理最基本的要求。

（2）目标指标的设定要考虑工程产品或服务的市场状况、企业的能力，以及边界条件的制约，要切合实际、实事求是，既不好大喜功，又不保守，不能完全出自主观期望。如果指标定得太高，则难以实现，会使责任者丧失信心；定得太低，则失去优化的可能，工程组织会失去努力和创新的积极性，失去更好的收益机会，同时失去组织激励的作用。通常将目标指标定位在经过相关组织成员的努力能实现的水平。

（3）目标因素定义的一般方法。

对具体目标指标的设定，相关组织（如投资者、承包商等）都会有期望值，但期望不能代表现实，常常需要采用如下方法进行预设、评价、分析和优化：

1）同类（或相似）项目比较法。对常规的工程，可以采用近期完成的同类项目的实际成果资料进行分析处理，总结经验和教训，确定本项目的目标。特别是对建设工程项目成本（造价）、工期等方面目标的设定有较大的参考价值。

2）指标（参数）计算法。如我国各工程领域都有相应的工程建设投资估算、工程造价概预算指标和工期的指标体系。这些数据常常代表行业、地区等的平均水平。

3）费用/效用分析法。如工程全寿命期费用评价方法。

4）头脑风暴法。对技术新颖的研究开发型项目，可以采用专家会议或专家调查的方法，集思广益。

5）价值工程方法等。

4. 工程目标因素指标的优化

目标因素指标的科学性和可行性并非在项目初期就可以达到。按照正常的系统过程，在项目立项后的设计和计划中，还需要对各目标因素做进一步分析、对比、修改、增删，构成一个反复的过程。对新开发的或创新型工程项目，由于缺乏可用的参照系，目标设计只能是一个探索的过程。早期只能确定一个框架，或者提出一个愿景，需要在项目过程中不断探索、充实、调整。

2.2.3 目标设计的基本要求

1. 目标系统的协调性要求

对工程的任何目标系统，各目标因素所定义的指标之间应平衡，它们应有相容性，不发生矛盾和冲突。若不平衡或不相容，工程项目就存在自身的矛盾性，无法顺利实施。

（1）任何一个目标系统中，目标因素之间存在复杂的关系，应该保证它们的协调性，例如在总目标系统中环境保护标准和投资收益率、自动化水平和就业人数、技术标准和总投资等。处理和解决目标因素之间的争执是目标设计的重要内容，它需要经过一个反复论证、修改和完善的过程。

（2）不同层次的目标体系之间的相容性要求。如工程总目标要体现上层系统的要求，建设阶段的目标与工程总目标一致，施工项目目标与建设阶段目标之间要有相容性等。

2. 目标系统需要体现相关方利益的平衡

工程目标是通过对问题的解决最佳地满足上层系统和相关方对工程的需要，许多目标因素都是由工程相关方提出来的，或为考虑相关方利益设置的。所以许多目标因素的争执常常反映了工程组织成员或利益相关者之间的争执。只有在目标设计中承认和照顾到项目相关群体和集团的利益，工程的实施才有可能使各方满意，才能顺利进行。

在目标设计过程中，必须向工程相关各方调查询问，征求他们的意见。有时在工程前期，有些相关方（如承包商、房地产开发项目中的购房者）尚未具体确定，则必须对有代表性的或潜在的相关方做调查。

3. 目标的弹性要求

工程目标经批准后要有权威性，不能随意修改。随意变更目标会导致计划的变动，人们不敬畏目标，失去工程价值体系的稳定性。但过度的刚性又不能适应高风险和变化的情况，这对工程项目来说常常又是十分危险的。

由于环境变化、上层战略调整、不可预见因素等的干扰，需要调整目标因素。所以在目标系统设计（分解、论证）时需要一定的弹性，通常体现在如下几个方面：

（1）目标指标的设置要有一定的可变性和弹性，留有一定的余地（如风险准备金），要考虑到工程和环境的特殊性，考虑到不利情况、环境的不确定性和风险事件的发生。

（2）定量指标的设置最好有一定的幅度范围，如划定最高值、最低值区域。考虑最有利的情况和最不利的情况下通过努力能够达到的结果。

这样在进一步的研究论证（如目标系统分析、可行性研究、设计）中可以按具体情况进行适当的调整。

4. 不仅要关注定量目标，而且要关注定性目标

定量目标容易定义、优化、评价和考察业绩，所以人们比较重视。但在各层次的目标体系中都会有一些重要的和有重大影响的目标很难用数字来表示，如反映工程的人性化、各方面满意度、对企业战略的贡献、社会价值、环境价值、历史价值等方面的指标。忽视这些指标会失去对具体工程问题的价值判断，使工程项目实施迷失方向。

5. 目标设计过程和方式要符合工程系统和工程项目的特殊性

有些工程系统是确定性的，环境变化较小，实施方案复杂性较小（如一般的房地产开发项目、房屋施工项目），有成熟的经验参照，因此它的目标在早期就可以确定，实施方案、组织、各种职能管理计划可以做得较细，可以有较大的刚性。

但对一些采用新技术、研发性的工程（如港珠澳大桥、新型号武器的研发工程等），以及创新型和研究型的工程项目（如工法研究、技术改造项目等），具有高度的动态性和不确定性，它们的目标设计和管理过程与一般工程建设项目有很大的差异。这类工程项目总目标常常出自上层新的战略，在初期通常是不太明确的，只能提出大的框架和总体要求（或愿景），需要通过在项目过程中分析所获得的阶段性成果，对所遇到的新问题和新情况进行综合分析、判断、审查，探索新的解决办法，作出新的决策、编制新的计划，逐渐明确并不断修改目标。所以对这类工程项目的目标、项目范围、流程、组织等的设计要有更大的柔性，必须加强目标的变更管理，加强项目的阶段决策和阶段计划工作。同时，很难预先设定明确的流程、实施方式和组织，需要在过程中迭代、优选，需要不断地进行中间决策。但这种做法不是对目标设计过程的否定，而是更需要人们具有工程目标设计的系统思维和逻辑。

2.2.4 工程目标因素的协同

1. 工程目标因素定义存在的问题

由于目标设计是基于对工程实施、环境、市场等方面的假设和虚拟现实基础上进行的，而工程又是一次性的、独特的，受环境影响大，是在信息不完全和信息不对称的情况下进行的，设计的依据会显得不足，又没有直接可用的参照系，使得工程目标系统设计的理性、完整性和科学性受到极大的限制。

（1）由于工程是多目标系统，目标因素有定性和定量的区别，而定量的目标因素有不同的量纲。这给目标系统构建、评价和优化带来困难。

（2）许多目标因素由不同的人员，如不同的利益相关者、不同的工程专业人员、不同的职能管理人员提出，由此会将不同相关者的利益冲突带入工程目标设计中，带来目标争执。

（3）目标因素有不同的属性，如经济、技术、管理、法律方面的要求，对应（或影响）工程系统方案、实施方式和过程等不同方面，会提出不同的要求，如：

1）投资规模直接决定了工程的范围（规模）、功能、质量标准等，而投资规模是经济方面的目标，工程范围、功能和质量方面的目标决定了工程系统的构成、规模和特质。

2）环境目标规定了工程运行中污染排放和污染处理的要求，进而产生污染处理设施系统的要求，其又会影响生产功能和投资规模等方面的目标。

在实际工程中目标因素常常会产生矛盾，而这些矛盾会带来工程内在的、根本性的冲突，这些冲突都会在工程实施中暴露出来，最终必然会导致工程的失败。

2. 目标因素争执的解决

目标因素的争执是工程管理设计需要解决的难题。在可行性研究、技术设计和计划、招标投标、施工过程中，都需要重点解决（平衡）工程目标因素的争执，常常需要通过专题研究或专项设计，使工程功能、成本、时间、HSE 等目标因素之间协调，专业系统和资源配置均衡。

不同的目标因素有不同的特性，如环境保护目标由法律规定，有更大的强制性，当它与经济性指标（投资收益率、投资回收期、总投资等）产生冲突时，首先必须满足环境保护的要求。

3. 目标的优化

（1）单个目标因素的优化。通常单个目标因素的优化由专业人员或职能管理人员处理，主要解决相应的工程结构、实施方式、合同、组织方式、职能管理计划等方案选择问题。如常见的融资结构优化、结构设计方案优化、施工方案优化、施工工期优化、采购成本优化、资源平衡、供应方案优化、模板拼装优化等。在这个层面上需要非常强的专业知识，会有一些技术性很强的算法工具。它通常是在子系统设计、职能管理方案设计等过程中以专项设计的形式解决的。

（2）多目标优化。完全单一目标因素的优化是较少的，大量的是多目标优化。由于目标因素之间存在交叉影响，单一目标因素优化（或调整）必然会带来其他相关联的目标因素的变化。常常为了优化某个目标因素采取一个措施，可能会给另外一个或几个目标因素带来问题。如为了优化工期，需要变更施工方案，就会带来成本增加，对工程质量和资源的供应产生影响。但工期提前又会使工程提前投产，带来经济效益。

同时，由于工程目标因素有不同性质的指标，有定量指标和定性指标，即使是定量指标也会有不同的量纲。这使得目标因素的优化、评价和选择都是极其困难的，甚至不可能有最优解。

在项目计划中，“工期—成本”优化、“质量—成本”优化等都属于多目标的优化方法。在“工程项目管理”“工程经济学”课程中都有介绍。

对一些特殊工程的多目标优化还可以采用一些数学方法。过去在管理科学与工程领域深入研究过许多目标优化的数学模型，有许多定量方法，如排队论、图论、运筹学方法等。

（3）工程项目的目标优化常常还需要与企业战略、企业的项目组合、项目群（多项目）目标、计划通盘考虑。

（4）对采用新技术的高科技工程，由于目标设计是一个逐渐探索的过程，因此其目标优化是一个持续的过程。

2.3 工程范围的确定和工作分解结构

2.3.1 工程范围的确定

工程范围包括交付成果（工程系统）范围和工程活动范围，它们都可以采用系统分解方法，用树形结构图表示。

1. 工程交付成果范围的确定

对一般的工程项目，都有特定的交付成果。最重要和最典型的是工程建设项目。它的交付成果是工程技术系统，是由完成工程目标所要求的安全、健康、稳定运行所必需的专业工程系统构成。

工程系统结构分解是在工程系统功能分析的基础上，按功能区和专业工程系统将工程系统分解为一定细度的工程子系统而形成的树状结构，即工程系统分解结构（EBS）。工程系统结构分解通常分为两步：

（1）确定工程的功能要求和功能区。

在各利益相关者（主要为投资方、项目用户、政府、承包商、运营商、周边组织等）需求和工程目标分析的基础上，确定工程的功能要求和功能区。

功能常常是工程系统在一定的平面和空间上起的作用，如能够提供产品（或中间产品）或服务。功能区是一个综合性的整体，如分厂、车间、楼宇或建筑空间可以用功能分析和说明文件表描述，它在很大程度上体现了工程系统的空间结构。

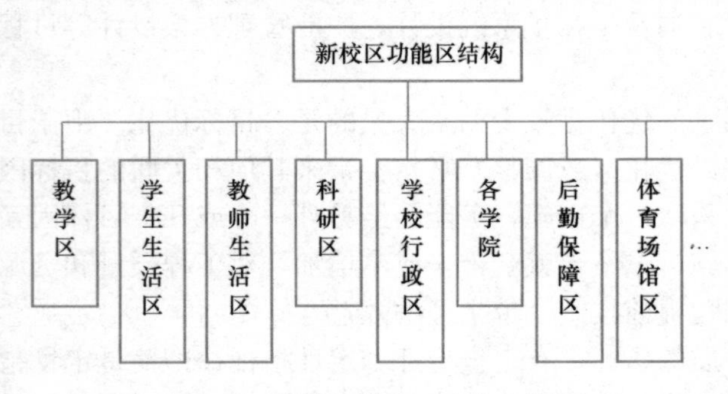

图 2-5　某学校新校区功能区结构

在我国过去的建设工程管理中，一个建设项目可以分解为多个“单项工程”，而“单项工程”一般就是功能区，例如一个新校区的功能区由教学区、学生生活区、教师生活区、科研区等组成（图 2-5）。

每个功能区还可以细分为下层次的功能区，如教学区还可以分为各栋教学楼、图书馆、专业教学实训楼等，而图书馆还可以细分为更低层次的功能区。

（2）确定各功能区的专业工程系统构成，即实现预定的功能所要求的专业工程系统结构。

每个功能区（每栋建筑）由不同的专业工程系统构成，每个专业工程系统有不同的形态，有的是硬件系统，如结构工程系统、给水排水工程系统、通风工程系统等；有的是软件系统，如智能化系统、控制系统、信号系统等。如在教学区中有一栋教学楼，其专业工程系统结构如图 2-6 所示。

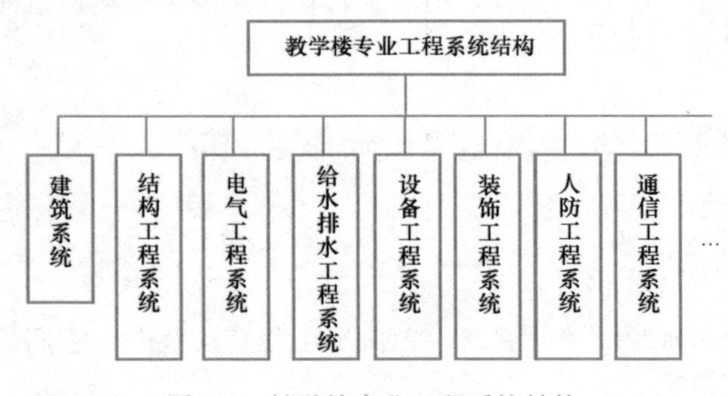

图 2-6　教学楼专业工程系统结构

有些工程专业系统还可以进一步分解为专业工程子系统或要素。例如：一栋建筑的给水排水工程系统可以分解为多个给水子系统和排水子系统；城市轨道交通工程中的车站工程中土建工程系统可以分解为基础、柱、墙体、饰面等系统要素。

将上述分解结果综合起来，就可以得到工程系统分解结构（EBS）图。如某城市轨道交通工程 EBS 分解图如图 2-7 所示。

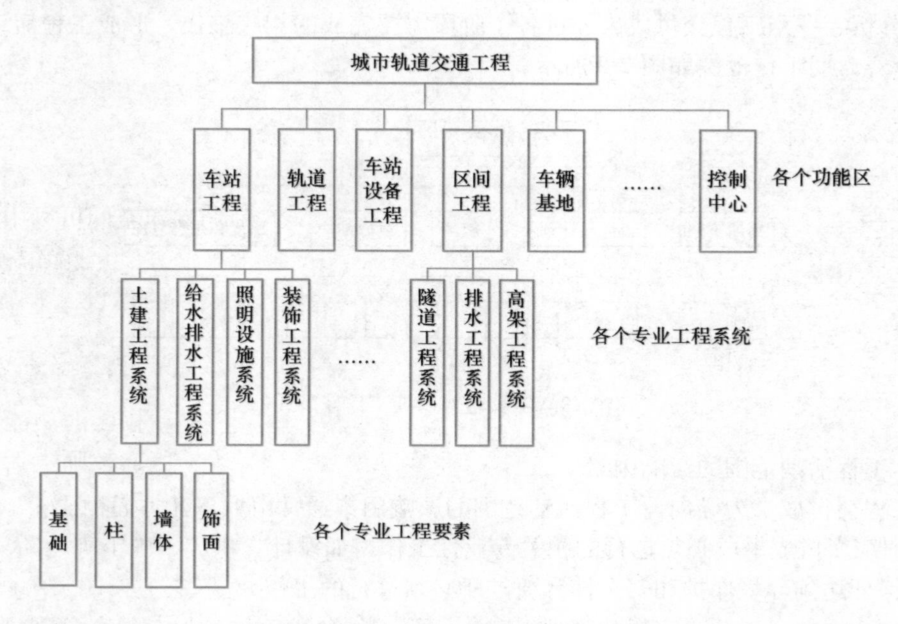

图 2-7　某城市轨道交通工程 EBS 分解图

确定功能区和专业工程系统结构，并对它们进行定义是工程规划和各专业工程技术设计的任务。而施工项目的交付成果范围由施工合同文件中的工程量清单、规范和图纸等定义。

2. 工程活动（WBS）的范围

（1）工程活动的概念

1）活动的概念。通常活动需要接收某些输入（如材料、半成品、放样图、指令、能源、资源、信息等），在某种规则运作下，经过特定的处理过程转化为输出，它的基本要素可以用图 2-8 表示。

2）工程活动。工程全寿命期过程以及各“工程项目”都是由一个个“工程活动”组成的，包括可行性研究与决策、规划、勘察与设计、专门设备的制造、施工、运行和维护，还包括新型产品、新工艺、装备和软件的开发、制造和生产过程，以及技术创新、技术革新、更新改造、产品或产业转型过程等。

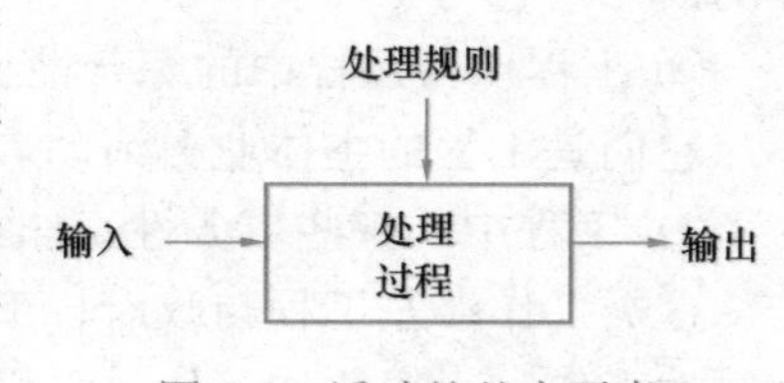

图 2-8　活动的基本要素

这些工程活动形成流程，是工程管理设计的对象。工程管理设计就是为了使工程全寿命期过程顺利进行，使工程健康、高效率地运行。

（2）工程活动范围的确定

工程活动范围的确定一般包括如下过程：

1）阶段划分。无论是工程全寿命期或某类工程项目（如施工项目、总承包项目或建设项目）都可以划分为一些首尾相连的阶段。如工程全寿命期可分为前期策划、设计和计划、施工、运行维护、退役和生态复原等阶段；施工项目可分为投标、施工准备、施工、竣工交付、保修等阶段。

2）分析、罗列工程交付成果经过各个阶段需要完成的相应工作，形成工程活动范围。如工程全寿命期工作范围如图 2-9 所示。

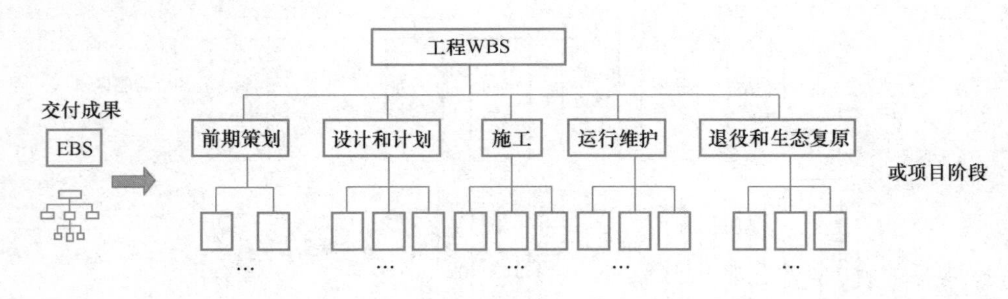

图 2-9 工程全寿命期工作范围

（3）工程活动范围的影响因素

以工程交付成果为导向，工程活动范围的影响因素通常由如下几方面构成：

1）围绕交付成果所必须进行的相关专业性工作，如设计、供应、施工等活动。

2）保证达到环境保护和安全性等要求所必须进行的工作。

3）法律法规（包括政府行政管理规定）所要求的各种工作，如获得各种审批、许可所需要完成的工作。

4）满足工程利益相关者要求的工作。

5）保障工程实施的管理工作。如按照项目管理的规定，各层次的工作分解都必须有相应的项目管理工作。

（4）工程活动的属性分析

通常工程活动主要分为三大类：

1）专业性工程实施活动，包括：

① 对工程进行设计、采购供应、施工、竣工验收、保修服务、技术开发等各种专业性的活动。它与工程技术系统的构成相关。

② 工程项目过程中的综合性工作，如可行性研究、施工准备、竣工等工作。

它们是工程的主体业务活动，是工程管理的重点对象。

2）工程中的一些事务性工作，包括各种申报、批准、办理各种许可、召开会议等工作。这类工作涉及工程与政府、工程项目与企业、企业之间大量事务的处理，主要是一些程序性工作和组织协调工作。它们有自身的特性和特殊的流程要求。从属性上说，招标投标工作也属于事务性工作。

3）工程管理活动。例如：

① 在工程和工程项目过程中有不同层次的计划、决策、组织、指挥等管理活动。

② 按照工程全寿命期阶段，可以分为前期决策、建设管理、运行维护和健康管理、退役管理等工作。

③ 按照职能可以分为进度管理、成本管理、质量管理、合同管理、HSE 管理、采购管理、信息管理等管理活动。

2.3.2 工作分解结构（WBS）

对所罗列的工作范围进行结构化，则可以得到工作分解结构（WBS）图。

1. WBS 体系

树形结构图是工程管理中最常用的系统结构分解结果。按照工程全寿命期阶段划分和工程项目的分解，可以分层次构建工作分解结构图。

（1）工程全寿命期 WBS。这是对工程全寿命期中的工作进行结构分解，是投资者的工程活动范围。它是根据投资企业工程管理的需要进行分解的，是最高层次、最全面的工作分解结构，但通常分解得比较粗略，可以分解为几个阶段的工作。

（2）工程建设项目 WBS。它通常包括工程的设计和计划、施工、竣工交付等阶段，是业主（包括项目管理单位）的管理范围。这是在工程建设项目管理规划中需要解决的问题，主要是为建设项目的工期计划、工程合同体系和招标策划、投资控制服务的，也比较宏观。

（3）施工项目 WBS。它是施工承包商的管理范围，是建设项目工作的一部分。施工项目工作分解结构是为施工现场管理服务的，需要在此基础上进行施工质量管理、工期安排、成本管理，所以是比较细致的。它的进一步分解要符合标准规范的要求，如《建筑工程施工质量验收统一标准》GB 50300—2013、《建设工程工程量清单计价规范》GB 50500—2013 等的要求。

其中，工程建设项目 WBS 是工程全寿命期 WBS 的子结构图；施工项目 WBS 是工程建设项目 WBS 的子结构图。施工项目 WBS 中的工作包（或分部分项工程）还可以分解为一些子结构图，这通常是由专业分包商（或施工班组）负责的工作。

这样形成多层次的“父—子”关系（图 2-10）。与此相对应，工程活动编码体系的设计通常也采用父子码方式。

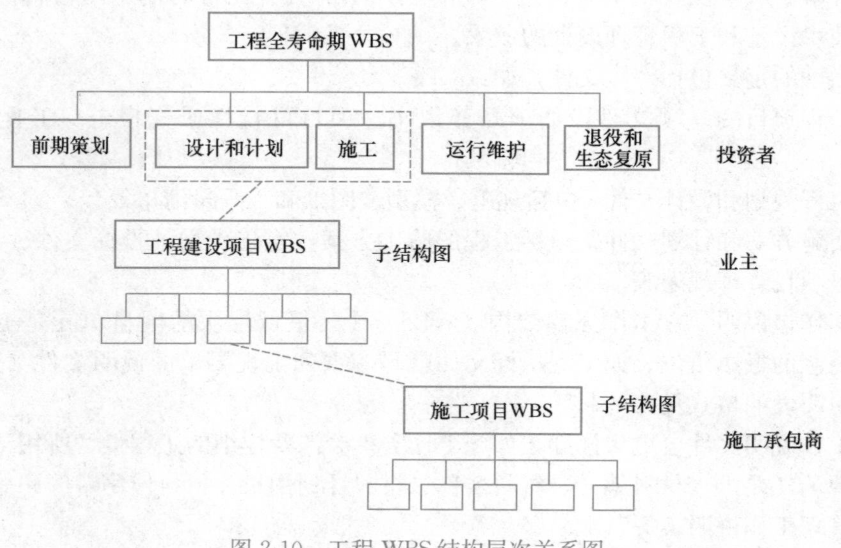

图 2-10 工程 WBS 结构层次关系图

2. WBS 在工程管理设计中的作用

工程的工作分解不是为了分解而分解，而是为后期项目的计划和控制服务的。所以，所采用的分解方法、分解的详细程度要符合后期各种管理的不同精度要求。

（1）在工程管理设计文件中，需要采用工作分解结构（WBS）对工作范围作出描述。

（2）工作分解是为相应层次的工程实施和工程管理工作服务的，要符合工程项目流程设计、合同体系策划和招标投标、实施计划、组织设计、实施控制等方面的需要。

（3）WBS 是各职能管理之间关系构建的桥梁。

工程项目的高效实施和精细化管理必须基于正确的、适合要求的工作结构分解（WBS）。但目前在工程管理设计中如何进行工程项目结构分解，如何充分利用分解的结果，仍然是我国工程管理界需要解决的问题。

3. WBS 分解的一般要求

（1）需要统一的分解规则。在一个工程领域，工程的工作结构分解应该规范化，需要制定统一的分解规则。如在工程建设项目手册中要规定参与项目的承包商、供应商、设计单位应按照业主统一的规则进行 WBS 编码设计，只有这样各层次、各角度的管理设计文件（如进度计划、成本计划、组织计划等）信息才能无障碍沟通。

（2）在工程中，需要有统一的编码设计规则。按照分解结构图和子结构图的关系，相应采用父子码的形式统一编码。以此能将所有工程活动构建成一个统一的过程，形成集成化的管理系统。

2.3.3 工程活动的定义

不同层次的工程活动都需要比较完备的说明，对其内容进行具体定义，通常包括目标分解、交付成果的范围、功能要求、质量标准、时间安排、责任人和相关者、更进一步的工程活动分解、成本及工期等，使这些活动在开始前就有完备的信息。它们就是工程规划、工程技术设计和工程管理设计的成果。

工程活动的定义包括许多文件，如：

（1）工程项目的立项文件，如项目建议书、项目可行性研究报告、工程项目任务书等。

（2）工程规划和设计文件（包括规范、模型、图纸和工程量清单等）。

（3）实施方案和计划文件，包括工程的施工方案、实施计划、投标文件、合同文件、技术措施、项目管理规划等。

（4）工作包说明。在工作分解结构（WBS）中，最低层次的项目单元是工作包，它是计划和控制的最小单位。如工程招标文件就是一系列工程要求的说明文件（包）。常见的工作包说明表的格式见表 2-1。

有些工作说明文件会更为详细，如施工任务单会涉及详细的工程量、所用工种、技术等级、资源消耗要求（材料编号、材料名称、材料计划用量、材料使用量等）等。与它相似的还有管理工作说明表等。

工作包说明表 表 2-1

<table>
<tr><td>项 目 名：________
子项目名：________</td><td>工作包编码：________</td><td>日期：________
版次：________</td></tr>
<tr><td colspan="3">工作包名称：</td></tr>
<tr><td colspan="3">输出（结果）：</td></tr>
<tr><td colspan="3">前提条件（输入）：</td></tr>
<tr><td colspan="3">工程活动（或事件）：</td></tr>
<tr><td colspan="3">负责人：</td></tr>
<tr><td>费用：
计划：
实际：</td><td>其他参加者：</td><td>工期：
计划：
实际：</td></tr>
</table>

2.4 工程流程设计一般原理

2.4.1 概述

1. 流程的概念

一个工程活动的输入常常是它上游活动的输出，而它的输出又是下游活动的输入。这样许多活动由相互之间的输入和输出构成链状结构，由此形成流程。流程是一系列特定工作的链接，有明确的输入、处理规则和输出（图 2-11）。

牛津词典中，流程是指一系列连续有规律的活动，这些活动以确定的方式发生或执行，促使特定结果的实现。

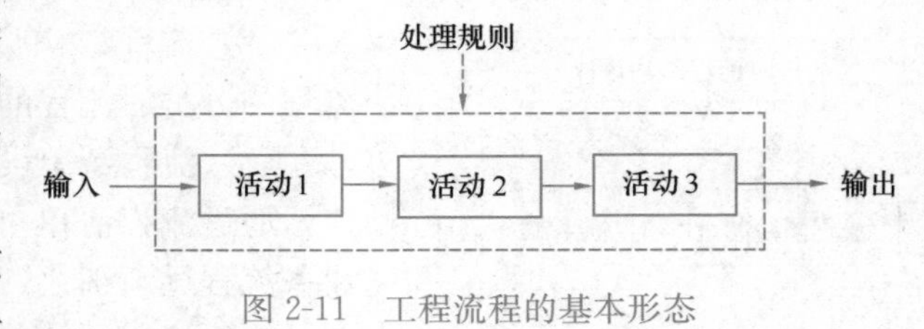

图 2-11 工程流程的基本形态

国际标准化组织在 ISO 9000 质量管理体系标准中定义，“流程是一组将输入转化为输出的相互关联或相互作用的活动”。

托马斯·达文波特和詹姆斯·肖特认为，“流程是为特定顾客或市场提供特定产品或服务而实施的一系列精心设计的活动”。

在制造业，流程的概念主要指在产品生产中，从原料到制成品各项工序形成的过程。

在管理领域，流程具有普遍的意义，在工程管理、战略管理、企业经营管理、社会组织管理等各方面都普遍存在，作为管理的对象之一。

此外，在企业管理中，常用“业务流程”一词，它是指企业为了达到目标而产生的相互衔接的一系列生产和经营活动。如迈克尔·哈默定义，业务流程是把一个或多个输入转化为对顾客有价值的输出的活动。

2. 流程的一般分类

（1）按照流程的层次，可以分为战略流程、业务流程、支持流程等。

（2）按照流程处理（或描述）对象的类别，可以分为工作流、物流、资金流、信息流等。

（3）按照流程涉及的组织范围，可以分为部门内流程、部门间流程、企业间流程等。

（4）按照活动的性质，可以分为专业工作流程、事务性工作流程、管理工作流程等。

3. 流程管理

流程管理是指以各种流程为基本控制单元，根据工程总目标和企业经营的要求，对流程进行规划、设计，建立流程组织机构，明确流程管理责任，监控与评审流程运行绩效。

流程管理涉及流程规划、流程设计与优化、流程运行与控制、流程测评、流程持续改进（或再造）等，其目的是使流程能够适应企业和工程的环境，促进组织成员之间（跨部门、跨企业）协调机制的形成，实现降低成本、缩短时间（提高效率）、提高工程和产品质量的目标。

工程流程管理涉及项目范围管理、工作结构分解、逻辑关系研究、流程绘制等内容。

4. 流程设计过程

流程设计是指为实现一定目标而对流程进行整体设计的过程，需要解决流程各个环节的运行方式、责任体系、技术支持等问题，通常采用流程分析、流程定义、资源分配、时间安排、流程优化等方法，最终的设计输出成果是流程图。

许多标准化程度较高的企业把产品开发看作一个流程，进行结构化的流程设计，建立涵盖流程框架、阶段流程、子流程等的分层结构体系，对涉及的产品开发活动进行结构化分析，作为标准化和精细化管理的基础。

通常流程设计过程可用图2-12表示，包括如下工作：

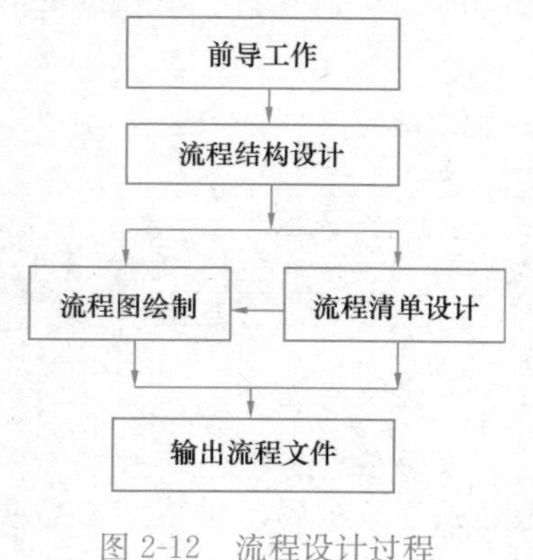

图2-12 流程设计过程

（1）前导工作。其包括目标的研究、业务工作（活动）的范围界定和分解、流程体系的初步确定。

（2）流程结构设计。其需要确定整个流程的框架、流程的分类、流程的层次结构、流程之间的接口等。

（3）流程清单设计。流程清单是流程框架的描述形式，通过流程清单可以呈现出业务流程的活动关系，将业务流程逐渐细化、分级。

（4）流程图绘制。

1）业务处理过程分析，确定相关的流程要素，如输入、输出、角色、活动、资源等方面的内容。

2）确定活动之间的逻辑关系。

3）确定流程与其他相关管理要素的关系，如确定参与的组织部门。由于企业组织是相对固定的，流程与组织有直接的关系。

4）绘制流程图，并进行分析评价、调整优化。

（5）输出流程文件。最终确定标准化的流程，并全面推广实行。

流程文件通常有流程图、流程文件清单、流程指南（描述负责执行流程的组织、团队及其运作规范）等，以及针对每个具体活动的指南、模板、检查单等操作指导性文件。它们包含在各种管理设计文件（最常见的是项目实施计划和管理体系文件）中。

在企业管理系统建设中，流程设计是一个不断改进优化的过程。

2.4.2 工程流程设计的作用和要求

1. 工程流程的普遍性和相对性

在工程管理中，流程具有普遍性和相对性。

(1) 普遍性，即整个工程、工程所属的所有项目、WBS中的各项工作都符合前述流程的定义，都可以看作是流程。如从图1-2可见，整个工程过程也符合“流程”的定义。

(2) 相对性，即工程活动和流程是相对的，任何层次的工程活动又是流程。如一个工程项目是工程活动，同时又是一个由许多活动构成的流程。即使一个工作包（活动），也是由许多活动（工序）构成的流程（子网络）。

2. 工程流程设计的作用

工程流程主要是指由工程活动形成的过程，它以工程项目为载体形成多个“链”，将不同的组织链接，形成合作关系。

工程流程管理与制造业业务流程管理原理相同，同时又有自身的特殊性。

在工程管理设计中，流程设计具有非常重要的作用，对其他方面的设计有重大影响。

(1) 通过项目工作分解结构和实施流程体系构建，明确工程项目范围，规范工作过程和工作思路，同时作为综合计划和控制的基础，使工程实施过程和工程管理执行过程更标准化、规范化、程序化和精细化，提高工程实施和项目管理的效率和水平，提升工程质量。科学的流程设计是基于项目范围的准确划定和完备的项目工作结构分解之上的。

(2) 通过流程设计确定项目实施工作和管理活动的程序，定义它们的逻辑关系，将工程任务和活动有序组合起来，进而有助于建立一套科学合理的流程体系（网络计划和子网络）。它既是工程项目计划的主要内容，又是相关职能计划（如进度计划、成本计划、资源供应保障计划）的基础，也是各专业技术标准化、技术管理和质量管理的基础，对提高工程的实施效率和管理水平有重大影响。流程管理要求构建工程各阶段实施流程，梳理流程间的衔接关系，对活动和流程进行价值分析和优化，以提高工程实施效率。

(3) 工程流程设计成果为组织设计与优化奠定良好的基础，直接影响企业及项目部组织、责任体系、职能管理体系等设计的完备性和逻辑性，所以又体现了工程组织的行为方式。在工程项目管理相关设计中，流程设计是许多管理工作的基础。如网络计划是工期计划、质量计划、资源供应计划、资金计划的前导工作，又是各职能管理的依据，是项目精细化管理的前提。

(4) 由于工程实施流程是基础性的，由此产生资金流和信息流。工程管理需要“三流合一”，这样才能准确、高效地实施和管理工程，保障工程总目标的实现。所以，流程设计工作又作为各职能管理体系、项目信息管理系统构建以及现代信息技术（如项目管理软件及BIM等）应用的基础性工作。

(5) 其他作用，包括：

1) 有助于价值管理在工程中的应用。价值管理需要针对工程产品或服务所经历的从规划设计、施工、运行，直到工程最终退役所有阶段的活动，分析价值增值活动、辅助价值增值活动和非价值增值活动，构建并优化价值链。它是基于工程流程管理之上的。

2) 一些科技含量比较高的工程承包企业、咨询企业、研发企业等，以流程管理为重点进行“业务流程再造”，通过优化运作流程将部门的职能嵌入流程中，将以“职能导向”的组织形式转变为以“流程导向”的组织形式，进一步提升对工程承包市场需求的响应速度和服务水平，最大限度地满足顾客的要求，达到企业价值的最大化。

3. 工程流程设计的基本要求

（1）目的性。流程设计的目的是，使组织中的所有活动在一定环境下有规则、有序地运行，高效率地输出结果，达到预期的目标。因此，要根据工程项目的内外部环境，确定和分解目标，再构建不同层次的流程，落实组织责任。企业战略和各层次组织目标都需要通过流程体现，并最终实现。

（2）全面性。流程设计要面向整个实施流程，成果要有完整性，要保证工程活动的全覆盖，保证工程各专业工作、项目管理工作内容完备，不能只局限于某个部门或流程中的某些环节，需要构建贯穿工程全寿命期、覆盖工程各方面的流程体系。同时，围绕流程建立相应的管理体系，将流程与组织架构、管理体系和管理制度联系在一起，形成完整的工程管理系统。

（3）渐进性。流程设计是随着工程的进展、工程技术设计的细化、工程范围和工作分解结构的细化而逐渐细化的。在这个过程中，要保持流程的动态性，使其能够持续改进。

（4）流程体系的对应性和一致性。这涉及许多方面，如：

1）工程管理流程与工程实施流程的对应性。

2）施工项目流程与业主建设项目流程的对应性。

3）承包商索赔管理流程与合同所规定的索赔事件处理过程的一致性。

4）分包商工作流程与承包商工作流程的一致性等。

（5）简洁明了。流程主体和关键控制点明确，范围和界面清晰。如果一项工作由两个以上部门负责，就会造成多头管理，组织界面就会不清晰，容易造成部门之间的相互推诿，形成责任盲区。

（6）效率原则。即追求高效率，不追求形式，妥善解决工程流程细化和标准化存在的矛盾。

流程管理的基本原理和方法源于制造业，针对规范化程度高、可以细化的生产过程，行业内有较高的统一性。在工程领域，项目分解结构和流程表达形式要规范化，也要尽可能的细化。

1）流程的精细化，能促进实施和管理工作的程序化和规范化；有利于精细地计划和控制，组织责任清晰。流程过于粗略，就容易产生粗放式管理，会使工程实施和管理水平低下。

2）工程具有一次性和独特性，不同工程专业实施流程的差异较大，而管理流程又与所采用的工程管理方式和方法相关，通常难以构建标准化的流程。

过度追求流程的细化和规范化会带来流程的刚性，不符合动态管理的要求，也不能使用户满意，而且会增加管理成本。现在有些工程类企业推行项目管理，进行业务流程再造，流程越划越细，职能越分解越细，执行中注重各部门签字，串行审批过多，决策点多，造成程序越来越慢。流程形式上很规范，但导致决策量大，节点太多，等待时间过长，降低了流程效率和决策速度。

3）流程细化的前提条件是，基础性管理工作要跟上，工程实施和管理要规范化和标准化。否则，即使编制了细的流程也很难有效应用。

4）可以采用一些方式方法减少对流程的依赖，避免流程的过度细化。如采用综合性工程小组形式（如采用混合班组施工，成立投标小组、施工准备小组、保修小组等）安排工作，不把工作分解得太细，进一步细化的工作分解和流程设计由这些小组人员根据具体情况作出安排。这样能够调动基层人员的积极性，而且这些细化的流程更有实用性。

又如，构建工程组织共同工作的信息平台（如 PIP，即项目信息门户），各职能部门、工程组织成员共同讨论、做出决定，以减少串行工作过程，以及审批、控制的流程。

2.4.3 工程流程体系设计

1. 工程流程的分类

按照工程活动的属性分类，相关流程可分为：

（1）工程实施流程。其是由面向工程终端产品的实施活动构成的，流程的执行者是专业工作的实施者，如设计单位、施工单位、专业分包单位、供应商等。它可以细分为许多层级。工程实施流程是工程创造价值的流程，是工程中最重要的流程。

（2）事务性工作流程。其与工程中的事务性（行政性）工作相对应。事务性工作流程包括：

1）项目前期的各种行政性审批过程，如按照工程建设程序要求，需要履行的政府行政主管部门规定的手续，或获得各种审批和许可文件的过程。

2）工程招标投标过程中按照法律和合同规定的许多程序性工作过程。

3）工程合同执行过程中的一些工作过程（如材料设备进场的检查验收、工程的检查验收）、竣工工作过程。

4）工程中各种协调会议的过程等。

这些事务性工作往往涉及许多工程组织单位，需要多部门的配合，有标准化的事务处理流程，需要通过正式渠道进行沟通，一般以文件、表单的形式进行信息传递。

（3）工程管理流程。其是由工程管理活动构成的流程，最典型的是各职能管理工作流程，它的执行者是专业化工程管理组织，如企业和项目经理部的各职能管理部门。同时，由于工程中的管理工作具有普遍性，各层次的工程实施工作承担者都有相应的工程管理任务，如专业施工班组人员要安排小组工作、做更细的工作计划、进行质量控制、进行成本核算、协调与其他班组的工作、提交工程实施情况的信息等。这些都属于工程管理工作，所以工程管理流程会涉及工程组织的各个方面。

工程管理流程依附于工程实施流程，对它的研究和设计属于工程管理系统设计的任务。

2. 工程流程层次划分

工程流程体系覆盖了工程寿命期全过程，由于工程活动和流程是相对的，任何工程活动又是由更细的活动构成的流程。在工程实施中，常常需要对流程进行分解与组合，以适应不同层次组织成员、不同专业、不同阶段管理的要求。

从总体上说，工程流程体系与前述工程工作分解结构体系相对应，通常包括三类（图 2-13）。

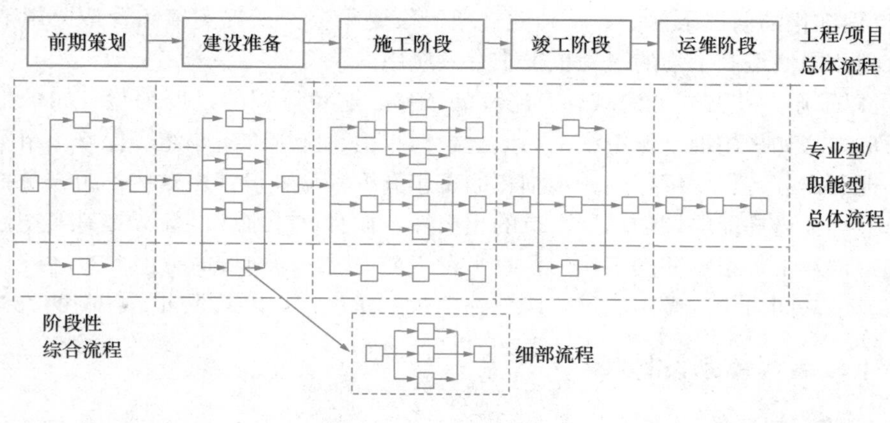

图 2-13 工程流程体系

(1) 总体流程。总体流程通常是跨阶段的、一些体系性的工作流程。

1) 工程全寿命期总体流程（图 10-2）和工程项目总体流程。工程全寿命期过程就是工程最高层次的总体流程。

2) 在工程全寿命期或工程项目全过程中，各专业工作总体流程。如工程结构的设计、施工和运维总体流程，机电工程设计、采购、安装和运维总体流程等。

3) 各职能管理工作总体流程。在工程全寿命期或工程项目全过程中，各职能管理都有相应的工作过程，构成该管理职能的总体流程，如施工项目成本管理总体流程（图 9-12)、工程全寿命期费用（LCC）管理总体流程（图 10-13)。

总体流程是工程管理系统设计的重要内容。

(2) 综合流程。综合流程主要针对各阶段，是将专业性工作、事务性工作和工程管理工作组合在一起形成的，常常属于跨组织、跨专业、跨职能的工作组合。如对于可行性研究、建设项目规划、招标投标、施工组织设计、施工准备、竣工、项目后评价等，都需要编制综合性的工作流程（见实务篇相关章节)。

(3) 细部流程。在综合性工作流程和总体流程中，各专业性工作、职能管理工作、事务性工作（包）常常又是由一个个活动组成的，对各个关键专业要素和关键管理活动可以分解为细部流程。如工作包（分项工程）中的工序流程、基础施工流程、合同分析流程、成本核算流程等。

总体流程、综合流程、细部流程共同构成工程流程体系，它们之间的关系见表 2-2。

由于工程管理首先从工程全寿命期总体出发，而项目管理也是从项目全过程出发，所以在工程流程设计逻辑上，通常总体流程先行设计，再有综合流程，最后设计细部流程。

3. 流程界面

工程流程是由各个层次的流程（包括活动）有机组合在一起，构成复杂的流程体系。不同的工程流程之间存在界面，这些界面可以从不同的角度来描述：

(1) 工程各组织系统之间以及工程与外界环境系统（与政府主管部门）之间存在复杂的工作往来关系，由此形成了复杂的流程界面。

(2) 实施过程之间的流程界面，如从可行性研究到设计、从设计到施工、从施工到验收等。在这些界面两侧的参与单位、目标、工作内容等都显著不同，从而导致流程管理存在显著差异，形成实施流程的界面。同样，各专业工程的设计和施工流程之间也存在界面，如主体结构工程设计和施工与给水排水工程设计和施工之间的界面。

工程施工项目流程体系 表 2-2

<table>
<tr><th>流程
阶段</th><th colspan="3">流程目录</th><th>流程目录</th></tr>
<tr><td>投标阶段</td><td colspan="3">综合流程</td><td>细部流程</td></tr>
<tr><td>施工准备阶段</td><td colspan="3">综合流程</td><td>细部流程</td></tr>
<tr><td rowspan="15">施工阶段</td><td rowspan="15">综合
流程</td><td rowspan="10">A. 综合计划
流程</td><td rowspan="5">质量管理总体流程</td><td>质量目标设计流程</td></tr>
<tr><td>项目质量管理体系建立流程</td></tr>
<tr><td>试验检验流程</td></tr>
<tr><td>施工工艺控制流程</td></tr>
<tr><td>施工质量控制流程</td></tr>
<tr><td>进度管理总体流程</td><td>……</td></tr>
<tr><td>成本管理总体流程</td><td>……</td></tr>
<tr><td>合同管理总体流程</td><td>……</td></tr>
<tr><td>采购管理总体流程</td><td>……</td></tr>
<tr><td>HSE 管理总体流程</td><td>……</td></tr>
<tr><td rowspan="5">B. 综合控制
流程</td><td>分包管理总体流程</td><td>……</td></tr>
<tr><td>劳务管理总体流程</td><td>……</td></tr>
<tr><td>技术管理总体流程</td><td>……</td></tr>
<tr><td>风险管理总体流程</td><td>……</td></tr>
<tr><td>信息管理总体流程</td><td>……</td></tr>
<tr><td>竣工阶段</td><td colspan="3">综合流程</td><td>细部流程</td></tr>
<tr><td>保修阶段</td><td colspan="3">综合流程</td><td>细部流程</td></tr>
</table>

（3）各管理职能系统之间存在流程界面。工程管理的各个职能互相依赖、互相影响，构成复杂的职能管理流程界面。例如工程成本管理与质量管理活动是由不同职能部门共同完成的，由此带来部门间的流程界面。它具体反映了职能部门间的工作界面。例如，计量支付流程中，必须由工程部门对工程质量验收合格，再由造价人员进行计量，交相关部门进行造价审核，最后由分管领导审查签字，由财务部门支付。

（4）在管理职能系统内部存在流程界面。例如，在进度计划管理系统中，进度计划分为总体实施计划及各年度、季度、月度计划。年度进度计划的编制需要输入总体实施计划，其结果又作为季度和月度进度计划的输入。

为了解决流程界面问题，需要加强流程设计集成化，使相互关联的流程界面彼此衔接。

1）加强流程参与主体协调。使流程参与方的活动有机配合，减少冲突，在实现各自目标的同时，促使整体目标的实现。

2）流程接口信息标准化。要使流程接口中形成的相关资料及文档报告标准化，使各个流程要素在对接中有充分的信息披露和沟通，避免造成理解和传输过程中的错误。

3）流程界面简约化。使接口简单，界面清晰，易于执行。

4）信息化技术的应用。通过 BIM 技术及集成化的项目管理系统的应用，建立共同工作平台和共享数据库，使工程流程中的每项管理工作和专业工程实施都能共享相关信息，使流程相关主体保持畅通的协调机制，从而实现流程的集成化。

2.4.4 工程流程设计的一般方法

1. 流程要素确定

（1）流程的一般范式

流程管理源于制造业的生产过程和企业经营管理过程，其流程设计的规范化程度高，在要素定义、设计过程、设计表达方式等方面形成比较统一的通用范式。在流程中，每个活动都有一定的输入和输出，从前导活动输入产品、服务、信息等要素，经过本活动的转化和处理过程，最终向后续活动输出新的产品、服务、信息等要素。在流程设计中，需要对流程的这些活动（名称、编码）、输入、输出、处理过程和规则、所需资源（人、财、物、机、信息等）、责任人、时间等要素作出说明，从各个方面定义流程。

为了使绘制的流程具有统一性，中华人民共和国国家标准 GB 1526—89 等同采用国际标准《信息处理—数据流程图、程序流程图、系统流程图、程序网络图、系统资源图的文件编制符号及约定》ISO 5807—1985，该标准给出了绘制流程图的一些指导性原则，通过具有一定含义的图形符号来表示业务流程的资源、信息、处理等，通过带箭头的流线连接各个图形，表达流程的流向。流程图主要图例见表 2-3。

流程图主要图例一览表 表 2-3

符号	名称	意义
	开始或终止	流程图的起始或终止
	处理	处理程序
	决策	不同方案选择
	准备	指令的修改
	带箭头流线	指示流线方向
	文件	输入或输出文件
	已定义处理	使用某一已定义处理程序
	连接	流程图向另一流程图出口；或从另一流程图入口

它们也可以应用于工程管理中，如以标准的业务流程图方式描述项目进度控制过程，如图 2-14 所示。

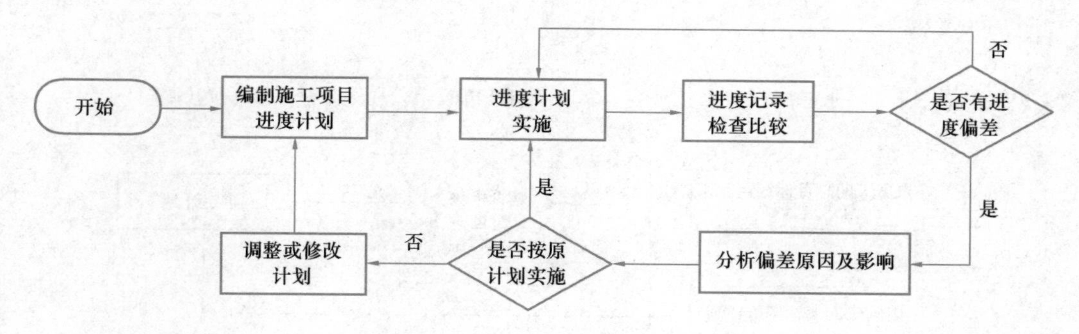

图 2-14 工程项目进度控制流程图

（2）跨组织（职能）流程图

在组织设计完成后，可以将活动与组织责任结合起来，绘制跨组织流程图，从各项活动的功能及其执行部门的角度描述相关的管理流程，表达出各项流程与执行该流程的功能单元或组织单元之间的关系。这些流程适用于比较细致的且固定性的管理工作过程。

通过在流程图中增加组织单元或功能单元，使传统的流程图具有了一定的组织、职责界限，更易于使用和理解。这种流程图有多种表现形式，可以描述组织间横向联系以及纵向联系的功能。如某工程施工项目进度管理流程图如图 2-15 所示。

还可以将负责的单位标注在活动框中，如某工程施工项目竣工验收流程如图 2-16 所示。

2. 工程流程的特点

由于工程和工程过程的特殊性，使得工程流程与制造业的流程有比较大的差异。经过许多年的实践，建设工程领域已经形成自己的流程表达方式，并已经将其标准化，如工程网络技术标准等。工程流程有如下特点：

（1）工程活动有三种类型，因此工程流程涉及三种不同类别，它们的差异性较大，很难用统一的模式表示，有更大的复杂性。

（2）工程是一次性的，标准化程度较低，与一般制造业的流程设计过程不同，工程的流程编制不能设计后先试行，再细化、优化，最后标准化；而是编制完成后就投入应用，大多数工程实施流程就是一次性的应用过程，所以常常很难按照上述标准范式进行设计，预先对许多问题作出具体的、全面的和统一的定义。

（3）流程设计成果要简单易懂，易于执行，要使上层管理者、各层次的管理人员和现场操作人员都能够看懂、接受，且能顺利执行。

（4）工程流程图通常仅表达活动之间的逻辑关系，而其他流程要素的定义，如各活动的责任者、输入、输出、处理过程（工具和方法）等可以用工程活动说明表、合同、工作规范文件等说明。

3. 工程实施活动流程表达方式

工程实施过程一般包括工程的设计过程、施工过程（或生产过程）、供应过程和专业服务过程。实施活动的流程图与逻辑关系安排有特殊的类型和表示方式。

（1）工程实施活动的逻辑关系种类

许多工程活动之间存在实施先后顺序关系，形成时间上的相关性，即逻辑关系。只有

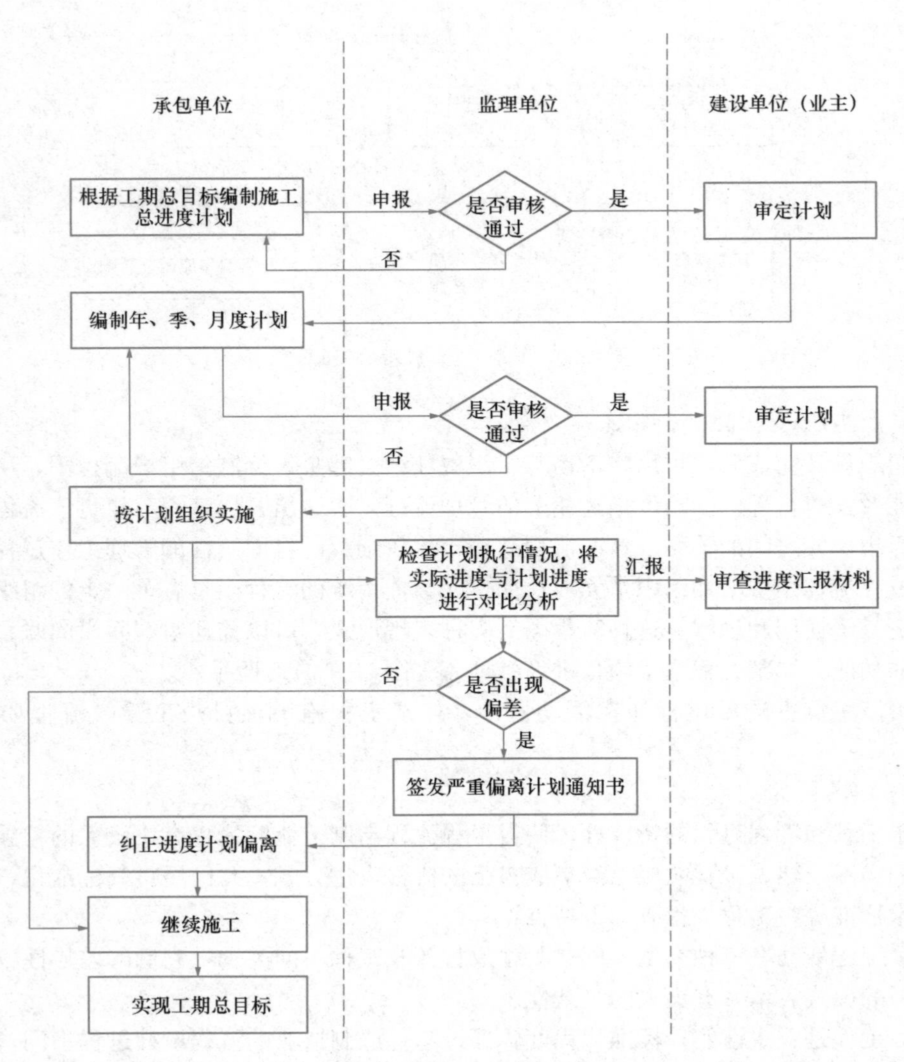

图 2-15　某工程施工项目进度管理流程图

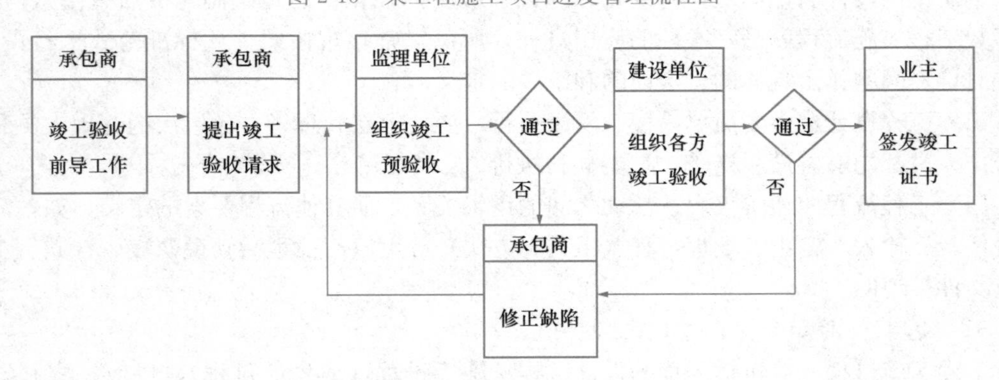

图 2-16　某工程施工项目竣工验收流程图

全面定义工程活动之间的逻辑关系，才能将项目静态的工作分解结构（WBS）演变成一个动态的实施过程（流程）。

逻辑关系的安排与网络类型有关。工程活动之间的关系通常有：

1）前后顺序关系。这是最常见的，大量工程活动之间存在前后顺序关系，涉及各个层面。

2）搭接关系。在许多工程实施工作中需要用单代号搭接网络安排活动。

3）并行关系。即两个工程活动可以平行实施，之间没有顺序约束要求。

（2）工程实施活动流程图的类型

在工程界，通常采用网络计划方法表示实施活动流程，最常用的网络计划方法有：

1）双代号网络。它以箭线作为工程活动，箭线两端用编上号码的圆圈标注。通常双代号网络只能表示两个活动之间结束和开始（即 $FTS=0$）的关系。它在施工工期计划中用得较多。

2）单代号搭接网络。单代号搭接网络以工程活动为节点，以带箭头的箭线表示逻辑关系。两个活动之间有不同的逻辑关系，如 FTS、FTF、STS、STF。逻辑关系有时又被称为搭接关系，而搭接所需的持续时间又被称为搭接时距。

单代号搭接网络有非常强的逻辑表达能力，能清楚且方便地表达实际工程活动之间的各种逻辑关系（包括流水施工的安排），比较适合建设工程的实施活动安排。它的绘制方法比较简单，按照逻辑关系在工程活动之间用箭线连接即可，不易出错，也不需要虚箭线。

单代号搭接网络在工程项目工期计划中用得较多，它的表达与人们的思维方式一致，易于被人们接受。

3）单代号网络。它是单代号搭接网络的特例，即仅表示 FTS 关系，且搭接时距为 0 的状况。

4）其他，如时标网络。

对于这些网络计划的具体画法和算法，我国有专门的国家技术标准，在一般工程项目管理、施工组织设计方面的教材中都有详细介绍。

（3）工程实施活动流程的安排

工程实施活动流程的安排是一项专业性很强的工作，通常要根据工程建设程序、工程专业工作的相关性、劳动过程组织、技术规范要求（物理规律）、法律和合同规定的工作关系等因素决定，其会因工程类型、项目特点和工程活动性质等的不同而异。总体来说有如下层次：

1）工程寿命期过程是按照前期策划、设计和计划、施工、运行维护、退役和生态复原等阶段顺序进行的（图 2-17a）。

2）对各工程项目，可以按照项目阶段顺序构建总体流程。如建设项目可以分为前期策划、设计和计划、施工、竣工、移交和试运行等阶段（图 2-17b）。

3）施工项目必须依次经过"投标→施工准备→施工→竣工验收→保修"各个阶段（图 2-17c），这是由施工项目活动自身的逻辑所决定的。其执行者是施工承包单位、专业分包单位。

4）专业工程施工流程。专业工程有自身的规律性，在工程主体结构的施工过程中，专业活动之间有前后顺序关系。如只有做完基础之后才能进行主体结构的施工，只有完成主体结构之后才能做装饰工程等。这种逻辑关系是工程系统所固有的带有强制性的依存关系（图 2-17d）。当然，它们之间还可以采用搭接网络方式安排，例如各种设备（如水、

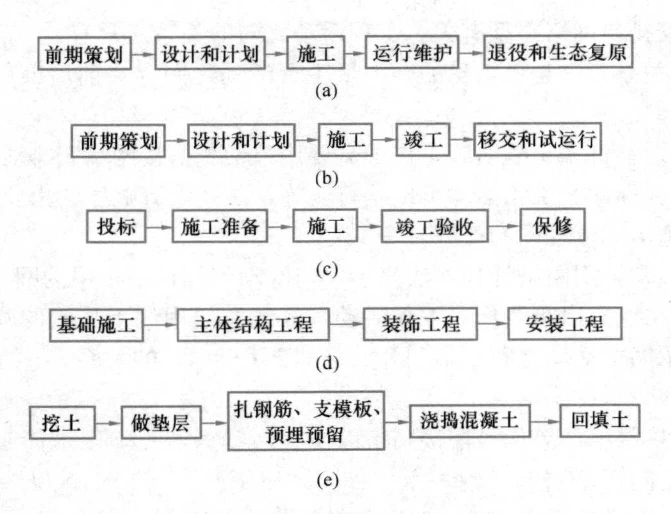

图 2-17 工程实施活动流程的层次

(a) 工程寿命期阶段流程；(b) 建设项目阶段流程；(c) 施工项目阶段流程；
(d) 专业工程施工流程；(e) 基础施工［分部分项工程（工作包）施工］流程

电等）安装必须与土建施工活动交叉、搭接。另外，施工流程又可以细分为不同工区、施工段的专业工程施工。

5）分部分项工程（工作包）施工流程。如基础施工可以分解为挖土、做垫层、扎钢筋、支模板、预埋预留、浇捣混凝土、回填土等工序，它们形成分部工程的工作流程（图 2-17e）。

在 WBS 中，工作包通常是由一些工序构成的，这些工序之间存在逻辑关系。这通常是工程项目最低层次的子网络。

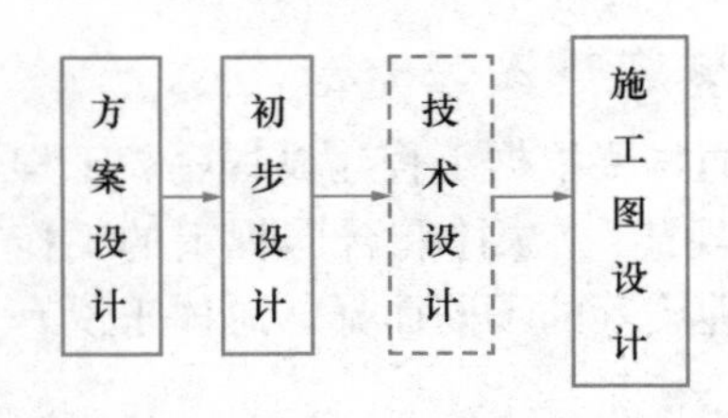

图 2-18 一般的工程设计流程

与此相似，工程设计有相应的设计流程，如一般的工程设计流程如图 2-18 所示。材料和设备供应都有相应的流程。

上述这些活动还可以搭接安排，如在并行工程中，设计和施工可以并行（搭接）安排；在图 2-17（d）中，主体结构工程、装饰工程、安装工程有些活动可以穿插进行；在图 2-17（e）中，各活动可以通过流水施工安排形成搭接关系等。

（4）工程实施流程图的特点

1）在一般的工程项目网络计划中，工程活动属于项目范围内的工作，是都要完成的（双代号网络中的虚活动除外）。

2）工程实施活动流程一般是不循环的，是一次性的过程，也是不可逆的。在大多数网络计划的计算中，出现循环属于逻辑错误。

3）专业性工作常常需要空间、技术间隙，具有严格的技术相关性和逻辑过程。同一空间上前后相连的工作不能并行，但可以采用流水方式安排。

4）工程实施流程受工程技术系统的专业特性影响大，即不同种类的工程（如化工工程与地铁工程）差异性很大，而同类工程（如都是房地产小区）之间的差异性较小。

5）由于工程实施流程具有一定程度的固定性，而工程活动的承担者因实施方式（或任务分配方式）的不同而异，具有灵活性，所以跨组织的流程图用得较少。

4. 事务性工作流程表达方式

（1）事务性工作流程的类别

在工程中，事务性工作流程种类较多，涉及如下方面：

1）涉及政府管理部门的审批和行政管理工作事务过程，如土地审批、工程规划审批等程序。这些有专门的强制性规定。

如某城市建设工程规划许可证办理程序如图 2-19 所示。在这个过程中，还有许多中间审批环节会有问题反馈、修改要求，或不批准的处理；也有具体的时间节点要求（如审查天数的限定），以及超过时间的处理；还有所需要的各种申报材料要求等。这些需要在相关程序性文件中有更为详细的规定。其中，有些工作本身就具有非常复杂的过程，如委托设计单位进行方案设计。

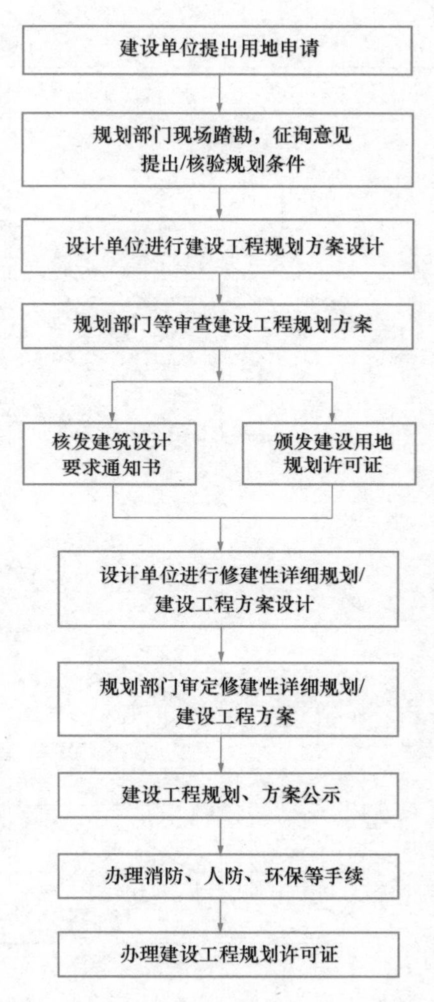

图 2-19　某城市建设工程规划许可证办理程序

2）企业内涉及工程的一些工作程序，如可行性研究的审查、批准程序；规划设计文件的审查、批准程序；企业合格供应商评选程序；投资追加审批程序等。某企业的合格供应商评选流程如图 2-20 所示（采用跨组织流程图）。

3）工程中，组织单位之间的一些事务性工作程序，如招标投标程序、每月协调会议程序、工程款账单的提交、审查、审批、支付程序。通常在合同条件、项目手册中有一些这方面的规定。

有些工作程序构成工程组织之间的管理工作关系，既可以认为是事务性工作过程，又可以认为是工程管理工作过程，如施工组织设计的审查、批准程序，设备进场检查验收程序等。

（2）事务性工作流程的特殊性

事务性工作关系是比较复杂的，它的图式也可以比较灵活。其流程的性质、表达方式与专业实施过程（网络计划）、项目职能管理流程都有所不同，有如下特点：

1）反映各相关单位的业务协作关系。形成不同企业之间、企业与政府部门之间、工程中不同机构之间的工作关系，所以可以用跨组织的流程图。

2）在一些事务性工作流程中会有回路，如申报材料不合格，可以退回修改、补充，重复申报，再做审批。

3）弹性工作时间安排。这在合同和政府的许多规定的办事程序中经常出现。如建设单位提交申请后，政府职能部门按规定在 14 天内批准（即搭接时距 $MA=14$ 天）。又如，

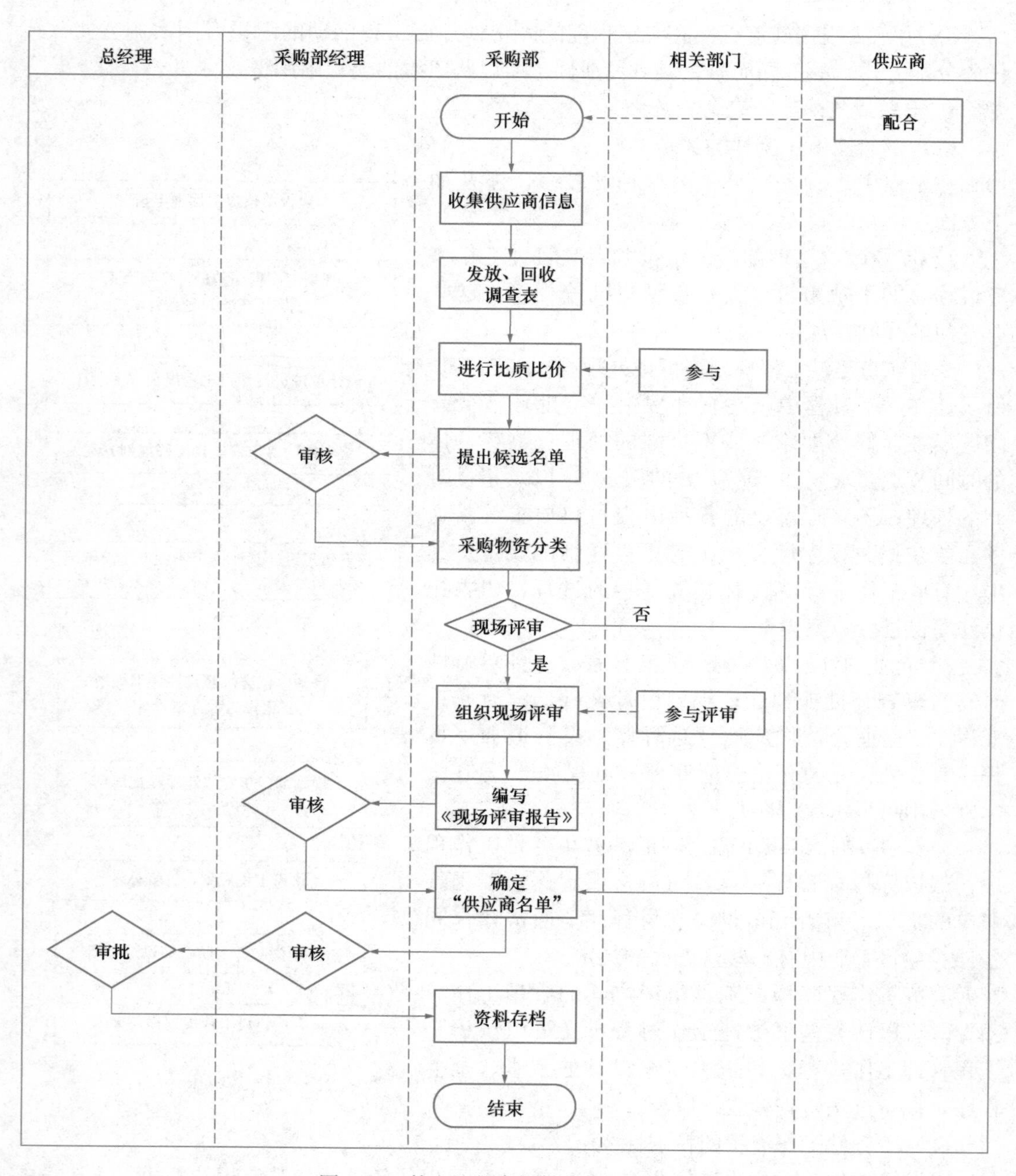

图 2-20 某企业的合格供应商评选流程

在通常的招标投标过程中，从投标截止到开标再到决标，从合同签订到开工，一般都有最大时间间隔的规定。通常在施工合同中也有许多这样的规定。

4）有选择性的工作安排。如经过政府职能部门审查有可能批准，也有可能不批准，则工作流程会有不同的选择路径。

5）有些事务性工作流程的设计要符合相关法律、合同以及行政工作程序的要求，刚性比较强。如施工合同对施工计划的编制、审批、实施、修改，对工程材料、隐蔽工程等质量的检查程序有专门的规定。

如某工程施工合同规定的竣工验收过程：承包商设定工程竣工检验日期，并提前21天通知业主代表；在该日期后14天内双方进行竣工检验。如果经竣工检验，承包商的工程符合合同的规定，则进入接收程序；如果工程质量验收不合格，业主可以采用不同的处理策略，则也有不同的路径选择。如业主可以指令修改再进行竣工检验；或拒收工程，由承包商承担违约责任；或者业主可以接收有缺陷的工程，但合同价格需要相应降低等(图2-21)。

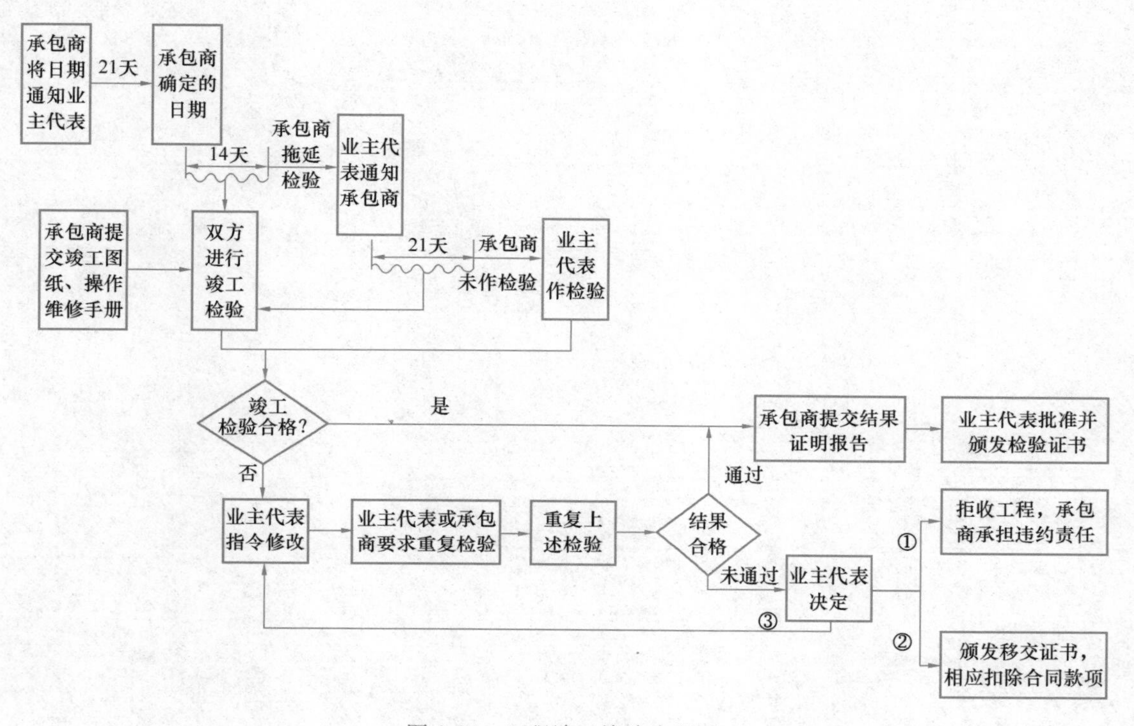

图2-21 工程竣工检验流程图

5. 工程管理工作流程表达方式

本书中大量的流程图都属于工程管理流程图。由于工程管理流程是工程管理系统设计的重要内容，在本书4.2节中再进行详细论述。

复习思考题

1. 简述工程目标系统的概念和目标管理的基本过程。在工程管理设计实务中如何体现目标设计过程?

2. 简述工程目标因素的来源。

3. 简述工程系统分解结构（EBS）和工作分解结构（WBS）的联系与区别。

4. 简述工程管理流程与企业业务流程，以及供应链管理、价值链管理、软件系统设计流程的异同。

3 工程组织设计原理

【内容提要】

本章介绍工程组织设计的基本原理，其主要内容如下。

(1) 工程组织设计的基本概念，包括设计的一般过程、特殊性、原则、影响因素等。

(2) 工程组织实施方式。

(3) 工程组织结构设计原理。

(4) 工程中的责任体系设计。由于业主与承包商、设计单位、项目管理单位等都是委托代理关系，需要依据工程中的委托代理制度设计工程组织责任体系。

(5) 工程组织的运作规则和组织设计文件等。

3.1 概述

3.1.1 工程组织设计及其一般过程

1. 工程组织的概念

工程组织是由工程的行为主体构成的系统，常见的有投资者、业主、承包商、设计单位、监理单位、分包商、供应商、运行维护单位、技术服务单位等，它有自身的系统结构（图 1-6）。它们之间通过行政或合同关系连接并形成一个庞大的组织体系。

同时，工程组织成员又有自身的组织结构和组织构成。如施工承包商是工程组织的一个单元，有自身的结构，由施工项目部、专业分包商、材料供应商、劳务供应商、设备供应商等构成。

工程组织成员常常又是其他组织（企业）的成员，与母组织存在组织关系，如施工项目部是施工企业的派出机构。

所以，工程组织设计是多角度的，各参与方（如投资者、业主、项目管理公司、承包商）都需要设置项目部和管理部门，都需要进行组织设计，涉及企业组织、项目组织和项目管理组织（项目经理部）等方面。这些组织的设计过程与方法具有相似性。

2. 工程组织设计工作过程

工程组织是工程管理设计的主要内容之一，需要解决相关的组织实施方式、组织结构、责任体系、组织运行规则等问题，并对它们作出具体安排。

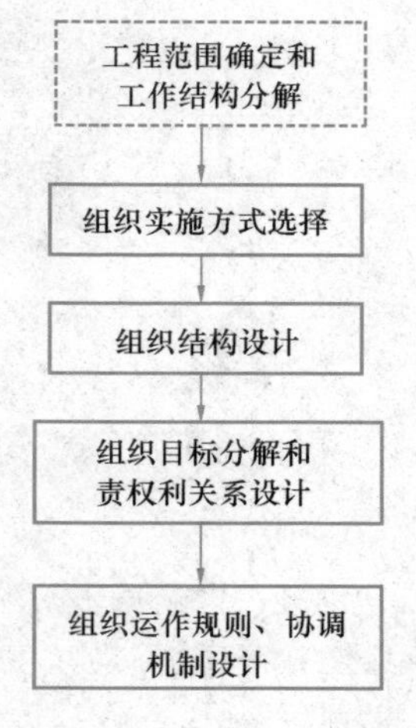

图 3-1 工程组织设计的一般工作过程

工程组织设计的一般工作过程如图 3-1 所示：

（1）前导工作。工程目标研究、环境调查、工程范围确定和工作结构分解等。

（2）组织实施方式选择。工程组织是在工程范围确定和工作结构分解的基础上，通过选择工程的组织实施策略和实施方式（融资方式、承发包方式和管理方式）落实工程任务的承担单位，形成工程的基本组织关系。

（3）组织结构设计。主要涉及工程组织结构形式的选择、构建和优化等工作。

（4）组织目标分解和责权利关系设计。按照组织结构分解与落实组织目标，按照任务分配和任务关系确定组织成员在组织中的责任体系、权利关系和界限、决策指令和报告关系等。通常由任务书、工程承包合同、项目经理责任书等确定组织责权利关系。

（5）组织运作规则、协调机制设计。组织规则通常落实在工程合同、项目管理规范、项目手册等文件中。

在性质上，工程管理组织（各项目部、各职能管理部门和人员）又是工程组织的一部分。通常在工程组织设计中要一起考虑相应工程管理组织的实施方式（管理模式）、管理组织结构（职能部门设置）、责任体系等。

3.1.2 工程组织设计的特殊性

对工程组织的特殊性人们已经做了许多论述，从工程管理设计的角度，有如下几方面：

1. 以目标（任务）为导向，关注过程

虽然工程组织是为了实现总目标，为总目标服务，但工程组织结构和运作直接受制于工程范围、工作分解结构、实施流程和实施方式（融资方式、承发包方式、管理方式），具有流程型组织的特点。这是与一般企业组织设计显著的差别之一。

由于工程组织主要是为了完成工程任务的一次性和临时性组织，其结构设计因目标而设事，因事而设机构，进而定岗定责，因责授权，所以，通常社会工作性质的专职机构（如工会、妇联、离退休办公室等）较少。

2. 组织成员数量多，具有多样性

在一个工程中，组织成员有投资性组织、生产性（如施工）组织、咨询（研究、管理、技术服务等）性组织、开发性组织等，由此带来组织性质的多样性。同时，工程组织的组成单元形式也各不相同，如：

（1）多企业组合形成的单元，如合资项目的投资者形成的组织单元（如 PPP 项目公司），工程承包联营体。

（2）新成立的临时性组织单元，如业主（建设单位）管理机构、招标领导小组。

（3）合作企业派出的临时性机构，如施工项目部、设计项目部、监理项目部。

（4）新成立的企业，如项目公司、运行单位。

这不仅带来工程组织设计的多样性，而且在组织设计中要保证它们之间的协调性和相容性。

3. 工程组织是一次性、临时性组织，具有高度动态性

对一个具体的工程，工作范围和过程在一定程度上是固定的，而组织结构和组织成员却是高度变化的、多样性的。

（1）同样一个工程，组织形式会随工程实施组织方式（主要为融资方式、承发包方式和管理方式）的不同而改变。

（2）工程组织形式、成员（责任主体）等会随工程实施过程不断变化。这是由于工程各阶段任务的性质和范围的不同导致的，如对于施工项目，施工阶段的组织形式与施工准备阶段和保修阶段的组织形式存在很大差异。由此造成工程组织不像企业组织那样稳定，而是一个高度动态的组织。所以，组织设计是一个持续的任务和过程，需要不断地进行设计并不断地改进。

（3）即使在一个企业（投资企业或施工企业）内，项目组织形式也是多样的，不同的项目可能会采用不同的形式，如独立的项目组织（如参与重大的PPP项目）、强矩阵组织（如大型施工项目）、弱矩阵组织（如小型维修项目）、寄生式组织（如技术创新项目、市场研究项目）同时存在。

4. 工程组织具有他组织和自组织的双重特性

这两方面决定了不同的工程组织设计内容和策略。

（1）他组织特性

由于工程的主要目标是由上层组织目标分解来的，这些目标对工程组织具有强制性，因此许多工程组织成员具有寄生性，它依附于上层组织（投资企业、工程承包企业、咨询企业等）。它受上层组织控制，没有战略上的自主权，仅对工程目标负责，独立性有限。如工程立项、目标设置、组织策划、组织战略和方针、权利分配、组织规则（如合同）等都由外部（上层组织）规定，且必须依照企业的项目治理体系和既定的组织规则运作。所以，上层组织的战略、企业的治理模式和管理体系等，都会直接影响工程组织的形式、责任体系和组织运作规则。

这种他组织特性能够保证工程组织的秩序、理性、与企业愿景和战略的一致性，以及实施的计划性。在一个具体的工程管理设计中，许多内容要按照上层组织的目标和规范性要求或文本编制。如工程建设项目规划文件要符合投资企业的战略目标和计划，要按照投资企业的工程全寿命期管理体系文件编制；施工组织设计要符合建设项目管理规划、业主的招标文件要求，还要按照施工企业的项目管理体系文件编制。

（2）自组织特性

同时工程组织又具有独立性，自我成长、发展和演化，具有自组织特征，需要设计独立的组织系统和运行规则。如每个工程项目都有新的目标因素，由此产生新的要求、工作任务和职能；投资者（企业高层）确定工程的承发包模式，业主（项目管理者）要对工程活动进行具体的标段划分、打包发包，落实工程任务的承担者，以形成具体的项目组织结构；要起草招标文件、合同文件（专用条件）、项目手册等，以形成具体的本项目特有的组织运作规则。

这种自组织特性能够使工程组织具有创新、创造力，保持组织活力。

工程组织具有他组织和自组织的双重特性，而且都很明显。但对不同性质和类型的工程项目，这两个特性的显示度又是不一样的，如常规的土建工程更多显示他组织特性，要独立进行工程管理设计的内容较少；而新技术、高风险、高科技、研发性的工程更多显示自组织特性，要独立进行工程管理设计的内容较多。由此引起即使在同一工程中，不同的项目组织又有很大的差异性。

这些特点导致工程组织有自身的缺陷和内在的矛盾，组织设计是工程管理设计中最复杂、最困难，也是最重要的部分，不仅需要有技术性，而且需要有较高的设计艺术。

3.1.3 工程组织设计的基本原则

工程组织设计是要选择合适的实施方式和能胜任工作的主体，构建有效的组织结构，落实组织责任和制定组织协调机制。必须符合如下原则：

1. 目标统一原则

组织设计的根本目的就是为了实现工程总目标，组织成员要就总目标达成一致。工程组织必须有统一的领导和指挥系统，统一的方针和政策。组织成员要关注工程最终效益和总目标，必须使他们与最终效益与总目标相联系。同时，相关的组织目标要与组织责任相匹配，有相应的考核和评价机制。

2. 责权利平衡原则

工程组织各成员责任和组织关系设置，以及起草合同、制订计划、制定组织规则，进行组织运行和绩效考核，都应符合责权利平衡原则。

（1）任何组织必须承担明确的责任，如工程范围、成本、利润等，并规定明确的数量指标和完成期限，以便考核与督促其完成规定的任务。

（2）为保证组织完成其承担的责任，要赋予与其相应的职权，如决策权、资源使用权、控制权等。

（3）任何权利必须有相应的责任和制约，按照权利运用可能产生的后果或影响，设置相应的制衡措施，不致滥用权利。

（4）按照工作内容、权利和责任分配应得的利益，使其能够具有完成职责的积极性。

组织设计过程中要平等协商、互利共赢，达成价值共识，促进共同合作。

3. 合理的组织制衡原则

工程组织设置必须形成合理的组织职权结构和职权关系。由于工程和工程管理的特殊性，容易出现管理主体责任缺失、监管缺位、权责缺陷等情况，容易产生腐败现象。工程组织必须设计严密的制衡措施，包括：

（1）权责分明，保持组织界面的清晰。应十分清楚地划定组织成员之间的任务和责任界限，防止有任务而无人负责、推卸责任、权利的争执、组织摩擦、弄权和低效率等情况的出现。

（2）设置责任制衡和工作过程制衡，使工程参加者各方的权责之间有一定的逻辑关系。

（3）加强权利行使和工作过程的监督，包括阶段性工作成果的检查、评价、监督和审计。在组织上，检查与被检查部门需要分设，考核和检查部门的人员不应隶属于被检查的单位，不能自我监督。

（4）适度制衡。组织制衡具有二重性，过于强调组织制衡和过多的制衡措施会使项目组织结构复杂、程序烦琐，产生沟通障碍，破坏合作和互相信任的氛围，容易造成低效率、高管理费用的状况，使工程的交易成本增加。

同时，由于工程是一次性的，工程组织和工程建设过程之间的矛盾性，导致很难构建完备和有效的制衡体系。所以，在现代工程中，人们更关注通过利益共享、风险共担、伦理和职业道德等机制构建解决组织制衡的矛盾性问题。

4. 适用性和灵活性原则

任何项目组织实施方式和组织形式（从临时性、寄生式到独立组织）都有优点、缺点，其运行条件存在差异性，会产生不同的组织行为，出现不同的运作状况等。

没有普遍适用的工程组织形式，也没有“先进”和“落后”的组织形式之分，应按照工程规模、范围、工程组织的大小、环境条件及工程的实施策略选择工程组织形式，以利于决策、指挥、高效率的目标控制、协调和信息沟通，使工程高效率地实施。

5. 合理授权和分权原则

任何组织单元在工程组织中都担当了一定的角色，有一定的工作任务和责任，也需要拥有相应的权利、手段和资源去完成任务，需要相应的授权，构成目标、任务、职权之间的逻辑关系。

（1）在工程组织中，投资者对业主，业主对项目管理公司，承包企业对施工项目经理部是授权管理，它们是委托代理关系。授权过程应包括确定预期的成果、委派任务，授予实现这些任务所需的职权，使其有足够的资源完成这些任务。

（2）工程承包企业内职能部门与项目经理部之间是分权管理。合理的分权既可以保证指挥的统一，又能发挥各方面的主动性和创造性，有利于各组织成员迅速而准确地作出决策，也有利于上层领导集中精力进行战略管理。

合理的分权还能使权职分明，形成双向的信息流和反馈机制，互相监督，既能够发挥项目组织的优势，保证项目目标的实现，又能保证企业对项目的控制。

6. 连续性和统一性原则

工程组织的设计和运行都是分阶段和分层次进行的，所以工程组织是非常“散”的，要使组织高效率运作，工程要有统一的、系统的组织设计。通过构建一体化的组织责任体系，保持组织成员和责权利体系的连续性和一致性，保持工程实施和管理（过程、人员、组织规则、信息系统等）的连续性、一致性和同一性，尤其要防止组织责任体系的断裂、责任盲区。

7. 构建合理的管理跨度和管理层次关系

管理跨度是某一个组织单元直接管理下一层次的组织单元的数量，管理层次是指一个组织总的层次数。现代工程规模大、参与单位多、组织结构复杂，组织结构设计时常常需要在管理跨度和管理层次之间进行权衡：通常管理跨度小会造成管理层次多，反之管理跨度大会减少管理层次。

通常工程规模越大、系统越复杂，独立的单项工程越多，工程参与单位越多，工程分包越细，工程组织的层次就越多，结构就越复杂。

在现代信息技术广泛应用的前提下，扁平化大跨度工程组织结构是发展趋势。但大跨度的工程组织需要制定明确且详细的组织运作规则，否则很容易失控。

3.1.4　工程组织设计的影响因素

（1）工程系统的特殊性，如规模、系统构成、专业技术特性、新颖性、确定性、复杂性等。工程的系统构成首先决定了现场实施组织（施工专业组织、生产组织），进而影响项目部组织，再影响企业部门组织。无论是业主建设项目组织设置，还是施工项目部和施工企业部门组织设置都受现场实施组织的影响（图3-2）。

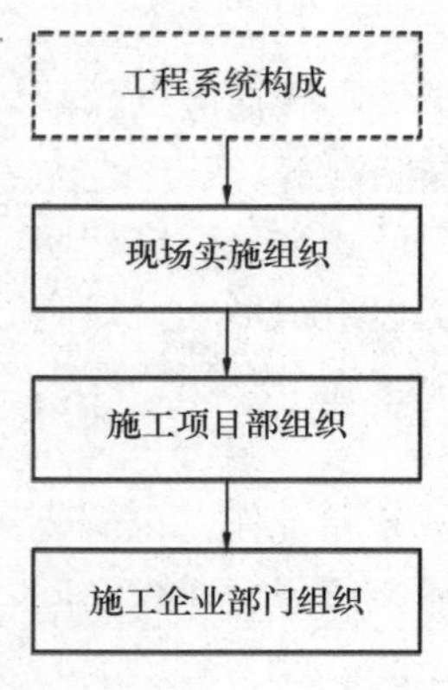

图3-2　工程组织关系

对业主，现场实施组织是指工程现场标段（单项工程或单体工程）的划分，如管理对象是一个单体工程（如一栋住宅楼），还是群体工程（如世博会、地铁一条线）。对承包商，现场实施组织是指区段、施工班组或专业队的设置。

同时，随着工程规模的扩大和科学技术的发展，工程技术系统结构的复杂化，新技术、新方法的运用引起组织结构变化，使得现代工程组织越来越复杂。在高科技企业中，以及进行高科技研发工程，其工程系统构成、实施方式、运作规则都与一般建设工程不同，需要采用特殊的组织形式，如网络式组织和虚拟组织形式。

（2）上层组织（如投资者、业主和承包商等）的工程（项目）治理方式、企业战略和工程实施策略、经营目标、同时管理工程的数量等。上层组织工程实施策略、实施方式（即融资模式、承发包模式和项目管理模式）的选择，直接决定工程项目的组织结构形式。

在现代大型工程以及大的工程企业中，由于同时管理的工程范围很大，或项目数量很多，大多数采用中间层次少、扁平化、大跨度的组织形式，这样能够极大地降低管理成本，提高管理效率。

（3）工程外部环境状况，如外部环境的变化、不确定性以及可利用资源情况等。

（4）信息化和网络化的影响等。现代信息技术的发展带来工程中人们沟通方式的变化，带来组织形式、结构、运作方式的改变，促使组织结构扁平化和柔性化，催生出网络式组织、虚拟组织等新型工程组织形式。

（5）文化因素，如工程组织成员的素质、管理者的意识和能力、团队精神等。在中国传统文化中，决策者倾向于集权管理和对工程过程的严格控制，通常选择多层级的组织结构类型。

（6）在工程全寿命期的不同阶段，组织结构有很大差异。一般前期组织结构比较简单，实施（施工）阶段组织结构最复杂，工程运维阶段又逐渐变得简单。

3.2　工程组织实施方式设计

3.2.1　概述

工程组织的实施方式主要指组织资源的整合方式，通常包括工程的融资方式、承发包方式和项目管理方式。它们属于不同层次的工程组织决策问题（图3-3）。在“工程项目管理”和“工程合同管理”等课程中，它们都是重点问题，都有具体详细的讨论。本书不重复相关的内容，重点放在“设计”要解决的相关问题上。

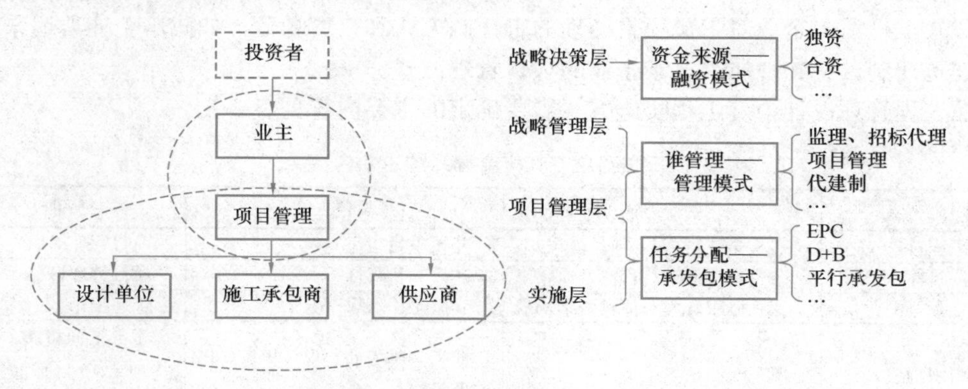

图 3-3　工程建设项目组织与工程实施方式

1. 融资方式

融资方式的设计涉及工程所采用的融资模式的选择，再按照融资模式具体确定各资本构成等。融资方式决定了工程所形成的企业（如项目公司）的组织构成、权利分配，以及在工程全寿命期中最高决策权的归属，又在很大程度上影响承发包模式和管理模式的选择。

融资模式的选择属于企业或政府主管战略决策层的决策，通常在工程前期确定，在可行性研究中要对此进行分析评价。

对一个工程来说，融资模式一般具有唯一性。但有时会有例外，如某城市轨道交通项目，土建工程为政府独资，而机车设备工程采用 PPP 融资模式。

2. 承发包方式

承发包方式的设计涉及工程所采用的承发包模式的选择，再按照承发包模式具体确定工程的标段（合同包）划分，由此形成工程的合同体系。这在很大程度上决定了工程组织结构的形式，以及组织成员在组织结构中所处的层次。

承发包模式的选择属于战略管理层的决策，一般在立项后由业主决定。

对于复杂的工程，承发包模式的选择又可以是灵活的，不同的标段、工程专业系统可以采用不同的模式。

如某地铁建设项目区间段工程，有些标段采用“设计—施工平行”发包模式，有些标段采用“设计—施工总承包”模式；对物资采购，主材采用“甲供”模式，有些主要物资采用“甲控乙供”模式，其他物资采用“乙供”模式。

3. 项目管理方式

在工程组织中，涉及管理方式的设计有多个角度：

（1）投资企业对投资项目的管理方式，这实质上属于投资企业的项目治理方式，如采用投资项目业主责任制。

（2）工程建设项目所采用的管理方式，主要是业主（或投资者）选择的项目管理模式，以及对项目管理单位的委托授权（具体到业主代表与监理单位的权责划分）。对工程建设项目来说这是最重要的，通常作为工程项目管理模式讨论的重点。

工程建设项目管理模式又隶属于承发包模式，一般在承发包方式选择时就会涉及管理工作任务的委托方式问题。

（3）工程承包企业对承包项目经理的责任制方式和权责划分，如我国企业普遍采用项目经理责任制，它在性质上属于企业的项目管理方式。

在工程管理设计中，工程实施方式需要确定的主要内容见表3-1。

工程实施方式需要确定的主要内容 表3-1

组织实施方式	融资方式	承发包方式	项目管理方式
组织对象	工程企业董事会/项目公司	建设项目组织	项目管理组织
目标	工程全寿命期总目标	建设项目目标	项目管理目标
任务范围	工程股权资本与债权资本构成	实施工作（WBS）	管理工作
组织构成	股东	业主、承包商、设计单位、供应商等	项目管理机构、项目经理和项目职能管理部门
组织关系定义	投资合作协议、融资协议	合同	合同、管理规程
运作方式定义	合资协议、公司章程	合同、任务书	合同、责任矩阵、管理规程
组织流程	股东大会程序、项目管理委员会管理程序	网络计划	管理流程（如计划、控制流程）

3.2.2 常见的工程组织实施方式

在现代工程中，已经形成一些比较成熟的融资模式、承发包模式和项目管理模式。模式通常是行业内一致认可的、标准化的实施方式。许多标准的合同文本、招标文件以及管理规范都是针对这些“模式”的。

1. 融资模式

工程项目融资包括公司融资和项目融资两种模式：

（1）公司融资，即由发起人所在公司作为主体进行股本资金投入和债务资金的借贷，是以项目发起人本身的资信能力安排融资的。

（2）项目融资，即为项目而设立的新公司是以该项目的未来收益作为偿债资金的来源，具有无追索或有限追索的特点。

项目融资因投资人的法律地位、财务及税务处理不同分为公司型、合伙型、契约型及信托基金型等投资结构，不同的投资结构会对承发包模式和管理模式产生很大影响。这方面的详细内容将在本书第6章讨论。

2. 承发包模式

在现代工程中，承发包模式多种多样，常见的工程承发包模式如图3-4所示。

其他模式，如风险型CM模式、风险型项目管理承包模式、“设计＋管理”总承包模式等。这方面内容在“工程项目管理”和“工程合同管理”课程中有详细介绍。

3. 项目管理模式

项目管理模式是指业主所采用的项目管理任务的分配与委托方式，以及相应的工程建设管理组织形式。常见的工程项目管理模式如图3-5所示。

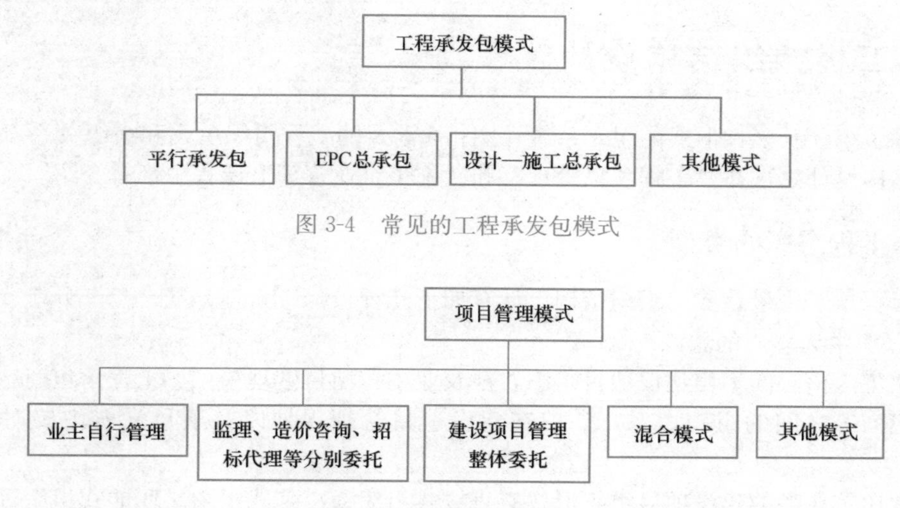

图 3-4 常见的工程承发包模式

图 3-5 常见的工程项目管理模式

混合模式是指，业主代表与项目管理单位共同构建项目管理机构。

其他模式，包括代理型 CM 模式、指挥部模式、由某项目参加单位（如施工承包商、设计单位等）负责项目管理的模式等。

3.2.3 工程组织实施方式设计应注意的问题

（1）“模式”是一个总体的概念，在模式确定后，还需要结合工程的具体情况进行相关的工程管理设计工作，形成本工程具体的实施“方式”。所以，工程组织的实施“模式”通常仅是几种，但实施“方式”却是千变万化、丰富多彩的。每个工程都需要进行自己独特的实施“方式”设计。

（2）这些模式有各自的优缺点、应用条件，适用于一定特性的工程。所以，没有适合所有工程的融资模式、承发包模式和管理模式，也不能在工程界普遍推行某一种模式。在工程管理系统设计中，选择一种模式不仅要关注它的优点，更要关注它可能带来的问题，以及对这些问题的防范措施。否则，“优点”常常难以发挥，而问题却容易“发扬光大”。因为，优点的发挥需要系统设计、精细化的实施和管理，而问题的出现常常是自发性的。这应该是常识，具有普遍的意义，不仅是工程管理，企业管理、行业管理等都应是这样的。

（3）不同实施方式，相关方有不同的权责和风险分配，有不同的运作方式、运作过程和合同条件等，对管理系统有个性化的需要，对之后管理设计的许多方面都有影响。如采用 EPC 承包模式，就决定了承包商的工程范围、合同形式和合同的主要内容、建设工程项目的组织形式、工程运作方式、管理工作分配等。

（4）融资方式、承发包方式和管理方式的选择存在相关性和对应性。它们决定不同层次的组织问题，在不同的时间决策，同时又有相关性。如工程采用 PPP 融资模式，一般在可行性研究中就会提出作为一种选择，且常常采用工程总承包方式，特别是有工程承包企业参与 PPP 项目融资的情况。如果采用 EPC 总承包模式，业主的项目管理就不能太细和太具体，现场的项目管理工作主要由 EPC 承包商负责。

3.3 工程组织结构设计

工程组织涉及多种形式的组织系统，图 1-6 涉及的工程组织单元和组织关系都需要进行组织结构设计。这在“工程项目管理”和“施工企业管理”课程中都有介绍。

3.3.1 工程组织的类型

从工程角度，最重要的组织结构设计有如下几种：

1. 以业主为核心的组织

以业主为核心的工程建设项目组织，涉及业主、项目管理单位、工程承包商、设计单位、供应商等之间的组织关系。一般在建设项目管理规划以及项目手册中要对此作出说明。

通常比较典型的建设项目组织形式有直线式组织、矩阵式组织、职能式组织等。

对一般简单的工程，业主委托项目管理单位管理设计单位、承包商、供应商等，一般采用直线式组织形式。(图 3-6)。

对一些多单体子项的工程建设项目（如新校区建设、世博会场馆建设等）组织，一般采用矩阵式组织形式。如某业主下属多个职能部门，与 11 个现场子项目部构成矩阵式项目组织（图 3-7）。

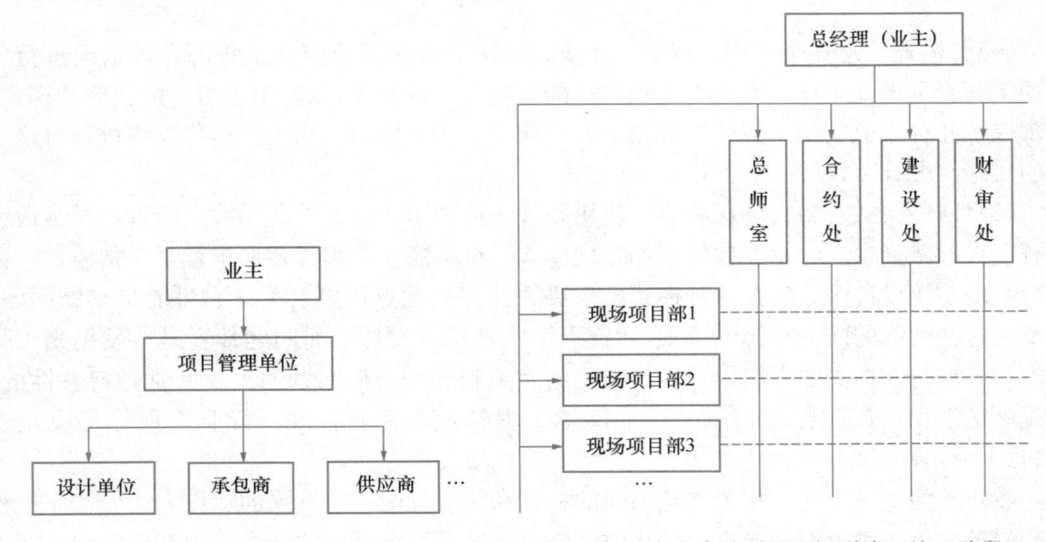

图 3-6 直线式建设项目组织形式　　图 3-7 矩阵式建设项目组织形式（施工阶段）

2. 各“项目部”组织

它是工程任务（工程项目）的具体承担机构，是工程组织的一个单元，由各单位委派，负责完成具体的工程项目工作。它是工程组织系统和工程任务承担企业组织系统的交集点，有自身的组织结构和组织运作规则。它由管理对象的规模、结构和管理职能与责任决定。

最典型和最重要的是施工项目组织结构设计。它包括施工项目部管理组织和现场实施组织（包括专业工程队、分包商、劳务供应商等），是施工组织设计的重要内容之一。

通常施工项目组织形式有直线式组织、职能式组织、矩阵式组织等。

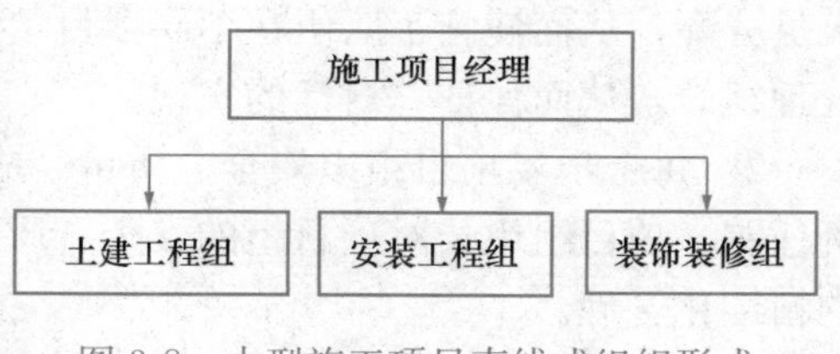

图 3-8 小型施工项目直线式组织形式

（1）独立的单个中小型工程项目一般采用直线式组织形式（图 3-8）。这种组织结构与施工项目的结构分解图具有较好的对应性。

（2）通常大型工程承包项目采用职能式组织形式（图 3-9）。由于项目较大，存在职能部门和施工队两个层面的管理。施工队与职能部门并列设置，接受项目经理和职能部门的领导。

（3）对于大型的多单体（区段、子项目）施工项目（如核电工程施工项目），通常采用矩阵式组织形式（图 3-10）。

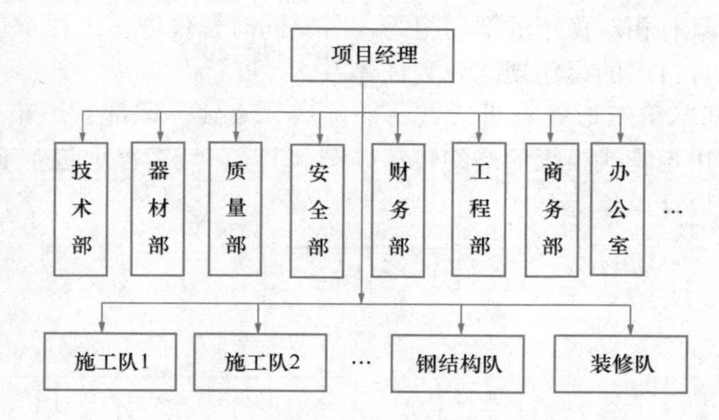

图 3-9 某施工项目职能式组织形式

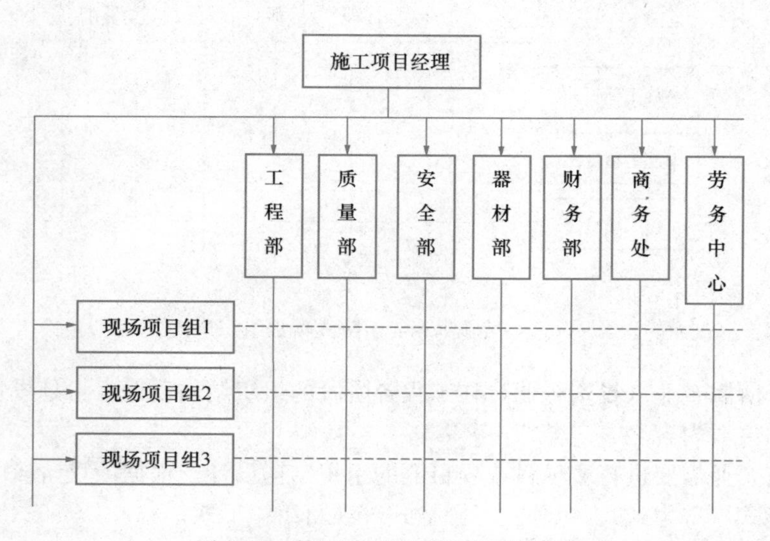

图 3-10 某施工项目矩阵式组织形式

这种矩阵式施工项目组织的优点有：

1）每个现场项目组根据自身的施工情况，提出施工人员需求计划，劳务中心可以根据各个项目组的不同需求对各项目组进行施工人员配置，并且根据项目组变化的需求调节人员分配，从而使施工队伍在不同项目组流转，节约成本，灵活地使用项目的资源，提高管理绩效，从而保证总目标的实现。

2）每个现场项目组以安全、质量、成本、计划等职能管理为主体，实行项目组组长责任制，项目组组长对项目组的安全、质量、进度、成本等目标负责，有助于实现项目组的精细化管理。

3）职能部门支持各项目组的施工活动，这样极大地缩短了协调、信息和指令的途径，提高了沟通速度。如劳务中心根据项目进展情况组织安排劳务用工，保证施工进度。

3.“企业—项目部”组织

“企业—项目部”组织结构设计最重要的有：

（1）施工企业的项目组织结构设计。它主要显示施工企业与施工项目的组织关系，属于施工企业项目管理系统设计的主要内容之一。

工程承包企业具有相对稳定的部门组织，需要同时管理许多工程承包项目，构建企业的项目管理系统，有自己的运作规则和责任体系。

“企业—项目部”组织形式有直线式、职能式、直线—职能式、事业部式、项目型、矩阵式等。通常采用矩阵式组织形式的较多（图3-11），与工程承包企业相似的还有咨询企业、供应单位、设计单位等。

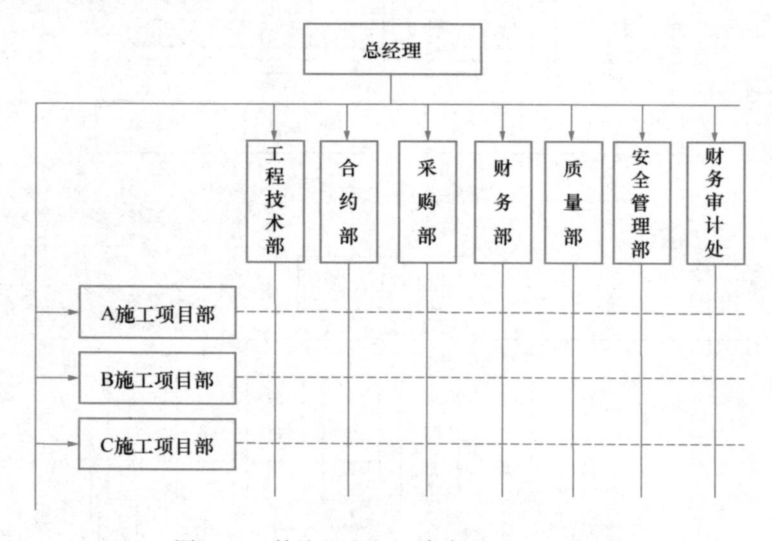

图3-11 某施工企业矩阵式项目组织形式

（2）工程所属企业（投资企业）在工程各阶段的组织结构设计。它是投资企业项目管理系统设计的主要内容之一。

有些投资企业需要进行多项目或项目群的组织结构设计。根据项目阶段的不同，通常可以采用职能式（寄生式）、矩阵式、独立式等项目组织形式。

如图3-12所示为某投资企业在可行性研究阶段采用的职能式（寄生式）组织结构图。工程的可行性研究工作由企业总工程师办公室（简称“总师室”）负责，它的主要职能是：工程前期的项目建议书编制、项目预可行性研究报告编制、项目可行性研究报告编制、技术咨询，而这些工作又由通过招标确定的四个咨询单位完成。

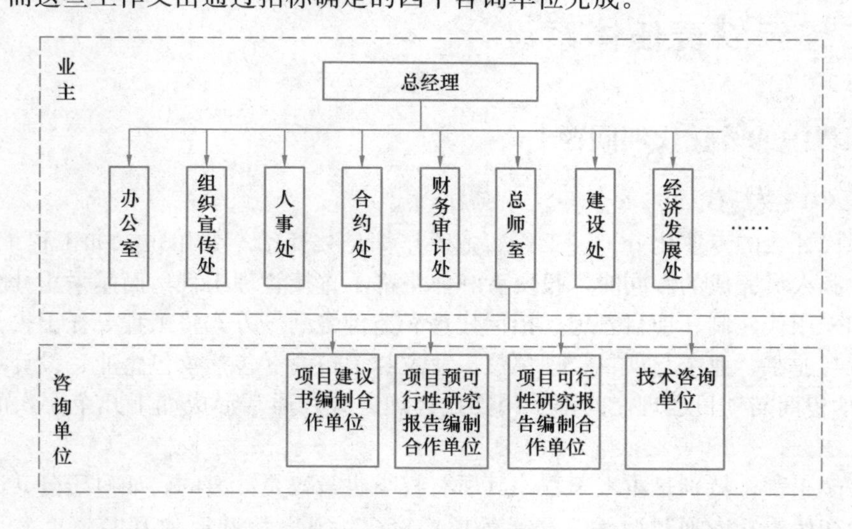

图 3-12　某投资企业的职能式（寄生式）组织结构图（可行性研究阶段）

在这些咨询工作过程中，还需要其他职能部门的支持和配合。

在现代工程中还有一些特殊的组织形式，如在科技含量高的研究型工程中还会用到网络式组织、虚拟组织等形式。

工程组织形式具有多样性，不同的组织形式有不同的特性、优缺点和使用条件。不存在适用于所有工程的固定组织形式，应根据工程的情况（规模、形态、技术要求、环境、目标等）选择适宜的组织形式。

3.3.2　工程组织的相关性

上述组织结构设计之间存在相关性。虽然在工程管理设计中，组织是按照图 1-6 自上而下按层次进行设计的，但在具体的设计中还要考虑它们的相关性。

（1）工程组织的对应性

最典型的是，工程承包企业部门组织设置（图 3-11）与施工项目部职能管理部门（图 3-10）设置有对应性。由于工程承包企业大多数都采用强矩阵式组织管理项目，项目部管理部门设置与企业职能管理部门设置是相似的。

（2）工程组织的互补性

比较典型的是，建设项目管理机构由“业主代表”和项目管理单位（可能是全过程咨询单位、代建单位、项目管理单位、监理单位、造价咨询单位、招标代理单位等）构成，它们的组织机构在职能管理方面具有互补性（图 3-13），要进行统一的设计。按照工程承包合同规定，他们的职权要有明确的划分，尽量不要重复设置。

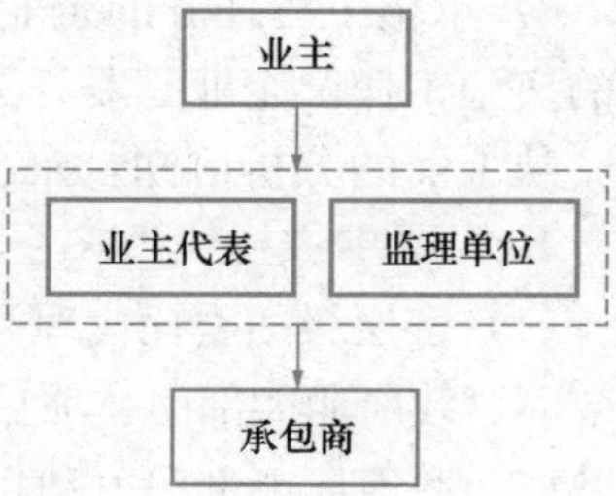

图 3-13　建设项目管理机构构成

3.4 工程组织责任体系设计

3.4.1 工程中的委托代理问题

1. 工程中的委托代理关系

由于现代社会的专业化分工，工程实施工作都是委托给专业单位（如工程承包企业、设计单位）和人员完成的。同时，投资者和业主都不直接管理工程，而是采用社会化的工程管理，如采用代建制、项目管理、招标代理、造价咨询等方式将工程委托出去。

投资者与业主、业主与项目管理单位、业主与承包商（包括承包企业、设计单位、供应商等）、承包商与项目经理之间都采用委托代理方式，通常形成如下几个层次的委托代理关系：

(1) 许多工程，特别是重大工程，其所有权与决策权是分离的。如对于公共工程，社会公众作为初始委托人通过政治、法律等形式授权给某一级政府代其实施重大工程的决策、指挥、组织、管理等权利。与此相似，对于股份制企业，股东作为初始委托人，通过股东大会章程等形式委托董事会进行工程投资的决策。

(2) 投资单位成立建设管理组织（如基建部门），并委托它作为工程投资者的代表，以业主的身份管理工程建设项目。在采用代建制的工程中，投资主体可以通过招标投标选择代建单位进行工程的建设和管理。投资主体是委托人，代建单位是代理人。双方按照合同形成权利义务关系。

(3) 在工程总承包项目中，委托代理关系有如下几种形式：

1) 业主作为委托人，总承包商作为代理人，在总承包合同下，总承包商按照业主的要求进行工程建设。

2) 总承包商与专业分包商、供应商等之间存在的委托代理关系。总承包商为委托人，专业分包商等为代理人，分包商完成分包合同规定范围内的工程任务。

3) 承担工程任务的企业通常都组建项目部，委托项目经理代表企业法人具体负责项目的实施工作。企业是委托人，项目经理是代理人。

从上面的分析可知，工程中的委托代理关系是与组织关系和合同关系相对应的。

2. 工程中委托代理关系的特点

(1) 多层级的委托代理关系。如对于公共工程，社会公众作为第一层次委托人，依次委托政府、政府职能部门、项目公司、工程承包企业或社会专门机构，形成完整的“社会公众—政府—政府职能部门—项目公司—工程承包企业”递阶委托代理链；而对于一般的工程承包项目，则形成“投资者—业主—施工企业—施工项目经理”多层次委托代理关系。

(2) 多种形式的委托代理关系。工程中存在两种典型的委托代理关系，它们存在很大的差异性：

1) 企业之间的委托代理关系。如业主委托咨询单位进行工程可行性研究，委托监理单位管理工程，委托承包商实施工程等，这主要是通过合同形式形成委托代理关系。

2) 企业内的委托代理关系。如企业法人委托施工项目经理实施施工项目。企业内主要通过项目经理责任制形成委托代理关系。

由于工程问题的专业性、复杂性和不确定性，工程中的委托代理涉及的事务范围大、专业性强、持续时间长、过程复杂、风险大，大量的工作需要代理单位独立处理，需要充分授权。

3. 工程中委托代理关系容易出现的问题

委托代理制度对工程组织的各个方面都有根本性影响。工程中的委托代理关系是非常复杂的，最容易出现一些机制上的问题，这些问题需要在工程组织设计过程中重点解决，如：

（1）委托人和代理人属于不同的利益相关方，他们之间存在利益博弈，他们都要关心自我利益的实现。同时，由于工程是重要的经济活动，投资巨大，所以容易出现“寻租”和腐败现象。近几十年来，大量的工程组织、招标投标、合同管理、索赔等方面的研究都采用博弈论作为理论基础和基本研究方法。

（2）委托人和代理人之间关系的平衡很难把握。如在公共工程中，社会公众与政府之间一般都呈现“弱委托、强代理”现象。即政府对决策事务一般都拥有强力的决定权、裁量权、话语权与信息主导权，而公众作为委托人，监督成本高、程序复杂、执行困难，导致许多工程决策受政府管理部门利益和具体负责人的价值偏好影响，造成对委托人利益的损害。

与此相反，在许多工程中，业主作为委托人，处于委托代理关系中的“主位”，而承包商和咨询单位处于“辅位”，构成双方的不平等位置。出于缺乏信任和自身管理风格等因素，业主对承包商和咨询单位常常显得非常强势，对工程实施干预很多。我国工程中普遍呈现“强委托，弱代理”现象。如业主常常通过合同限制监理机构或项目管理机构的权利，而由业主代表行使这些权利。如近十多年来，我国推行 EPC 总承包，业主常常深度介入工程实施管理，对工程的干预程度远远超出国际上 EPC 总承包合同的范围，形成“中国特色”的总承包方式。

（3）由于工程的特殊性和委托代理关系的多样性，项目实施和管理业绩评价困难，对代理人工作的评价和奖励难以有效进行，使得双方在权责分配、信息沟通、控制、考评和激励等方面存在一系列问题，常常不得不把相当大的决策权让渡给代理人。

（4）在工程实施过程中，委托人和代理人之间的信息是不对称的。如业主无法获取足够多的工程实施状况信息，（担心）无法对工程实施有效的控制。许多业主希望通过各种手段、工具和措施获得有利地位，而这常常会破坏工程委托代理关系的平衡。

（5）项目经理和工程承包企业、建设单位之间存在“一仆二主”的双重代理关系，两种不同性质的委托代理关系在项目经理岗位上并存。工程承包企业委托项目经理管理工程，处理与业主（建设单位）的关系，又要防止项目经理凭借信息不对称的优势进行“寻租”。

（6）在工程委托代理关系中企业责任和个人责任的矛盾性。工程中最主要的委托代理关系发生在单位（企业）之间，但相关工作的具体承担者常常是个人，如投资项目业主责任制，业主为项目公司，是法人。但在投资项目实施过程中，项目公司的企业负责人（法人代表）是个人，他常常仅在一段时间（任期）内承担责任，对任期内的目标负责，有很大的决策权，这就可能会导致企业负责人的短期行为，产生寻租现象。这样就存在项目公司工程全寿命期总体责任与业主代表个人呈现的阶段性责任的矛盾性。

同样，咨询公司受业主委托管理工程，需要委派项目经理负责具体工作。项目经理可能在项目实施中利用项目管理的权利为自己渔利。

我国从 20 世纪 80 年代开始在工程中推行的投资项目业主责任制、施工企业项目经理责任制（项目法施工）等都存在这样的问题。

4. 形成良好委托代理关系的重要条件

由于工程是一次性的、独特的，工程实施和管理效果评价困难；各方利益不一致，容易产生对抗；委托代理关系的层次性和形式多样等因素，工程中委托代理制度的良性运作需要具备如下基本条件：

（1）需要整个工程参与方的素质、诚实信用程度高，企业都有良好的组织文化，参与方之间能相互信任。如果在工程实施过程中，委托人对被委托人缺乏信任，给被委托人授权失度；或被委托人失责、失德；或由于委托制度不健全，缺乏监督，在工程实施过程中谋求“私利”，最终都会损害委托人的利益，进而损害工程的总目标。

（2）需要通过系统性、全局性、科学的组织制度设计来实现对相关方的约束，保障工程组织的运作。这主要包括工程组织的责任体系设计、合同（即委托代理契约）设计等。这方面还包括国家的法律制度和工程承发包市场的运作规则等。

（3）构建工程相关方的利益共享机制，形成利益共同体，使大家通过工程的成功实现自身利益。

3.4.2 传统责任中心的种类

在传统的制造业企业管理中，责任中心制有重要的作用和地位。责任中心就是由一名经理管理一个组织单位，对该组织单位特定的成果（主要是财务成果）负责。组织单位之间必须界面清晰，其经济活动有相对的独立性，易于考核评价。责任中心制必须体现责权利平衡原则，即责任单位有完成任务所必需的权利。

通常企业内可分为成本责任中心（简称成本中心）、利润责任中心（简称利润中心）、投资责任中心（简称投资中心）等。

1. 成本中心

（1）定义。典型的成本中心是生产产品、半成品、产成品的单位（生产车间）。它是为企业提供一定的物质成果，能控制成本，无需对收入、利润或投资负责的责任单位。

（2）成本中心对生产（相应的成本形成）过程负责，应有与产品生产过程相关的决策权，如有权决定资源的使用、生产工艺、方法和劳动组织等。企业应保证资源的供应，提供合适的生产条件等。

（3）成本中心的考核。对中心的考核指标通常有生产成果（“计划—实际”产量）、责任成本（成本数量、成本降低率和降低额）、质量、安全等。其中，对成本的考核是重点。

对成本中心的考核周期通常为一个生产过程，或月、年，或一个产品对象。

在成本考核中，通常要将实际成本分为可控成本和不可控成本两部分，成本中心只对自己可以控制的成本负责，不可控成本不应成为业绩考核的内容。

可控成本必须同时符合如下条件：

1）责任中心能够有效地测算和计划。通常需要按照企业的标准价格因素（人工、材料单价等）进行测算，进而设置考核指标。

2）责任中心能够对它进行计量。

3）责任中心能够对成本产生的因素进行调节，即能够采取降低成本的措施。

（4）成本中心还可以下设低层次成本中心，如产品生产过程中有半成品的责任单位。

与成本中心相似的是费用中心，如企业和项目部的各职能管理部门、企业的专项研究和革新项目等，它们对管理费用或专项费用等负责。

2. 利润中心

（1）定义。利润中心是能对经营成果负责，同时应有相应的独立经营权的单位。它既能控制成本，又能控制收入，要对收入、成本和利润负责。

（2）利润中心能向外部市场销售产品或提供服务，应有决定产品的市场价格（如投标报价）、采购资源（材料、劳动力、分包工程等）、对所属生产单位（成本中心）进行管理的权利。

（3）利润中心的考核指标通常为实现的利润额或利润率（资金利润率、年利润额）、企业战略、市场经营成果等，并按照考核结果进行奖励。

通常对利润中心的考核和奖励是按照一个经营周期（比较多的采用年度）实现的利润额或利润率进行的。如制造业企业的分厂、分公司、多种经营单位，大型工程承包企业的构件厂等都属于利润中心。

3. 投资中心

（1）定义。投资中心负责控制资金的投放和投资的回报，即既能控制成本、收入，又能决定投资投向的责任单位。

（2）投资中心对投资回报率、投资回报额负责，有权决定投资的方向、资金筹措、产品规模、产品定位、工程建设模式、管理方式、经营方式等，具有对所属利润中心和成本中心的管理和考核权利。

（3）投资中心的考核周期通常为一个投资过程。

（4）有投资自主权的投资中心还可能管理低层次的投资中心、利润中心和成本中心。

我国从20世纪80年代中期开始就实行建设项目业主投资责任制，实质上国家（政府）就是将业主作为建设项目的投资中心。企业投资建设工程项目，参与PPP项目融资，做多种经营投资项目等都属于这一类。

3.4.3 工程组织责任制的矛盾性

工程组织需要建立完备的责任体系和绩效考核机制，对各层次项目和组织成员工作的效果进行评价和激励。这是企业对工程项目治理的要求，也是目标管理的基本方法，又是工程组织设计的主要内容。

在工程的责任体系中，业主投资责任制和施工企业的项目经理责任制是重点。其中，施工项目经理责任设置较困难、矛盾性大，同时影响也大。从20世纪80年代开始，我国在施工企业推行施工项目责任制，一直在探索解决这个问题。

传统的企业责任中心制产生于制造业，适用于工厂标准化的产品、生产过程和稳定的生产条件。由于工程、工程组织和工程委托代理制的特殊性，使得工程组织责任体系的构建非常困难，存在许多矛盾性。

（1）工程是一次性的过程，工程系统都是独特的、个性化的。同时工程环境又是多变的，且工程建设期较长，使许多组织单元所承担工作任务的时间跨度很大，造成责任指标和考核评价标准设置非常困难，也难以进行有效的激励。

如由于工程风险大，不确定性大，在工程实施过程中，目标变更、业主要求变化、环境变化等使得组织工作范围和责任发生变化，考评的依据也发生变化，从而导致组织责任的考核和激励机制的设计以及实施都很困难。

(2) 工程目标多样性带来的问题。传统的责任制通常以成本、利润或投资回报作为考核的主要指标，需要尽可能地进行定量考核；而工程项目是多目标系统，各目标的量纲不同，且许多目标（特别是体现重大社会责任、历史责任、环境责任的目标，以及对上层战略有重大影响的目标）是难以定量描述和考核的。这容易使责任人重视短期的、能够量化的经济目标，而忽视不能定量表示的目标，放弃工程应承担的社会和历史责任。

(3) 组织长期责任和负责人短期责任的矛盾性。许多合同的签订和目标的落实是针对组织单位（如投资企业、施工企业）的，而具体工作要由项目经理个人负责。

(4) 个人责任的可追溯性存在问题。工程项目规模大、经济价值高，如果责任人工作失职造成损失，个人是没有能力赔偿的，所以严格的追究责任是很困难的。

(5) 工程中许多组织责任很难按照传统的责任制形式定位。最典型的是施工企业对施工项目经理部的责任中心定位存在的矛盾。由 9.4.5 节的分析可见，无论是利润中心定位还是成本中心定位都会带来许多问题，存在自身的缺陷。

3.4.4 工程组织责任制设计的准则

工程组织责任制的设计必须符合工程组织设计的基本准则。同时，还有一些特殊的要求：

(1) 保证企业战略和工程总目标的实现，保证高效率完成项目。将工程总体目标层层分解，落实各组织成员（责任中心）的目标，使大家努力协调一致。

(2) 能够调动各方面的积极性和创造性。一方面要最大限度地发挥项目上的主观能动性和积极性，又要保证企业部门能够积极支持项目的实施。

1) 这需要尽可能使项目间的考核和奖罚公平，使部门和项目间利益均衡。

2) 这需要构建整体责任体系，不仅包括项目部（或项目经理），而且包括企业职能部门、为项目提供支持的分公司等。要根据绩效考核结果，对各级责任中心实行奖惩，赏罚分明。各责任中心的实际业绩不仅要与其责任承担者个人的经济利益成正比，而且要奖罚得当，使其工作成绩关系到其个人的工资绩效、职位升降甚至岗位解聘等。

3) 需要构建利益共享机制，形成“利益共同体”。使工程组织成员将各自的利益和工程的整体利益、工程总目标的实现结合起来，通过共赢实现各自的利益。如在现代工程合同设计中，不提倡利益对抗，不提倡（或强调）制衡措施，而是通过风险共担和利益共享机制调动各方面的积极性和主观能动性。

(3) 保证企业（包括业主）对工程实施有效控制，使工程实施符合企业战略，对战略的贡献大。工程项目应在企业的控制下实施，不失控，特别是在财务上不失控。

(4) 在项目过程中能发挥企业的整体优势，集中力量，争取高效益的工程项目，实现企业或企业间资源的优化组合，能发挥各个合作企业的优势。

(5) 通过有效的权责制衡措施防止腐败（如寻租）现象的发生。

3.4.5 工程组织责任制体系的构建

工程组织责任体系的设计很复杂，也很难构建统一的责任体系，这主要是由于：工程具有一次性、独特性、持续时间长、环境复杂多变；大量的组织成员是临时性的；组成单位跨许多企业，有不同的属性；组织关系复杂等。

与前述工程组织体系和多层次委托代理关系相对应，工程组织的责任中心体系也是多层级的。在工程全寿命期中，工程组织参与单位责任中心的设置有一定的规律性。

1. 项目公司

投资企业为工程提供资金或财务资源，目标是实现工程全寿命期整体的综合效益，项目公司是工程投资责任的承担者，代表和反映投资者的利益和期望。它是工程投资责任中心，既对成本、收入和利润负责，又对投资效果负责，是工程最高层次的责任中心，拥有最大的决策权，也承担最大的责任。

我国实行业主投资责任制，就是将业主（或以业主身份进行项目决策和投资的单位）作为投资责任中心。有些项目公司还可以有一定程度的投资权利，如进行多种经营、灵活经营投资，它很可能有下层次的投资责任中心。

2. 前期策划阶段的工程组织

投资企业一般在前期策划阶段成立临时性研究小组进行项目机会研究和可行性研究等。它的责任是在企业提供的专项经费范围内完成工程前期策划相关工作，在性质上属于成本（费用）中心。有时在专项经费范围内，还需要签订咨询合同，委托投资咨询单位进行专项研究，它属于下层次的成本中心。

3. 负责工程建设管理的业主（建设管理单位）

建设项目立项后，确定建设总投资，由业主对建设工作负责。他的任务是在预定的投资范围内按照项目任务书完成一定规模的工程，实现预定的生产能力。所以，它在性质上属于成本中心。

4. 工程任务的承担单位

对业主来说，施工企业、供应商、勘察和设计单位、咨询单位（包括项目管理公司、监理单位）、技术服务单位等，都接受业主的委托，在规定工期内完成合同规定的专业性工作任务，包括设计、施工、提供材料和设备。业主支付工程价款。所以，对业主来说，这些企业在性质上属于下一层次的成本责任中心。

对于工程承包企业来说，要通过承包工程取得合理的工程价款和利润，则工程承包项目是一次经营过程，是企业的利润中心。但施工项目部的任务是在企业下达的责任成本范围内完成施工工作，属于成本中心；而施工项目部管理的分包商、工程队、劳务分包等属于低一层次的成本中心。设计单位、供应商也与此相似。

5. 工程运行阶段的组织

在运行阶段，项目公司（或工程所属企业）需要实现预期的利润以归还贷款，有产品（或服务）的经营权，则项目公司（企业）应为利润责任中心；而承担运维管理任务的单位，要在预定的工程运维成本（费用）范围内，使工程达到预定的产品生产能力或服务能力，符合质量要求等，则它为成本责任中心。工程所属项目公司有可能投资进行工程扩建，这样就会改变项目公司投资责任中心的规模或范围，带来责任的变化。

从上面的分析可知，责任中心的定位是相对的。无论是投资企业、建设单位（业主），还是工程承包企业，都要构建多层次的组织责任中心体系（图 3-14）。

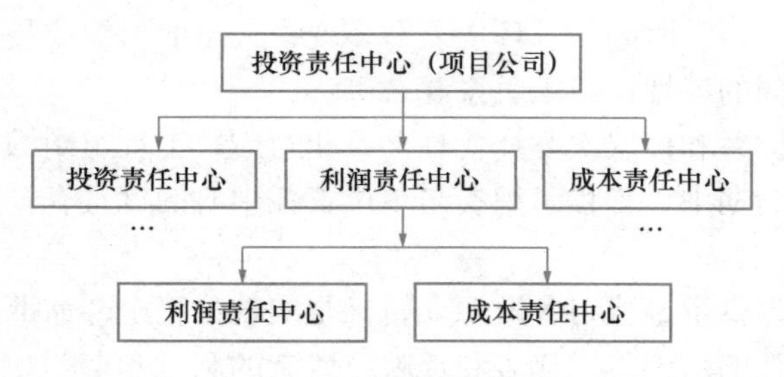

图 3-14 工程组织责任中心体系架构

3.5 工程组织运作规则和组织设计文件

3.5.1 工程组织运作规则

工程组织运作规则的范围很广，在许多文件中以各种形式规定，通常涉及：

（1）外部规则，如法律法规、市场规则、信用制度、行业规则等。这是由工程环境决定的，通常不需要专门设计。

（2）内部规则，包括两个层次：

1）企业的工程组织规则，包含在企业的工程管理体系、各阶段、各层次、各职能管理规章以及管理的程序性文件中。

2）具体工程项目的组织规则，包含在项目任务书、合同文件、计划书、项目管理规划、项目管理目标责任书、项目手册等文件中。

这些规则的细节需要在各工程管理设计中专门定义。

3.5.2 组织设计文件

组织设计文件包括以下几部分：

（1）组织结构图和对应的职能说明。

1）组织结构分解（OBS）。组织结构分解是一种将 WBS 中的工作与相关工程部门或任务承担者分层次、有条理地联系起来的一种工程组织安排方法。这些工程任务承担单位、部门和成员可以了解自己所承担的职责，以及各方面的组织关系。由于许多组织关系是由合同定义的，所以工程组织结构图与工程合同结构图有一定的对应性。工程组织结构图还可以包括工程相关者的组织，甚至可以扩展到各利益相关者。

2）工作任务分工表和管理职能分工表。工作任务分工是把任务分工落实到组织成员，反映工作任务与组织成员之间的关系，主要针对每项工作任务的主办、协办、配合部门。工作任务分工的成果是工作任务分工表，其能明确各项工作任务由哪个工作部门（或个人）负责，由哪些工作部门（或个人）配合或参与。与此相对应，管理职能分工的成果是管理职能分工表，是用表的形式反映项目管理班子内部项目经理、各工作部门和各工作岗位对各项工作任务的项目管理职责分工。

（2）责任矩阵。其是对工程组织成员进行分工，明确其角色和职责的有效方法。通过矩阵，每个组织成员的职责能得到直观反映。一般纵向为工作单位，横向为组织成员或部门名称，纵向和横向交叉处表示工程组织成员或部门的职责。责任矩阵能够让工程组织成员或部门各司其职，进行充分和有效的合作，避免职责不明，为工程组织有效运行提供保障。

（3）项目组织运作流程。即通过落实工程活动的承担者，将前述的各种工作流程转化成为工程组织流程，体现了组织之间的工作关系。

（4）组织规则文件。用以说明组织内部各部门的职责、职权及每一个职位的主要职能、职责、职权及相互关系。

（5）其他文件。如企业项目经理责任书，以及组织实施控制、检查、绩效评价、考核和奖罚等机制规定和相关文件。

复习思考题

1. 我国建设工程中常用的融资模式、承发包模式、管理模式有哪些？它们有哪些优点、缺点、应用条件和运作方式？

2. 简述工程中的委托代理制和责任中心制的特殊性和矛盾性。

3. 调查我国公共工程项目责任制的形式、运作方式、优点、缺点和运作条件。

4 工程管理系统设计原理

【内容提要】

本章重点放在工程管理设计文件中所包含的职能管理系统设计（或计划）方面的内容，主要包括如下几方面：

（1）概述。

（2）工程管理流程设计。

（3）工程管理组织设计。

（4）工程职能管理体系文件设计。

由于项目管理工作也是工程项目工作的一部分，所以涉及管理工作分解、流程、组织等方面也适用第3章所介绍的内容。

4.1 概述

1. 工程管理系统的概念

“工程管理系统”是一个很大的概念，从总体上说，是指为实现工程总目标所必需的管理活动、管理流程、管理组织、管理职能、管理规则、管理信息、管理方法和工具等所构成的系统。

2. 工程管理系统的基本构成

通常工程管理系统可以从如下不同的角度进行系统分解和构建：

（1）按工程寿命期各阶段构建。工程管理工作贯穿于工程的全寿命期过程，不同阶段有不同的内容，主要包括：

1）前期策划阶段工程管理的内容是，通过可行性研究，对工程目标系统进行总体策划、论证、评价，提供决策咨询。

2）设计和计划阶段工程管理的主要内容是，进行工程建设项目规划，包括编制工程项目管理规划和各种职能型计划，科学组织资源，进行招标投标，做好施工准备。

3）施工阶段的工程管理涉及业主、承包商、设计单位、监理单位和供应商等参建方，内容涉及建设项目目标控制、合同管理、质量管理、进度管理、HSE管理、资源管理、现场管理等。

4）运行阶段工程管理的主要内容是工程运维管理，包括运行维护、健康监测、维修管理、更新改造和扩建工程项目管理等。

这种划分决定了工程管理系统设计的具体内容。

(2) 按各层次工程项目构建。如投资项目管理、建设项目管理、施工项目管理、咨询项目管理、供应项目管理等。

(3) 按工程组织角度构建。其可以分为战略决策层（投资企业）、战略管理层（业主或建设单位）、项目管理层（项目管理机构）、项目实施层（设计单位、施工承包商、供应商）的工程管理等。从组织层次的角度，还可以分为企业层面和项目层面的工程管理。

(4) 按管理职能构建。由于具体工程管理设计的主要对象是工程项目，项目管理分为很多阶段和很多职能管理工作。如 PMBOK 划定了项目管理的知识范围界限，并对其进行结构化，将项目管理分为 10 大知识体系，包括综合管理、范围管理、时间管理、成本管理、质量管理、人力资源管理、沟通管理、风险管理、采购管理、项目相关者管理等。这种项目管理知识体系结构分解对工程职能管理体系设计有重要作用。

由此可见，工程管理系统的范围非常广泛，本书所涉及的全部内容都应在其范围内。而本章所指的“工程管理系统设计”，是指在工程管理设计文件中所包含的以工程项目为对象，以职能管理体系（或管理计划）为重点内容的设计工作。这是狭义的“工程管理系统设计”的范围。

3. 工程管理系统设计的工作内容和一般流程

在不同的阶段，针对不同的项目，不同的项目参加者所负责的工程管理设计任务是不一样的，但它们都有管理系统设计的内容。如在后面几章的工程管理设计中，都涉及管理系统设计，它们的内容有共性和相关性，存在图 1-8 所定义的关系。

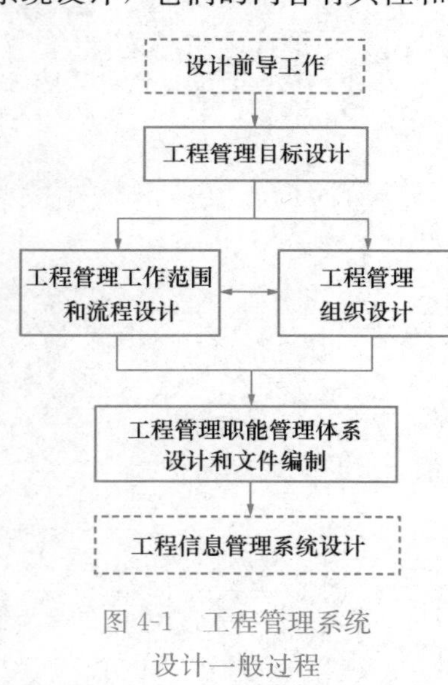

图 4-1 工程管理系统设计一般过程

工程管理系统设计符合图 1-10 所示的系统逻辑，主要设计工作包括工程管理目标设计、工程管理工作范围和流程设计、工程管理组织设计、工程管理职能管理体系设计、工程信息管理系统设计等方面的内容(图 4-1)。

(1) 设计前导工作。工程管理系统设计是在工程环境调查、目标设计、工程范围、工作分解、实施流程设计、组织设计等基础上进行的。

(2) 工程管理目标设计。通常要分析研究工程总目标、项目目标和由项目责任制产生的项目管理工作目标等。

(3) 工程管理工作范围和流程设计。其包括确定工程管理的任务范围；分阶段进行管理工作分解，做管理工作分解结构（WBS)；构建各阶段管理工作综合流程和各管理职能的总体流程等工作。

(4) 工程管理组织设计。按照工程管理目标设置管理职能，进而确定管理组织机构和相关的职能部门，将相关工程管理工作责任、权利在各组织层次和部门之间进行分配。如在施工组织设计中，需要确定施工项目部的组织机构，并在企业的职能部门、项目部、项目部职能部门或人员之间落实管理工作责任。

管理组织设计与管理工作范围和流程设计有对应性，需要互相参照，如管理工作分解的深度和细度与管理组织责任相关；职能管理组织设计要根据管理工作范围和流程进行。

(5) 工程管理职能管理体系设计和文件编制。

1) 各职能管理目标和任务。工程管理目标应该分解落实，形成对各职能管理的具体且明确的任务要求。由此形成相关工程管理机构和职能人员的工作范围。

2) 细化各管理工作过程，按照各职能管理工作的专业性要求绘制职能管理工作细部流程。

3) 对职能管理工作内容和流程进行详细说明，包括基本要求、相应的管理方法和工具以及工作标准，通常可以用管理工作说明表表示。

4) 编制职能管理体系文件。

(6) 工程信息管理系统设计。这部分内容将在下一章再做详细介绍。

4.2 工程管理工作分解和流程设计

4.2.1 工程管理工作分解

工程管理工作分解包括以下内容：

(1) 管理工作范围确定，列明管理工作目录。在工程不同的阶段，从不同的角度（如投资企业、业主、承包商、施工项目经理等）和职能都可以分解出许多管理工作。工程管理工作分解要保证管理工作的完备性。通常从如下三个维度确定管理工作范围：

1) 在工程寿命期或工程项目各阶段都有管理工作，它们又属于工程实施工作的一部分。在项目管理中，强调每个阶段的工作分解（WBS）都要有“项目管理工作”单元。所以工程管理工作首先按照阶段分解，这是构建本阶段工程管理综合性流程的依据。

2) 在各阶段，有不同层次的工程管理工作。如投资者需要对工程进行投资决策、对实施计划和过程进行宏观控制；业主需要对建设工程项目的实施进行总体控制；项目管理单位承担具体的建设项目实施管理工作。它通常由工程组织结构决定。

3) 管理机构（即项目经理部）承担的责任，通常由合同或任务书定义。

(2) 工程管理职能设置。职能管理在项目管理层和实施层是最具体的工程管理工作，精细化管理主要体现在项目职能管理工作上。

1) 管理职能是管理系统所具有的职责和功能。管理职能一般是根据管理过程的内在逻辑，将其划分为几个相对独立的部分。在管理学中，将预测、决策、计划、控制、组织、指挥等作为管理职能。

2) 职能管理是源于专业化分工和组织控制的需要，根据管理工作的专业属性，将其划分为几个相对独立的部分，建立管理组织机构，规定职责、义务和权利。这样有助于工程管理的专业化，能提高管理效率和管理水平。

在工程管理中，职能管理是指一些具有专业特色的管理要素，通常可以从如下角度进行分类：

① 为保证项目目标实现的管理职能。目标是工程管理的“命题”，对管理内容有规定性，通常可以分为成本（费用、造价、投资）管理、质量管理、进度管理、HSE 管理、

利益相关者管理等职能。

② 资源管理职能。资源管理职能是要实现组织资源的有效配置和合理利用，即对要素的获得和供应过程进行管理。所以它的设置与工程所需资源要素相关，通常有人力资源管理、技术管理、资金管理、物资（设备、材料）管理、信息管理等职能。

③ 保障性管理职能。即保障工程顺利实施相关的管理职能，如法律和合同管理、风险管理、现场（空间）管理等职能。

（3）管理工作分解结构（目录）。管理工作结构分解是工程管理设计的工具。每个阶段、各层次、针对相关的职能，都可以分解为许多管理工作。

1）在管理学中，管理工作可以分为预测、决策、计划、控制、反馈等。与此相对应，在工程项目中，各职能管理工作可以具体分解为预测、计划、实施监督、实施跟踪、诊断、调控措施决策、变更管理等工作，构成管理流程。

2）职能管理工作在工程项目管理层和实施层是最细致和具体的，而且常常显示出工程、市场方式、施工合同、企业、职能的专业特殊性，会用不同的专业名词。比较典型的是，业主的造价（投资）管理与承包商的成本管理就有比较大的专业差异性。如在建设工程造价管理中，估算、概算、编制标底就是预测性的工作；对承包商的成本管理，在投标过程中所做的施工图预算也是预测性的工作；中标后按照合同文件、施工组织设计、具体环境条件等编制的目标成本和责任成本是计划性的工作。

（4）管理工作说明表。管理工作的详细要求可以用“管理工作说明表”表示。它是工程管理常用的工具，是对工程管理活动综合性的定义文件。它通常包括如下内容：管理工作名称、编码、工作内容、工作成果要求、管理工作名称、工作内容说明、工作成果要求、前导工作和输入信息、管理工作过程分解和控制要点、责任人与其他相关部门等（表4-1），还可以包括考核要求、沟通规则等。

管理工作说明表　　表4-1

子项目：	编码：	日期：　　版次：
管理工作名称和简要说明：		
管理工作内容说明：		
工作成果（或信息成果）：		
前提条件（前导工作和输入信息）：		
管理工作过程和要点：		
负责人（单位）：		
其他相关（或协助）人（单位）：	时间安排：	后续工作：

4.2.2 工程管理流程设计

工程管理流程设计是在管理工作范围确定、管理工作分解的基础上进行的。它构建了管理工作之间的逻辑关系。这种关系既体现工作的顺序，又体现工程的信息流程。

工程管理流程是为工程实施流程服务的，反映工程管理工作的逻辑，使独立的管理工作之间形成关联，是工程管理者与高层管理者、其他工程专业技术人员沟通相对重要和常用的工具，作为工程管理系统设计的重点。

工程管理流程作为工程流程的一部分，应符合 2.4 节所述的原理。

1. 工程管理工作的逻辑关系分析

构建管理活动之间的逻辑关系，才能形成管理流程。

（1）工程管理活动之间逻辑关系的主要影响因素。

1）许多管理活动依附于工程实施活动（过程），会随实施流程形成管理工作流程，主要体现在如下几方面：

① 质量检查验收流程依附于施工过程。

② 由于工程活动都是以项目形式存在的，所以在工程项目的启动、计划、执行、控制、收尾过程中，相关工程管理工作之间又存在前后衔接关系，必须依次进行。

③ 施工准备阶段的管理工作要与施工阶段的管理工作有机衔接等。

2）每种职能管理都可以分解成许多管理活动，它们都应服从预测、决策、计划、实施监督、实施跟踪、实施过程诊断、采取调控措施、变更管理等逻辑过程（图 4-2）。如工程项目的成本管理、质量管理、进度管理等职能，从总体上说都要经过这样的过程，由此构成某职能管理内的工作关系。

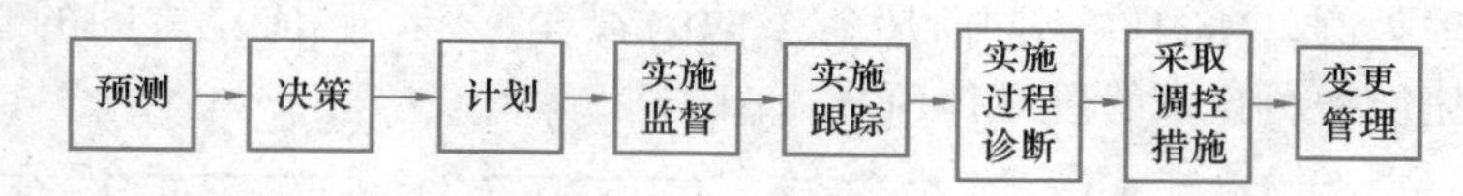

图 4-2 工程项目职能管理的一般过程

3）在职能管理工作中常用 PDCA 循环方法，所以许多工程管理工作过程会有循环工作，即流程图中会有回路。

4）职能管理工作内在的相关性。许多管理工作是由不同的单位（工程组织或管理职能部门）完成的，形成管理流程。如承包商投标阶段的成本预算工作与中标后成本计划工作之间形成先后顺序关系；在施工项目投标阶段进行成本预算，必须依据合同分析的结果、工程实施方案和资源计划等。

（2）职能管理流程设计的思路。对任何一项职能管理工作（如成本计划），从如下方面入手分析与其他职能管理活动的逻辑关系：

1）该管理活动的上游输入，包括：

① 该工作所需信息的上游来源，如工程价款结算需要已完工程量计量的信息。

② 该工作的依据是基于其他单位或职能的成果，或工作过程。如已完工程量计量需要工程师质量验收合格后进行。

③ 按照组织设置的规定，对某项管理工作所应承担的控制职能，如审查、批准、监督等。

④ 该项工作成果作为阶段性工作的开始，需要接受上阶段的工作成果。如施工项目现场准备是施工项目的开始，需要合同签订，需要投标阶段的全部信息，需要业主交付场地等。

2）该管理活动的下游输出，包括：

① 向其他方（或其他职能）提供本阶段工作成果、信息等。

② 成果交其他单位或职能，如审查、批准、监督等。如工程结算编制完成后，需要通过工程造价审计，则工程结算报告的下游工作是工程造价审计。

③ 工作成果作为阶段性成果，需要进入下阶段工作，如进入下一个项目阶段或管理过程。

通常在管理活动逻辑关系分析中，对某项具体活动的分析以上游（前导）管理活动的输入为重点。

2. 工程管理流程体系

由于工程管理工作非常复杂，具有业务范围广、管理层级多的特点，需要构建工程管理流程框架并进行层层分解，使独立的管理工作之间建立关联。

工程管理的具体对象是各工程项目，因此工程管理流程都具体表现为各工程项目的管理流程。按照图 2-13，它可以分为如下几个方面：

（1）工程项目各阶段管理工作综合流程。它是该工程项目在某阶段的综合性管理过程。它将本阶段的各职能管理罗列出来，形成一个有机的过程，体现为本阶段各职能管理工作的相关性。如工程可行性研究的一般过程（图 6-1）、工程建设项目规划总体流程（图 7-2）等。

（2）职能管理总体流程。它是某一职能管理工作在工程（项目）全过程中的工作流程。以投资管理为例，项目在不同阶段有不同的管理工作，各阶段之间的管理工作相衔接，形成工程建设项目投资管理总体流程（图 4-3）。

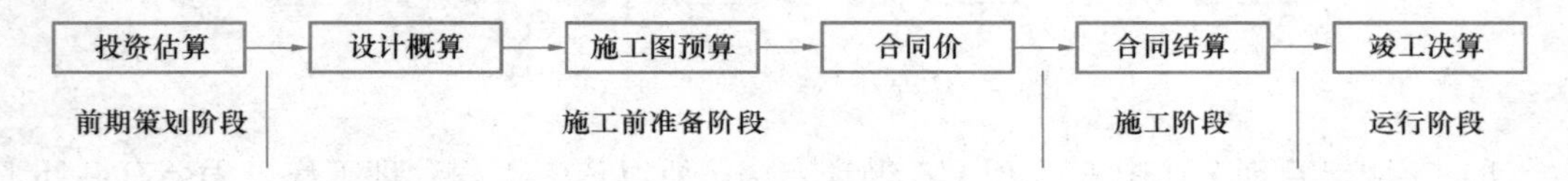

图 4-3 工程建设项目投资管理总体流程

总体流程还可以细化，如施工项目成本管理总体流程（图 9-12）、工程全寿命期费用（LCC）管理总体流程（图 10-13）等。

由于现在工程项目的许多职能管理工作都是专业化的，都由相应的职能部门负责，职能管理总体流程又是该职能管理体系构建的主要依据。

一般地说，阶段性综合流程和职能管理总体流程在很大程度上由工程项目管理工作分解（如 PMBOK 的知识体系）和项目各阶段的管理要求决定，不同的企业和不同的工程项目差异性较小。

（3）细部流程。上述两种流程中，有些职能管理关键节点的工作常常又由许多更细致的专业性管理活动组成，形成更细的管理流程，如竣工决算就是一个复杂的过程；在投标过程中，投标报价的编制有一个独特的过程；在施工过程中，有成本的控制过程、变更管理流程等。各职能管理的细部流程通常在管理职能体系设计中再进行细化。

3. 工程管理流程的特殊性分析

管理工作也属于工程实施工作的一部分，但其工作流程与工程实施的工作流程（网络计划）不同，有如下特点：

（1）按照管理要求，需要有分析、识别、反馈过程，需要不断地调整、修正，以持续改进。如在管理体系中常用 PDCA 循环就会形成循环工作过程，形成回路。

（2）有阶段性决策和控制，会有不同的实施策略。这种不同的策略选择也是设计的一部分，所以与事务性工作相似，有选择性工作安排，并不是流程图中所有的管理活动都是需要实施的。同时，可以采用更为灵活的表达方式，这在HSE管理、质量管理、风险管理中非常常见。

(3) 工程管理工作有相应的组织角度和层次性，使得有些工作具有重复性，如分部工程完成后进行质量检查验收，需要在施工专业班组、承（分）包商、监理工程师等多层次进行，涉及多主体工作。

(4) 工程管理工作依附于工程专业实施工作和过程。如工程质量管理工作就伴随着施工活动的前后和过程中进行，一般不独立存在。如工程合同控制工作伴随着工程的实施过程进行，需要依据进度、完成的工程量、工程质量情况等作出分析、诊断。

(5) 管理流程设计与组织设计的相关性。在传统的职能管理中，每一项工作指定由某个部门负责，具体工作由该部门领导进行分配。工程管理则是职能管理与流程管理的有机结合，这要求部门成员直接进行跨部门的协同运作。流程负责人对整条流程的工作效果负责，同时必须落实流程中各个节点工作的责任人，因此管理流程又是组织过程。

由于工程组织和工程管理工作的复杂性，大量的工作都是跨组织（部门）的。在总体流程设计中，首先应关注管理工作思路和管理职能的逻辑关系，不要过于关注管理工作的实施方式和承担者，在细部流程设计时再考虑这些问题。

(6) 管理工作通常不占用空间，在现代信息技术条件下，大量的管理活动可以在信息技术平台上采用多组织成员共同工作的形式进行，使许多程序性工作转变为并行的工作过程。

4. 工程管理流程设计的精细程度问题

在许多企业，人们非常重视工程管理流程设计工作。在设计过程中，普遍存在流程精细到什么程度比较适宜的问题，这是在工程管理系统设计中需要解决的大问题，它的尺度难以把握，存在很大的矛盾性，有许多影响因素，人们的要求也不一致，但主要是提高效率与分清组织责任之间的平衡问题。

(1) 管理流程细化的要求

1) 管理流程的细化是精细化和标准化管理的要求，又是工程和工程管理社会化和专业化分工的要求。只有细化和标准化的流程，才能实现流程管理的目标，有利于精细地计划和控制，实现精细化管理；如果管理流程很粗略，精度很低，就达不到指导和规范实际管理工作和实施控制的要求。

2) 流程细化有利于分清组织责任，易于程序化和规范化。由于工程活动对社会、历史影响很大，而且容易出现腐败问题，法律、市场规则要求严格的程序化、公开化、公平性。如有严格的建设程序，在工程前期有各种严格的审批过程，招标投标有严格的工作过程和时间限定；在工程施工中有各种检查验收程序，规定各种情况下的工作处理方式和过程等。

如由于反腐败的要求，在任何工程项目中，招标投标必须在阳光下运作，审批流程的环节多，常常由许多部门介入，进行控制、审查、监督；需要严格按照程序进行，否则如果出现问题，责任难以界定。

3) 许多企业进行多项目管理，特别是同类型的多项目管理（如住宅施工项目），其工程实施方式和实施过程规范化程度高，可以细化管理流程。因为对这样的企业来说，项目的实施过程已经类似于比较标准化的生产过程了。

(2) 流程细化可能带来的问题

1) 流程设计过细，各子流程（细部流程）和不同职能的部门间可能存在复杂的依赖关系，会导致流程运作的困难。同时，按照流程许多管理工作需要串行，使流程实施时间较长，带来管理效率低下的问题。

2）实施过程和管理过程细化，对工程实施技术的规范化、标准化程度要求高，基础性管理工作要跟上，否则流程细化意义不大。如分解很多细的成本管理活动，则成本的分项就必须很细，相应的成本管理责任、成本分析报告、成本考核也必须跟随着细化。由此又会导致计划和控制的信息处理量大，管理成本较高。

3）管理流程细化会使管理系统刚性加大，灵活性变小，束缚了实施者的活力，使项目职能管理人员丧失创造力和主动精神，造成计划的执行和变更困难。

4）许多工程项目都是一次性的，组织是高度动态的，人员又是流动的，流程细化常常是很困难的，流程越细需要的适应时间越长。但流程设计和应用有个过程，人们还没有适应，项目就可能已经结束了，编制太细的管理流程的实际价值就不大了。特别是对于承担的项目差异性很大，管理过程就不能过度"程序化"。

（3）管理流程细化的影响因素

当然，管理流程的详细程度与工程规模及其复杂程度，以及技术密集程度等工程的基本特性有关。此外，还有如下影响因素：

1）工程实施计划和控制的深度和细度。管理流程与工程实施计划和控制是相辅相成的。实施计划和控制比较粗略，则管理流程细化就没有价值和意义；同样，管理流程粗略，则再精细的计划和控制也是不能实现的，是没有效果的。

2）不同的组织层次掌握不同的流程。通常项目经理掌握阶段综合性流程，职能部门经理掌握职能总体流程和细部流程，所以管理流程与企业的项目管理模式有关。如在20世纪八九十年代，我国施工企业采用比较完全的施工项目经理责任制，企业的项目管理体系建设粗略，甚至没有进行管理流程设计也能够在一定程度上运行下去；而如果采用企业法人管理项目的模式，组织形式是矩阵式的，则必须有比较细致的管理流程，否则就很难进行精细化的管理和有效的沟通。对一些专业性很强的职能型管理工作，如报价的编制、工程结算、工程审计等，需要同时也可以编制较细的流程。

3）工程项目管理的成熟度。如在国内外的一些军工领域，工程项目开发和管理的成熟度高，会设置比较细化的流程，而且严格执行这些流程。有些企业设置了上千个工程项目的子流程（细部流程）。

4）新颖的、高度动态的、高风险的、时间紧急的或研究型工程项目的管理流程可以粗略些。因为这一类工程项目常常不能按照一种规范化的模式实施，管理工作需要有高度的柔性，管理流程需要有大的可变性，因此流程设计得太细意义不大。另外，任何工程项目要进行细致的流程设计并推行，必须有较为充裕的时间。

5）信息技术应用和人们的沟通方式。现代信息技术改变了组织成员的沟通方式，人们可以进行多主体共同工作，可以在网络平台上同时进行讨论、会商、决策。这样许多按照次序串联的工作可以并行，可以减少对流程的依赖，许多管理流程不需要再细化。

6）有一些工程项目管理工作综合性强（如项目诊断、招标文件和投标文件编制、合同评审、施工组织设计、进度计划的编制和调整等），流程主体不明确或难以分清责任主体，或工作由两个以上部门负责，组织界面不清晰，容易造成多头管理，部门之间相互推诿，则可以采用综合性工作小组（或项目、子项目组）的形式共同工作，而不采用按照分职能、分部门的流程（串行）工作过程。

如在合同订立过程中，合同评审涉及面很广、环节多、工作量大，需要多个管理部门参与，如果细化流程会导致时间不够；而采用综合性工作小组的形式共同工作，就可以简化流程。

4.3 工程管理职能部门设置

1. 工程管理组织的内涵

工程管理组织是指具体承担工程管理工作的机构和部门。它有两个方面的内涵：

（1）由于工程组织各层次都承担相应的工程管理工作任务，如投资者是战略决策层、业主是战略管理层、项目管理机构是项目管理层、承包商是项目实施管理层，所以工程组织结构图就是工程管理组织结构图。这方面的设计工作应遵循第3章所论及的工程组织设计原理。

（2）专门承担管理工作责任的项目经理部。这是工程管理系统设计中需要解决的管理组织问题。各工程组织单位都需要设置相应的机构承担自身具体的项目管理工作，如业主的项目经理部、咨询单位的项目管理机构、施工企业的施工项目经理部等。

所以，工程组织和工程管理组织是相互联系的，它们的设计内容又是有区别的（表4-2）。工程管理组织设计有独特的内容，其是以项目部内的管理部门、任务、责任等为主要对象的设计。

工程组织与工程管理组织相关设计的区别 表4-2

对象	工程组织	工程管理组织
目标	工程总目标	工程管理目标
任务分解	专业性工作，由WBS表示	职能（成本、合同、资源等）管理工作
主体	投资者、业主、承包商、设计单位等	项目经理和项目职能管理部门（人员）
组织关系	主要为合同关系	协调与管理关系
组织实施方式	投资方式、承发包方式	项目管理方式
组织类型	专业型	职能型
任务分配方法	合同、任务书	责任矩阵、管理规程
组织流程	网络计划	管理流程（如质量管理流程、合同管理流程等）

2. 工程管理职能部门设置的原则

（1）专业性。管理部门按职能进行设置，尽量将同一性质（专业）的工作设置于同一部门，由该部门全权负责该项职能的执行。

（2）精简原则。部门要尽可能精简，力求少而精。

（3）应具有灵活性。灵活性通常体现在：

1）部门应随业务的需要，或根据项目的阶段进行调整。对临时出现的管理工作可以设立临时性部门，对综合性强的工作可以设置综合性工作小组。

2）对于小项目，可以将一些相近的职能管理工作相对集中，一个部门可能有很多项管理职能。对于复杂的大型项目，职能管理专业化程度较高，机构的设置较细，如涉及资源的管理还可以细分为材料、设备、劳务、分包商等部门。

3）有些管理职能是综合性的，与各方面都有关系，一般不设置专门的部门进行专职管理，如在建设工程管理组织中，一般不设置风险管理职能部门。

（4）部门责任界限明确。项目主要职能活动必须由相应的部门承担。当某一职能涉及两个以上部门时，应明确部门之间的职责界面。

3. 项目管理部门的设置

现代工程项目的大多数职能管理工作都是专业化的，由相应项目部的管理部门（或人员）负责。管理职能部门设置与职能管理分类是相对应的。如某大型工程承包项目经理部职能管理部门设置如下（图4-4）：

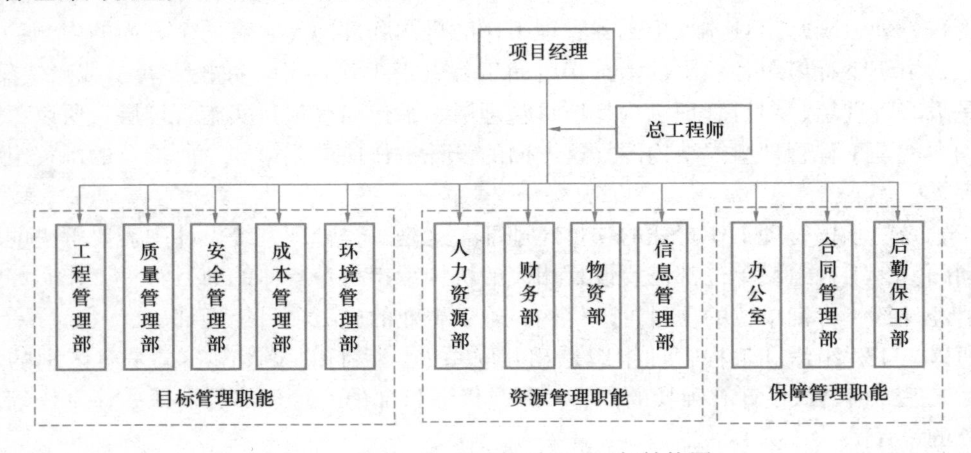

图4-4 某大型工程承包项目经理部结构图

（1）目标管理职能。针对承包项目的目标，设置工程管理部、质量管理部、安全管理部、成本管理部、环境管理部这几个部门，各部门主要职责如下：

1）工程管理部：负责对所有子项目的进度进行全面计划和监控，包括在与成本、质量目标协调的基础上编制进度计划和资源供应计划，并进行进度控制。

2）质量管理部：负责施工技术和质量的控制与管理，解决施工过程中重要的技术质量问题，包括施工材料的管理、设施设备以及中间产品的质量管理。

3）安全管理部：负责保障项目的安全生产，排除安全隐患，建立安全管理体系，管理各子项目的安全生产工作，避免各种安全隐患，提高工程质量。

4）成本管理部：负责建立项目成本管理体系，明确和掌握项目的目标控制成本，进行目标成本管理和动态成本管理，确保将工程项目成本控制在一定范围内。

5）环境管理部：负责制定环境保护控制目标，编制环境保护计划，建立环境保护工作监管体系，对各部门环境保护工作进行指导和检查。通常还负责现场管理工作。

（2）资源管理职能。设置人力资源部、财务部、物资部以及信息管理部等部门，其主要职责如下：

1）人力资源部：主要负责人力资源（各专业、各种级别的劳动力，熟练的操作工人、修理工以及不同层次和职能的管理人员等）开发与管理、薪酬与福利管理等工作。

2）财务部：负责工程的经济核算并进行资金管理的部门。

3）物资部：主要负责物资（包括建筑原材料和设备、周转材料以及项目施工所需的设施设备等）的采购、进货、贮存和发放等工作，确保物资满足施工生产需要，按正确的时间、正确的数量供应到正确的地点，保证供应，并降低资源成本消耗。

4）信息管理部：负责项目管理信息系统软硬件的建设与维护工作，确保信息收集和处理的时效性和准确性。

（3）保障管理职能。设置办公室、法律事务部、合同管理部、后勤保卫部等部门，其主要职责如下：

1）办公室：负责项目日常行政事务的管理，协调各部门业务工作。

2）合同管理部：负责合同管理和争议解决等方面的工作，如项目合同评审、劳务分包招标、合同洽谈、合同签订、合同控制，参与设计变更、费用索赔等。

3）后勤保卫部：负责项目的后勤保障及治安，包括安保、食堂、司机等。

上述职能可以按照工程规模和管理任务进行调整，如对于一些小的工程，项目经理部的结构可以简化，将一些相近的职能部门合并。具体名称也可能有所不同。

4.4 各职能管理部门工作职责和职能分工

4.4.1 各部门管理工作职责设计

在管理工作分解、管理流程设计的基础上，将管理工作具体落实到各职能部门。进一步，对各职能部门要确定其管理职责、管理工作范围以及工作内容。

（1）通常依据职能管理目标和管理职责来确定工作范围和工作内容，即确定为达成工作目标所需执行与操作的具体事项。

（2）针对工作内容，确定所要达到的要求（标准）。现在针对工程管理工作也有相应的标准，如建设工程项目管理规范，有些企业也有更为具体和详细的标准。但特殊的工程项目，或设计比较特殊的管理组织（如设置综合性很强的部门，或对一些特殊要求设置新的职能部门），需要进行具体和特殊的设计。

（3）该工作需要完成的专业操作过程。如为做好标准成本计划工作需要完成许多管理活动，这些活动可以构成该管理工作的细部流程。某工程材料采购管理工作流程如图 4-5 所示，其工作分析见表 4-3。

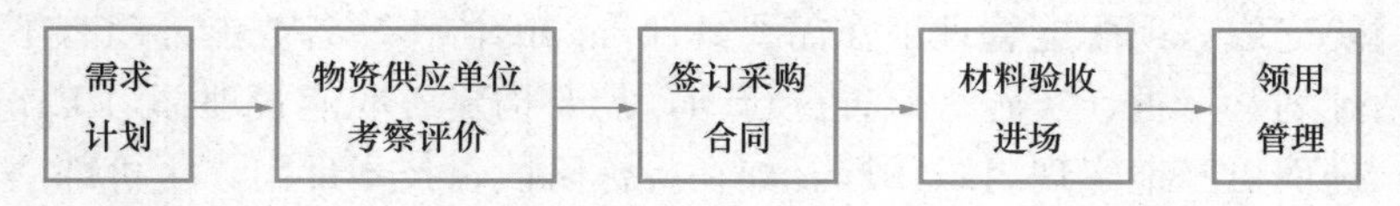

图 4-5 某工程材料采购管理工作流程图

某工程材料采购管理工作分析表 表 4-3

工作名称	主要工作内容	前导工作（输入）	工作成果（输出）	责任人
材料需求计划	编制采购计划 审核批准 落实采购责任人	工程量清单 进度计划 资源计划等	材料采购计划（材料名称、质量标准、规格、型号、数量、进货时间等）	
供应方考察	材料供应方考察 编制合格供应商名单	材料采购计划表 企业供应商名单库 市场调研资料	供应方考察详细资料和评价表 合格供应商名单 材料品质详细资料	

续表

工作名称	主要工作内容	前导工作（输入）	工作成果（输出）	责任人
签订采购合同	招标、商签采购合同 合同的审批和备案等	标准招标文件 企业材料招标规则	材料招标文件、采购合同文件等	
材料验收进场	材料验收过程	采购合同 出厂质量验收报告 其他各种原始证明	验收证明、通知、台账、过程记录、处理记录等	
材料领用	领料手续 使用	材料使用计划 领料单等	出库账单、质量证明、转移报表、使用情况检查	

这是后续职能管理体系文件编制，信息管理范围、流程、处理功能（软件）设计的基础。

4.4.2 职能管理工作分工

在前面设计成果的基础上，需要进一步定义各部门之间管理工作的分工。

工程实施过程中的管理工作关系涉及两大方面：

（1）工程组织成员（如业主、承包商、监理单位等）之间的管理工作关系

在工程实施过程中，有许多跨单位和跨部门的工作安排，它们在时间上要相互协调，必须前后连贯、信息畅通，由此带来这些单位各职能管理部门之间的工作协调，必须构建有效的协作机制，做好项目外部协调工作，使各方能够协调一致、齐心协力的合作。其中最重要的是，业主代表、项目管理单位（监理单位）、施工承包商之间一些项目管理职责的分配。

在我国工程中，业主通常深度介入对工程实施的控制，容易导致一些重要管理职责的重叠，这就更需要厘清各方职责了。

（2）项目部内职能部门之间的工作关系

一个部门要完成一项职能管理工作需要其他部门的协作。各职能部门有不同的协调责任，通常包括计划、审批、实施、检查、行动，需要构建各职能管理部门工作关系，提高组织协调性，进而更好地实现组织目标。如在投标阶段，技术部门、报价部门、合同管理部门、采购部门之间就施工组织设计和投标报价的确定有复杂的工作关系，可以通过管理职责分工表（或责任矩阵）表示它们之间的关系。工程项目管理职责分工表见表4-4。

工程项目管理职责分工表　　表4-4

类别	任务	项目经理	总工程师	合同管理部	进度管理部	质量管理部	专业工程师
…	…	…	…	…	…	…	…
进度管理	总进度计划	PC	PC	P	PDA	P	P
	设计进度控制	PDC	PC	C	D	C	A
	施工进度控制	PDC	PC	C	D	C	A

续表

类别	任务	项目经理	总工程师	合同管理部	进度管理部	质量管理部	专业工程师
质量管理	分部工程验收	C	C	C	P A	P A C	A
	材料、设备检查验收	C	C	C	A	P A C	A
	设备调试	C	C	C	P A	P A C	A
	系统调试	C	C	C	P	P A C	A
	竣工验收	C	C	C	P	P A C	A
…	…	…	…	…	…	…	…

注：P——计划；D——实施；C——检查；A——行动。

4.5 职能管理体系文件设计

1. 重要性

工程职能管理系统设计最重要的成果是相应的管理体系文件，工程管理的精细化就应该通过职能管理体系文件实现，它又是业主（投资者）、承包商、咨询单位沟通的桥梁。

工程承包企业、投资企业要设计通用的职能管理体系文件，使工程管理标准化。在具体的工程项目中，可以直接引用标准文本（如作为投标文件的附件），再结合工程项目的具体要求增加相应的专项设计。

2. 设计成果要求

（1）需要参照国际、国内相关标准范式构建各个职能管理体系。如国际上有 ISO 9000、ISO 14000、项目管理知识体系，我国有建设工程项目管理规范、施工组织设计规范、可行性研究规范、全寿命期费用管理规范等。例如 ISO 9000 质量管理体系文件通常包括，质量方针、质量手册、质量计划、程序文件和质量记录等文件。

许多企业经过 ISO 9000、ISO 14000、ISO 18000 贯标，都建立了标准化的职能管理体系。这些管理体系标准必须落实在工程项目实施过程中，并为工程职能管理文件编写提供统一的范式。

工程项目的职能管理体系又受制于企业标准化的职能管理体系。如施工项目的质量管理体系文件在范式上要符合国际质量管理标准的要求，同时需要符合建设项目管理规范、施工合同、业主所确定的质量要求，具体内容则需要引用施工企业的质量管理标准。

（2）要考虑各个职能管理的专业性和个性化要求。不同的职能管理有不同的侧重点、用语、详细的流程，以保证体系文件的实用性。如成本管理体系要有一套专业化的术语和内容，与会计和财务管理、物资管理、人力资源管理等要有相容性。同时，各职能管理体系都要保证管理工作的完备性，但又不能重复、不能矛盾。

（3）职能管理的集成化。职能管理工作由相应的职能部门负责，但职能管理体系通常又是综合性的，要集成化就需要跨部门、跨组织层次、跨企业共同工作。各职能管理体系在内容、范围、范式要求等方面要有相容性，任何一方职能管理体系的设计都要考虑其他方。各职能部门之间要设置有效的工作过程沟通和信息沟通渠道，相互支持，协调一致。同时，职能管理在工程项目全过程的各个阶段前后必须连贯。

(4) 充分考虑施工项目的特殊性和企业过去管理体系编制的经验和做法。

(5) 职能管理体系不能分得太细。如某施工企业围绕施工项目构建了18个管理体系，通过调研发现，它们在工程实践中存在如下问题：

1) 职能管理体系常常与部门工作相对应，需设置的管理部门多，则管理成本高。

2) 管理体系文件多，在工程中需要的报告多，信息处理量大。

3) 管理体系多，体系之间的相容性难以保证，其中出错、矛盾的可能性加大，需要进行更为细致的管理设计。

4) 管理工作刚性大，需要较高的基础管理工作水平等。

3. 管理体系文件的种类

(1) 企业标准的职能管理体系文件。投资企业和工程承包企业都要编制企业的标准工程管理体系文件，适用于企业所有工程。

(2) 具体工程项目的管理体系文件。在工程项目层面，最重要的设计文件是建设项目管理规划和施工组织设计。职能管理体系通常以职能管理计划的形式呈现。现在在许多具体工程的管理设计文件中，涉及职能管理方面的内容太多，文本常常很厚、也很乱，带来评审（如评标）和应用方面的许多困难。这种情况下可以采用与标准合同文本相似的设计方法，即在一个设计文件中，某一职能（如质量、进度、安全、现场、成本等）管理计划文件包括以下内容（图4-6）：

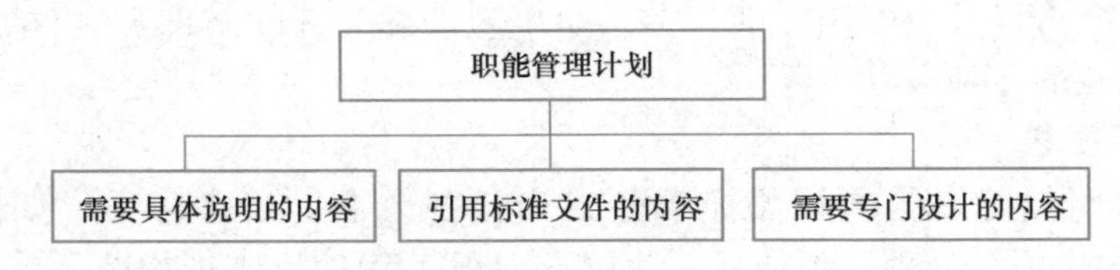

图4-6 职能管理计划文件内容构成图

1) 需要具体说明的内容。如相关职能的目标指标定义、管理组织和人员配置、适用的管理标准文件（如设计、施工、检验等所用的规范）、特殊性的说明等内容。

2) 引用标准文件的内容。如管理职能分工、管理流程、管理工作的标准要求等，可以直接引用如下标准文本，不应重复：

① 国家标准，如《建设工程项目管理规范》GB/T 50326—2017、《建设工程施工合同（示范文本）》GF—2017—0201等。

② 行业标准，如《房屋建筑和市政基础设施工程质量监督管理规定》（住房和城乡建设部令第5号）、《公路工程质量检验评定标准 第一册 土建工程》JTG F80/1—2017等。

③企业标准（投资企业、施工企业），如施工质量管理体系、HSE管理体系。

3) 需要专门设计（专题研究）的内容。针对具体工程编制的实施计划和专项方案，如专门的安全措施、高支模、大体积构件的运输方案、项目分解结构、编码方法、评标指标分解、工期计划等。

对具体工程管理设计文件的编制（设计）应该以“具体说明”和“专门设计”两部分为重点内容，评审（如评标）也应该以这两部分为重点。所以，管理规范和招标文件应该在这方面有明确的划分，以逐渐形成规范化的要求。

4.6 管理部门的考核和激励机制设计

4.6.1 概述

在工程组织中，业主对承包商、设计单位、供应商的考核和激励机制主要包含在合同中，它是合同设计的一部分。下面主要讨论管理部门考核和激励机制的设计问题。

考核和激励机制是实现管理目标的重要措施，是责任中心制的基本内容。其目的是约束和激励管理主体，控制管理过程，总结经验教训，使后期工程过程持续改进。没有考核和激励机制，责任中心制就是空的，无法落实；而激励不当、不公就会打击各方面的积极性，会造成很大的负面影响，最终会伤害组织目标。

1. 考核激励过程

考核和激励作为工程职能管理过程的一部分，一般在工程管理任务完成后进行。它是管理系统设计的重要内容，比较有代表性的是施工项目成本管理总体过程（图 4-7）。

2. 工程管理组织考核和激励的特殊性

由于工程项目工作、工程组织和责任中心制的特殊性，对职能管理部门进行评价、考核和激励是非常困难的。

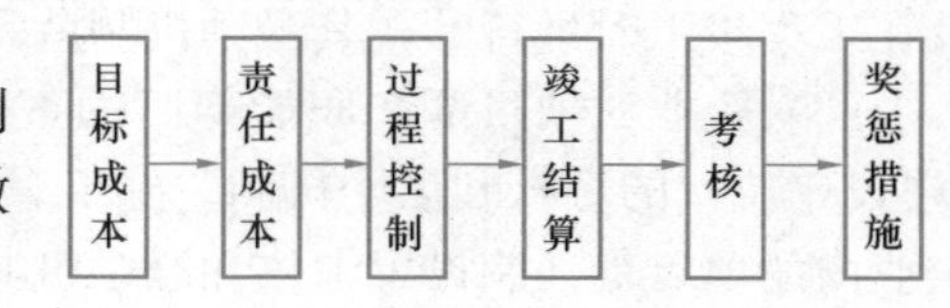

图 4-7 施工项目成本管理总体过程

（1）工程管理工作受外界影响大，许多工作状态非自己能够完全控制。如：

1）许多项目的绩效受环境变化影响大，如物价上涨、特殊的气候条件、遇到事先难以预见的特殊情况等。

2）上层组织干预项目的实施，使其产生变更，如企业改变投资方向、业主提出新的要求或修改实施计划等。

3）管理工作绩效受上阶段（或前期）工作成果的影响大。如在可行性研究阶段存在决策错误，会导致工程建设项目实施阶段的困难，建设项目管理者再努力常常也不能弥补前期的过失。有些施工企业由经营部门负责投标事务，中标后再选择、委派施工项目经理，则施工项目经理不能为投标阶段报价错误和合同签订的失误承担责任。

4）其他方的配合和支持引起的问题。如在许多采用矩阵式项目组织的企业，实施项目所需要的资源由企业统一分配、调度，项目的顺利实施需要资源供应的保障，需要其他部门的支持（如合同管理部门、技术管理部门等）。如果不能及时保障，或支持不到位，由此造成的损失不能由项目部负责。

同时，项目的成功也需要企业各职能部门的积极支持，不能全归功于项目部。如果最终的考核和激励失衡，会使奖罚不公，使职能部门没有积极性，不再积极支持项目部工作，从而失去激励的意义。长此以往会产生不良的企业项目文化。

（2）工程管理的目标有定量的也有定性的，定量指标易于评价，通常作为考核的重点，而有些有重大影响的定性指标难以评价和考核。过于强调定量指标的考核会引发管理人员的短期行为，造成激励机制偏离工程和企业的总目标，从而导致激励失效。

（3）工程管理工作是高智力型的，工作效果难以评价和考核，使激励很困难，绩效考核的科学性和公平性很难保证。对技术新颖的、高风险型项目组织的考核更为困难。

3. 考核和激励的基本要求

(1) 按照责权利平衡的原则，对责任中心的考核和激励要剔除责任中心不能负责的部分的影响，这也是考核和激励科学性的基本要求。

(2) 区别对待。如成本中心型的项目部（施工项目部）与偏向利润中心型的项目部（总承包项目部）的考核和激励要采用不同的机制。

(3) 考核指标不能太细，越细需要的信息越多，带来的矛盾就越大，激励机制的设计就越困难。

(4) 在企业的不同项目之间要有统一的尺度，使大家感到公平。同时，还要在项目部和部门之间平衡。这存在很大的矛盾性，因为每个项目都是独特的、一次性的，有不同的环境条件和风险。

4. 工程中几个重要的考核和激励对象

(1) 企业之间的考核和激励机制。如业主对施工企业、业主对项目管理单位，通常通过合同策划和招标文件的设计设置考核指标和激励机制。其考核是在合同实施过程中，以及在工程竣工时进行的，其激励机制就是按照合同规定和合同的执行情况进行奖罚。

(2) 企业对项目部和职能部门的责任考核和激励机制。如投资企业对建设管理部门（建设单位）的考核和激励机制；施工企业对施工项目部的考核和激励机制等。通常按照企业内的项目责任制设置考核和激励机制。

项目部是整体向企业负责，对整个项目进行考核。将项目实施的成果与项目目标、项目经理责任书进行对比，考核项目实施和管理的成果，并按照规定进行奖励。

(3) 项目部内职能部门的考核和激励机制。如施工项目部对成本管理部门、质量管理部门的考核和激励。

由于项目的特殊性和职能管理工作的特殊性，项目部内职能部门的考核也存在很多问题和困难：

1) 作为企业职能部门的派出机构，受企业职能部门的领导，所以存在项目经理部和企业职能部门的双重考核机制。如对质量管理部门需要考评对公司质量管理体系的贡献和所承担的责任等。

2) 部门工作很难评价，一些项目实施结果原因很复杂，许多问题和风险不能仅由相关部门负责。如质量管理部门对工程质量承担责任，但工程质量不合格可能是由于恶劣的气候条件、工人缺乏培训、设备缺陷、采购不合格的材料等原因引起的。再如，成本部门负责成本的计划和控制，但成本超支的原因是复杂的，如市场物价上涨、工程因质量问题返工、劳动效率低、用工量增加等，这些问题都是成本管理部门不能控制的。

3) 由于工程合同额高，工程活动涉及的价值量大，而责任人的赔偿能力有限，经济处罚对损失的弥补作用不大。

所以，管理部门（职能指标）考核的目的首先在于总结经验，分析项目实施过程中各职能管理的利弊得失，为企业汇集项目实施的信息，使项目管理工作持续改进，而不要过于将它看作对管理部门的处罚措施。

4.6.2 考核机制设计

1. 考核的概念

考核各部门的工作业绩、工作能力以及对工程的贡献或价值，需要建立合理的考核指标体系，采用适当的考核方法。

对组织单元的考核是通过对工作业绩的全面评估进行的，能及时发现工作中的不足之处并调整修正，同时依据考核结果对组织单元进行奖惩激励，以调动积极性。

2. 工程管理中常用的考核方法

（1）目标管理法。即将总目标分解，落实到组织单元，作为组织单元的工作目标，再通过与实际工作成果的对比，衡量工作目标的实现程度，作为考核的依据。

（2）关键绩效指标（KPI）法。即围绕职能重心以及关键成果选取的考核指标，通常包括效益类指标、运营类指标和组织类指标等。

（3）平衡计分卡。在企业管理中用得较多。其是在企业战略研究的基础上，将企业战略分解为可应用的评价指标，从财务、顾客、业务、创新等角度评价组织单元的工作成果对战略的贡献，以作为对其进行绩效考核的依据。

考核方法的选择应综合考虑绩效考核的目的、考核方式的实施成本、被考核组织的类型和工作特点等因素。

3. 考核指标的选取

要按照目标设置绩效考核指标，用指标引领员工的行为。

（1）要有具体、可量化、可达到、符合客观实际、明确的评价标准，与项目目标、部门职能相吻合，能够被部门人员理解和接受。

（2）考核指标体系是在管理工作分析的基础上建立的，必须明确部门的具体管理职能，再建立客观、公正且全面的考核指标体系。

（3）确定考核指标后，还需要将指标分解，依据各部门的具体职能，确定考核的标准与权重，并划分考核得分区间用以评价该指标项的完成情况，如常用不合格、合格、优秀等几个等级。

（4）区别可量化和不可量化的考核指标。

1）如果指标能被量化，绩效考核需要特别注重职责的主次区分，尽可能明确和细化职责，有针对性地设置多维度的考核指标与考核标准，体现差异性。对涉及责任交叉的考核指标需要按照各部门的职能和所承担的责任确定权重，并赋予分值。

2）如果指标不可被量化，需要在明确和细化部门职责的基础上，使工作流程化，按照流程完成情况进行考核。

如果部门职责清晰，但工作不可以被量化，可以将不能量化的工作转化成目标和计划完成情况进行考核。即依照部门职能与职责，将项目目标和工作计划分解至各部门，各部门按照考核期间项目目标分解得到的任务编制详细的工作计划，明确每一个工作事项的工作期限和预期目标，依照各部门的工作计划完成情况进行考核。

（5）如果管理工作涉及多个部门的工作，不同部门的职责会出现交叉，在部门考核时可能会出现因责任主体不唯一而造成考核的困难。

如对施工项目部，主要考核指标见表 4-5。

施工项目部考核指标 表 4-5

序号	关键绩效指标	考核周期	指标定义
1	工程质量优良率	季/年度	$\frac{\text{质量评定在良好以上的项目数}}{\text{验收项目总数}}\times 100\%$
2	项目施工进度计划按时完成率	季/年度	$\frac{\text{实际完工的项目数}}{\text{按进度要求完工的项目总数}}\times 100\%$
3	项目成本预算阶段执行评估报告提交及时率	季/年度	$\frac{\text{提交报告及时数}}{\text{应提交报告总数}}\times 100\%$
4	工程竣工验收一次性通过率	季/年度	$\frac{\text{一次性通过验收项目数}}{\text{申请验收项目总数}}\times 100\%$
5	客户有效投诉次数	季/年度	客户对工程质量或工程进度有效投诉的次数
6	工程安全事故发生的次数	季/年度	考核期内各工程项目发生安全事故的总数
7	工程技术资料归档率	季/年度	$\frac{\text{工程技术资料实际归档数}}{\text{工程技术资料应归档总数}}\times 100\%$

4. 考核时间（周期）的设定

指标的考核要有时限性，以能够客观、全面、科学、公正地考核组织成员的绩效情况。按照一般的要求，考核期应与成果能够测量的最短周期相一致。由于工程责任中心类型的复杂性，考核的时间设定是很灵活的，通常有如下情况：

（1）按月、季度、年实施。如对利润中心（如对运行期项目公司）的考核通常按年进行，对部门的考核可以按月、季、年度进行。

（2）按照项目的阶段或里程碑（节点）进行考核。如对施工项目部的考核可以按照项目的阶段考核。

（3）一次性考核。对投资项目和施工项目，一般在项目结束时进行一次性考核。如对投资项目，只有项目寿命期结束，才能全面考核它的总目标的实现情况，特别是实际投资利润率。

5. 考核的实施

（1）在明确考核内容、考核指标及权重后，还需要确定量化分值，划分各考核指标的评分等级，并依据指标评分等级确定绩效考核的综合等级。

（2）定期对各部门职能进行盘点，评估工作成果，分析偏差，找到问题根源，制定改进策略和行动计划。

4.6.3 激励机制设计原则

考核完成后，需要依照考核结果进行相应的奖惩激励，使考核的最终结果与奖惩激励挂钩，以调动各组织成员的工作积极性，提升工作效率，使激励机制实现良性循环。同时，考核结果也作为制订下一阶段改进计划的重要参考。

激励机制设计应遵循如下原则：

（1）目标导向性原则。将激励机制与项目目标结合，促使各组织成员关注对目标的贡献，为实现工程总目标和项目目标而努力。

（2）系统性原则。结合多种激励方式，例如物质激励与精神激励、参与激励与制度激励、目标激励与环境激励、榜样激励与情感激励等，使之形成有机系统，激励各组织成员持续有效地发挥积极主动性。

（3）公平与效率兼顾原则。确保激励机制能够兼备内部公平性和外部公平性，保障各部门和项目的利益，鼓励各组织成员以更高效率完成工作任务。

（4）按照各组织成员工作性质以及岗位的实际需求，设计不同的激励内容。考核和激励机制要符合工程流程管理的特点，以流程运行结果为考核和激励的依据，关注对流程的贡献，打破部门界面。

（5）保证绩效考核内容清楚明确、主次分明，尽可能量化和细化考核内容、减少主观评测，使考核结果尽可能科学客观、公平公正。

例如：项目部考核结果要与项目部人员经济利益和个人进步直接挂钩，对考核结果优秀的人员项目部给予绩效奖金奖励，对部门工作成绩突出的人员给予年终优秀资格、晋升积分增加、工资级别提高等奖励。

4.7 工程管理系统设计文件

上述工程管理系统设计成果非常丰富，涉及面很广，最终会落实在如下文件中：

（1）企业（工程承包企业、工程投资企业、咨询企业等）工程管理体系文件和工程项目管理规范（规程）。

（2）工程建设项目任务书、业主要求文件等。

（3）各种合同文件、企业与项目部的责任协议书等。

（4）工程项目管理规划、施工组织设计、工程项目手册等。

（5）其他文件。如企业的工程组织机构、岗位及其职能的设计文件、各种管理流程与管理规范设计文件、考核和奖励文件等。

复习思考题

1. 简述工程组织与工程管理组织、工程实施流程与工程管理流程之间的关系和区别。
2. 工程管理综合流程、总体流程、细部流程之间有什么联系和区别？
3. 为什么说工程管理组织单元的考核和激励是非常困难的？
4. 简述考核、激励对管理组织绩效提升的作用。

5 工程信息管理系统设计原理

【内容提要】

本章以工程管理设计中与信息管理职能相关的工作为重点，主要包括如下内容：

(1) 概述。识别一些主要概念，分析我国目前工程信息管理的状况和问题。

(2) 工程信息管理系统设计过程和主要工作内容。

(3) 工程实施流程中的信息范围确定。

(4) 工程信息流程设计。

(5) 工程信息管理标准化工作。

(6) 工程数据库和数据仓库构建。

(7) 信息管理软件系统开发。

本章对现代信息技术工具（如 BIM、PIP、项目管理软件、企业管理软件等）方面的内容，不做详细介绍。

5.1 概述

5.1.1 工程中的信息管理

1. 工程中的信息

在工程中，信息是工程系统和环境系统普遍的存在形式、表现形式（如属性、状态、结构）和相互联系形式（如沟通、变化过程、传播、互动关系），范围非常广泛。

工程中所有专业性工作、事务性工作、管理工作都涉及大量复杂的信息，且具有如下特征：

(1) 需要输入（收集）信息作为工作的基础。

(2) 工程活动中存在许多信息处理工作（如数据分析、计算等），这些工作都以信息作为工作的依据、处理的对象以及工作成果的载体。

(3) 需要输出信息，并且这些信息在不同的工程组织成员之间，以及不同的工程阶段之间传递，前一阶段的信息会被后一阶段连续地使用。

(4) 工程组织与外部环境（社会、客户、合作者、供应商、政府）有频繁的信息沟通。外部环境对工程实施状况的信息需求越来越多，要求也越来越高。

现代工程实施和管理的效率和有效性取决于其信息的收集、传输、加工、储存、维护和使用的效率，以及信息系统的有效性。

在工程管理中，还有与信息相关的最为常用的两个名词：

(1) 资料。在工程中，资料通常是指包含一定的信息且能够查到的具体材料，如书面资料、电子资料、环境调查资料、已完工程的资料等。

(2) 数据。数据是信息的表现形式和载体，如资料中的符号、文字、数字、语音、图像、视频等。数据有很多种分类，如定性数据、定量数据；定时数据、定位数据；统计数据、测量数据、模拟数据等。

对资料的分析，通常就是对其包含的数据的处理（如统计计算），经过处理后生成信息。所以，资料是信息的一种载体，数据是信息的表达，信息是资料和数据的内涵。在工程信息管理中，它们都是常用的名词。在不同的地方，为了表达不同的意思和侧重点，就会用到不同的名词，但它们的含义是相同的。

2. 工程信息管理的范围

工程信息管理涉及两个主要方面：

(1) 现代工程全要素的信息化、数据化，使得各组织成员（包括各工程专业人员和各层次、各种职能的工程管理人员）都需要承担对相关工程信息进行收集、整理、储存、传递与应用的责任，都是一个“信息中心”。所以，信息管理是他们基本工作的一部分，如接收上游组织传递来的信息，对本部门（或项目）的信息进行数据处理、分析与评估，采用信息技术工具进行专业工作，输出工作成果，或编制和提交工作报告，并完成资料的储存和文档管理工作。

(2) 信息管理又是工程管理重要的职能工作之一，需要构建信息管理体系。对一些重大工程，还需要设置专门的管理部门，承担整个工程（项目）的信息管理任务。它的信息管理范围不仅是管理工作需要和产生的信息，而且要收集涉及工程项目各参与方、工程建设全过程有关技术、经济、环境、管理等各方面的信息。

实质上，很久以来信息管理一直是工程中一项基本的管理职能，工程项目的许多部门都要设置资料员，大型工程项目都有资料室，企业也有常设的资料室，专门负责工程相关的资料管理工作。它们就具有工程信息管理的职能。但现代信息技术赋予这项职能许多新的内涵，形成了信息管理系统；而资料室演变为工程信息平台，或企业的工程“大数据”平台。

信息管理的主要任务如下：

1）建立项目信息管理系统。这是工程管理设计的主要任务。包括：

① 按照工程实施过程、工程组织、工程管理组织和工作过程，确定工程组织各方以及其他利益相关者的信息需求。

② 将工程信息系统化、具体化，编制项目手册，制定工程信息分类和编码规则与结构，确定信息（资料）的格式、内容、数据结构要求等。

③ 设计工程的信息流程。

④ 落实信息管理的组织责任，保证信息的收集、处理、传递工作有明确的责任主体。

⑤ 制定信息的收集、整理、分析、反馈和传递等规章制度。

2）在工程实施过程中保证信息管理系统正常运行，并控制信息流。

3）在工程结束阶段全面汇集、整理、分析、储存工程资料。

由于工程组织的特殊性，使工程信息的收集、处理和传递呈现多主体特性，因此需要将所有参加单位和部门纳入信息管理范围中。

3. 工程信息管理的目的和作用

工程信息管理是为工程总目标和项目目标服务的，它的主要目的是：保证信息的收集、处理、存储、传递和应用的有序性、科学性，充分发挥信息的价值，促进工程决策、实施和管理水平的提高，保证工程的顺利实施，提高工程质量管理、成本管理、工期管理等的效率。

工程信息管理的具体作用包括如下几点：

（1）实现工程寿命期不同阶段之间、工程利益相关者之间、工程管理不同职能管理部门之间信息无障碍沟通，避免信息衰竭；促进工程组织成员之间信息共享，使整个工程信息一体化，消除组织之间的信息孤岛和信息不对称现象。

（2）按照工程实施过程和管理规则，向利益相关方提供信息，更好地使工程各方面满意。

（3）通过信息管理，最大限度地发挥信息的效用，使信息产生更大的价值。如：

1）为工程的立项、设计、实施计划、实施控制等提供决策支持。

2）工程建设阶段的信息要为工程后期运行维护、维修、健康管理、更新改造，以及退役评估提供依据。

3）充分利用同类工程建设和运维数据，使未来新工程的投资决策、设计方案优化、投标报价、施工计划安排、组织责任落实等更为科学、精准化和智能化。

（4）由于工程的实施和管理工作是采用委托代理方式进行的，导致工程主体利益的不一致性，需要通过信息管理实现工作过程和工作成果的可追溯性，进而分清各方责任。同时，通过信息管理固化项目信息、知识和经验，并在组织成员间传播、共享。

（5）促进整个工程领域和城市信息化、数字化的实现，促进行业和社会管理水平的提升。

按照法律的规定，建设工程结束后，需要提交完整的工程实施和管理档案（如规划文件、图纸等），且长期保存，为城市运行管理、更新改造提供依据。

4. 工程信息管理的困难

与制造业的信息管理相比，工程信息管理更为困难，存在如下基本问题：

（1）由于工程实施过程是一次性的、独特的、任务导向型的和高度动态性的，信息标准化程度低，数据动态变化大（如造价），数据可比性不高。

（2）工程的信息具有数量庞大、类型复杂、来源广泛、存储分散、应用环境复杂等特征，使信息收集、加工、储存和维护的工作量增加、难度变大。

（3）各个企业和各个子系统（各工程技术子系统）都有企业或专业的特点，且不是集中统一设计的，导致数据模型异构。同时，工程项目过程（前期策划、建设实施、运行维护）之间、各专业和职能（造价、进度、质量等）之间的数据难以连通。

虽然现在可以利用BIM构建统一的数据模型，但BIM模型中的管理信息较少，同时在应用中还存在模型维护不及时等问题。

（4）由于工程组织复杂，且组织具有临时性，人员流动性大，各主体专业、工作任务、利益等不一致，各自的信息体系也不一致，常常自成体系，大家不愿意共享，容易导致组织界面上的信息衰竭问题，存在信息孤岛和信息不对称现象。

（5）由于工程现场信息管理水平较差，实际施工状况和资源消耗等工程过程的基础数据难以收集、整理和有效利用，人们也缺乏数据收集的动力。

（6）工程结束，队伍解散，工程数据、经验和知识基本上都会流失，信息难以沉淀与传播。

5.1.2 现代信息技术在工程中的应用

工程实施和管理的许多工作都需要对信息进行收集、加工与处理、传输、储存，现代工程中大量的信息相关工作都是由计算机以及各种信息工具完成的，如 BIM、系统仿真技术、虚拟现实技术、图形处理技术、高清晰度测量和定位技术、物联网、云计算、大数据、全球定位系统（GPS）、地理信息系统（GIS）、交互传感、3D 扫描技术、AR（增强现实）、机器人和无人机技术等。它们被广泛应用于工程全寿命期中，给工程建设项目管理、建筑业企业管理、工程施工、工程运行维护和健康管理、城市管理系统，以及工程相关的市场管理、社会管理等都会带来颠覆性的变化。

1. 现代信息技术在工程中应用的主要方面

（1）工程实施现场的实时管理系统，如采用摄像头、各类传感器等技术，能自动采集现场的各种信息，形成原始资料，实现工程资源（人、机、物等）、工程活动、组织的全在线，进行全面的数据采集，通过远程高速无线数据传输，使建造过程互联互通、线上线下融合、资源与要素协同，从而实现实时动态的远程监控、远程预警，进一步发展到智能工地。与此相似的有工程运维的实时监控系统。

（2）工程技术专业工具（或软件）。它们是为工程专业人员提供处理专业性工作的工具，如工程规划和各专业工程的设计软件（设计 CAD）、施工仿真计算方面的软件（如虚拟现实、受力分析、智能建造软件系统）等。这方面的系统软件属于业务导向型的。

（3）工程管理软件。其是指在工程领域开发较早、应用比较成熟、商品化程度高、应用比较普及的软件，如项目评估、进度管理、质量管理、合同管理、工程估价、成本管理、物资采购和库存管理，以及集成化的项目管理系统软件等。它们主要为工程项目管理以及一些职能管理工作提供工具，解决相关管理工作中的专业计算、数据统计、分析、传输等问题。与此相似的还有工程运维健康管理（如工程结构健康评估、诊断）软件等。

（4）事务性工作软件。如 OA 系统、PIP，以及事务性管理系统（如网上工程事项申报和审批系统、招标投标系统、EXP 合同管理软件等）。它们为工程组织成员提供事务性的协同工作平台，并实现跨部门、跨区域、跨企业、跨项目的多层级实时沟通、全面协同和信息共享。

（5）企业资源和工程信息集成化管理系统。如投资企业、房地产公司、设计单位、施工企业等将企业资源计划、办公流程和所参与的工程项目信息等纳入统一的信息系统中，进行集成化系统开发。比较典型的是某工程承包企业的信息管理系统软件（见本章附件）。

有些企业和行政主管部门会承担许多同类工程全寿命期管理的责任，如城市地铁总公司、铁路总公司、电网总公司、高速公路总公司等，也需要构建企业（行业）级的工程全寿命期信息管理系统。

如在一些城市轨道交通工程系统中，构建包括集团、公司和部门各层次，在规划、在建、在运行各线路工程，控制中心、车站、区间段和列车各工程系统的集成化轨道交通信息管理系统。同时应采用不同种类的交通信息采集设备，扩展视频图像监视信息范围，采集车站客流与站内状况、票务管理系统、供电系统、环境控制系统等信息，实时发布。它还可作为城市智能管理系统的一部分。

2. 信息技术应用新的发展趋势

近年来，建设工程领域提出许多新的口号，为新型建筑工业化、数字工程、数字城市、智能建造和智慧城市等，为现代信息技术在工程中的应用提出许多新的要求，逐渐由“信息化”上升到“数字化”“智能化”。工程管理系统与城市管理系统、社会管理系统也逐渐集成化。在这方面新的要求主要体现在：

（1）构建贯穿工程全寿命期一体化的工程实施和管理系统，包括设计建模、概预算、施工模拟、项目管理、资源计划、现场管理、采购管理、运维管理、健康诊断等，使工程建设、运行方案和计划可视化、集成化、虚拟化，形成集成化的数字工程系统。BIM 提供了实现这方面功能的信息平台。

（2）智慧建造和智慧运维管理系统。通过构建面向全产业链一体化的工程软件、智能工地物联网、智能化工程机械、智能决策的工程大数据，促进工程建造全过程、全要素、全参与方协同，促进工程建造过程的互联互通、线上线下融合、资源与要素协同，实现工程资源要素数字化；通过规范化建模、网络化沟通、可视化展现、高性能计算，将工程实践中获得的数据、专业知识转化为模型和算法，以实现更大的价值。

（3）工程信息系统作为数字化城市的一部分，融入社会网络中，实现工程与城市管理、工程与外界整个社会网络系统的互联互通。

工程是城市的一部分，“数字城市”就需要“数字工程”作为基础，“智慧城市”就需要“智慧工程”提供支撑。如智慧型的城市基础设施，把传感器嵌入电网、铁路、地铁、桥梁、隧道、公路、建筑、供水系统、油气管道等各种工程中，进行运行功能检测、健康诊断和维护、安全检测等，实现对工程运行状态进行自动、实时、全面的感知，实现工程系统之间、工程系统与城市系统、社会系统之间高度的集成化。

3. 现代信息技术有效应用的基本条件

经过几十年的发展，信息技术已经应用于工程的各阶段、各专业、各职能、各组织层次，但要充分发挥它的作用，促进工程实施和管理效率的提高，就需要一些基本条件。如现在大数据技术是比较成熟的，但是“工程大数据”必须有数据基础，即需要有供“挖掘”的工程全寿命期各阶段、各层级所产生的各类数据。

信息技术作为工程实施和管理的工具，其应用要嵌入工程实施和管理流程，以及工程组织系统中，提供专业解决方案和信息处理功能，这样才能发挥作用。信息技术的应用还需要一些前导工作和后续工作（图 5-1）：

（1）前导工作，如工程管理系统建设、管理流程的规范化、信息流程设计、信息体系建设和规范化，以及在工程实施过程中精细化的管理，以保证基础信息能及时、准确地收集，及时快捷地进行信息处理等。如需要对有关信息进行统一分类，对信息流程进行规范，力求做到格式化和标准化；需要统一的信息表达方式（报告系统、编码系统、分解系统、图形），统一的数据库、编码标识系统；建立统一的信息收集、储存规则，实现工程基础信息的统一管理和统一维护。

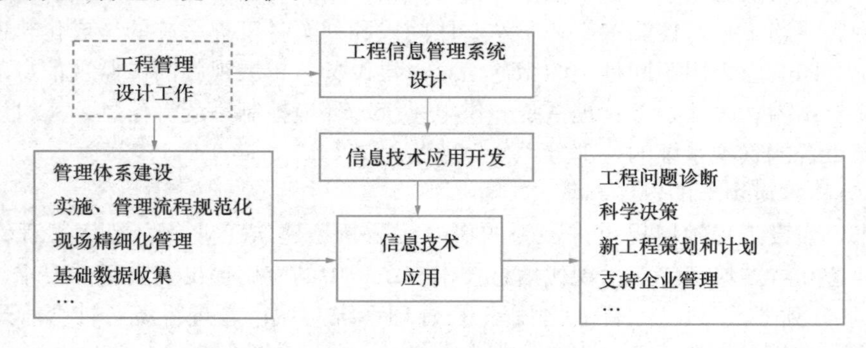

图 5-1 信息技术在工程中的应用

（2）在工程实施过程中，要有精细化和规范化的工程设计、施工、管理工作作为支撑，需要及时、有效地收集、快速处理、传递、分析和共享工程信息，需要工程实施和管理人员有相匹配的知识、能力和素质。

（3）后续工作，即利用信息管理系统的输出结果进行工程实施状况适时展示、监控、监测，进行工程问题的分析、诊断和预警，以促进科学决策。在工程结束后，要系统保存工程基础数据，以有助于新工程的策划和计划，有助于企业经营管理等。

目前，信息处理、信息传输、信息收集技术是很先进的，但信息技术在工程中应用的有效性还需加强，不仅需要解决软件和硬件技术问题，还需要进行集成化的信息管理系统设计。其中，信息技术系统的开发难度较大，需要工程管理与信息工程的结合。信息技术应用特别是系统操作难度并不大，但要达到应用效果，其前导工作和后续工作的难度很大。

信息技术在工程管理中的应用过程应是一个管理系统的构建和推广过程，需要非常规范的实施方法和标准化的管理体系。同时，伴随着现代工程管理理论和方法在实际工程中的应用，工程管理的成熟度提升，信息技术和管理系统软件也不断优化、修正、完善、提升，发挥越来越大的作用。

信息技术要与企业管理和工程管理系统融为一体，重点需要在工程实施流程和管理流程中为各专业和职能人员提供信息的应用、处理、传输、储存等功能，使各企业、企业各部门以及项目部各职能之间信息流程畅通。

4. 在工程管理设计中需要解决的信息管理问题

信息技术在工程中的应用是从解决一些职能型管理工作、专业技术性工作开始的，具有解决专业性问题的功能。经过几十年的发展，在工程全寿命期各阶段、组织各层次、各工程专业和各管理职能功能性软件的开发应用中都趋于成熟，又逐渐发展到一些集成化的信息管理系统，如各种企业版的工程项目信息管理系统、工程全寿命期信息管理系统等。如在本章附件中的企业信息管理系统中，800 多个功能菜单就是提供相关职能管理的业务处理功能，而这些功能都是在工程实施流程、工程管理过程、管理组织中呈点状分布的。

在工程管理系统应用过程中尚有许多具体的信息管理问题需要解决，如：

（1）工程设计系统的数据如何与工程估价系统、工程采购系统、项目管理系统、施工技术系统、现场管理系统无缝对接？

(2) 现场采集的大量实时数据（如录像、人员打卡、材料和设备扫码等）如何进入项目管理系统、成本管理系统、合同管理系统，如何成为可供决策的信息？

(3) 项目管理职能子系统之间的信息流通，如进度（网络计划）管理系统中的WBS与成本管理系统中的工程量清单结构的映射；成本管理系统与资源管理系统的信息沟通；工程估价系统与进度管理系统、成本管理系统、合同管理系统等的信息联动。

(4) 运行维护和健康管理系统如何利用设计数据、施工数据、项目管理数据？

(5) 企业在工程投资决策、规划设计、计划、招标投标中如何充分利用已完工程的数据？

(6) 同领域的工程数据如何共享，形成"有价值"的工程"大数据"？如各城市地铁的工程建设和运行维护费用信息如何共享，形成支撑行业的"工程大数据"？

上述有些问题属于信息技术问题，需要从技术层面解决；有些问题属于管理系统问题，需要从行业层面、企业层面或者项目层面解决。

5.1.3 我国工程中现代信息技术应用状况

(1) 软件的开发和应用取得了长足的进展，国产工程管理软件已经形成了较完整的产品链。

近四十年来，我国工程界在信息技术应用方面投入了许多人力、财力、物力。到目前，信息技术的硬件与国外基本同步，甚至是领先。

在建设工程领域，一些专业功能的工具软件应用比较普遍和有效，如办公软件、工程预算软件、工程算量软件等。在大型企业和建设工程项目上，一些专业部门的业务管理系统软件，如物资管理、人力资源管理、技术资料管理、合同管理等系统软件，应用较为广泛。在劳务管理、物料采购管理、造价管理、机械设备管理等方面已初步应用工程大数据技术。

工程建造领域逐渐形成了以建筑信息模型（BIM）为核心、面向全产业链一体化的工程软件系统，包括设计建模、工程系统分析、项目管理、运维管理等功能，应用于工程项目各阶段。但集成化企业管理信息系统和工程全寿命期管理系统软件的应用尚不成熟。许多工程管理软件是业务导向型的，主要提供工程管理事务处理的功能，而信息管理的功能较弱。

(2) 信息技术在工程管理教育中受重视的程度达到前所未有的高度。

1) 在本科教育中，安排了许多信息技术的课程，包括通用的信息技术方面的课程，以及BIM、项目管理和造价软件、工程信息管理系统等方面的课程。

2) 在许多专业课程中进行教学内容的改革，加入信息技术方面的内容，如"工程项目管理""工程合同管理""工程估价"等课程都有一定量的信息技术应用的内容。

3) 在相应的课程设计和实践环节中，信息技术的应用是重点。

4) 许多学校在毕业设计中都有BIM、项目管理软件和造价软件的应用。

5) 在软件企业的推动下，工程管理领域的各种竞赛都围绕信息化进行，每年各个层次的竞赛有很多场，极大地调动了师生在这方面的积极性。

6) 许多学校将信息技术的应用作为工程管理的专业方向，如将BIM应用、装配式建筑、智能建造等作为专业的特色。

（3）我国工程领域信息技术的先进性与工程项目粗放式管理的矛盾。

我国工程管理领域，信息技术的功能很强大，但能够有效应用的部分不多，信息技术并没有发挥应有的效果。如BIM应用案例很多，但大都集中在三维图形可视化和碰撞检测上，未能与成本、质量和工期管理深度结合。智慧工地规模持续增长，但其中应用较多的还是考勤打卡和视频监控，与BIM的结合以及智慧化管理还有一定的距离。

造成以上问题的原因主要在于工程施工和管理仍是粗放型的，规范化、集成化程度不高，工程管理系统软件与实务之间“两张皮”的现象依然存在，工程师和管理人员收集的大量都是碎片化的、关联度低，且仅是描述性的数据。工程管理的基础信息却收集不到，如无法获得详细的成本、资源消耗、质量、安全等方面的分析信息，很难进行计划和实际的对比、跟踪和诊断，也不能为工程的后期运维管理、新工程的决策和计划提供有价值的信息。

我国作为建设工程大国，对于工程的基础性数据采集还存在不足，工程结束以后大量的工程信息灭失，不能形成有效的数据资产，难以支持新工程的决策。

总体上说，信息技术在专业工程设计和施工技术方面的作用较大，应用效果普遍优于工程管理方面。

（4）人们对信息技术的应用认知存在偏差。

许多年来，工程管理领域的实践、教学和研究过于注重信息技术的开发，关注建模而不关注信息管理系统的设计，甚至将信息管理系统与软件开发混为一谈。

在工程界，人们关注信息技术的投入，使信息软硬件水平达到很高的程度，却忽视了现代信息技术应用基础条件的创造，并没有使其与工程组织、各职能管理体系有机结合。如工程管理系统的建设、管理工作的规范化、工程信息体系构建、信息沟通规则、流程和文件的标准化等基础管理工作是薄弱的。

（5）由于各主体利益不一致，信息沟通和信息共享存在组织行为障碍，容易产生信息孤岛和信息不对称。

人们无法获得和保存有价值的工程信息，同时又被大量无序的、无用的、不准确的信息（垃圾信息）包围，最终导致很难进行正确的决策、计划和控制。

5.2 工程信息管理系统设计过程

5.2.1 概述

本书所指的工程信息管理系统是以信息管理职能为主要对象，是由工程信息管理工作流程、管理组织、管理规章、信息管理方法、信息技术工具（如数据采集工具、软件和信息载体）等组成的系统。

信息管理系统是工程实施和管理的神经系统，起感应、记忆、沟通、协调、指挥等方面的作用，工程实施流程运行、组织沟通等都需要通过信息管理系统实现。

1. 工程信息管理系统设计的特殊性

（1）由于信息管理系统是按照工作流程、组织机构、管理流程、合同和管理规则运行的，它的设计应是在工程实施流程、管理组织、管理工作流程、规范化的管理体系的基础上进行的。所以工程信息管理系统以成本管理、工期管理、质量管理、合同管理等各子系统为基础。

（2）与其他领域（如物流管理、工业工程、气象等）相比，工程中的信息是多样化的，具有数量庞大、类型复杂、来源广泛、存储分散、高度动态性、应用环境复杂以及时空上的不一致性等特征。工程信息管理系统设计的重点和难点在于促进信息的顺利流通、集成和共享，因此数据处理技术（如算法）不是重点，其难度也不是很大。如一些阶段性和职能型功能软件（如网络技术、工程估价等软件）的开发技术难度并不大，易于解决，但工程全寿命期各过程、各组织成员、各职能的信息管理系统集成化和一体化的难度大。

工业产品大多是批量化的产品，标准化程度高，更容易应用信息技术，信息管理系统易于标准化。但每个工程和工程项目都是一次性的、个性化的，信息管理系统标准化的难度比较大。

（3）在工程中既需要进行宏观数据（如市场信息、工程领域的统计数据等）分析，又需要进行精准的微观数据（如已完工的同类工程数据）分析，这在实际工程中有更大的作用。

（4）工程信息管理系统对工程组织、流程等方面的反作用。

通常人们将信息管理系统归入工程管理工具和方法的范围，它的设计是在企业和工程实施流程、组织、管理系统设计的基础上进行的，但又会反过来影响工程的流程、组织、职能管理系统等各个方面。

1）工程信息管理系统中应用的信息技术对工程的实施工具和方法等会产生很大的影响，推动了许多建造模式的变更，使现场实施和管理方式有根本性的变化。

2）对各工程专业及工程管理理论和方法都产生极大的影响，各门课程的教学内容不仅有大量信息化的内容，而且传统的内容都产生了很多变化，各专业、各管理职能可以高度交叉融合。

3）对工程组织的沟通方式、组织结构的影响很大，改变工程各方的组织关系、沟通方式及工作方式，如现代信息技术催生了许多新的工程组织形式。

4）推动工程项目实施方式、实施流程的变革，许多过去串行的实施活动和管理活动可以并行，计划可以用可视化和虚拟化的方式呈现。这些赋予工程策划、施工组织设计、建设项目管理规划等许多新的内容。

所以，在系统设计中需要将信息系统设计理论和方法与前面的工程范围、流程、组织、职能管理体系设计相结合，注意它们之间的交互作用。如PIP（项目信息门户）系统的应用，为工程参与者提供信息共享、信息交流和协同工作的环境。它会对工程管理组织结构、组织流程、组织行为都产生很大的影响，因此必须对工程组织、组织过程等进行变革和重新设计。

2. 工程信息管理任务的划分和系统设计的角度

工程各组织主体有不同的信息管理任务，由此带来信息管理系统设计工作的相关性和差异性。

（1）投资企业

按照国家和行业标准，对本企业的工程进行统一的信息管理、信息资源开发和利用。

1）通过工程全寿命期管理系统的建设，对工程建设及运维各阶段的信息进行管理。

2）各职能管理模块设计，包括工程合同管理、进度管理、投资管理、质量和安全管理、投资风险管理、运维系统等。

3）企业工程数据仓库的设计和运行等。

（2）施工企业

按照国家和行业标准，对本企业工程项目进行统一的信息管理、信息资源开发和利用。

1）构建企业工程项目管理系统，对所有承包工程项目的信息进行规范化管理，范围覆盖工程投标阶段、施工准备阶段、施工阶段到竣工交付阶段的各项实施流程。

2）承包项目信息管理系统模块设计，包括投标管理、施工合同管理、物资管理、质量管理、进度管理、结算管理、风险管理等。

3）企业工程承包项目数据仓库设计和运行等。

与它相似的有勘察设计单位、监理单位、材料设备供应商、技术服务单位等。

（3）业主

按照国家、行业和企业标准，对所管理的工程建设项目进行统一的信息管理、信息资源开发和利用。

1）通过编制工程建设项目管理规划、项目手册等，对项目各参与主体的信息进行统一的规范化管理。

2）构建工程信息管理系统。

3）业主的项目经理部（或委托的项目管理单位）是整个建设项目的信息中心，负责收集项目实施情况的信息，进行各种信息处理工作，并向上级、向外界提供各种信息。

4）在建设项目结束时向企业工程数据仓库提交整个建设项目的信息。

（4）施工项目部

施工项目部需要按照承包企业标准、施工合同和业主建设项目管理规范的要求进行信息管理。总体上说，包括：

1）构建施工项目信息管理系统，并使它顺利地运行。

2）施工现场的质量、进度、安全、环境等信息管理。收集现场的各种信息，编制各种报表；向业主、施工企业提交各种报告。施工项目现场产生的初始实时资料面广量大，有大量复杂的信息管理工作。

3）在工程结束时向业主移交工程竣工资料，向施工企业提交全套已完工程信息。

（5）其他方面

如行业（如化工、城市轨道交通、核电、铁路、电力等行业）工程信息管理工作的重点是工程信息管理的环境建设，包括：

1）工程信息标准化方面的工作，通过编制和颁布标准（如建设项目管理规范）对本行业工程信息进行规范化管理，如工程分解结构、工程费用分解结构和编码体系标准。

2）收集本行业已完工程信息，并进行统计分析、予以颁布，如典型的已完工程的造价、工期等方面的信息。

这样在总体上，工程信息管理系统设计分为两类：

（1）企业（承包企业和投资企业）的工程信息管理系统设计。如企业工程全寿命期的信息管理系统设计和工程承包企业的信息管理系统设计（如本章附件所示）。

(2) 具体工程项目的信息管理系统设计。它是在企业信息管理系统平台上为具体工程项目进行的系统设计。它要解决如何充分利用企业信息管理平台，完成针对本项目的信息管理系统工作，属于工程建设项目规划（第7章）或施工组织设计（第8章）的任务。它们在总体上应符合前述图1-8所表示的关系。

5.2.2 工程信息管理系统设计工作

虽然，工程不同参与方信息管理的任务不同，信息管理系统设计有各自的重点，但主要设计工作和一般过程是相同的（图5-2）。

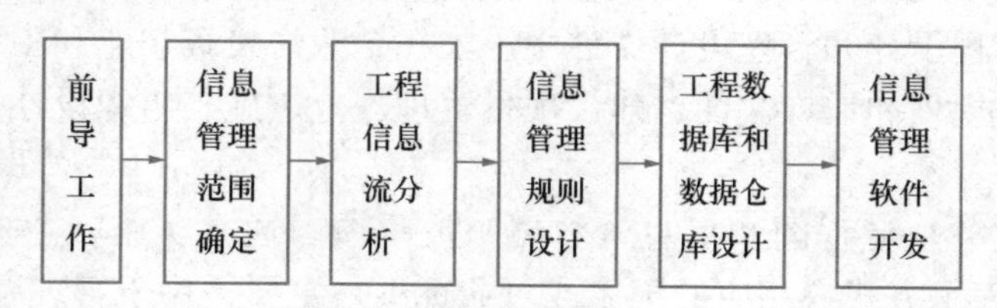

图5-2 工程信息管理系统设计的一般过程

(1) 前导工作，包括：

1) 工程信息管理的现状和需求调查分析。

2) 分析工程与工程管理的特点，如工程规模、复杂程度、分布、工程承发包模式、项目管理模式等。

3) 确定工程信息管理的目标。

4) 前述工程管理设计相关工作的完成，如工程实施流程、工程组织结构、责任体系和工程管理流程的设计等。

(2) 信息管理范围确定。按照工程实施过程、工程管理工作过程、各职能管理流程以及工程组织结构，确定工程的信息管理范围。

从总体上说，工程信息管理系统设计是在实施流程、组织架构和责任体系设计、工程管理流程和职能管理体系设计的基础上进行的，需要将管理系统运作的数据呈现出来，用信息过程（流程）反映管理过程。如表4-3中，各材料管理工作的前导输入、处理过程和输出成果有许多属于信息。

(3) 工程信息分析。将工程实施过程、管理过程、组织沟通过程信息化。

(4) 信息管理规则设计。这主要是指信息管理的标准化工作，包括：

1) 各种信息的内容、表达形式等的规范化，确定资料的格式、内容、数据结构要求。

2) 统一的编码体系设计。

3) 制定工程信息的收集、整理、储存、分析、反馈和传递等规章制度，建立工程组织成员之间信息传递和流通的渠道和规则。

① 通常在一些大型工程和企业中要设置信息管理人员，对其职能、工作规则要专门设计。

② 由于信息管理又是一项十分普遍的、基本的工程管理工作，是每一个参与工程的组织单位或人员的一项基本工作责任，即他们都要承担收集、处理、提供和传递信息的任务。这需要在他的工作责任中定义。

（5）工程数据库和数据仓库设计。对大型工程项目需要建立工程数据库，以统一管理工程项目的信息。工程项目（如建设工程项目、承包项目等）结束后，需要按照要求将项目数据整理汇入企业的工程数据仓库。企业需要对已完工程数据进行统一管理。

（6）信息管理软件开发（系统开发或引入）。即开发信息管理系统软件，以实现信息的采集、处理、储存、传输和应用等功能。

5.2.3 信息管理系统设计成果

工程信息管理系统设计的成果主要包含在如下方面：

（1）在各种工程设计和管理设计文件中。如在企业（投资企业和工程承包企业）的工程管理系统、工程规划和设计文件、建设项目管理规范、施工组织设计、项目手册中都有信息管理的相关内容。

（2）实施（业务）流程图和信息（数据）流程图。通常实施（业务）流程图和信息（数据）流程图的表示方式有相应的国家或行业标准，主要适用于管理系统开发。

（3）工程信息管理系统软件。

（4）工程数据库和数据仓库等。

5.3 工程信息管理范围确定

工程信息管理的范围涵盖了所需信息的输入、输出和处理过程，即通过罗列出信息目录表，确定信息管理的范围，并在合同、项目管理规范、项目手册或管理系统设计中予以详细定义。

工程信息管理的范围，通常从如下几方面进行分析：

（1）工程实施活动相关的信息分析

工程中的实施工作（各专业性工作、事务性工作）都需要信息，并产生各种信息。如在前述图 2-18 中，施工图设计涉及如下信息（图 5-3）：

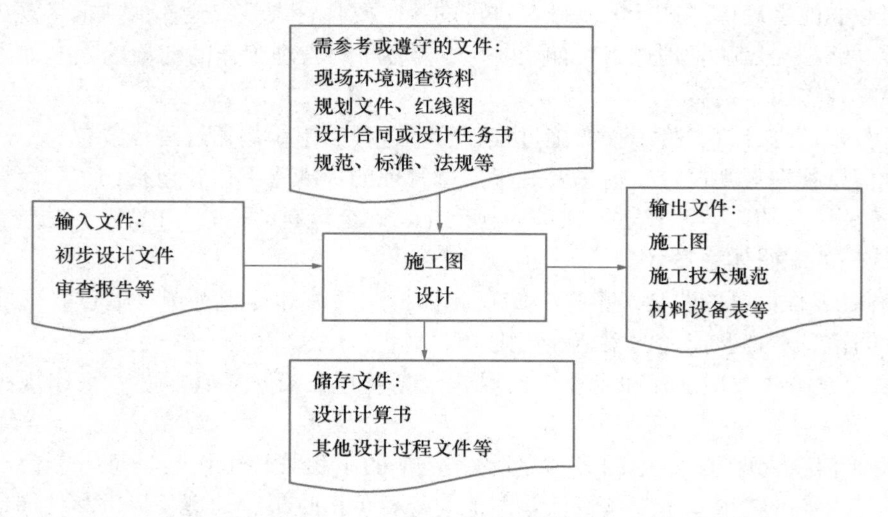

图 5-3 施工图设计涉及的信息范围

1）上游活动“初步设计”的成果，如初步设计文件以及相应的审查报告等。

2）设计需要参考或遵守的文件，如现场环境调查资料，规划文件、红线图，设计合同或设计任务书，规范、标准、法规等。

3）设计完成后要向下游活动交付的设计成果，如施工图、施工技术规范、材料设备表等。对工业建设项目，很可能包括工艺流程图、总布置图、系统技术说明、工艺和仪表系统图、电气系统图、设备安装说明等。

4）作为档案储存的资料，如设计计算书、其他设计过程文件等。

与此相似，图 2-17（d）中，现场的各种施工活动涉及如下信息（图 5-4）：

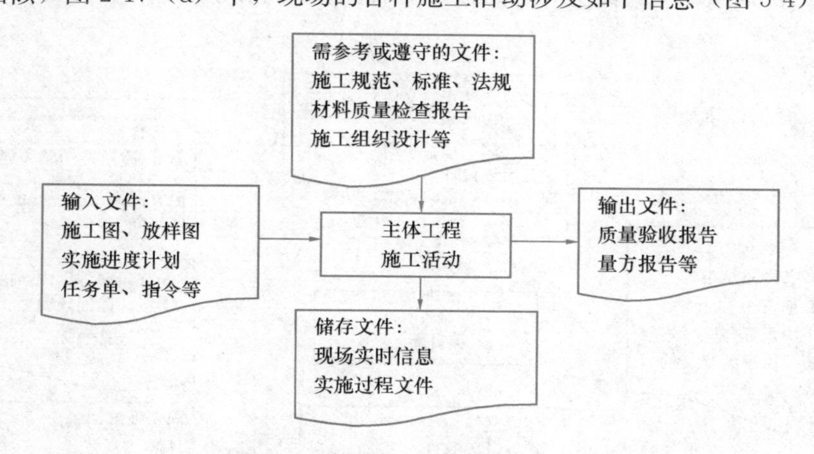

图 5-4 施工活动涉及的信息范围

1）上游活动的输入，如施工图、放样图、实施进度计划、任务单、指令等。

2）施工活动需要参考或遵守的文件，如施工规范、标准、法规、材料质量检查报告、施工组织设计等。

3）施工完成后要向下游活动交付的资料，如质量验收报告、量方报告等。

4）在施工结束后，要向业主、监理工程师提交整个工程竣工文件资料。

5）作为档案储存的资料，主要为施工现场大量的实施过程信息，包括现场实时信息，如摄像、打卡记录、现场各种人员、设备、材料等的进出；实施过程文件，如资源投入和消耗的信息（记工单、领料单）、实施状况信息（各种检查记录、进展情况记录等）。

现在有许多高科技方法和手段可以自动化地生成信息，如现场录像、互联网系统、各种专业性的数据采集系统、全球定位系统（GPS）和地理信息系统（GIS）等。随着工程数字化的推进，工程实施过程越来越智能化，这方面的信息过程越来越自动化。

（2）组织沟通的信息需求分析

在工程实施过程中，工程组织成员之间会有许多沟通。如一些时间节点上（如每月末、季末、年末）；工程的阶段节点（如竣工）上；一些事务性工作处理过程中，如从政府获得许可、批准等；各方面按期召开的协调会议，以及遇到一些特殊事件时的协调会议前后等。

这些组织沟通涉及工程组织与外界的信息交换，以及组织内部的信息交换。其过程会涉及大量的信息，其中最重要的也是最典型的是施工项目部在每月末与各方面的信息沟通（图 5-5）。

1）由下层组织输入的信息，如现场的各种总结报告、各职能报告、工程小组报告、分包商、供应商提交的账单等。

2）需参照或遵守的文件，如施工实时资料、施工合同、项目手册、施工组织设计、施工图、规范、标准、法规等。

3）向各方面提交的资料。这是通过对上述资料的处理，汇总获得的信息，如：

① 向政府市场管理、城市建设管理各部门提交的工程信息（报告）。

② 向业主、监理提交工程月报、下月/阶段详细的实施计划、账单、质量验收报告、量方报告、工程状况报告、请示等。在施工结束后，要向业主、监理工程师提交整个工程竣工文件资料。

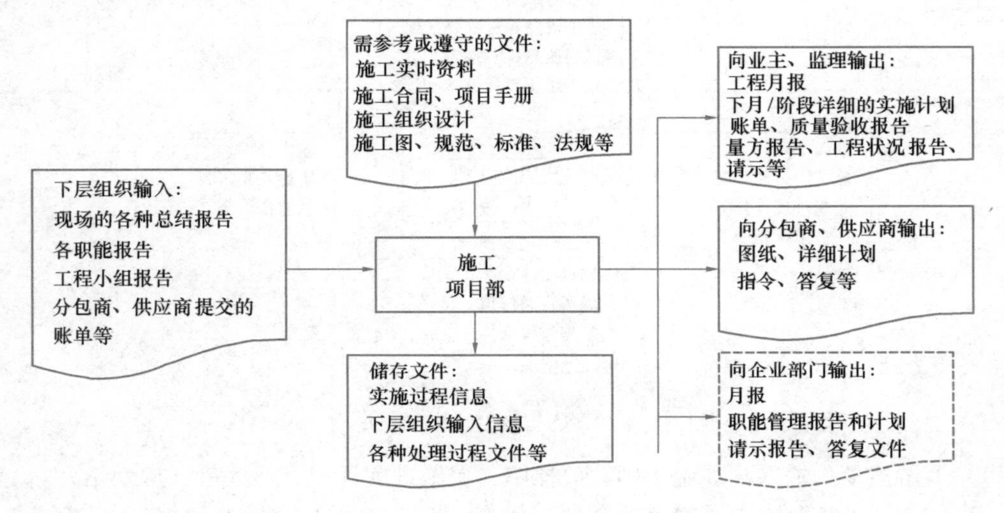

图 5-5　每月末施工项目部沟通的信息范围

③ 向施工企业和企业职能部门递交月报和各种职能管理报告和计划，各种请示报告、答复文件。

④ 向下层组织（工程专业班组、分包商、供应商、项目部的职能部门等）下达的文件，如发布的图纸、详细计划、指令、答复等。

4）作为档案储存的资料，主要为施工现场大量的实施过程信息、下层组织输入信息、各种处理过程文件等。

（3）职能管理工作信息需求分析

各项职能管理工作同样需要从上游管理活动输入信息；输入参考或遵守的信息；经过信息处理，要向下游工作输出信息；需要储存相关过程信息。

如图 4-5 所示，物资管理部门在编制物资需求计划、进行供应单位考察、签订采购合同、材料进场验收、材料领用过程中，需要、产生、同时又输出大量的信息（图 5-6）。这些都是由物资管理部门负责的。

将图 4-5 各项工作信息需求汇集起来，即可得到材料采购管理总体信息范围简图（图 5-7）。

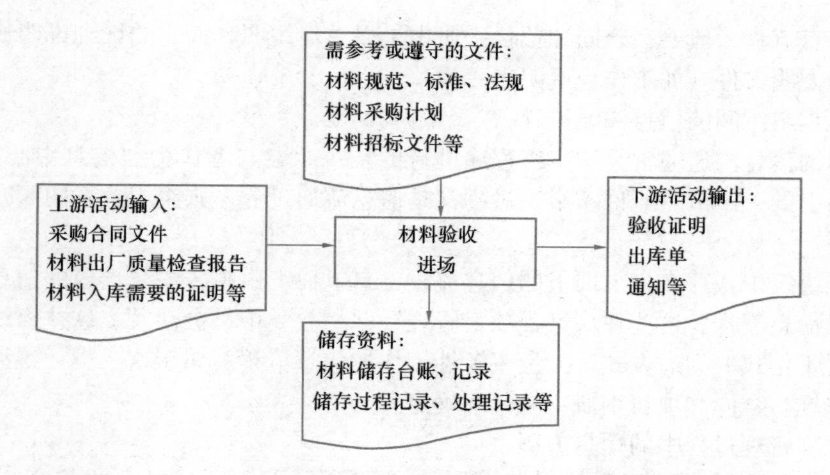

图 5-6　材料验收进场涉及的信息范围

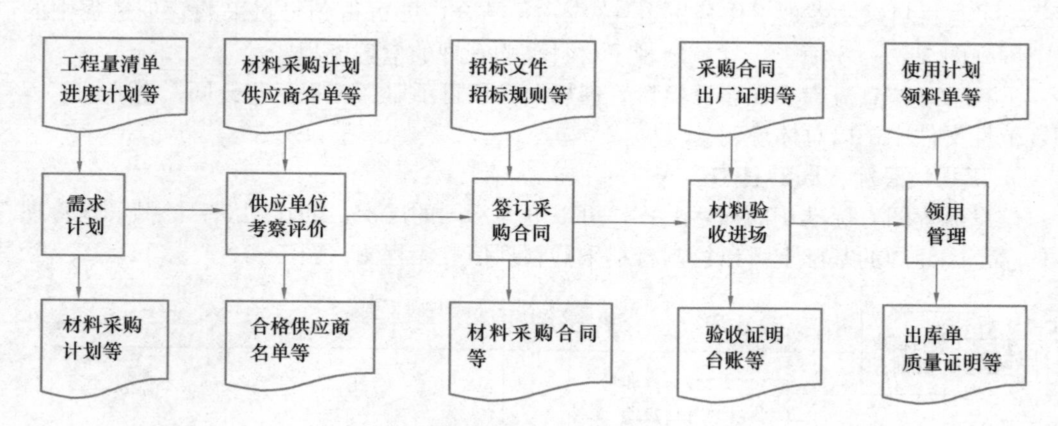

图 5-7　材料采购管理总体信息范围简图

5.4　工程信息流程设计

信息流程是指在工程实施中信息的产生、传输、加工处理、使用、存储的过程，可以用信息流程图简明扼要地表示。它的绘制应顺着工程的信息流动过程逐步进行，其范式和内容可以按照工程管理的实际需求设定。

1. 工程信息流程的形成

工程信息流程图是由一些基本符号组合而成的，需要利用一些规定的符号及连线来表示具体工程实施过程中的信息处理过程。

在信息管理范围分析的基础上即可进行信息流分析，得到信息流程图。与上述工程信息管理范围相对应，信息流程主要包括如下几方面内容：

（1）工程实施过程形成的信息流程

随着工程活动的开展，大量的信息在工程活动或工程阶段之间传递。如将图 5-3 放入图 2-18 的工程设计流程图中，并将前面与初步设计输出信息相联系，后面与施工图审查等活动相联系，就可以构建出工程设计过程的信息流程。

这个信息流程一般要在合同和项目手册中予以总体说明，而它的详细说明通常放在各工程活动的说明文件（如工作包说明表）中。

（2）工程组织间的信息沟通流程

组织间的信息沟通通常是按组织程序进行的，每个参与者作为“信息中心”，均为信息系统网络上的一个节点，许多组织过程又是信息流通过程，则组织关系图同时又是信息沟通关系图。

在工程组织中，存在自上而下的信息流程、自下而上由报告关系形成的信息流程、横向或网络状信息流程，这些在“工程项目管理”课程教学中都会涉及。这些组织间的信息流程一般属于正式的沟通方式，大量事务性工作的信息流程就属于这一类。这种信息流程要在法律法规、合同和项目手册中予以明确定义。

（3）工程管理过程中的信息流程

这是在工程职能管理详细设计的基础上进行的。如通过材料采购管理工作流程图（图4-5）与材料采购管理工作分析表（表4-3）结合，即可得到材料采购管理过程中的信息范围（图5-7）。实质上，它就展现了材料采购管理的信息流程。

工程管理信息流程会在建设项目管理规划、项目手册、工程承包合同、企业的工程管理规范性文件中予以总体说明。

2. 工程信息流程图的基本形式

信息流程图有标准化的描述方式，可以分为不同的层次。如在图5-7材料采购管理总体信息范围简图的基础上可以绘制材料采购管理信息流程图（图5-8）。

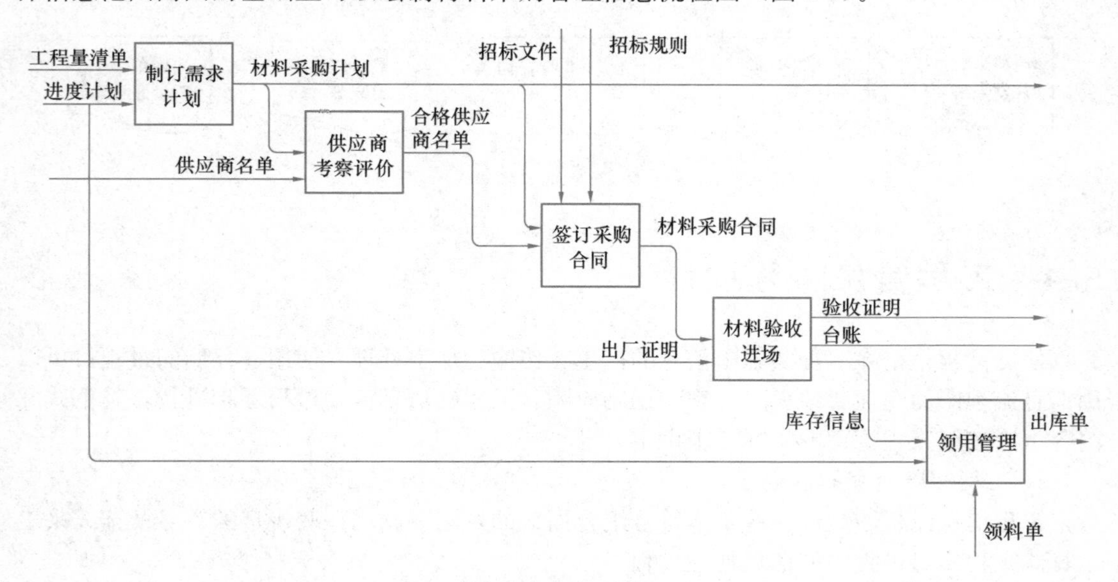

图5-8 材料采购管理信息流程图

图5-8中每一项管理活动（如材料领用管理）又有详细的工作过程，可以绘制管理工作信息子流程图。按照这样的方式分析，在如图7-2所示的工程建设项目规划总体流程的基础上，可以绘制规划管理信息流程，反映规划过程中各个管理职能之间的信息关系。

3. 数据流程图

数据流程图是对信息流程的详细描述，是从数据流动过程角度描述实际工程活动中的数据处理方式。通常数据流程图与数据字典等相配合，对信息系统的逻辑模型进行完整和详细的描述。

数据流程图比实施流程图更为抽象，其舍弃了实施流程图中的一些物理实体，更接近于信息系统的逻辑模型。数据流程图通常需要定义如下关系：

（1）主体，指与本系统有信息传递关系的人或单位，提供输入信息或接收输出信息。

（2）数据流，表示流动着的数据，用单向箭头表示流向。

（3）数据存储，指存储数据的地方或数据载体，如文件夹或账本等，可以为纸质文档或电子文档。当数据流的箭头指向数据存储时，表示将数据流的数据写入数据存储，反之，则表示从数据存储读出数据流的数据。

（4）处理逻辑，是指对数据进行的操作，加工处理。可能改变数据结构，或在原有数据内容基础上增加新的内容，形成新的数据。

如材料领用管理数据流程图如图 5-9 所示。

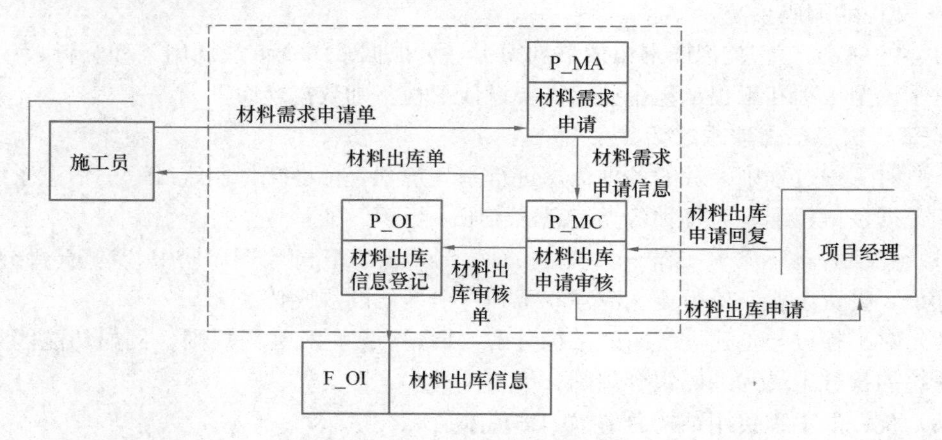

图 5-9　材料领用管理数据流程图

5.5　工程信息管理标准化设计

5.5.1　工程信息管理标准化的范围

在工程管理设计中，工程信息管理标准化的工作范围很广泛，涉及如下几方面：

1. 工程信息（资料）的标准化

（1）工程资料和报告系统设计

原始资料经过整理后形成不同层次的报告，它是人们沟通的主要工具，必须建立规范化的报告体系。例如，日报、周报、月报、年报以及主要阶段报告、特殊事件报告、会议纪要、往来信函（如设计变更通知函、工作联系单等）、质量验收表等都应有标准的格式，需要设计各种报告的形式、结构、内容、数据、信息采集时间（频次）、载体和处理方式、负责人等。如项目报告目录表见表 5-1。

项目报告目录表 表 5-1

报告名称	报告时间	提供者	接收者					标准格式			
			A	B	C	D	…				

目前，一些项目管理规范、质量验收规范、监理规范都提供了不少值得借鉴的标准化文档格式，但还应根据项目的特殊性和管理的需要对相关文档的呈现形式进行调整。

（2）工程文档系统设计

要储存一些重要资料，就要建立像图书馆一样的文档系统，对所有文件进行有序的管理。无论是纸质资料，还是电子资料都需要有文档管理工作。许多信息都需要在文档系统中储存，由文档系统输出。每个文档系统都需要进行设计，设计内容如下：

1）文档的分类。文档分类是根据信息内容的属性或特征进行区分和归类。

如合同文本及其附件、信件、会议纪要、记工单、用料单、各种工程报表（如月报、成本报表、进度报告）、索赔文件、工程的检查验收、技术鉴定报告等。

2）文档的编码系统。

3）索引系统。它类似图书馆的书刊索引，可根据索引查询或调用某种资料。

对于大型工程和工程承包企业，需要设计工程基础数据仓库。

2. 工程信息描述体系的标准化

需要对工程过程中涉及的各种信息进行系统规划、标准化，制定统一的信息系统技术标准和数据接口标准，对各种各类信息给予唯一标识，如：

（1）立项后就应赋予工程一个“身份证”号码，在它的全寿命期中，这个号码是它身份的标识。投资企业（或行业）应建立工程身份编码的规则体系。

（2）对工程按类别建立统一的结构分解（EBS）准则和编码规则，例如功能区和专业工程系统的符号定义和编码组合规则。

（3）统一的工程费用结构分解（CBS）体系。

（4）统一的工程量结构分解和计算规则。对分解的工程分项，应有标准的工程范围和要求等方面的说明。

（5）统一的组织结构分解（OBS）规则和编码规则。

（6）统一的合同编码规则等。

上述有些内容应作为国家规范，部分可作为部门规范，有些可作为企业标准，有些在一个工程中作统一规定。

3. 工程中信息管理职能规范化

（1）信息的组织责任是要明确“谁收集信息、收集什么信息、收集信息的频率”，然后确定“谁接收、谁汇总、谁分析处理”和“谁应用”的问题，可以从如下方面落实：

1）各层次、各部门都有具体信息的收集（输入）、传递（输出）和信息处理的工作职责，其需要对一些原始资料进行收集、整理，并对它们的正确性和及时性负责。

2）信息的传递时间和接收者，同时信息要进入工程信息管理系统。

3）确定专门的信息管理人员。

（2）明确信息管理的要求。信息要符合预定的标准，真实、可信、口径一致。原始资料应一次性收集，以保证相同的信息有相同的来源。在归纳、整理进入报告前，应对信息进行可信度检查，并将计划值引入以便对比分析。

（3）信息使用权相关的设计。对各类信息需要明确规定使用和修改权限，应防止权限混淆造成混乱，影响信息的安全性。如有某一方面（专业）的信息权限和综合（全部）信息权限，以及查询权、使用权、修改权等。

5.5.2 数据字典

工程中的数据来源众多，数据库格式、类型、存储的内容不尽相同，而且涉及的数据库、数据表数量较多，不仅要参照标准和规范，还需要制定作为数据标准的数据字典。

数据字典详细地定义和解释了数据流程图上未能表达的内容，是数据流程图上所有成分定义和解释的文字集合，对数据流程图的各种成分起注释、说明的作用。

数据字典的编写是信息系统开发中很重要的一项基础工作，从系统分析一直到系统设计、系统实施都要使用它，以保证数据的一致性和完整性。

数据字典通常需要定义数据项、数据结构、数据流、数据存储、处理过程、外部实体等内容。下面用材料采购管理相关内容进行示范。

（1）数据项定义。数据项是不可再分的数据单位。数据项定义是对数据项的具体描述，通常要说明数据项的名称、编号、含义说明、数据类型、位宽等。如材料相关数据项定义见表 5-2。

材料相关数据项定义　　表 5-2

名称	编号	含义说明	数据类型	位宽
材料编号	E_MC	给材料的编号	字符型	20
材料名称	E_MN	材料的名称	字符型	20
材料种类	E_MT	材料的种类	字符型	10
材料规格	E_MS	材料的具体型号	字符型	12
厂家编号	E_SC	供应厂家编号	字符型	8
厂家名称	E_SN	生产材料的厂家	字符型	30
厂家地址	E_SA	供应厂家地址	字符型	40

（2）数据结构定义。数据结构反映了数据之间的组合关系。数据结构定义通常包括数据结构名称、编号、含义说明、组成等。如材料采购管理中，材料和厂家数据结构定义见表 5-3。

材料和厂家数据结构定义　　表 5-3

名称	编号	含义说明	组成
材料基本信息	D_MI	材料的基本信息	材料编号＋材料名称＋材料种类＋材料规格
厂家信息	D_SI	供应厂家的信息	厂家编号＋厂家名称＋厂家地址＋联系方式

（3）数据流定义。数据流是数据结构在系统内传输的路径。对数据流的描述通常包括数据流名称、编号、含义说明、来源、去向、组成、流通量等。如材料进场活动数据流定义见表 5-4。

材料进场活动数据流定义

表 5-4

名称	编号	含义说明	来源	去向	组成	流通量
材料进场登记表	F_ST	材料员登记的进场材料的表格	“材料员”外部实体	“材料进场信息登记”处理逻辑	材料基本信息＋厂家信息＋进场数量＋进场时间＋材料员职工号	100/天
材料质量检验表	F_QT	质检员登记的进场材料质量检查情况的表格	“质检员”外部实体	“材料质量信息登记”处理逻辑	材料基本信息＋厂家信息＋质检合格率＋质检时间＋质检员职工号	60/天
不合格材料信息	F_QF	质量检查不合格材料信息	“监理”外部实体	“材料质量信息登记”处理逻辑	材料基本信息＋厂家信息＋不合格数量＋质检时间＋质检员职工号	30/天

（4）数据存储定义。数据存储是数据结构停留或保存的地方，也是数据流的来源和去向之一。对数据存储的描述通常包括数据存储名称、编号、含义说明、组成、流入的数据流、流出的数据流、数据结构、数据量、存取方式等。如材料数据存储定义见表 5-5。

材料数据存储定义

表 5-5

名称	编号	含义说明	组成
材料入库信息	S_EI	记录材料入库的信息	材料基本信息＋厂家信息＋入库数量＋入库时间＋材料员职工号
材料出库信息	S_OI	记录材料出库的信息	材料基本信息＋出库数量＋出库时间
材料核算信息	S_CI	记录材料核算的信息	材料基本信息＋核算数量＋核算时间＋是否正确
材料预测信息	S_PI	记录材料预测的信息	材料基本信息＋预测数量＋预测时间＋是否满足需求

（5）处理逻辑定义。数据字典中只需要描述处理过程的说明性信息。通常包括处理过程名称、编号、输入、输出、简述等。如材料进场数据处理逻辑定义见表 5-6。

材料进场数据处理逻辑定义

表 5-6

名称	编号	输入	输出	简述
材料进场信息登记	P_SI	材料进场登记表	材料进场表	对材料进场登记表进行识别和统计，生成材料进场信息
材料质量信息登记	P_QI	材料质量检验表	材料质量信息和不合格材料信息	识别进场材料的质量检验表，生成材料质量信息，将不合格信息传给监理

（6）主体定义。这是对活动或信息处理主体的说明，如材料领用相关主体定义见表 5-7。

材料领用相关主体定义

表 5-7

名称	编号	说明	输入的数据流	输出的数据流
材料员	O_MM	现场材料管理员	材料进场登记表，材料库存信息	无
质检员	O_QM	现场质量检查员	材料质量检验表	无
监理	O_SV	现场监理	无	不合格材料信息

5.5.3 工程编码体系设计

编码是赋予信息（资料）具有一定规律、易于识别的符号，形成代码元素集合。整个工程领域、投资企业和工程承包企业、建设工程项目、施工项目，都有信息编码设计的任务。

1. 编码的作用

在信息管理系统的运作中，编码赋予信息以“身份”符号，是信息归类、查找、识别、处理的工具，又是沟通不同系统信息的桥梁，是信息体系有效运行的关键。

如工程成本分解是多角度的，进行工程成本控制通常需要多维的成本信息对比，包括按照合同、费用项目、责任主体、工作包等进行相应费用的“计划—实际”值对比分析，这就需要通过相应的编码对“计划—实际”费用进行归类和识别。

各过程参与方（业主、承包商、项目管理单位）对工程成本信息的要求和处理方式都不同，只有通过编码设计才能保证成本信息的一致性和沟通渠道畅通，才能进行计算机处理。

2. 编码设计的原则

在工程实施前，就应专门研究并建立编码规则和体系。一般对工程项目编码体系有如下要求：

（1）唯一性（正交性）。编码要能区分对象的范围、种类、作用和特征，不重叠和交叉。

（2）完备性。要设计统一的、对所有信息管理对象适用的编码系统，能覆盖工程全部资料（如各种原始资料、报告和报表等）。

（3）专业性。能区分资料的属性和特征，如技术的、商务的、行政的资料等。

（4）规范性和稳定性。编码规则要形成标准，且保持代码的内容和范围具有历史延续性。如建筑工程成本结构的标准应该具有稳定性，如果国家对工程成本分解结构的标准经常变化，就会导致过去已完成工程的数据失去作用，难以形成信息沉淀。

（5）可扩展性。随着社会的发展，会有一些新的系统要素产生，则需要扩展编码体系。如未来工程系统有新的专业工程子系统产生、项目管理有新的管理职能产生或有新的成本核算角度要求，则需要扩展编码体系。

（6）通用性和兼容性。如对人工处理和计算机处理有同样的效果；与国际工程、不同专业领域的工程兼容。

3. 编码的类型

（1）工程系统结构编码。如工程设施的ID、EBS、WBS、组织分解结构、费用分解结构（工程量清单编码）、合同分解结构等，它们在工程管理中发挥着重要作用。

（2）工程资料编码。如可行性研究文件、各种设计文件、计划文件、质量检查报告、日报、月报、索赔报告等。

（3）不同层次的编码。如国家层次的分解规则和编码体系、行业层面的编码规则和体系，以及相应企业层面、建设工程层面、施工项目层面的编码规则和体系。

4. 编码的一般结构

对于不同的工程和不同的资料可以采用不同的编码设计方法。

（1）对工程系统分解结构的编码，通常采用父子码方式。这是最常见的编码方法，如WBS编码体系、我国工程量清单编码体系等。这在“工程项目管理”和“工程估价”课程中都有介绍。

（2）资料编码通常有如下几个部分：

1）有效范围。说明资料的有效范围和使用范围，如属某子项目、功能或要素。

2）资料种类。外部形态不同的资料，如图纸、信函、备忘录等。

3）内容和对象。资料的内容和对象是编码的重点。对一般项目，可用项目工作分解结构作为资料的内容和对象。但有时它并不适用，因为项目工作分解结构是按功能、要素和活动进行的，与资料说明的对象常常不一致，这时就要专门设计文档结构。

4）日期或序号。相同有效范围、相同种类、相同对象的资料可通过日期或序号来表达，如往来信函编码应反映发函者、收函者、函件内容所涉及的分类和时间等。

5. 编码设计案例

在工程信息编码体系中，合同编码是比较复杂的，应参考工程合同结构和合同分类，应反映合同类型、相应的项目结构和合同签订的时间等特征。

某城市轨道交通工程的合同编码由四级14位码组成（表5-8）：

某城市轨道交通工程的合同编码体系表　　表5-8

分类	一级编码	二级编码		三级编码		四级编码
	线路	合同类型	标段	子合同号	补充合同号	时间顺序
位数	两位	两位	两位	两位	两位	四位

（1）一级码表示线路码：南北线一期为“D1”，3号线合同为“D3”。

（2）二级码由两位拼音字母和两位阿拉伯数字组成，表示合同分类和主合同号。

前两位表示主要合同类型，共分为五大类，土建合同类以“T”开头，设备系统类以“S”开头，勘察设计服务类以“X”开头，房地产开发类以“F”开头，其他以“Q”开头。

后两位表示主标段号、主系统号和合同分类。

（3）三级码由四位阿拉伯数字组成，表示子（分）合同号和子（分）合同分类。

子合同号编码，若为主合同，应编码为“00”，若为第一份子合同，应编码为“01”，依次编码。补充合同号以补充合同的顺序进行编码。

（4）四级码由四位阿拉伯数字组成，前两位表示年份，如2002年签订的合同应编码为“02”；后两位为时间顺序号，如2002年签订的第三个该类合同应编码为“03”，以此类推。

5.6 工程数据库和数据仓库构建

1. 概念识别

工程中的数据储存有两种方式：

（1）在一个工程过程中，需要面向工程任务（项目）处理和储存许多过程性数据，并进行信息的在线处理和交换，需要通过构建“数据库”实现其功能。

为了实现工程信息管理的要求，应该构建一个工程数据库，并在工程全寿命期保持其正常运行。业主（建设单位）、承包商、运行单位等都应该基于这个数据库进行信息管理。

(2) 信息作为工程要素，又是企业的重要资源。在工程结束后，企业（投资企业和工程承包企业）需要把已完工程的数据作为历史档案储存，避免使信息灭失。这需要通过构建“已完工程数据仓库”实现其功能。

2. 工程数据库设计

工程在实施过程中需要建设项目信息管理系统和运维信息管理系统运行的数据库。工程数据库设计要尽量减少冗余，保证工程信息管理系统高效率运行。

建设工程项目数据库通常按照各职能管理设置，如：

(1) 针对工程范围管理的数据库。

(2) 工程成本（投资、费用）管理数据库。

(3) 工程质量管理数据库。

(4) 工程组织数据库。

(5) 工程材料、设备数据库等。

3. 工程数据仓库

(1) 工程数据仓库是一个面向工程构建的集成的相对稳定的数据集合。在工程结束后，应该将工程各方面的数据按照一定的规则进行加工、汇总和重组，存放在数据仓库。以此实现基础信息的统一管理和统一维护，保证工程基础信息的正确性和一致性。

(2) 工程数据仓库作为工程、企业、行业“大数据”的基础之一，不仅可以对工程的发展历程和未来趋势作出定量分析和预测，而且可以给新工程的投资决策、设计、计划、实施控制、运行维护等提供支持。

在工程承包企业的信息化系统中，“企业大数据分析”模块的建立就基于“工程数据仓库”。

通常需要构建三种形式的工程数据仓库：

1) 投资企业的工程数据仓库。通过数字化手段储存企业已完成（包括在运行）的工程数据，可以很大程度提升工程的运行效率、降低运行成本，并为新工程决策、计划和实施提供依据。

2) 承包企业的工程数据仓库。已完工程数据作为企业有价值的资产，在企业的投标报价、施工管理中可以产生利用价值。如在市场经济环境下，企业应有“企业定额”，它就是企业“工程数据仓库”的重要内容之一。

3) 行业的工程数据仓库。行业（或国家）需要将典型的已完工程的数据公布出来，作为工程咨询的参考。如城市轨道交通工程领域，可以按照工程系统构成、我国的建设工程费用标准、工程量划分标准、工程成本划分标准，对已完成的典型工程构建造价、成本数据仓库。行业定期公布这些数据，会对本领域的工程投资决策、造价咨询、成本管理有很大的作用。

5.7 信息管理软件系统开发

信息管理软件应用一般由企业开发通用系统，在工程项目中引用。

1. 信息技术应用开发策划的一般过程

工程信息管理软件系统开发是一个特殊的工程项目，需要独特的开发过程。

(1) 前期准备阶段。该阶段的工作可能有，初步建立平台应用组织、调研考察、组织项目环境测评、软件和应用模式选择、平台应用组织的调整与培训。在这个过程中，需要对现有信息化技术或软硬件现状进行评估，如市场上较为成熟的项目管理软件和平台、硬件和网络系统等有哪些？它们的可行性、适用性如何？

商品软件的选择需要权衡项目管理信息化需求、软件的成熟度、先进性、兼容性、稳定性、安全性、可维护性、可操作性，以及二次开发的可实施性、经济性（使用费、二次开发费、平台维护费）等因素。

(2) 系统应用规划和制度建设阶段。该阶段主要包括文献资料搜集整理、编制人员落实、应用规划和相关制度建设、应用规划和相关制度报批、操作和指导手册编制等工作内容。

(3) 实施阶段。该阶段主要包括平台应用组织的完善、实施方案的制定、运行前组织人员与培训、运行调试数据的准备、运行调试、正式运行等工作内容。

(4) 后期维护阶段。该阶段主要包括维护和升级方案的拟定、知识管理等工作内容。

2. 系统构建的策略

系统构建通常有三种策略：

(1) 选用现有成熟软件或软件组合。现在工程专业技术软件、管理系统软件、现场数据采集工具、功能软件很多，可以通过系统设计将它们集成起来，嵌入工程实施和管理过程中，形成一个集成化的系统。

一般市场上商品化的软件和信息技术工具不能直接在一个工程建设项目或工程承包企业中使用，需要进行二次开发。

(2) 在成熟软件的基础上进行二次开发或集成开发。企业进行工程管理系统开发可以采用子系统模块、功能菜单和 PIP（或企业门户）的形式进行。功能可以扩展，不同层次的用户可以按照需要选择功能。

例如，将现存的工程决策、工程建设项目、工程运行维护管理、工程健康管理中的各种软件包（如设计信息系统、预算信息系统、计划信息系统、资源管理信息系统、合同管理信息系统、成本管理信息系统、健康诊断信息系统、办公室自动化系统、企业管理职能信息系统等）集成起来，形成一个统一的集成化系统，要能够为业主（投资者）、项目管理公司、承包商等共同使用。

(3) 完全自行开发。这主要应用于一些特别重大的项目（如三峡工程），以及一些特别重要的有特殊要求的项目（如航空航天项目）。对于一般的工程项目，由于是一次性的，在项目上投入开发信息管理软件系统是不经济的，也很难有好的效果。

3. 系统开发需要解决关键性问题

(1) 确定信息系统的总体结构（功能模块）。通常按照工程项目阶段、组织对象（业主或施工项目部）或（和）管理职能设置系统结构。

(2) 明确系统的子系统组成和开发子系统的先后顺序，对数据进行统一规划、管理和控制，明确各子系统之间的数据交换关系，保证信息的一致性。

(3) 需要打通它们之间的界面，形成信息流、数据流等。

附件：某工程承包企业信息管理系统结构

该企业构建了公司、分公司、项目部三个层次的信息管理机构。公司设信息化管理部、分公司设信息化管理员、项目部设项目信息管理员，对信息化建设进行统一规划、统一建设、统一实施、集中管控。

公司的信息化系统为员工、项目、各层次组织、供应商、客户提供服务，其总体结构包括（图 5-10）：

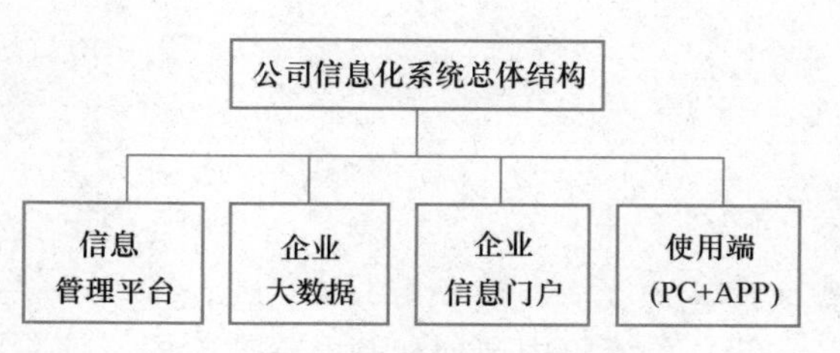

图 5-10　公司信息化系统总体结构

（1）信息管理平台。

信息管理平台是系统的核心，它的结构分为如下层次（图 5-11）：

1）7 个子系统：营销管理系统、项目管理系统、人力资源系统、财务系统、综合管理系统、商法管理系统、监察审计系统。

2）16 个管理模块：人员管理、营销管理、施工管理、安全管理、科技质量管理、合约法务管理、物资管理、成本管理、财务管理、设计管理、企划管理、综合办公室、审计管理、投资管理、纪检监察、信息化管理。

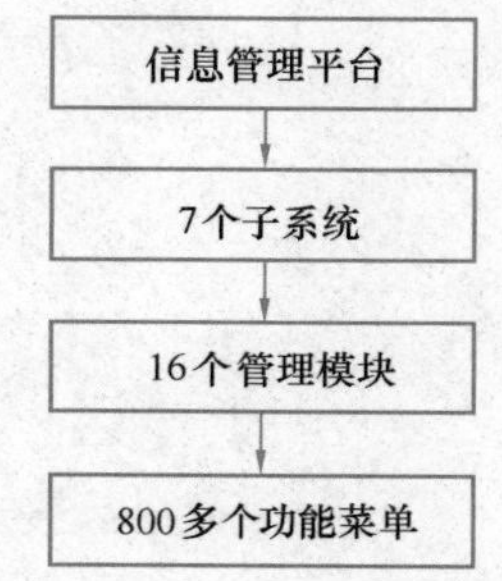

图 5-11　信息管理平台结构

如成本管理模块还可以分为合同预算、责任成本、实际成本、工程结算 4 个子模块。

3）800 多个功能菜单。

如实际成本子模块分为：物资验收入库/出库、物资过程结算，分包签证、分包过程结算，机械租赁（进出场）、机械租赁过程结算，其他支出（过程结算），项目费用支出、最终结算等功能。

这些功能菜单都需要进行细部流程设计。

（2）企业大数据（包括企业工程数据仓库）。

（3）企业信息门户。

（4）使用端（PC＋APP）。

复习思考题

1. 简述工程信息管理的范围。
2. 信息技术如何嵌入工程实施流程中？
3. 调查目前施工企业和施工项目信息技术应用状况，并对存在的问题进行分析。

第2篇 工程管理设计实务

≫ 6 工程项目前期策划

≫ 7 工程建设项目规划

≫ 8 施工组织设计

≫ 9 工程承包企业项目管理系统设计

≫ 10 工程全寿命期管理系统设计

6 工程项目前期策划

【内容提要】

本章介绍工程项目前期策划阶段的相关设计工作，主要是工程建设项目的可行性研究，以及在此基础上的工程评价体系设计和总目标系统设计。内容主要包括：

（1）可行性研究的基本内容和过程。

（2）可行性研究编制的依据。

（3）可行性研究中的主要设计工作，包括产品的市场分析或市场定位、选址规划、建成后的生产运行计划、融资方案设计等。

（4）项目评价体系设计。

（5）工程总目标系统设计。

6.1 概述

1. 工程前期策划的内涵

工程前期策划阶段是从项目构思产生到项目批准正式立项为止。其主要任务包括进行项目机会研究、识别项目的需求、确定项目的定位，进行可行性研究和项目评价，确立项目目标系统等。一个具体工程的前期策划又是一个项目过程，涉及大量工程管理专业性工作，也需要进行相应的“设计”。

工程前期策划是工程的孕育阶段，决定了工程的“遗传因素”和“孕育状况”，对工程的整个寿命期，甚至对整个上层系统都有决定性的影响，所以这是工程最重要的“设计”工作。

工程前期策划又是投资机构（工程所属企业）的投资决策过程，是工程管理系统与企业战略管理、经营管理、投资项目治理、多项目管理、项目群管理的交接点。同时，工作的成果又是开展后续工程设计和施工、运行维护的依据和行动指南。

工程前期策划工作的重点在市场、资本、法律法规和社会层面，确定工程的战略规划以及评价指标和准则。通常考虑的重点问题是，产品或服务的市场定位和市场规模、融资方案、环境问题、社会影响等，不能太多关注工程设计和施工技术的细节问题，这是与工程建设项目规划最大的区别。但在实际工作中，人们（特别是工程技术人员）常常过于注重对工程设计、建设计划以及对施工有影响的问题和目标因素的研究，这对工程项目总体价值的实现是极为不利的。

工程前期策划是高层的工作，属于投资机构（对于公共工程项目来说，属于政府相关部门）决策研究的工作。对工程投资机构（或企业来说），需要有规范化的决策程序和规则。这是在第10章通过投资企业的工程管理系统设计需要解决的问题。

2. 不同种类和性质的工程前期策划过程

不同种类和性质的工程前期策划会有不同的过程。

（1）对于那些技术系统已经成熟，产品市场风险、投资（成本）和时间风险都不大的工程项目，或属于战略规划中的项目，可加快前期工作的速度，许多程序可以简化。

（2）在我国，许多公共工程项目在报批项目建议书后就要获得土地使用权，并进行一些勘探工作，再进行可行性研究和项目评估。实质上，在可行性研究前工程就已经确定建设了，常常在可行性研究中比较深入地研究或策划工程系统和工程建设（甚至施工）方案，这会导致对市场、融资等战略问题研究不足。

（3）对开发型、研究型、高科技应用工程项目，可行性研究与后面的工程规划、设计、施工（建造、制造）、试验可能不是一个一次性的整体的过程，而是一个持续迭代的过程。即在总体需求（或愿景）指导下，对一些新技术、新工具、新工艺、新的实施方式等进行多重“可行性研究、规划设计、建造、试验”迭代反馈的过程，在该过程中需要对阶段性工作成果进行分析、评价和选择，对构思、目标或方案不断进行调整、修改和优化。

6.2 工程可行性研究的内容和过程

1. 可行性研究的概念

工程前期策划最重要的成果是可行性研究报告。可行性研究是从全寿命期角度对工程进行总体的、全面的、宏观的、系统的策划过程。它的视野是工程系统总体概念模型（图1-2）涉及的各个方面。

可行性研究是一个很大的概念，实质上在整个工程前期策划阶段都是围绕着项目的“可行性”进行研究的，是一个逐渐深入、细化、不断演进的过程。

不同性质和规模的工程，可行性研究工作的差异性较大，对其内容和深度也有不同的要求。按照研究的进程，可行性研究通常分为如下几种：

（1）一般机会研究。在项目最初阶段，项目的构思形成后就可以进行一般机会研究，目的是在上层系统中寻求合适的投资机会，确定投资的方向和发展领域。其研究重点是环境需求、上层系统（如国家、地区、部门）的问题和战略等，以寻求可行的项目机会。

（2）特定项目机会研究。其在确定项目方向和领域后，主要研究特定的市场、外部环境、项目发起者（参加者）的状况，提出项目的总方案构想。

（3）初步可行性研究。其是对项目的初步选择、估计和计划，要解决的问题有：工程建设的必要性，工程建设需要的时间、人力和物力资源，工程技术可行性，资金和资金来源，项目财务上的可行性及经济上的合理性。有时它又被称为预可行性研究。

（4）可行性研究（或详细可行性研究）。经初步可行性研究确认项目基本可行，即可进行可行性研究。进一步对工程产品的市场定位、生产能力、地点选择、工程建设的过程和进度安排、运行的资源投入、投资与成本估算、资金的需求和来源渠道等进行全面策划，明确项目目标、产品方案、建设规模、建设地点、融资方案和技术方案（如工艺流程、设备选型），提出工程建设和运营的实施计划，并从市场、技术、经济、财务、社会、环境等方面对项目进行全面论证。

在实际工作中，规模大的项目往往既做初步可行性研究，又做详细可行性研究；规模较小的项目一般只做详细可行性研究。

2. 工程可行性研究的主要内容

可行性研究报告是前期策划阶段最重要的"工程管理设计"文件。它既要符合上层组织（如投资企业、政府部门）的投资决策和行政审批要求，又要符合工程立项和进一步进行建设项目规划的要求，其研究内容要有系统性和完整性。

不同的工程项目可行性研究的侧重点不同，可行性研究报告的结构也会有很大的差别。通常工业项目可行性研究报告包括以下基本内容：

（1）实施要点。对可行性研究报告各章主要研究成果、关键性问题和结论做扼要叙述。

（2）项目背景和历史。介绍项目背景（项目构思，项目宗旨，工程建设的必要性、理由和预期目标等）、项目的发起人、项目历史、启动过程和已完成的调查和研究工作等。项目背景中需要对工程涉及的区域经济、社会、产业发展历史、现状、趋势等做出全面论述。

（3）市场和工厂生产能力研究。在分析项目产品过去和目前市场需求状况的基础上，预测将来需求的增长，确定本项目产品的销售计划，估算年销售收入和费用（本国货币/外币），进一步确定项目产品的生产计划和生产能力。

（4）地址选择。按照项目对选址的要求，说明最合适的选择以及选择理由，估算与选址有关的费用。

（5）工程方案。

1）按照产品方案、生产计划和选址确定工程建设规模、工程范围，以及生产系统、公用工程、辅助工程及运输设施的总体布局。

2）工程技术方案、设备方案。确定所采用的工艺技术和拟用主要设备方案，估算技术和设备费用及年运行费用。

3）土木建筑工程。确定建筑物、构筑物的数量、规格、类型以及总体布置，估算土建工程费用和年均运行费用。

4）总体运输与公用辅助工程。确定场内外运输、公用工程与辅助工程方案，并估算费用。

（6）原材料和供应。按照工程正常生产确定原材料、构配件、辅助材料、用品及公用设施等的年均需要量，制订供应计划和供应方案，并估算相关费用。

（7）工厂组织机构和人员配置。按照正常生产和企业运营要求，确定工厂组织机构设置，工人、技术人员和管理人员需要量和配置方案，并估算企业管理费和人员相关的费用。

(8) 工程建设计划。其包括划分工程建设的主要阶段、主要实施工作、时间目标和实施时间表，估算工程建设的费用，做工程建设“时间一费用”计划。

(9) 财务和经济评价。在上述工作的基础上，进行财务和经济评价。具体如下：

1) 总投资测算。其包括土地价格、场地清理、土木工程、技术设备、投产前资本费用、周转资金等。

2) 生产成本和销售收入估算。

3) 项目资金筹措。确定项目的资金流及需筹措的资金量，分析并推荐项目融资方案，编制投资使用计划、偿还计划，并进行融资成本分析。

4) 财务评价。预测项目的财务效益与费用，测算拟建项目的盈利能力和偿债能力，以判断项目在财务上的可行性。主要财务评价指标包括清偿期限、简单收益率、收支平衡点、内部收益率等。

5) 国民经济评价。测算项目对国民经济和社会福利的贡献，主要运用影子价格、影子汇率、影子工资和社会折现率等参数，采用国民经济盈利能力、外汇效果、就业机会、社会保障、教育等主要评价指标。对公共工程项目、资源开发项目、涉及国家经济安全的项目来说，这个评价十分重要。

(10) 社会影响评价。分析拟建项目对当地社会的影响和当地社会条件对项目的适应性和可接受程度，评价项目的社会可行性。

(11) 环境影响及劳动安全和健康保护评价。识别和评价工程建设和运行对生态、自然景观、社会环境、基础设施等方面的影响，以及对劳动者和财产可能产生的不安全和有损健康的因素，提出治理和保护措施。

(12) 不确定性与风险分析。分析上述预测和估算中的不确定性与风险因素，识别项目的关键风险因素，进行风险程度分析并提出防范和降低风险的对策。不确定性分析包括盈亏平衡分析和敏感性分析等。

(13) 总结论。在前述各项研究论证的基础上归纳总结，提出推荐项目方案，并对推荐方案进行总体论证，提出结论性意见和建议，指出可能的主要风险，并得出项目是否可行的明确结论。

(14) 附图、附表、附件。

3. 工程可行性研究的过程

工程可行性研究的一般过程如图 6-1 所示。

6.3 可行性研究报告编制的依据

一个拟建项目的可行性研究必须在国家有关规划、政策、法规、行业规范的指导下完成，同时还必须要有相应的各种环境调查资料和技术资料。

(1) 相关的法律法规类文件。其包括本国（或当地）工程产品（或服务）市场、工程建设和运行相关的法律法规，如《中华人民共和国土地管理法》《中华人民共和国城乡规划法》《中华人民共和国环境保护法》《中华人民共和国文物保护法》等。有些行业（工程领域）有可行性研究编制的相关规范。

(2) 产品或服务，以及与工程建设相关的规划设计技术标准、各种概算指标、估算标

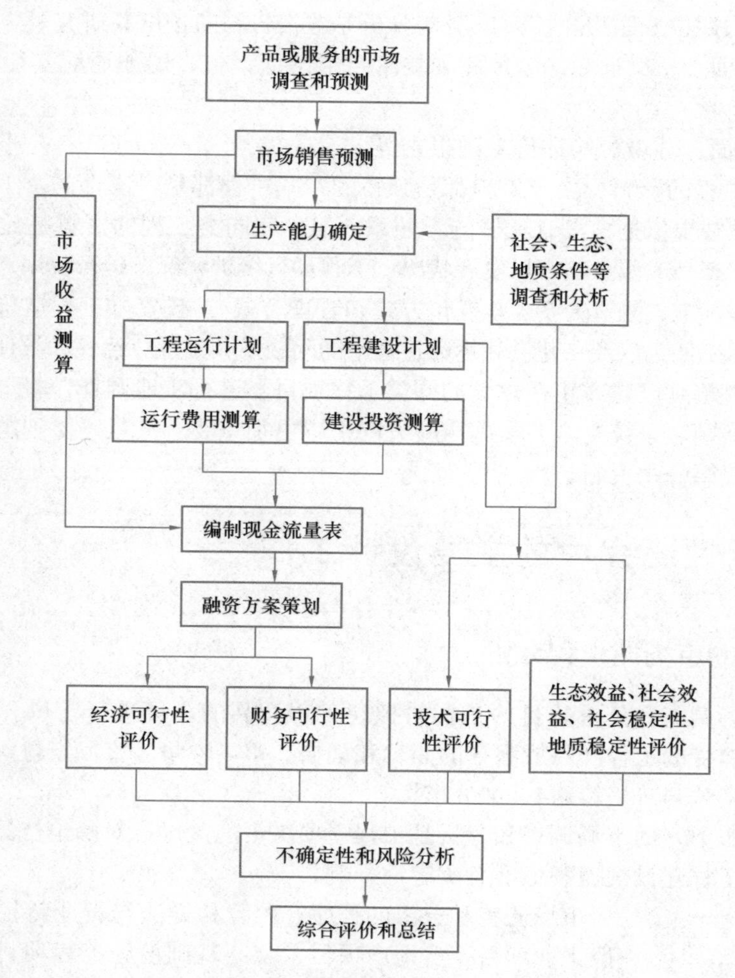

图 6-1　工程可行性研究的一般过程

准、工期定额等。

（3）环境调查资料。环境调查包括许多内容，如所在地的政治、经济、社会、地理、文化、相关行业发展、交通等各方面的情况、特殊性、制约条件等，需要收集大量的历史资料和数据。

对于重大的工程项目，环境调查要有专门的设计，包括调查的内容体系、调查对象、调查过程、调查方法、数据分析和处理、最终提交的报告等，并要有计划地进行。

（4）有关项目的起源、前期咨询的结果、上级批复、专家论证等方面的资料。

在工程前期策划阶段，投资企业会就工程做许多专题研究工作，作为可行性研究的基础（有时作为研究的一部分）。而对于基础设施建设项目，在可行性研究前常常就进行了许多专题研究，经过许多审批过程。

如某长江大桥建设工程在可行性研究阶段进行的专题研究就有：

1）工程水文和地质方面：工程地质报告、地质灾害危险性评估、场地地震安全性评价专题报告、定动床河工模型试验专题报告、原型水文观测专题报告、水文分析计算专题报告、防洪影响评价专题报告、河床演变分析专题报告、防护试验研究等。

2）航运方面：桥梁通航净空尺度和技术要求论证报告、船舶通航实船试验及数值模拟研究等。

3）环保方面：环境影响评价专题报告等。

（5）同类工程的资料。由于工程都是独特的，其过程都是一次性的，工程的可行性研究、评价和决策缺少依据，没有具体的参照系。但已完同类工程的资料是比较重要和可用的，如同类工程产品或服务的市场发展状况、工程运行维护状况、运行费用、建设情况（如工程工艺方案、标准、融资方案、承发包方式和管理方式）、投资（工程造价）额度、工程主要阶段的实际工期，以及在建设和运行过程中的问题及其处理、经验和教训等。

有时需要直接到已建或正在建设的同类工程项目上进行实地调查、收集资料，这对于规模大、技术新颖、系统复杂、实施风险大的工程更加重要。甚至还要到国外同类工程中进行调研，收集第一手资料。

6.4 可行性研究中的主要设计工作

6.4.1 产品的市场调查和分析

产品的市场调查和分析的目的是要对拟建工程产品的市场进行定位。预计工程建成后，市场能够接受的工程产品或服务的品种和规格、市场容量、市场定位（客户定位、产品定位、价格定位与价格策略）、细分市场等。

产品（或服务）的市场调查和分析是工程立项决策的关键，对确定产品方案和生产规模，进而确定工程建设规模和标准有决定性影响。

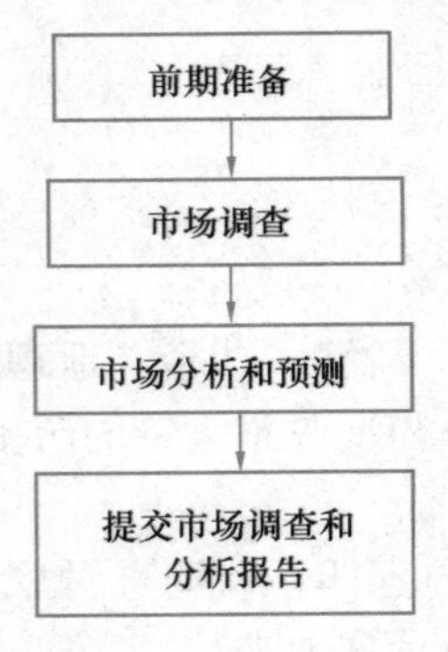

图 6-2 市场调查过程

市场调查和分析的程序、内容和方法与行业特征密切相关，如一般工业项目、房地产项目、公共基础设施工程项目都有很大的差异，在一些行业已经形成规范。它通常都需要经历从起草市场调研计划到提交调查报告为止的过程（图 6-2）。

（1）前期准备。通常需要对如下方面做明确的安排，并起草调研计划。

1）调查目的。市场调查的目的就是为了进行市场需求预测，以对工程产品（或服务）进行定位。如道路建设项目通常需要确定日通行量、时速、服务对象和档次等。

2）调查方法。市场调查和分析所采用的方法与行业特征密切相关，有各种定性和定量方法。一般而言，访谈与问卷是最常采用的方法。其他方法，如专家预测法、时间序列分析法和因果分析法等。在实践中常常需要多种方法混合运用。

3）调查时间与地点的确定。通常需要详细划定调查区域。

4）调查内容的设计。这与工程行业，与调查的目的和方法等因素有关。

5）历史资料收集与分析等。如高速公路建设项目需要收集相关区域的政治、经济、社会发展、文化、人口、相关产业等各方面的历史资料。涉及宏观经济形势、产业宏观形势、相关政策，以及工程产品或服务市场供需、市场发展形势预测，进而分析投资建设的必要性和迫切性。

（2）市场调查。对产品的市场状况、相关竞争行业的市场状况进行调查与分析。如高速公路项目需要进行如下调查：

1）区域基准年交通出行量的调查与分析。需要进行交通区域划分、OD[1]交通出行量调查表设计以及基准年的数据统计、区域出行分布特征分析等。

2）竞品分析。即对其他运输方式的调查与分析，如相关铁路、机场、水路等运输方式的历史数据，不同交通工具的市场分配等。

（3）市场分析和预测。在市场调查和分析中，最重要也最困难的是对产品市场将来发展的准确预测。它是在上述市场调查的基础上进行的，又是产品市场设计的基础。

如高速公路项目产品市场预测是交通量预测，包括客货运交通组织、交通生成预测、交通分布预测、交通量分配预测、预测结果与分析等。对交通量的预测要按年度，分近期（投入运行后0～5年）、中期（投入运行后6～10年）、远期（投入运行后10年以上），按照起止点（OD）预测不同交通工具的交通量。

市场分析和预测需要许多专业的理论和方法。

（4）提交市场调查和分析报告。在可行性研究报告中需要专门描述市场调研和分析的结果。

在许多工程，特别是高科技创新型工程中，调研是一个持续的过程，在问题研究、可行性研究、工程技术设计、实施方案设计等各阶段都需要调研工作。

6.4.2 选址

1. 选址的内容

根据工程项目的不同，选址可能有不同的层次和内容：

（1）不同国度的选择。跨国投资项目就存在投向不同国度的选择，如在哪个国家投资建厂。一些国际工程承包企业也需要确定在哪个国家（或区域）开拓市场，发展业务。

（2）不同城市的选择。如房地产开发企业需要选择向哪个城市发展，进行投资开发。一些工业和高科技开发项目也都有城市的选择，我国许多城市纷纷建设高新技术开发区来吸引国内外投资项目入驻。

（3）不同位置的选择。如在三峡工程的可行性研究中有多个坝体位置的选择。许多地方建设长江大桥，在可行性研究中都会对不同位置的选择作出论证。

与此相似的有，在一些线路工程（如城市轨道交通工程、输变电线路工程、道路工程、管道工程等）的可行性研究中，常常有不同线路走向的选择。

2. 选址的重要性和影响因素

几乎工程宏观和微观的各个方面都与工程的地址有关。在可行性研究中，选址受许多因素的影响，同时又会影响许多方面。

（1）工程的价值和对战略的贡献与所在位置相关。工程选址常常要基于上层的发展战

---

[1] OD调查即交通起止点调查，又称OD交通量调查，OD交通量就是指起终点间的交通出行量。“O”指出行的出发地点，“D”指出行的目的地。调查和预测表通常都按照划分区域，采用矩阵方法表示。

略、国民经济计划、产业规划和城市规划等。一些企业投资项目的选址也要首先考虑对企业发展战略贡献最大的方案。

(2) 选址决定了工程的具体环境。在可行性研究中，环境调查的地点、适用法律、前期现场的勘察和测量工作、地质稳定性评价、生物多样性影响评价、历史文化和环境保护方面的评价等都与地点有关，都需要按照选址进行。同时，这些因素又影响甚至决定工程的选址。

一些跨国企业投资建厂，要考虑工程全寿命期需求与所在地环境条件的匹配性：

1) 工程生产劳动密集型的产品，则需要当地有充裕的劳动力资源。

2) 投资高科技产品，则需要当地有高水平的工程教育，以提供合格的技术人员。

3) 需要政治清明、政局和社会稳定，没有种族矛盾和社会动荡等方面的因素。

4) 有良好的法律环境。

5) 有税收优惠政策。

6) 对资源开发型工程，需要建在资源出产地（如水资源、矿物资源、农业资源等）。

7) 工程所需要的城市基础设施的情况良好。

8) 工程建设和产品生产过程中有大量废弃物排放的，则需要关注国家的环保政策和当地的自然环境等。

(3) 选址对工程规划（如布局）、设计、施工方案、建设计划等有重大影响，最终会影响工程的工期和造价。所以，不同位置的选择有时又是工程建设实施方案的一部分。

(4) 工程地点影响产品或服务的市场价格、原材料的来源和费用、生产成本等各方面。这在房地产项目中最为典型，影响也最大。所以对房地产项目，选址是最重要的前期策划工作。对一般的工业项目，选址会影响产品生产的原材料、能源、人工费等价格，最终决定产品的生产成本。另外，生产产品所用原材料的特性和需求量又会影响工程的选址。

(5) 不同的地点会有不同种类和程度的自然灾害。有不同的环境风险，则需要不同的防灾减灾设计，进而有不同的工程运行安全性和最终使用寿命。

所以，工程选址需以区位理论、决策理论和投资理论为基础，结合所在地区的环境、经济等发展现状与规划，通常需要进行多个方案比选，并进行具体分析，提出推荐方案。

对一些重大项目，工程选址需要进行许多专项研究工作。

6.4.3 工程建成后的运营（生产和运行）计划

(1) 对工程产品经营方式定位。如分析和确定工程产品的目标市场、销售方式、营销策略和方案，并进行销售预测。这是在前面市场调查和分析的基础上进行的，常常需要进行专项设计。

(2) 按照上面的销售预测，进行工程的功能定位，并确定工程建成后的生产规模。

(3) 对工业建设项目，还包括工程产品生产（工程运行）计划，资源（原材料、能源、周转资金）及公用设施计划，企业组织、劳动定员和人员培训计划等。对房地产开发项目，这属于物业管理策划的内容。

(4) 预测工程运行期的费用，如生产成本、工程运行维护费用、维修和更新改造费用等。

（5）在上述基础上，可以预测产品的销售收入和销售费用。

6.4.4 工程总体建设方案的初步策划

按照生产规模和运行总体功能要求确定工程的建设规模和总体计划，包括：

（1）开发（建设）的总体原则和策略。

（2）总体规划设计方案。工程功能规划和主要专业工程的总体设计。如对工业工程项目，要确定工程的生产工艺、主要设备选型、建设总体规模、技术标准、重要的结构设计方案等。对住宅项目，要提出总体规划方案（小区整体规划、规划设计依据等），进行各单体建筑（主要功能区）的功能分析、项目面积分配，以及设计理念、建筑类型、建筑特点、建筑结构的描述。

（3）工程总体建设计划，主要包括根据总体规划设计方案确定单项工程、公用辅助设施、配套工程（景观、建筑节能环保设计）的构成，布置方案，工程规模和工程量，建设工期和实施进度的总体安排等。

（4）工程建设费用估算。其涉及工程规模、编制依据、计算依据、各主要费用标准等。

在这方面，有时需要对一些工程方案进行专题研究或专项设计。

6.4.5 投资估算和全寿命期现金流测算

在可行性研究中，工程资金总体计划过程，如图 6-3 所示。

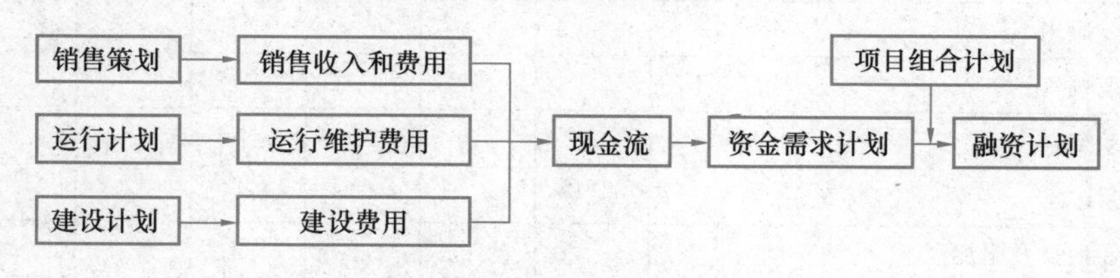

图 6-3　工程资金总体计划过程

其中投资估算是可行性研究报告的重要组成部分，估算的结果是项目经济评价的基础，也是确定投资规模及资金筹措的重要依据，是项目立项最重要的因素之一。

在财务核算方式上，它是按照收付实现制，而不是按照权责发生制进行计算的。

（1）将建设期投入、运行期生产费用、工程最终处理的费用（或收益）等按照支出时间汇集。

建设期投入包括对拟建项目固定资产投资、流动资金和项目建设期贷款利息等的估算。

1）对固定资产投资一般采用概算指标估算法进行结算，即按固定资产投资的建筑工程、设备购置、安装工程、其他费用，以及它们的具体费用项目进行估算。

2）对流动资金采用流动资金占产值、建设投资、成本（经营成本及总成本费用）等的比例进行估算，还可采用定额流动资金测算方法。

3）对项目建设贷款利息，可以运用资金时间价值理论通过借款偿还计划表及其他相关的数据进行计算。

（2）市场销售收入等汇总。

（3）确定工程寿命期过程中的资金支出和收入情况，编制现金流量表、绘制现金流曲线，得到工程全寿命期过程中的资金需要量，并确定财务效益分析指标。

（4）项目现金流量表有两种形式：

1）项目投资现金流量表（表6-1），是指建设期工程的实际现金流量和运营期项目的资金支出和收入情况，以项目全部投资作为计算的基础，不考虑融资方式对现金流的影响。

2）项目资本金现金流量表（表6-2），其现金流入与项目投资现金流量表的现金流入是一样的，但是资本金现金流是从投资者角度出发把资本金（或自有资金）的投资作为计算基础，把借款本金偿还和利息支付作为现金流出。

项目投资现金流量表 **表6-1**

序号	项　目	合计	计算期					
			1	2	3	4	…	n
1	现金流入							
1.1	营业收入							
1.2	补贴收入							
1.3	回收固定资产余值							
1.4	回收流动资金							
2	现金流出							
2.1	建设投资							
2.2	流动资金							
2.3	经营成本							
2.4	营业税金及附加							
2.5	维持运营投资							
3	所得税前净现金流量（1－2）							
4	累计所得税前净现金流量							
5	调整所得税							
6	所得税后净现金流量（3－5）							
7	累计所得税后净现金流量							

计算指标：

项目投资财务内部收益率（%）（所得税前）

项目投资财务内部收益率（%）（所得税后）

项目投资财务净现值（所得税前）（i_c＝　%）

项目投资财务净现值（所得税后）（i_c＝　%）

项目投资回收期（年）（所得税前）

项目投资回收期（年）（所得税后）

注：1. 本表适用于新设法人项目与既有法人项目的增量和“有项目”的现金流量分析。

2. 调整所得税为以息税前利润为基数计算的所得税，区别于“利润与利润分配表”“项目资本金现金流量表”和“财务计划现金流量表”中的所得税。

项目资本金现金流量表 表 6-2

序号	项 目	合计	计算期					
			1	2	3	4	…	n
1	现金流入							
1.1	营业收入							
1.2	补贴收入							
1.3	回收固定资产余值							
1.4	回收流动资金							
2	现金流出							
2.1	项目资本金							
2.2	借款本金偿还							
2.3	借款利息支付							
2.4	经营成本							
2.5	营业税金及附加							
2.6	所得税							
2.7	维持运营投资							
3	净现金流量（1－2）							
计算指标： 资本金财务内部收益率（%）								

注：1. 项目资本金包括用于建设投资、建设期利息和流动资金的资金。
2. 对于外商投资项目，现金流出中应增加“职工奖励及福利基金”科目。
3. 本表适用于新设法人项目与既有法人项目“有项目”的现金流量分析。

上述财务分析表中现金流数据需要通过可行性研究报告中的投资估算表、借款还本付息计划表等辅助报表去编制，建设期与运营期的各种投资、费用以及收入之间的关系可参考财务分析中各报表之间的关系（图 6-4）。

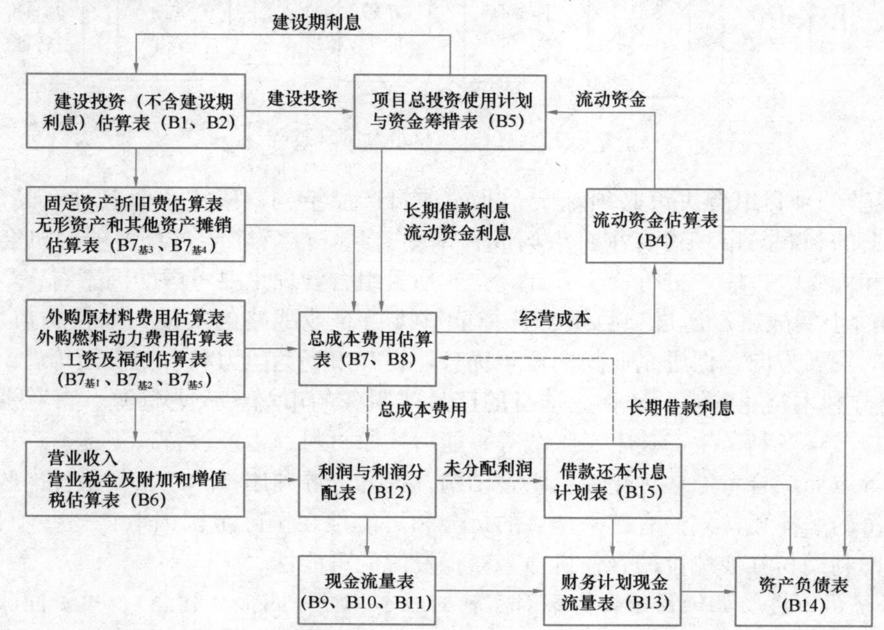

图 6-4 基础数据与辅助报表及基本报表之间的关系

注：图 6-4 中虚线所示是在以最大能力还款方式下形成的三表连算关系。
图中表（B1～B15）引自参考文献［25］。

6.4.6 工程资金结构和资金筹措方案设计

1. 概述

（1）企业项目组合管理。许多工程建设项目的立项都是基于上层（企业）战略和需求。在某个时期，企业或上层组织（如一个城市、行业，甚至一个国家）有很多工程项目的机会，或者有很多工程建设项目和非工程建设项目的方法实现战略。而组织资源（资金、物资、其他条件等）是有限的，必须进行优选，并进行合理的组合。

1）项目组合（Portfolio）的概念源于金融证券等领域的“投资组合”，是指为了实现企业战略目标，在企业资源有限而项目机会很多的情况下，对一组项目、项目群和其他工作进行组合选择，以优化资金投向。项目组合决策最终确定投资方向、资源分配和优先级，属于企业的高层战略管理工作。

2）“项目组合管理”是指为了实现企业的战略目标，对一个或多个项目组合进行的集中管理，包括识别、排序、授权、管理和控制项目、项目群和其他有关工作。通过审核项目和项目群来确定资源分配的优先顺序，并确保项目组合和实施与组织战略协调一致。

项目组合管理作为项目和企业战略之间的桥梁，使项目决策和实施与企业战略结合起来，使项目之间有科学的平衡和组合。

3）具体项目的前期策划过程包含在企业的投资项目组合管理过程中。一般企业投资项目组合管理过程如图6-5所示。

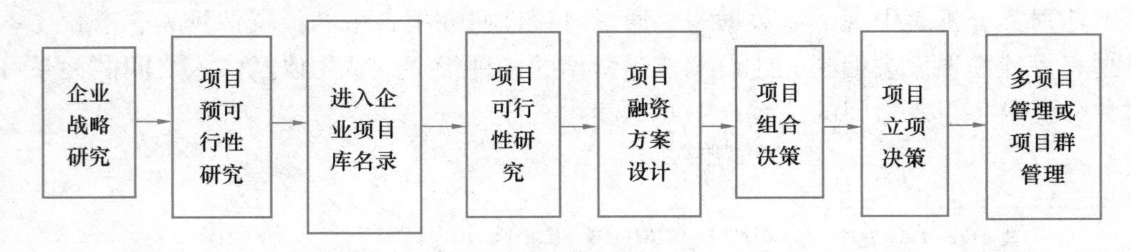

图6-5 企业投资项目组合管理过程

4）企业的项目组合决策必须基于企业的项目产品结构，研究企业各种产品的投入、产出、创造的利润与市场占有率、市场成长率的关系，然后才能对众多项目机会进行选择、优化和优先级排序，进行资金分配。企业项目组合管理主要考虑的因素有：

① 符合上层战略。通过项目组合选择能够支持企业战略的实现，如符合市场需求，符合企业的发展方向，促进企业长期竞争优势，提升市场竞争力和市场份额等。

② 充分利用企业资源。从企业本身的产品或服务的市场、人力资源、自有资金、融资能力、技术（专利、生产技术、工艺等）能力、原材料、生产设备、土地、厂房、工程建设力量等方面综合考虑，优化项目组合结构，提升资源利用率，以获得最佳的收益。随着国际经济的一体化，人们有越来越多的机会和可能性在国际范围内取得这些项目要素，企业应考虑利用与其他单位的合作机会来获得资源的可能性。

③ 经济可行性。如项目组合方案对实施的成本和经济回报（利润）、投资回收期、投资潜在的收益、短期和长期收益、财务收益和非财务收益等指标有良好的促进作用。

④ 技术可行性，如项目组合方案实施的技术优势，对组织学习与成长的促进，对工程实施绩效和管理水平的提升，对管理系统适应性的影响。

⑤ 项目组合方案实施的总体风险程度。

⑥ 其他，如对企业社会责任的影响等。

5）项目组合管理对工程管理设计有影响的成果有：

① 项目组合结构。将实现不同战略目标、不同地域、不同领域、不同特性（如工艺、实施时间、所需资源、依赖关系等）的项目、项目群进行组合，分别形成重大项目、项目群、多项目组等，并确定各个项目的资金分配额。

② 项目优先级。即对单个项目、项目群、成组项目等进行排序，以确定哪些项目先做、哪些后做，哪些作为重点项目（群）需要在资源方面予以特殊保证等。

（2）在可行性研究阶段，对拟建项目进行投资估算后需要确定建设、运营该项目所需全部资金的筹措方案，并将这个方案纳入企业的投资项目组合中进行优化。

2. 融资方案的设计

（1）项目所需资金的筹措方式

项目所需资金的筹措方式有公司融资与项目融资两类。

1）公司融资（Corporate Finance），是以项目发起人本身的资信能力安排融资。外部资金拥有者主要以公司整体的资产负债、利润及现金流量状况作为投资或提供贷款的依据，而对具体项目的考虑是次要的。

2）项目融资（Project Financing），是为一个特定项目所安排的融资，贷款人在最初考虑安排贷款时，以该项目的现金流量和收益作为偿还贷款的资金来源，以该项目资产抵押作为贷款的安全保障。新建项目筹资较多采用项目融资方式。

两种融资模式的对比见表 6-3。

公司融资与项目融资的对比　　表 6-3

	公司融资	项目融资
贷款对象	项目发起人	项目公司
追索性质	完全追索	无追索权或有限追索权
还款来源	项目发起人所有资产及其收益	项目投产后的收益及项目本身的资产
担保结构	单一担保结构	担保结构复杂
融资成本	低	高

（2）融资方案设计的内容

项目融资模式下的融资方案是在项目财务分析、环境和经济分析、风险分析等的基础上，确定项目的融资方式、资金结构、投资结构和资信结构四个方面的内容（图 6-6）。

1）常用的融资模式包括：投资者直接融资、通过项目公司融资、以“产品支付”为基础的项目融资、利用“设施使用协议”融资、杠杆租赁、BOT/BOOT/BLT 方式等。

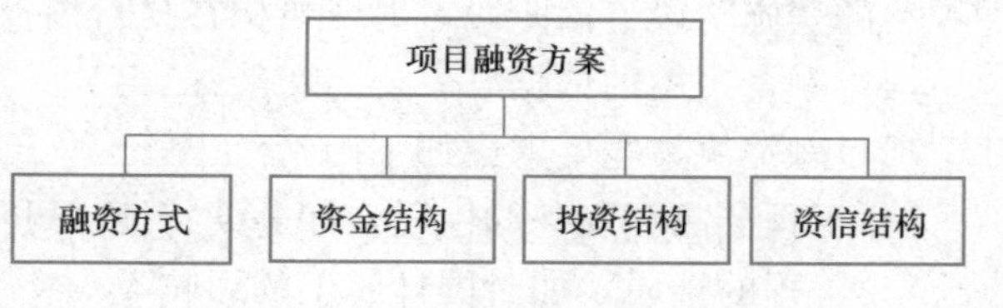

图 6-6　项目融资方案构成

2）投资结构，是项目的投资者对项目资产与权益的法律拥有形式，也就是项目资产的所有权结构。它决定了项目投资者之间的法律合作关系。投资结构包括选择项目的管理主体、投资主体和融资主体，可以是三位一体，也可以各自独立设置。

3）资金结构，有时也被称为资本结构或融资结构，指的是项目所有资金的构成成分，即股本资金、次级债务资金和高级债务资金之间的比例关系及相应的来源。

4）资信结构，即信用担保结构，指的是债权受偿保障结构，是在某种融资模式下，以法律的、合同的和其他机制为债权人提供的权利和保护。

其中，选择融资模式对实现投资人在融资方面的目标和要求最为关键。

（3）项目融资过程

项目融资一般要经过以下五个阶段（图6-7）：

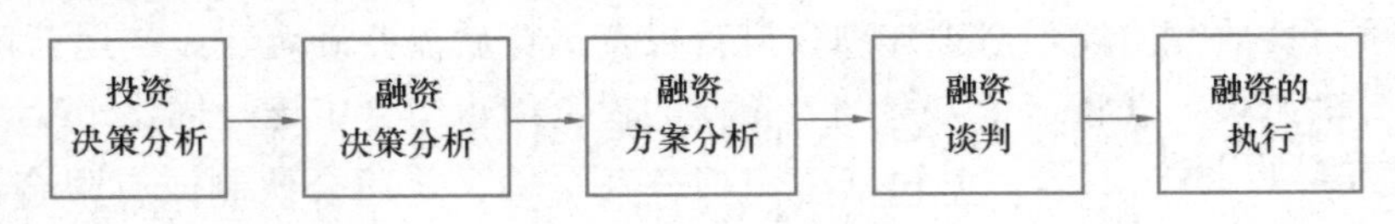

图6-7 项目融资过程

1）投资决策分析。通过对宏观经济形势的判断和项目可行性研究作出项目投资决策，这阶段将初步确定项目合作伙伴及项目的投资结构（项目的产权形式、产品分配形式、决策程序、债务责任、现金流量控制、税务结构和会计处理等）。

2）融资决策分析。在确定对项目进行投资后，就需要根据投资者对债务责任的分担要求，贷款资金数量、时间、融资费用以及债务会计处理等方面的要求，通过成本与效益的比较研究决定是否采用项目融资方式。在选择了项目融资方式后，进一步明确融资的任务和具体目标，选择融资顾问。

3）融资方案分析。该阶段以对项目的风险分析和评估为基础，设计出符合项目要求的多个融资方案，并进行选择。融资方案设计主要是确定项目的资金结构，以及对项目的投资结构进行修正与调整。

4）融资谈判。该阶段投资人将与融资机构对融资方案开展多轮谈判，最后选定一个既能在最大限度上保护项目投资人的利益，又能为贷款银行所接受的融资方案。

这个阶段包括选择银行、发出项目融资建议书、组织贷款银团、起草融资法律文件、融资谈判等活动。

这一阶段会经过多次反复，在与银行的谈判中，不仅会对有关法律文件做出修改，也会涉及资金结构的调整，甚至会对项目的投资结构及相应的法律文件再做调整，以满足贷款银团的要求。

5）融资的执行。在正式签署项目融资的法律文件之后，项目融资就进入执行阶段，即项目的实施阶段。该阶段，融资机构在执行投资计划的同时要参与项目的监控与管理。

（4）融资决策的依据

项目融资决策主要考虑如下因素：

1）工程产品和服务的性质，如公共特性、可经营性。

2）工程的性质，如对国计民生的影响。

3）工程项目发起人可用的资金及项目资金需求的规模和时间。

4）高层战略，如投资者对其资产的拥有形式、对项目及项目产品控制程度的要求。

5）法律、法规、政策的规定，如国家对投资开放的领域或限制发展的领域有不同的资本结构要求。

6）会计和税务，如投资者在项目中所承担的债务责任和所涉及的税务结构等。

7）资金风险、资金成本、收益、最终利益分配量等。

3. 项目融资模式下工程投资结构的基本形式

（1）工程投资结构的概念

工程投资结构，是指参与项目公司各方的资产所有权结构。这个结构决定了项目公司的形态，以及投资者对工程资产的拥有方式。工程投资结构的主要模式有独资与合资两种。

1）独资。“投资者”只有一个主体，如政府独资或私人独资。

2）合资。两个以上的企业通过合资合同的形式共同出资建设项目，共同经营和管理，双方共担风险、共享收益。它通常包括公司型合资结构、普通合伙制或有限合伙制结构、非公司型合资结构等。

该项目可以为非法人形式，也可以专门成立一个独立于出资企业的、具有法人地位的公司来建设和经营该项目。

设计投资结构时需要考虑的因素包括项目的产权归属、产品分配形式、项目决策程序、债务责任、现金流量、税务结构和会计处理等。

（2）常见的工程投资结构的基本形式

1）公司型投资结构

① 运作方式

采用这种投资结构，项目公司是根据《中华人民共和国公司法》（以下简称《公司法》）成立的与其投资者完全分离的独立法律实体。作为一个独立的法人，公司拥有一切项目资产和处置资产的权利。在该投资结构形式下，由合作各方共同组成有限责任公司，共同经营、共负盈亏、共担风险，并按照股份份额分配利润。常见的公司型投资结构形式，如图 6-8 所示。

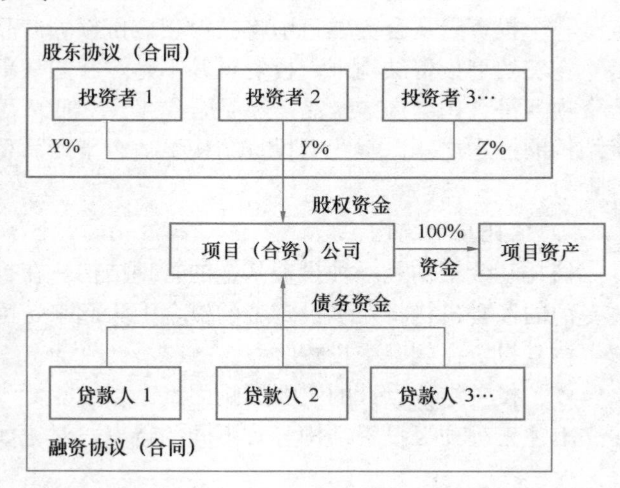

图 6-8　公司型投资结构形式

根据我国《公司法》，它的主要形式分为有限责任公司和股份有限公司。这两类公司均为法人，投资者共同经营、共负盈亏、共担风险，按股份份额分配控制权和利润，承担有限责任。但是股份有限公司出资必须是货币，而项目融资中可以以技术、厂房、土地、原料等入股，而不是一定以货币形式出资。因此，新设项目公司以有限责任公司为多。

② 结构特点

公司型投资结构的优点是，非公司负债性融资安排，公司股东承担有限责任，投资转让比较容易，融资安排比较灵活，易于项目的管理和协调；其缺点是，不利于对项目现金流量的直接控制和财务处理，税收的优惠较少。

2）合伙制投资结构

这种投资结构通常是两个或两个以上合伙人之间以获取利润为目的，共同从事某项投资活动而建立起来的一种法律关系。合伙制投资结构不是一个独立的法人实体，没有法定的形式，一般不需要在政府注册。它有两种基本形式：

①普通合伙制投资结构。采用这种投资结构，所有合伙人对于合伙制结构的经营、债务，以及其他经济责任和民事责任均负连带的无限责任。

②有限合伙制投资结构。这是在普通合伙制基础上发展起来的一种合伙制形式。合伙人至少包括一个普通合伙人和一个有限合伙人。其中，普通合伙人负责合伙制项目的组织、经营和管理，并承担对合伙制债务的无限责任；有限合伙人提供一定的资金，但不能参与项目的日常经营管理，只承担与其投资比例对应的有限责任。

3）契约型投资结构

契约型投资结构也被称为非公司型投资结构或合作式投资结构。项目发起人为实现共同目的，通过合作经营协议结合在一起，形成契约合作关系。这是一种大量使用并被广泛接受的投资结构。它的特点有：

①在合作企业合同中约定投资或合作条件、收益或产品分配、风险和亏损的分担、经营管理的方式和合作企业终止时财产的归属等事项。

②与合伙制投资结构不同，契约型投资结构不是以“获得利润”为目的。合资协议规定每一个投资者从合资项目中将获得相应份额的产品。

③契约型投资结构中，投资者并不是“共同从事”一项商业活动。从税务角度，一个合资项目是合作生产“产品”还是合作生产“收入”，是区分非公司型投资结构与其他投资结构的标志之一。契约型投资结构更适合于产品可分割的项目，如石油化工、矿产开发等项目。

4）信托基金结构

信托基金结构是一种投资基金的管理结构，在投资方式中属于间接投资形式。它是通过专门的经营机构将众多投资者的资金汇集起来，由专业投资人士集中进行投资管理，投资者按其投资比例享受投资收益。

（3）投资结构设计的主要影响因素

上述工程项目投资结构各有不同的特点，对比如下（表6-4）：

工程项目投资结构特点比较 **表6-4**

特点/名称	责任/股份有限公司	普通/有限合伙制	契约型组织	信托机构
法律地位	独立法人	不具法人资格	不具法人资格	与受托人法律地位相同
资产拥有	投资人间接拥有	合伙人直接拥有	参与人直接拥有	转移给受托人
责任主体	公司法人	合伙人	参与人	委托人和受托人
责任范围	有限	无限（有限）	有限	委托范围内
资金控制	由公司控制	由合伙人共同控制	由参与人控制	由受托人控制
税务处理	限制在公司内部	与合伙人收入合并	与参与人收入合并	限制在信托机构内部
投资转让	可以转让	加入或退出	加入或退出	不存在转让

项目投资结构设计时需考虑的影响因素很多。通常投资者首先要考虑的是，最大限度

地实现企业（高层）的战略和投资目标，以及投资者对工程的拥有形式。此外，还要考虑如下因素：

1）风险程度，项目债务与投资者母公司的隔离程度。

2）补充资本投入（融资或再融资）的灵活性，以及增资扩股、投资转让的灵活性。

3）税务优惠的利用程度。如利用不同投资者的信誉等级能吸引优惠的贷款条件。在国际工程中，通过合理的投资结构能充分利用各合资方国内的有关优惠政策。

4）有效控制，如对工程决策权的影响、对项目现金流的控制、对工程产品的控制程度等。如契约型投资结构，项目的现金流量由投资者直接掌握；公司型投资结构，由项目公司控制项目的现金流量，按照公司董事会或管理委员会的决定对其进行分配。

5）不同背景的投资者之间优势互补，如可以利用不同投资者的信誉提高效益等。

6）投资者的财务处理方式，以及财务资料的公开披露程度和财务报表的合并。

7）产品分配形式和利润提取的难易程度。

8）融资的便利程度，如以项目公司为主体安排融资比较容易，合伙制及契约型投资结构资产由多个投资者分别直接拥有，可以分别享受项目的税务优惠和其他优惠条件。

9）资产转让的灵活性。为减少贷款的违约风险，贷款银行需要投资人提供抵押的资产，或权益可以较方便地转让。这与投资结构也密切关联。

4. 资金结构设计

（1）资金结构设计的概念

1）项目的资金来源有两个方面：

① 股本资金（或称权益资本、股权资金），是指项目投资主体（项目发起人和其他投资人）投入项目的资本金，用作工程初始阶段所需资金的一部分。

② 债务资金，包括项目发起人和其他参与人的次级债务资金和来自银行及金融机构的高级债务资金。

项目的资金结构设计包括构成项目的各种资金的结构比例，即债务资金与股本资金的结构比例（简称债股比）、资金的期限结构、资金的货币结构，以及债务资金的利率结构。

2）资金结构设计的任务是，确定项目的股本资金、准股本资金和债务资金的形式、来源及其结构比例。

对于债务资金，通常还要确定其币制、筹集时间，以及还款的计划安排等，以确定符合技术、经济和法律要求的融资计划或投资计划。

3）资金结构设计的目标是，以合理的比例组合形成有利的资金结构，从而获得较低的筹资成本和较强的信用担保。

（2）筹集资金的渠道

现在筹集资金的渠道很多，从资金市场角度可分为短期资金市场和长期资金市场，项目建设筹资的主要渠道在长期资金市场，包括发行风险投资股票和债券、世界银行贷款、亚洲开发银行贷款、国内外商业银行贷款、外国政府各种形式的信贷、国内各种形式的基金、融资租赁等（图 6-9）。

如果建筑承包商欲参与投资，可采用 PPP 模式。

（3）筹资来源组合选择

各种筹资来源都有它的特殊性，有不同的项目借贷条件和使用条件（可获得性），不

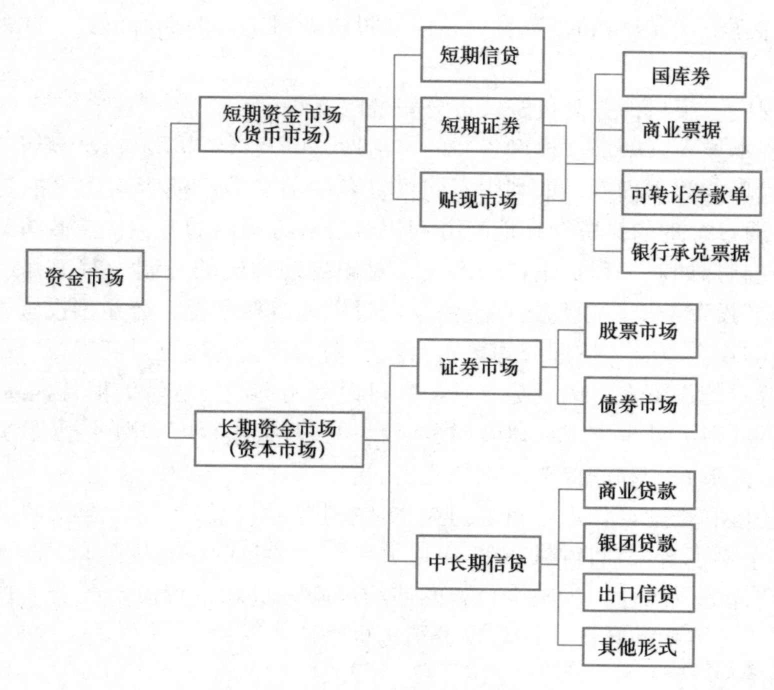

图6-9 资金市场的组成

同的资金成本，投资者（借贷者）有不同的权力和利益，有不同的宽限期，最终有不同的风险。

不同渠道筹集资金发生的综合资金成本，是用来选择资金来源、评价投资项目和衡量企业经营成果的一项财务指标。

$$K_{\mathrm{w}} = \sum_{j=1}^{n} K_j W_j \tag{6-1}$$

式中 K_{w}——综合资金成本；

K_j——第 j 种筹资方式的个别资金成本；

W_j——第 j 种筹资方式的个别资金资本占全部资本的比例（权数）。

在项目融资中，往往综合采用不同期限结构、不同利率结构、不同货币结构的混合资金结构，从而起到降低项目融资成本、减少项目风险的作用。

【案例6-1】“北京兴延高速公路”项目资金结构设计的过程和方法

北京兴延高速公路位于京藏高速公路以西，呈南北走向，南起西北六环路双横立交，北至京藏高速营城子立交收费站以北，路线全长约42.2km，途径昌平、延庆两个区。该项目是服务于2019年延庆世界园艺博览会及申办2022年冬季奥运会的市中心与会场的重要快速联络通道。

项目于2015年10月1日发起，计划2018年12月建成通车，预计总投资约136亿元，预估施工总工期约39个月。

2015年9月，国务院发布《关于调整和完善固定资产项目资本金制度的通知》（国发〔2015〕51号），规定公路项目的最低资本金为20%。由于该项目工期紧张，需要通过稳定资金来源来保证项目按预定工期完成，建设方把项目资本金比例提高到总投资的51%，其余的49%通过银行贷款解决。资金构成详见表6-5。

北京兴延高速公路资金构成表

表6-5

序号	股东名称	资本性质	出资额（万元）	股权比例
资本金：				
1	北京首都公路发展集团有限公司	政府	327400.00	49.00%
2	中国铁建投资集团有限公司	社会资本	339436.80	50.80%
3	中铁十二局集团有限公司	社会资本	681.60	0.10%
4	中铁十四局集团有限公司	社会资本	681.60	0.10%
5	资本金总额		668200.00	51.02%
债务资金：				
6	银行借贷		641400.00	48.98%

政府方的投资不分红亦不承担亏损，社会资本的合理利润率按经营性收费公路收益率中位数计8.26%，银行借贷利率按2015年基准利率5.9%来计算，可得综合资金成本为：

$$K_w = 51\% \times 51\% \times 8.26\% + 49\% \times 5.9\% = 5.04\%$$

如果依据2017年后PPP项目新规，股债比设为常用的2∶8，股东收益率按上市公司公路PPP项目数据设为6.25%，银行借贷利率按2016年后基准利率4.9%来计算，可得综合资金成本为：

$$K_w = 20\% \times 51\% \times 6.25\% + 80\% \times 4.9\% = 4.56\%$$

由此可见，在资金结构设计中不同的来源与比例、不同的组合设定都会影响项目的综合资金成本，对项目实施中的资金投入与产出产生很大影响。

最终，该项目总投资130.96亿元，实际于2019年1月1日建成通车。

5. PPP项目融资模式的设计

在未来相当长的时期内，我国政府将继续有序推广政府和社会资本合作（PPP）模式，发挥政府资金引导带动作用，吸引社会资本参与市政、交通、生态环境、社会事业等领域工程建设。PPP仍然会是我国基础设施和公用事业工程建设项目的重要融资模式之一。

（1）应用PPP的条件

PPP模式主要应用在基础设施领域和公共项目范畴。由于这些项目提供公共产品和服务，需要更大的公平性、公开性，政府需要进行PPP项目的物有所值（VFM）评价、地方政府财政承受能力评估，严格审核项目的实施方案。这当中涉及诸多法律规范，过程严密，条件苛刻，论证充分，前期时间长，考量了各方（政府部门、社会资本方、公众/用户）的理性思维。

（2）需要解决的问题和难题

1）PPP合同特许期长，可变性大，设计存在如下困难：

① 合同范围包括联营体、融资、建设（设计—施工—供应总承包）、运行、产权转让等各个方面。

② 招标、投标、评标、定标中都有诸多不确定因素，需要针对每个项目特征进行分析和协调。

③ 在招标文件中对建设与运营期的一些项目需求和目标还不能有准确而清晰的界定，市场需求变化也很难预测，在评标时很难给出统一的评标尺度等。

2）需要均衡性。PPP 项目是三方（政府部门、社会资本方、公众/用户）合作，同时又是博弈的过程。要发挥 PPP 模式的优势，就需要政府与社会资本方在平等互利的基础上进行讨论，保证利益相关方之间的均衡性，而其中重要的是保证维护用户（公众）的利益。一方面，政府和出资者必须在实质性平等的基础上签订合同，鼓励社会资本方通过有效管理获取应得的利益。另一方面，政府部门必须站在公共利益立场上，监督项目公司为公众提供高质有效的产品或服务，这些产品或服务的价格必须是合理的，使出资者获得合理利润而不是暴利。因此，政府对项目公司必须有持续的、实质性的绩效考核与规制。

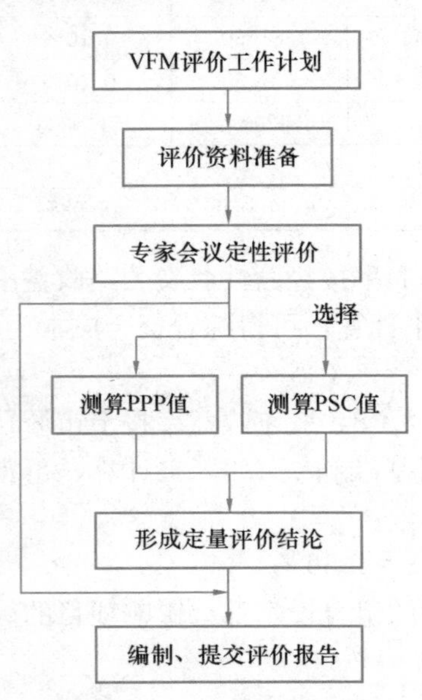

图 6-10 VFM 评价工作流程

（3）PPP 项目的几个主要变量

进行 PPP 项目设计的主要变量有项目总投资、运行成本、产品或服务价格设定、各方的投资回报率、特许经营期、产量、税收优惠政策、特殊的政策影响（如法定节假日高速不收费）等。它们之间存在复杂的关系，任何一个变量的调整都会引起其他变量的变化，会对各方面的利益产生影响，最终不仅会影响 PPP 项目的顺利实施，甚至会产生很大的社会影响。

（4）PPP 项目的 VFM 评价流程

对采用 PPP 模式的项目，政府部门需要遵循真实、客观、谨慎、公开的原则进行物有所值（VFM）评价，其评价工作流程如图 6-10 所示。

其中，PPP 值是指项目全寿命期内政府方净成本的现值；PSC（Public Sector Comparator）值是指公共部门比较值。根据财政部（财金〔2015〕167 号）文件指南：

$$\text{PSC 值}=\text{初始 PSC 值}+\text{竞争性中立调整值}+\text{项目全部风险成本} \tag{6-2}$$

其中，初始 PSC 值为参照项目的建设和运营维护净成本。

通过 PPP 值与 PSC 值的比较，判断 PPP 项目能否降低项目全寿命期成本，以此作为 PPP 项目决策的依据。

6.5 项目评价体系设计

在可行性研究的基础上，对工程的经济效益、环境效益和社会效益作出分析，进行技术评价、经济评价、财务评价、国民经济评价、生态环境影响评价、社会影响评价等，作为决策的依据。

在这个过程中，需要进行评价体系设计，包括评价指标的设置、评价方法的选择、分值（或标准要求）的设定等。对不同的方案测算指标值，以评价指标的符合程度，并提交评价报告。

1. 评价指标的设置

(1) 技术评价指标。评价工程技术（工艺、施工技术、运行维护技术）的可实现性。

(2) 经济评价指标。评价工程经济上的盈利性和可行性。评价指标有内部收益率(*EIRR*)、经济效益净现值（*ENPV*）、经济效益费用比（*EBCR*）、经济投资回收期(*ETRC*) 等。经济评价期设定一般为基年（为开工前一年）、建设期、投产后 10 年、20 年等。

(3) 财务评价指标。评价内容包括资金来源的可靠性，投资回收期、财务内部收益率、财务净现值、资产回报率（*ROA*）和净资产收益率（*ROE*）等。

(4) 国民经济评价指标。评价内容包括工程对国民经济的作用和贡献；工程促进整个产业的进步，或实现相应产业的经济效果和盈利性，或推动区域产业结构的升级换代；工程促进资源的合理配置，促进产业集成；工程带动其他产业的发展。国民经济评价通常按运行 20 年的实现效益计算。

(5) 社会影响评价指标。其体现工程的社会价值，评价对周边地区居民收入、生活水平和质量、居民就业、不同群体（特别是弱势群体、被征地拆迁群体）利益、文化、教育、卫生、基础设施、社会服务容量、城市化进程、民族风俗习惯和宗教、社会稳定风险等方面的影响。

(6) 生态环境影响评价。评价工程对环境（包括水环境、大气环境、声环境等）、生态、土地、资源等的影响及保护状况。在工程施工阶段、运行阶段和退役时对生态环境的影响不能超过其承受能力，使有限资源得到最优利用。

有时需要进行一些专题研究和评价，如防洪影响、地震安全性、生物多样性保护、节能性（包括资源节约及综合应用、节能效果、环境和生态影响评价、碳排放）、社会稳定性等评价。

2. 评价方法的选择

通常采用多指标的综合评价方法。

3. 分值的设定

(1) 对技术创新工程、高科技工程，需要通过技术形成竞争力优势，因此技术指标占据主导地位。但工程实施本身通常采用先进同时又是成熟的技术。

(2) 工程提供的是面向市场的竞争性产品，应按照市场经济要求决策，追求经济指标最优和利益的最大化。

(3) 对于许多公共工程，特别是标志性工程，技术以及艺术性、安全性、可靠性为主要指标，而经济指标常常不是决策的主导指标。

(4) 对于大型公共基础设施工程，国民经济评价指标是首要的决策影响因素。

(5) 随着公共意识的增强，社会群体对工程项目的接受度和认可度也成为决定项目能否立项的依据。

(6) 工程的环境影响评价指标涉及面较广，如生物多样性保护、污染物排放、地质稳定性等。它常常是强制性指标，即如果不满足要求，则“一票否决”。

评价指标是项目“合格”的基本标杆，但“合格”指标是比较低的。对于重大的工程项目，有些评价指标需要进行专题研究。

6.6 工程总目标系统设计

1. 设计过程

工程总目标的形成是一个迭代的过程，不断清晰，隐含在工程项目前期策划过程中（图6-11）。工程项目前期策划工作就是围绕工程总目标进行的。

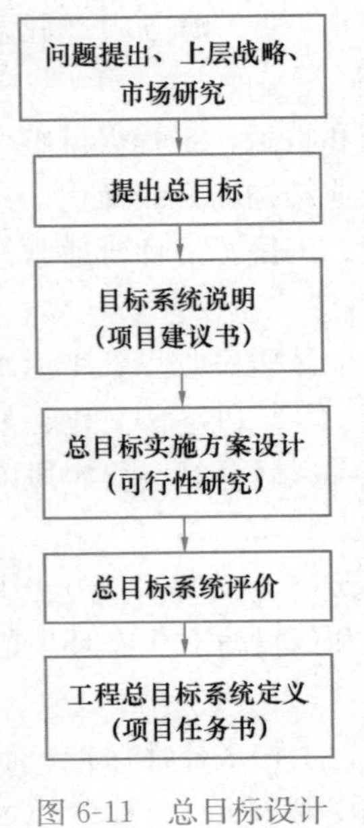

图6-11 总目标设计过程

（1）经过前期的一般机会研究和特定项目机会研究，提出工程项目的总方案构想，并通过项目建议书描述期望达到的工程总目标和系统目标。工程总目标一般由上层提出，通常是概念性的。

（2）可行性研究既是工程总目标的论证过程，又是对系统目标（功能、工期、造价、环境等）的落实和细化过程，最后还需要确定很多子目标。

（3）可行性研究经过评价和批准，建设项目立项，这意味着工程总目标系统被定义了。更为细化的可执行目标需要在工程的设计和计划过程中落实和细化。

将工程总目标分解落实到工程的各个阶段，形成各个阶段的目标和各方面人员的责任。

2. 目标系统的构建

按照目标因素的性质可对其进行分类、归纳、排序和结构化，并对它们的指标进行分析、对比、评价，构成一个具有完备性和协调性的目标系统。通常工程的总目标系统分为四个层次（图6-12）：

（1）工程总目标。工程总目标是由高层（企业、政府）设定的，对一些重大的工程项目，通常都是从企业的发展战略、中长期经营计划，或者从国家、地方或国民经济部门的发展战略角度出发提出来的，是比较宏观的、概念性的。工程总目标通常在工程早期（可行性研究之前）就提出，作为可行性研究的依据。如港珠澳大桥的总目标是，“世界级跨海通道，为用户提供优质服务，成为地标性建筑”；沪宁高速公路的总目标是，“国内领先水平的，能展现沿线现代化风貌的标志性高速公路工程”。

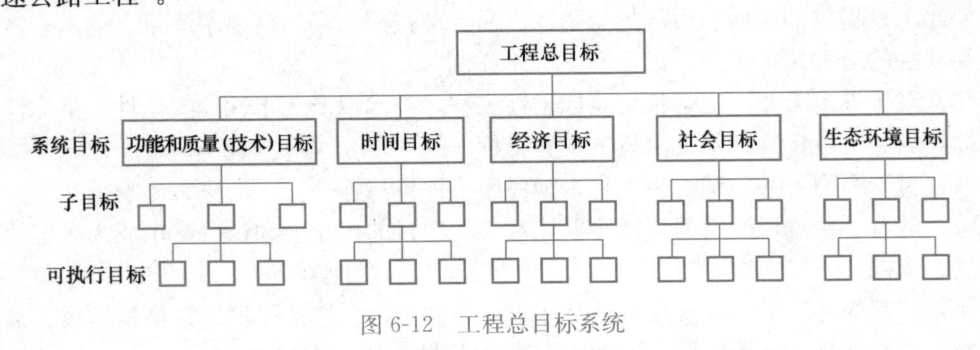

图6-12 工程总目标系统

总目标在可行性研究以及工程建设过程中具有统领性，各种实施方案都是围绕总目标的实现构想的。

(2) 系统目标。系统目标是由项目的上层系统决定的，对整个工程项目具有普遍的适用性和影响。系统目标通常可以分为：

1) 功能和质量（技术）目标，即项目建成后所达到的总体功能。功能目标可能是多样性的，例如通过一个高速公路建设项目使某地段的交通量达到日通行 4 万辆，设计时速 120km。

质量目标最重要的是工程的设计寿命和所采用的技术标准。如港珠澳大桥的质量目标是：设计使用寿命 120 年，高水平的维护和保养，独特的历史、文化、美学价值。

技术标准，即对工程总体技术标准的要求或限定，例如该高速公路符合中国公路建设标准，按照这个标准确定行车道数，整个服务功能、安全功能、交通管理功能等。

2) 时间目标，包括短期（建设期、总工期、试运行期、运营期等）、中期（产品寿命期、投资回收期）、长期（设计寿命）目标。

3) 经济目标，主要为项目的投资规模、投资结构、运行成本，项目投产后的产值目标、利润目标、税收和投资收益率等。

4) 社会目标，如对国家或地区发展的贡献、国民经济的产出效益、国际影响、对其他产业（如制造业、旅游业、餐饮业）的影响、劳动就业人数、职业健康保护程度、相关方满意程度等。

5) 生态环境目标，如抗震设防烈度、环保绿化、环境目标、生态多样性保护、对污染（如噪声、废气、废水等）的治理程度等。

(3) 子目标。系统目标需要由子目标来支持。子目标通常由系统目标导出或分解得到，或是自我成立的目标因素，或是对系统目标的补充，或是边界条件对系统目标的约束。例如，生态环境目标可以分解为废水、废气、废渣的排放标准，绿化标准，生态保护标准等；再如三峡工程的功能目标可以分解为防洪、发电、水运等子目标。

(4) 可执行目标。子目标可再分解为可执行目标以及更细的目标因素。例如，为达到废水排放标准所应具备的废水处理装置规模、标准、处理过程、技术等均属于可执行目标。这些目标因素决定了工程的详细构成，常与工程的技术设计或实施方案相联系。

3. 目标因素的来源或依据

工程目标系统的各因素是在可行性研究和项目评价的基础上，对提出的工程实施方案、上层系统（企业）和其他相关者的要求、环境的制约、法律的要求等做出选择，由此形成定义。

(1) 功能和技术要求

1) 功能（生产能力）目标通常来源于问题的定义（解决问题的程度）、市场调研、上层系统战略目标和计划分解。它是在市场调查和分析的基础上，进行产品市场定位，对市场方案的决策确定其指标设置。

在确定工程的功能目标时，经常还会出现预测的市场需求与经济生产规模相矛盾：对一般的工业生产项目，只有达到一定的生产规模才会有较高的经济效益；但按照市场预测，可能在一定时期内，产品的市场容量较小。

对一个有发展前景同时又是风险型的工程，特别是对投资回收期较长的项目，最好分阶段实施。分期建设一般考虑产品市场、资金、工程本身的系统性等战略性因素较多。例如，一期先建设一个较小规模的工程，然后通过二期、三期追加投资扩大生产规模。对近期目标进行详细设计、研究，远期目标则通过战略计划（长期计划）来安排。所以，我国许多高速公路在运行一个阶段后就需要扩建。许多化工厂建设也分为一期、二期、三期工程。

对分阶段实施的工程项目，在项目前期就应有一个总体的目标系统的设计，考虑工程扩建、改建及自动化的可能性，注重工程的可扩展性设计，使长期目标与近期目标协调一致。

2）质量目标和技术标准。由工程产品（服务）的市场定位、国家的技术标准决定。

（2）时间目标

涉及时间的目标因素通常由市场调研、产品定位、工程建设计划等因素决定，分为三个层次：

1）通常工程的设计是针对工程的使用期，即工程的设计寿命。

2）在市场研究的基础上提出的产品方案有其寿命期。一般在工程建成投产后一段时间，由于产品过时，或有新技术和新工艺，必须进行工程的更新改造，或采用新的产品方案。由于市场竞争激烈，科学技术进步，现在产品方案的周期越来越短，一般为5～10年，甚至更短。

3）工程建设期，即项目前期准备工作就绪到工程建成投产的时间，这是工程的近期时间目标。

4）其他因素，如投资回收期、BOT项目的特许经营期等。

（3）经济目标

经济目标来源于投资者要求、企业要求、工程功能（工程范围）、质量目标和技术要求、环境条件和法律规定等。如工程造价是由工程规模、功能、质量标准等决定的。

在企业投资项目中，投资收益率是决定性指标，它的确定通常考虑如下因素：

1）资金成本。即投入该项目的资金筹集费用和资金占用费用。

2）项目所处的领域和部门。在社会经济系统中，不同的部门有不同的投资收益率水平，例如电子、化工部门与建筑部门相比投资收益率差别很大。人们可以在该部门社会平均投资利润率的基础上进行调整。当然一个部门中不同的专业方向投资收益率水平也有差异，如建筑业中装饰工程项目比土建工程项目利润率高。

根据《投资项目可行性研究指南》的相关规定，如果有行业发布的本行业基准收益率，即以其作为项目的基准收益率；如果没有行业规定，则由项目评价人员设定。基准收益率较多采用加权平均资金成本计算确定，公式为：

$$WACC = K_E \times \omega_E + K_D \times \omega_D \tag{6-3}$$

式中 K_E——资本金资金成本；

ω_E——资本金占全部资金比例；

K_D——债务资金成本；

ω_D——债务资金占全部资金比例。

计算得到$WACC$后再与机会成本比较，最终取其中的较大值：

$$i_c = \mathrm{Max}\{WACC，机会成本\} \tag{6-4}$$

3）在项目实施后，其产品在生产、销售中风险的大小。一般风险大的项目期望投资收益率应高，风险小的项目可以低一些。一般以国债或银行定期存款利率作为无风险的收益率，以此参照判断。

4）通货膨胀的影响。为了获得项目的实际收益，确定的投资收益率一般不低于通货膨胀率与期望的（即假如无通货膨胀的情况下）投资收益率之和。

5）对于合资项目，投资收益率的确定必须考虑各投资者期望的投资收益率。

6）其他因素。如投资额的大小、建设期和回收期的长短、项目对全局（如企业经营战略、企业形象）的影响等。

在目标设计中，必须采用全寿命期评价理论和方法，不仅要关注工程的收益、贡献和对经济的拉动，而且要关注工程的代价，不能仅做乐观的打算。

（4）社会目标

社会目标的内容很多，确定方法也各不相同。具体包括：

1）用户满意程度，工程项目相关者（如投资者、项目周边组织）的要求等可以通过问卷调查获得；

2）增加就业人数，可以由建设和运行过程中劳动力和管理人员的安排估算确定；

3）职业健康保护、事故的防止和工程安全性等要求可以参照行业标准；

4）对企业或当地其他产业部门的连带影响、对国民经济和地方发展的贡献等指标，要在国家或行业平均水平的基础上，确定本项目所要达到的新的水平。

（5）环境目标

如生态环境保护，对烟尘、废气、热量、噪声、污水排放的要求；节约能源程度或资源的循环利用水平等。

它们由环境条件和法律限制形成目标因素，有些指标有法律规定的最低标准值，其确定要按照相关施工、产品生产等技术方案、技术水平、环境工程的投资等因素综合考虑（图 6-13）。

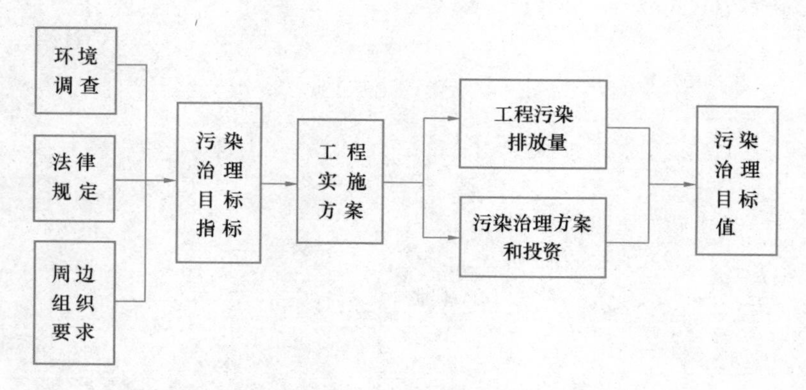

图 6-13　工程污染治理目标相关因素的逻辑关系

复习思考题

1. 简述可行性研究在工程全寿命期中的作用与意义。
2. 进行不同工程（工业、房地产、公共工程）可行性研究过程的差异性分析。
3. 简述在工程前期策划中，企业战略管理、经营管理、资产管理、项目组合、项目管理的关系。

4. 简述市场研究的主要内容（以房地产开发项目为例）。
5. 简述工程项目前期策划中现金流测算的方法与作用。
6. 简要分析资金筹措方案设计的关键要素。
7. 简述工程立项的评价体系与目标系统的关系。

7

工程建设项目规划

【内容提要】

本章主要介绍工程建设项目规划工作，包括如下内容：

（1）工程建设项目规划的任务、作用、体系、工作内容和流程。

（2）工程系统规划，包括规划过程、功能需求分析、工程设计准则。

（3）工程建设项目实施规划，涉及建设目标、实施方案、总进度计划、投资计划、总体实施策略、合同体系和招标文件策划等。

（4）工程建设项目管理规划，包括工程项目管理组织、各职能管理计划等。

7.1 概述

7.1.1 工程建设项目规划的任务和作用

工程建设项目立项后，业主必须按照可行性研究，根据选址与基地条件、社会与环境条件以及对类似项目案例的调查分析结果，对工程建设活动全过程进行全面的安排，并编制相应的规划文件。

它是对工程系统、建设项目实施过程和管理工作作出安排。其基本目标是，按照建设任务书（或批准的可行性研究报告）的要求将工程建成，并顺利投入运行，保证工程总目标的实现。它的作用主要有：

（1）作为工程设计的依据。

（2）对建设工程项目实施过程作出全面安排，作为编制实施计划、招标投标和实施控制的依据。

（3）对建设项目管理作出系统规划。

工程建设项目规划是从业主的角度出发，在不同领域有不同的用语，如建设项目总体规划、工程建设项目实施规划、房地产全程策划等。它的主要对象是工程的建设过程，确定如何建设和实施工程项目。

工程建设项目规划是一个持续的工作过程，在前期策划阶段就会涉及，在项目立项后到施工开始前会做得全面且详细，有一些规划工作还会持续到施工过程中。

与工程建设项目规划范围和过程相似的还有 EPC 总承包、PPP 项目、全过程咨询项目实施计划的编制等。

7.1.2 工程建设项目规划的内容

工程建设项目规划主要包括如下几方面（图 7-1）：

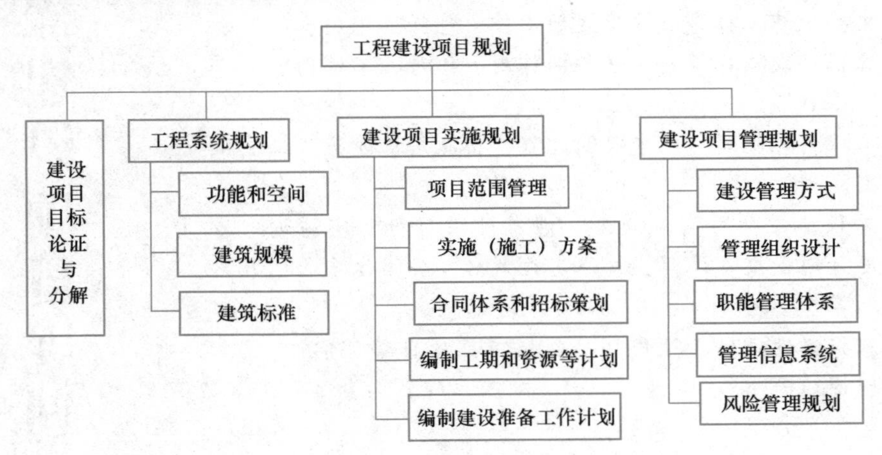

图 7-1 工程建设项目规划的内容

（1）建设项目目标论证与分解。按照可行性研究报告或项目任务书，将工程项目总目标分解到建设阶段，构建建设项目目标系统，并对建设项目目标进行论证。

（2）工程系统规划。工程系统规划主要针对拟建工程系统的功能和空间、规模、标准、工况、设备选型等方面，输出的成果是设计任务书，作为工程各专业技术设计的依据。

（3）建设项目实施规划。建设项目实施规划主要针对工程的建设过程和活动作统筹安排，包括确定建设项目范围、制定实施（施工）方案、工程招标投标和组织策划、编制工期计划和资源计划、编制建设准备工作（如场地、各种审批、许可等）计划等。业主方的建设项目实施规划是针对整个工程项目和项目实施全过程的，强调全局性和总控性。这方面更为细致的规划属于施工单位的任务。

（4）建设项目管理规划。建设项目管理规划主要是对建设项目管理体系和管理过程的设计。从业主的角度，明确建设项目控制目标、管理组织分工、职责与协作，理顺指令和协调关系；制定投资与合同管理、进度管理、采购管理、安全质量管理、信息文档管理等各项工作制度。建设项目管理规划是项目管理知识在工程中最全面和最系统的应用。工程建设项目规划的过程是研究的过程、创新的过程，贯穿于整个设计和计划阶段。

7.1.3 工程建设项目规划的工作过程

工程建设项目规划工作内容之间存在复杂的关系，它们在整体上服从工程建设项目规划总体过程（图 7-2）。

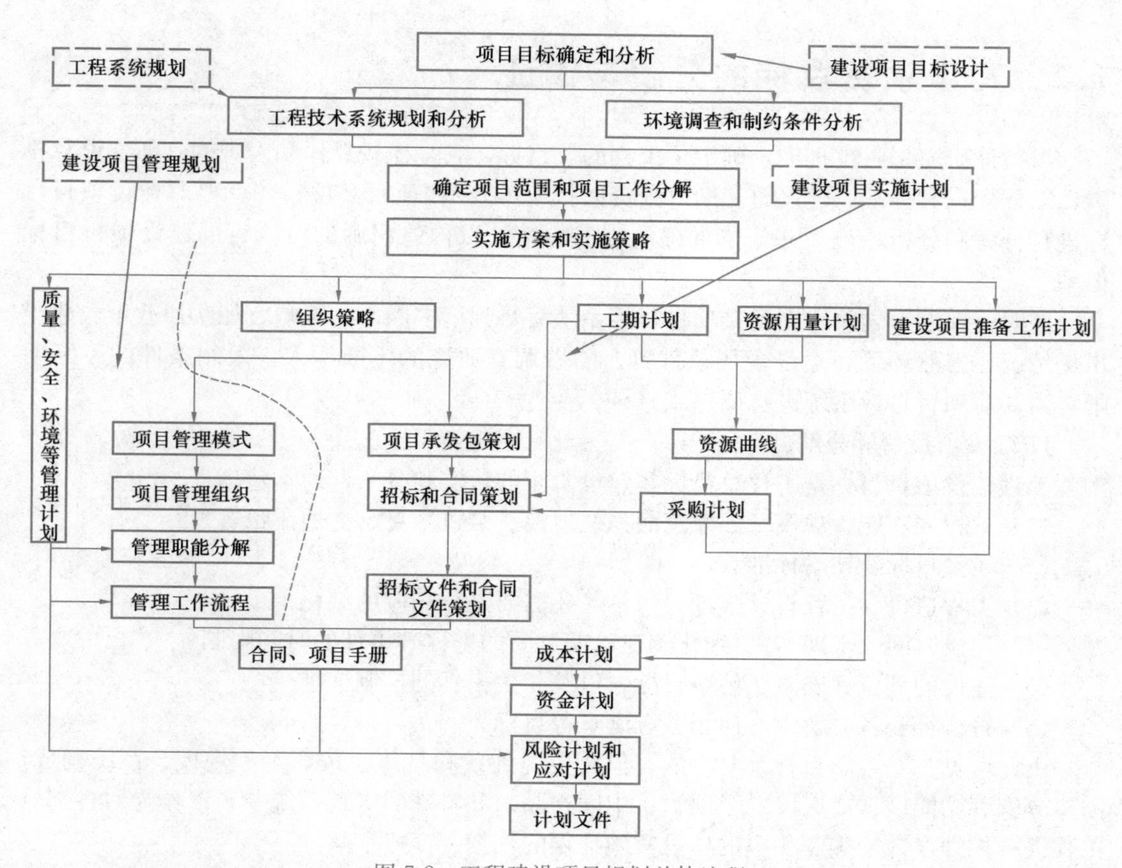

图 7-2　工程建设项目规划总体流程

7.1.4　工程建设项目规划的依据和成果

1. 规划的依据

（1）工程的可行性研究报告或工程项目任务书。

（2）相关法律法规，国家、行业的技术规范和管理标准等。如工程的规划、设计、施工、质量验收标准、运营维护标准等。

（3）投资企业的工程管理标准，如国家电网工程管理标准体系（见第 10 章）。

（4）在前期规划阶段获得的各种专题研究报告和资料。如市场研究报告、选址研究报告、环境研究报告等。

（5）各种环境调查资料和同类工程资料等。

2. 规划的成果

工程建设项目规划的成果通常包括：

（1）工程设计任务书。

（2）建设工程实施计划及相关文件，包括工程招标文件和合同文件等。

（3）建设项目管理规划、项目手册等文件。

（4）本项目的专题研究成果报告、项目的科研创新管理成果和专用技术标准体系等。

7.2 建设项目目标的分解与论证

可行性研究报告被批准，确定了工程的总目标，它是比较总体和宏观的（如建设总投资、工程规模和标准、建设总工期、投资回报率等）。在项目立项后，就要对建设项目目标进行分解和分析论证，并作出准确清晰的界定，以构建明确的可执行的建设项目目标体系。

同时，前期策划阶段在定义项目目标系统时受到诸多因素的影响，如法律政策、建设市场情况、自然环境和建设现场条件等。随着调查研究的不断深入、限制条件的不断明晰，需要对项目目标系统进行调整或修订。

1. 建设项目目标分解

工程建设项目目标是工程总目标在建设阶段的落实和分解，通常包括：

（1）工程的功能、规模（如建筑面积、规模、装机容量、交通流量等）。

（2）质量目标及技术标准。

（3）工程造价、工程设计限额等目标，还需要进行相应的细化。

（4）建设时间（工期），要细化到建设期重要的里程碑事件的时间限制。

（5）建设的环境、安全、健康目标，以及相关指标的控制标准。

（6）符合社会各方要求，使相关方满意等目标。

由此可见，它与总目标是对应的，但要更为细致和具体。按照工程规模、系统构成，需要分解到功能区（或区段、子项目、中间产品）和特殊的工程系统上，以作为对各部分工程进行规划设计、编制相应的建设实施计划的依据。

2. 建设项目目标论证和分解要求

要设立科学和理性的工程建设目标，需要有科学和理性的思维。

（1）全面贯彻工程总目标。要有工程全寿命期的理念，不仅要关注建设期的责任，还要关注对工程运维和退役的影响。

（2）多元目标之间的平衡性。不能过于强调某一方面而忽视其他方面，最重要的是三大目标的平衡。

1）工程规模和质量与工程投资之间的辩证统一。通常工程规模越大、质量要求越高，工程投资就越多。如果工程设计寿命长，质量目标要求高，技术标准高，对工程材料和设备质量要求高，工程投资自然增加。过于追求“少花钱多办事”，势必会影响工程设计标准和质量目标。

2）应综合考虑工程规模、复杂程度和技术难度、不确定性、使用寿命、工期定额等因素设置科学的建设期限，包括设计前准备时间、设计的时间、施工准备时间（含招标、征地等建设条件落实的时间）和施工时间的指标。对于工期紧张、投入使用期限要求高、技术新颖、施工难度大且具有不确定性的工程项目，如上海世博会、港珠澳大桥等，没有现成的工期定额可用，只能在技术、设备等详细调研的基础上进行施工技术创新，依靠专家经验和判断进行确定。

3）科学平衡安全、成本和效益的约束，合理确定投资规模、投资重点、投资分摊比例。如水利枢纽工程一般具有防洪、发电、通航、供水、灌溉等功能，而不同功能之间往往是有冲突的，比如防洪、发电功能指标之间是此消彼长的。在一定的设计标准下，防洪库容的增加必然会减少发电效益，因此必须在安全、效益和成本之间综合考量，合理确定不同功能标准、规模及其投资分摊比例。

（3）满足工程利益相关者各方面的要求。在工程寿命期中，工程建设阶段会占用大量的资金、社会资源，有大量的拆迁、资源（材料、能源）消耗和污染排放，对经济、社会和环境产生的不利影响最大，目标设置要尽可能考虑各利益相关方的要求，趋利避害，实现和谐共存。

（4）要遵循工程自身的客观规律，按照科学的建设程序执行。根据工程范围（工程系统、实施过程）及其特殊性、环境条件和现有的资源约束等合理确定建设目标。

例如，某高校新校区建设，红线范围 3700 亩，新校区规划总建筑面积 1074500m^2。学校领导确立工程建筑设计的总体目标是：该校区必须“20 年不落后，50 年耐看”。但在设立具体工程建设工期目标时，又要求“必须在 2 年 3 个月内建成”，在 20××年 8 月底必须让学生进校，不允许推迟。

这体现了目标系统存在的矛盾性，建设期时间目标否定（或架空）了工程总目标。在如此短的时间内，不可能对工程进行科学的规划、精细的设计和施工，很难建成优质的、经得住历史推敲的工程，结果工程总目标就会落空。

7.3 工程系统规划

7.3.1 概述

工程系统规划是一个相对的概念。广义地说，项目建议书、可行性研究报告、项目任务书，以及工程规划文件都有工程系统规划的成果。它们是一个前后相继，不断细化和完善的过程。最重要和最具体的是工程建设项目立项后，按照工程建设任务书对工程系统进行的规划，它是工程目标系统与工程设计之间联系的桥梁。

按照工程任务书和总目标的要求确定工程系统范围，进行工程系统结构（EBS）分析和功能区的空间布置，确定工程技术系统设计的准则。

1. 工程系统规划的内容

从总体上要确定工程系统的功能、系统范围、技术系统构成和各工程技术系统的说明。如对建筑工程，通常涉及：

（1）建筑功能：总体功能，内部各单项工程的构成、各自的功能和相互关系，工程内部系统与外部系统的协调和配套、空间策划。

（2）建筑规模：建筑面积、各部分生产能力（或接待能力、年处理量、服务能力）等。

（3）建筑标准：技术标准，质量标准，安全、卫生和环境标准，实验、检验和评定标准等。

工程系统规划交付成果为设计任务书（或设计导则，或工程系统范围说明书），具体包括功能需求分析表、工程技术设计准则等。在工程总承包合同中，其作为“业主要求”文件的主要组成部分。

2. 工程系统规划的依据

(1) 工程系统规划是“需求导向型”的，其基于项目的定位需求以及业主对工程使用和运营功能的需求。这是总体规划工作最为重要的依据。

(2) 工程利益相关者的要求。

(3) 法律法规要求，如法律规定的环境保护标准、一些工程规划标准（如学校功能需求标准指标）等。

(4) 投资限额以及工程产品的成本限制等。

(5) 环境条件，自然条件、宗教信仰、文化习俗（包括建筑文化艺术）等环境条件都对工程系统有重要影响。如由于所处地区炎热、干燥，中国铁建沙特麦加轻轨项目对空调系统的降温要求就要高于国内的亚热带地区。

7.3.2 工程系统规划过程

功能规划和设计是工程的顶层设计，贯穿工程规划设计、施工到运维的各个方面。通常工程系统规划的工作内容和过程如图7-3所示。

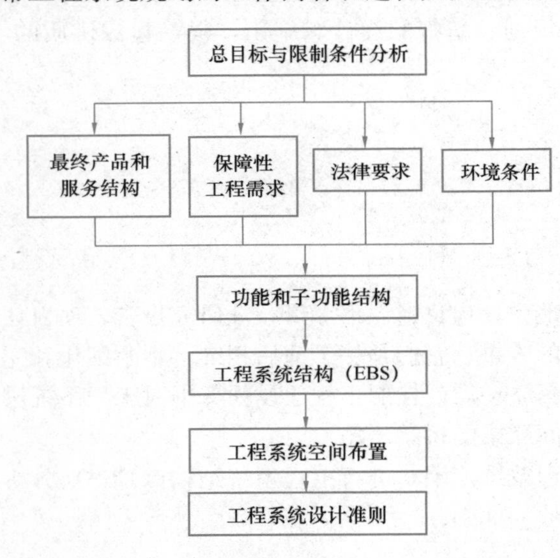

图7-3 工程系统规划的工作内容和过程

(1) 工程总目标、环境条件和制约条件分析。按照前面图1-10工程管理设计的系统逻辑过程，工程技术系统是由目标和环境决定的。

1) 全面分析研究工程总目标，包括项目建议书、可行性研究报告、项目立项批准文件（或任务书）等。

2) 工程环境调查与限制条件分析，包括：

① 环境调查资料，如法律规定，政府或行业颁布的与本项目有关的各种设计和施工技术标准，现场条件，周边组织的要求等。

② 工程的其他限制条件和制约因素分析，如项目的总计划、上层组织对项目的要求、实施总策略、项目实施的约束条件和假设条件（如预算的限制、资源供应的限制、时间约束）等。

对一些有重大影响的公共工程，会有一些特殊的限制条件，如建筑风格要求，在节能减排、绿色设计、绿色建造、绿色运维等方面的要求，以及示范性应用现代新科技、新材料、新设备和信息（智能化）技术等方面的要求。

(2) 按照工程总目标、市场定位和用户要求界定工程最终产品的用途、范围或服务的要求。

1) 工程建成后基本的运行功能。如地铁项目的最终功能是对乘客提供运载服务，汽车制造厂是每年生产一定数量和一定标准的小汽车，而高速公路是对一定量的汽车提供通行和各种服务的功能。

企业应对这些产品或服务结构和要求进行详细定义，包括项目最终产品或最终服务的性质、质量、数量，它们对工程系统构成具有规定性。

2）有些功能（子功能）并不是项目最终产品或服务所必需的，而是由产品使用、工程建设和运行等限制条件决定的，通常包括如下因素：

① 工程实施和运行所必需的保障性工程系统。它附着在产品生产基本功能上，常常与当地的交通、能源、水电、通信等方面的供应条件有关。如果周边保障性条件好，则工程自身所需要的保障性系统就少。

② 法律要求，如按照《中华人民共和国环境保护法》，要配套建设污水、垃圾处理设施，采用防噪声装置。

③ 环境要求，包括工程相关者的要求，如工程中针对原居民的拆迁和安置工程；对周边建筑物的防护工程；特殊环境条件下对工程的保护设施等。

(3) 确定工程系统的功能和子功能结构，列出功能分析表，定义各子系统、各部分的功能，由此可以确定工程系统的要求（范围、规范、质量标准）。

不同规模和性质的工程，以及不同的工程文件对功能的要求说明各不相同。如建设项目任务书、工程规划文件中都有对工程功能的说明。最具体的功能说明通常采用图表的形式，如建筑工程功能说明（表 7-1）。

建筑工程功能说明表　　表 7-1

项目编号		建筑物编号		功能编号	
总功能要求：			能源供应要求：		
工作岗位数、职员：			电器要求：		
办公设施：			通信：		
其他设施：			供热、空调要求：		
			照明要求：		
结构要求：			给水排水要求：		
基本面积、层次、层高：			消防要求：		
荷载：			隔热保温要求：		
其他要求：			其他要求：		

(4) 确定工程系统结构和系统的平面、空间布置。功能是通过工程技术系统的运行实现的，工程系统应保证功能的完备性，包括实现所有功能和子功能，并保证提供满足工程系统安全、稳定、高效率运行所必需的硬件（如结构工程、设备、各种设施）和软件（如信息系统、控制系统、运行程序或服务）。对工程系统范围、功能区结构和它们的空间布置进行描述，对各个单体建筑进行布局，并通过工程规划图、功能分析表以及工程技术经济指标说明。

对工程系统进行分解就可以得到工程系统分解结构（EBS）图或表。

(5) 确定工程系统设计准则，作为设计管理、设计成果评价的依据。对工程系统的详细描述是工程设计的任务。工程系统的专业技术设计不仅要提供可行的技术实现方案，还要能实现工程在投资、安全、质量、管理等方面的要求。工程系统设计准则是对工程系统的具体要求，是由工程的目的、使命、准则、总目标引导出来的，又要反映工程的特殊性。不同的工程要突出不同的设计准则，通常包括如下内容：

1）功能的可靠性和安全性设计，即工程系统要实现预定的功能要求，保证能够安全地运行，系统具有高的可靠性和稳定性，能最佳地实现功能目标。

2）耐久性设计，即工程系统要符合设计寿命的要求。

3）工程系统之间的协调性和适应性设计，即专业工程系统的功能能相互协同、寿命能相匹配，不出现部分工程系统的功能、使用寿命等方面的冗余。

4）可施工性，即工程设计应简洁，方便施工，易于获得资源，减少施工过程中的设计变更，有利于施工过程中的质量、安全、进度和风险控制。这需要施工方面对工程设计的提前介入。

① 设计要为施工、运行维护提供方便，有助于设计、施工和运行维护的一体化。

② 尽可能缩短和减少现场作业时间和作业量。

③ 标准化，从构件设计到生产过程，从管理过程到最终产品，均全面贯彻标准化，有利于实施现场施工管理，保证工程质量。

④ 尽量采用工厂制造、现场装配，大幅减少现场作业量。这有利于最大限度地保障施工安全、质量和最终交付成果的质量。

⑤ 在设计中充分利用信息化技术，促进施工过程的数字化。

5）环境友好型设计，即工程应与生态环境协调，这方面有非常丰富的内容。工程设计方案应充分考虑当地的规划、环境、水文、地质等条件，按照环保部门的要求，能源消耗和资源消耗应尽量减少，有利于生物多样性保护等。如水利工程建设要与环保、水利、航运等相协调，使各方面需求平衡。采用可回收性设计，即方便工程拆除，方便工程拆除后再建新的工程，能够使工程废弃物得到回收，再循环利用。

6）可维护性设计，即使工程的运行维护简单、方便和低成本。

7）可扩展性设计，即为将来工程规模的扩建、工程功能（用途）的改变、技术的更新改造留有余地。如国家电网工程中，发电厂常常要扩建，变电站“小改大”是常态；又如奥运场馆水立方原设计用于2008年奥运会水上项目比赛，经过更新改造后成为能够进行冰上项目比赛的场馆，用于2022年冬季奥运会。

8）人性化设计，即为工程使用者和工程运维操作人员提供优质的产品或服务，保证安全性、舒适性，使用方便。对一些特殊的工程，如医院、养老院等，人性化设计是重点。现在已经进入老龄化社会，对一般公共建筑的人性化要求也更高。

9）防灾减灾设计，即工程系统要有抵抗灾害的能力，使受灾后不仅损失小，而且能方便地维修恢复。

10）经济性设计，即通过设计方案的优化，不仅降低建设费用和投资，还要考虑工程全寿命期费用优化，降低工程产品或服务的价格，以及工程实施过程中的社会成本。

上述设计准则是所有工程技术专业共同的命题，必须体现在工程的整个功能设计和具体的各个工程技术子系统的设计中。在此基础上，进一步研究各个子系统实现工程设计要求的技术手段及措施。它的实现需要各个工程专业的技术创新和集成创新。

在每个工程管理中，对不同的专业工程系统，上述要求有不同的侧重点，由此形成对各专业工程设计的制约。例如医院工程系统策划，最重要的是“以人为本”“以病人为中心”，要具体体现在医院的布局、流程、环境，直到病房内部装饰的各个细节中。设计前要征求病人、媒体、消防、官员、市民等的意见。

7.4 工程建设项目实施规划

7.4.1 概述

1. 工程建设项目实施规划的内容

这是从业主的角度对工程建设活动作总体和全面的安排，它的深度和广度与所采用的工程承发包方式相关，通常主要包括：

（1）建设项目目标的分析和确定（质量、时间、投资、HSE）。

（2）建设项目工作范围和结构分解。

（3）建设实施准备工作计划，包括征地拆迁、三通一平等工作计划。

（4）建设实施（施工）方案。

（5）实施时间、投资和资源策划。对项目各项建设活动实施总进度、分年（季、月）度投资，对工程建设所需资源（如材料、设备、资金、场地）进行统筹安排。

（6）工程招标和合同策划。落实工程活动（设计、施工、资源供应、咨询服务等）的承担者。

（7）建设项目组织设计。

（8）建设项目管理规划。它在性质上属于建设项目实施规划的一部分，但又作为工程管理设计的重点内容，在7.5节中进行重点讨论。

2. 工程建设项目实施规划的依据

工程建设项目实施规划的依据主要包括：

（1）工程项目前期策划文件、工程建设项目任务书。

（2）工程建设项目目标，以及上层系统对工程的要求。

（3）适用的相关法律法规和标准（包括国家、行业、企业的工程管理标准）。

（4）工程的实施条件和特殊性。工程的实施条件包括工程项目资源和条件、环境、建设市场主体及其技术和融资能力、信用等方面的情况。

项目实施规划要依据工程的特殊性编制，作为相关内容设计的基础，并在规划文件中要不厌其烦地论述工程的特殊性。这些对工程实施计划的各方面都会产生重大影响。

（5）类似工程建设项目经验资料，特别是已完成同类工程的数据。

7.4.2 建设项目范围管理和分解结构

建设项目范围管理是建设项目目标与工程实施和管理流程之间的桥梁。

1. 范围管理和分解结构的作用

从业主的角度进行工程项目分解，它是为业主的工程建设管理工作服务的，最主要的作用是：

（1）进行招标和合同体系策划，由此构建工程建设的组织架构，落实组织责任。

（2）制订实施计划，特别是编制控制性进度计划（如设定工程实施里程碑事件的时间节点）。

（3）投资目标分解，进行限额设计，以及确定签订采购和工程承包合同的目标价。

2. 分解方式和详细程度的影响因素

（1）业主所采用的工程建设的实施方式，特别是发包方式和项目管理方式。如采用EPC总承包模式，通常不需要分解得很细。

（2）项目分期建设计划。一般要根据产品市场开发情况、建设资金的投入、工程本身的系统性（如功能区划分、专业特征）等因素确定是否分期建设。

（3）法律法规的要求。

（4）其他，如项目的类型、工程实施单位（设计单位、承包商）的能力、利益相关者的要求和环境条件等。

3. 分解过程

建设项目范围管理和工作分解过程如图7-4所示。

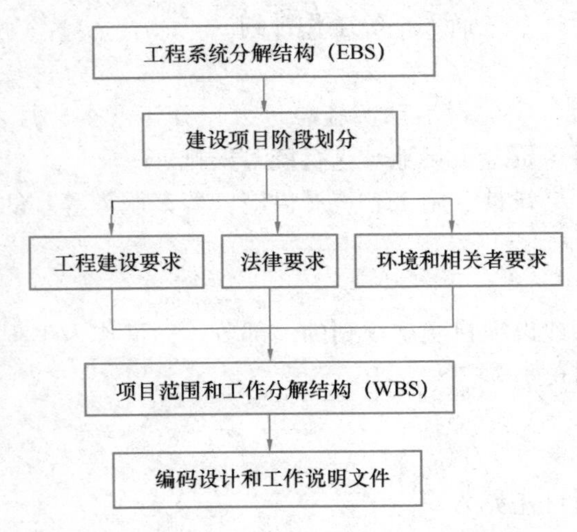

图7-4 建设项目范围管理和工作分解过程

从总体上说，包括对整个工程系统（对象系统）和行为系统的分析，需要综合运用EBS和WBS方法。这在许多“工程项目管理”课程中都会有介绍。

（1）对大型及特大型工程，在工程系统规划的基础上，按照工程的总体建设布局，将其划分为几个大的区段。如上海世博会建设项目的一级分解，将整个工程分为许多场馆等建筑，构成项目群。

（2）根据建设任务划分项目阶段，通常分为设计和计划阶段、施工阶段、竣工阶段、保修（或运维）阶段。

（3）对每个阶段划定项目工作范围，列出工程系统经过各阶段形成的工作目录（WBS）。建设阶段的工作通常包括专业性的设计和施工工作、供应工作、咨询性（项目管理）工作、事务性工作等。

在此基础上，进一步进行项目编码体系设计、工作（子项目、工作包）说明文件的编制等工作。

7.4.3 工程总体实施策略和实施技术方案设计

从业主的角度制定项目总体实施策略和实施技术方案。

（1）确定项目实施总的指导思想和策略。

1）按照总目标的优先级确定工程建设总的指导思想。

2）工程建设的实施方式。如业主准备面对承包商的数量、所采用的工程承发包模式、材料和设备的采购和供应方式等。

在我国，对一些必须招标的重大工程项目，有些重要设备、主要材料须由业主供应，或为保证质量，业主必须有较强的控制力。

3）项目管理策略，如业主对建设项目的控制程度、准备采用的管理模式等。

（2）工程主要实施步骤和区段（单项工程）建设次序安排。这需要综合考虑建设条件、运营需求、项目的资金安排、管理的便捷性、技术的依赖性和一致性，以及其他系统要求等因素，并进行优化调整。

（3）完成工程建设任务的主要方法。其包括对工程质量有重要影响的或有特殊要求的分部分项工程的施工工艺、施工设备、模板方案、运输方案、吊装方案等。对采用新技术或关键技术、新工艺、新材料的工程要进行专门的分析论证。

如青藏铁路建设中，对高严寒地区进行冻土开挖、支护，以及由于受到冻融影响，基础工程的施工工艺、设备方案等需要在建设策划阶段进行专门的研究论证，不仅作为工程技术设计的依据，而且会影响建设时间和次序的安排。

又如三峡工程中，为满足施工进度要求，坝体混凝土工程施工强度要求非常高，按照当时常规的混凝土制备、运输和浇筑方案根本无法满足要求，必须采用新技术、新工艺和新设备，这需要事先进行专题研究或专项设计。

对于城市轨道交通工程建设项目，需要对各车站和区间段的施工总体方案作出安排，如采用明挖法、盖挖法（还分盖挖顺作法、盖挖逆作法、盖挖半逆作法等）、暗挖法（又分浅埋暗挖法、盾构法），在一些特殊的岩石地质和环境条件下还可能有爆破法等。

这些要求常常会在业主的招标文件中提出，而施工部署和施工方法更为细致的策划属于施工单位的任务，包含在施工组织设计中。

7.4.4 总进度及相关计划的编制

在建设项目的时间管理方面，业主主要关注项目总进度目标和控制性进度计划的分析论证，它是业主在建设期执行各种计划（如招标计划、资金计划、运行准备工作计划等）的基础。

总进度计划是对建设实施流程的总体安排，要覆盖项目全过程，包括勘察设计、招标、现场准备、施工、竣工交付，主要关注控制性里程碑事件的时间节点和关键线路。一般建筑工程控制性节点主要为开始拆迁、开工、基础完成、主体结构封顶、竣工验收（投产）等事件。对于综合性利用水利枢纽工程，控制性节点主要为导流、施工期拦洪度汛、封孔蓄水和首台机组发电等事件。

更为细致和翔实的项目实施规划、施工方案、工期和资源供应计划等，由承包商负责编制。

总进度及相关计划的内容和编制过程如图 7-5 所示。

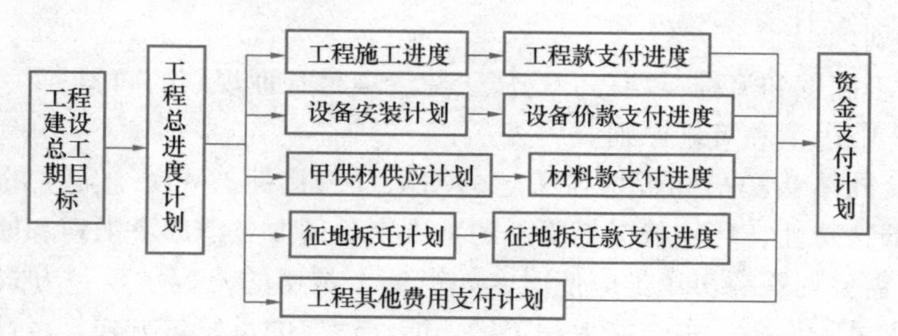

图 7-5 总进度及相关计划的内容和编制过程

（1）对工程建设总工期目标（工程交付运行的时间）进行分解，安排工程总进度计划，以及分期建设计划。

分期建设计划有时要考虑工程功能之间的关系。例如一个工厂建设项目有五个独立的分厂（或单项工程），是按次序施工，还是实行平行施工，还是采取分段流水施工，要考虑它们的功能关系，保证尽快形成生产能力，投入运行。

（2）对建设项目总体流程和主要工程施工过程作出安排。

（3）制定甲供材和设备安装计划，使用总量计划和资源曲线、工程采购（招标）安排。

（4）征地拆迁计划。根据总进度计划、征地拆迁工程量、征地拆迁难易程度等对拆迁等现场工作作出安排。

（5）其他费用计划。

（6）资金支付计划。其就是指在工程建设阶段的现金流。

在工程项目上的资金支出与工程建设进度计划并不同步，有些支出是超前的，有些是滞后的。例如预先采购材料、预付设备价款，也可能对承包商和供应商在工程结束后再付款。

总进度计划的安排要立足现实，统筹兼顾现在和未来发展，远近结合、分步实施、适度超前、滚动调整，不能急于求成。

7.4.5 工程项目合同体系和招标策划

1. 概述

（1）建设工程合同体系和招标策划的主体是业主，目的是通过资源的合理配置，实现上层组织策略、项目总目标，保证工程实施计划的顺利进行。它本身不具有目的性，不是为了招标而招标，或仅仅是为了通过规定的法律程序而招标。

工程项目合同体系和招标策划的主要内容包括：

1）建设市场调研，包括承担工程设计、施工、咨询服务、货物供应等市场主体的数量、分布、能力和资信情况等。对于复杂工程，可能还需进行国际市场调研。

2）工程项目招标范围和内容策划，必须按照法律法规确定招标范围。

3）根据工程承发包模式的选择和标段划分，进行项目合同体系的策划。

4）工程招标工作计划，即对由业主负责的勘察设计、施工、咨询、材料设备等的招标采购活动作出具体安排。

5）招标方式选择和招标文件策划。

6）合同策划。

7）招标管理制度和流程策划等。这属于建设项目管理规划的内容。

（2）主要影响因素和策划原则。

建设项目合同体系和招标策划在考虑前述工程总目标、WBS、业主的实施策略、工程技术和经济的特殊性、环境状况等因素的基础上，还要考虑如下因素和原则：

1）工程所需要的资源市场供应情况。如市场上常用的工程承发包方式，拟选择的承包商的技术、人员、设备、资金能力和资信，能够适应的承发包方式，设计单位和供应商的能力，咨询单位的技术咨询和项目管理能力等。

2）业主的经验和能力。对缺乏项目管理经验和能力，或者人力资源配备不足的项目业主更倾向于采用大标段划分的方式。这需要与本工程的技术特性、规模、风险等相匹配，要有利于控制风险。

3）法律法规的具体规定，如招标投标的程序规定、投标企业的资质规定等。

工程承发包模式的选用要符合政府的政策导向，如政府投资项目鼓励运用代建制、工程总承包模式（EPC）和全过程咨询服务模式等。根据建设行业管理制度、承发包模式和管理模式的不同，勘察设计、施工和设备材料的招标可以整合为一个合同包进行发包，如设计施工总承包或 EPC 总承包，也可以进行平行发包。

如果要引进国外的技术、施工、设计、咨询，就涉及国际招标、国外企业的资质认可和准入等问题。按照国内的法律法规，国外的设计事务所、施工企业常常不具备相应的资质，无法直接承担相应的任务，常常需要采用中外联营体的形式。

如港珠澳大桥由三地共建、共管，对建设过程，特别是招标工作程序提出了很高且很特殊的要求。同时为了保证工程总目标的实现，需要整合国内外设计、施工、咨询等方面的优质资源，这会给工程招标带来许多法律上的问题。

4）有利于资源整合。如在工程总承包模式下，资源整合效应在理论上会更好。

5）有利于风险控制，有利于投资和质量的控制。

6）界面简单，能方便地进行专业协调和动态调整。

工程招标和合同策划必须从这些特殊性出发，进行许多专题研究和专项设计，最终做出周密的计划。

（3）招标策划工作流程。某大型工程项目招标和合同策划工作流程如图 7-6 所示。

这些知识应是“工程合同管理”课程教学的内容。

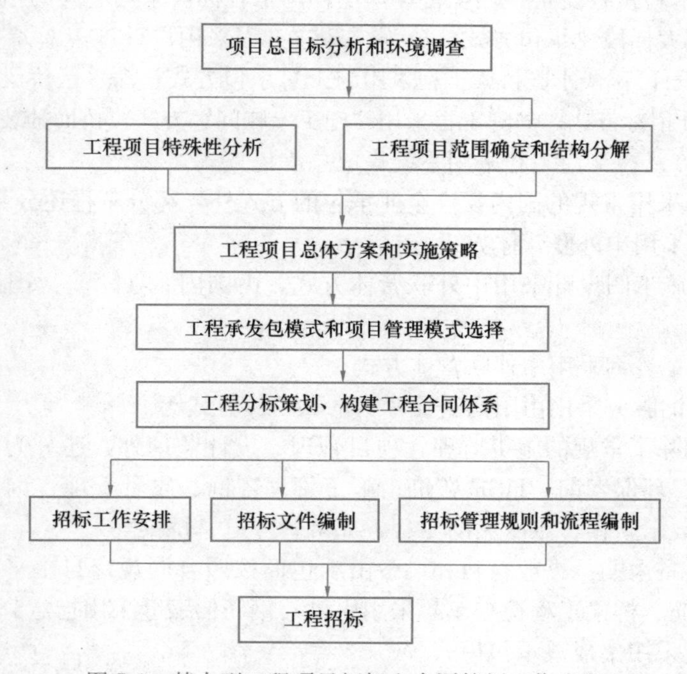

图 7-6　某大型工程项目招标和合同策划工作流程

2. 工程项目承发包模式选择和分标策划

工程项目招标通常分为施工类、咨询服务类（勘察设计、监理、科研等）和货物类（设备、材料）三大类，需要进行工程项目承发包模式选择和分标策划。它们的原理在“工程项目管理”和“工程合同管理”课程中都有介绍。在具体工程管理设计中要注意如下问题：

（1）工程承发包模式和管理模式的选择是业主（企业或投资者）高层决定的。要根据工程特点进行工程承发包方式策划，如快捷酒店的装饰工程就可以采用总承包，而五星级宾馆的装饰工程就可能分标很细，艺术设计、系统设计、卫生器具、装饰材料等都可能要分别招标。对于规模大、系统复杂的工程，需要就设计发包方式、材料设备招标采购方式、施工发包方式分别作出决策。

承发包模式还要与管理模式相匹配。一般而言，承发包模式的一体化程度越低，对业主方的管理力量和能力要求越高；承发包模式的一体化程度越高，对业主方管理力量或规模、管理能力的要求会低些。

（2）工程项目分标通常需要按照工程系统分解、空间布局、标段划分、建设过程（如期次）安排、市场主体能力和数量、建设工期要求、工程造价控制要求进行，最终委托工程建设实施任务，形成本工程的合同关系。这是很复杂、很具体的项目管理工作。

通常采用设计施工总承包模式，且大标段总承包，能最大限度地减少界面协调难度，保证设计与施工的有效配合和顺利衔接，优化施工工艺，从而最大限度地减小施工过程中的风险，发挥设计施工的资源组合优势；节约工期，保障总工期目标。

（3）对于复杂的大型工程，通常采用多种承发包模式和招标模式。如港珠澳大桥由于工程规模大、技术新颖且复杂、环境特殊，不同的工程标段采用不同的招标策略设计。

1）工程采用大标段总承包方式，分为：岛隧工程采用设计施工总承包方式（中外联营体，外方负责设计）；浅水区桥梁工程采用施工总承包方式；深水区桥梁段采用钢箱梁和下部结构标段分开招标方式；岛隧工程采用“施工＋顾问”方式；桥面铺装采用“施工＋境外顾问”总承包方式；交通工程采用系统集成总承包方式。

2）设计除了采用常规的国内设计企业承包的方式外，部分工程还分为：

① 初步设计采用中外联营体方式。

② 桥梁工程施工图设计采用中外联营体方式，由国内企业牵头，国外设计企业咨询复核。

③ 设计及施工咨询采用中外联营体方式。

④ 全过程咨询服务采用由国内企业牵头的联营体方式等。

3）工程咨询除了常规的施工监理、项目管理、设计监理外，还分为法律咨询、招标代理、造价咨询、环保咨询、HSE咨询、施工管理咨询、质量管理咨询，以及设计施工综合咨询（用于技术新颖、难度大的工程，如沉管隧道、桥梁等）。

4）材料和设备采购。一般材料和设备由承包商按照合同规定自主采购，重大材料和设备（如不锈钢筋、桥梁工程检查车）采用甲供；钢筋伸缩缝采用指定分包方式。

5）机电系统采用集成总承包模式。

6）运营管理采用技术咨询服务方式等。

3. 项目的招标和合同文件策划

(1) 招标工作安排

在工程建设项目实施规划中，招标工作安排为关键性工作，其重要性不言而喻。通过每一个项目的招标，可以使各工程项目任务（设计、施工、咨询、供应）和工程组织之间形成有效衔接。

招标策划需要对整个建设工程招标工作进行统筹安排，还要对各标段（合同）招标工作做独立设计。设计的主要依据是所采用的招标方式、标段划分、项目实施计划等。

整个建设项目的招标工作通常是按照主体工程的实施计划、分标策划等逆向安排的。如某桥梁工程建设项目，部分工程采用设计施工总承包，部分工程采用设计和施工平行发包，该工程的招标工作流程如图 7-7 所示。

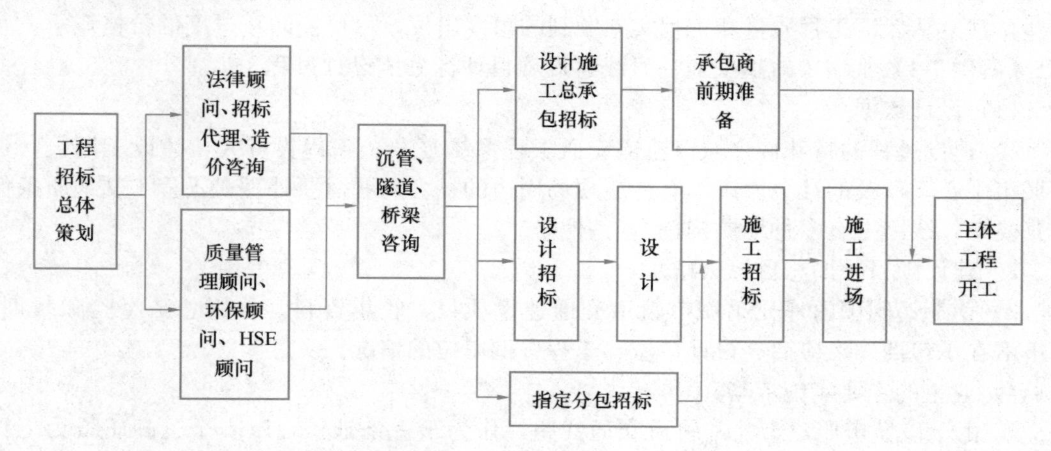

图 7-7 某桥梁工程建设项目招标工作流程图

在此网络计划分析中，需要采用限定结束时间的方法，即对结束事件“主体工程开工”按照工程总体实施计划（里程碑计划）限定最迟结束时间❶。

(2) 招标程序设计

工程招标必须严格执行法律规定的程序和具体要求，采用多重复核、审查、多层级监控体系。但又要防止行政监督环节及程序过多、过度标准化，成为一种形式主义的工作。这会背离招标的预期目标。

(3) 招标规则制定

按照《中华人民共和国招标投标法》和标准的招标文件，需要对招标过程和规则作出安排，编制招标公告和投标人须知，确定其中的一些重要规定。对招标程序设置、招标文件和合同文件的编制制定相应的策略。

1) 投标人资格条件设置。既要考虑具有一定的竞争性，又要考虑资信、能力与工程的匹配性，需要注意避免设置倾向性的资格条件。

2) 保证对招标投标过程的有效管控，有符合法律要求的标准化的程序和评标标准。我国的公共工程招标通常都要设置多重复审核查机制和多层级监控体系。

❶ 单代号搭接网络中限定结束时间的算法见《工程项目管理（第四版）》（成虎，中国建筑工业出版社）。

3）评标专家组的设定。评标专家组的组建程序、人数及其专业结构需满足法律规定。对一些特殊工程，经过主管（监管）部门的审批，评标专家组的组建可以稍有所不同。如港珠澳大桥工程项目由三地共管共建，考虑到“一国两制”的特殊国情，评标专家组中还考虑了三地政府人员参与。

4）评标规则的设计。招标文件中评标指标的分数设定是一个非常重要的问题，需要精细设计，并作详细说明。

评标指标通常分为技术、商务、报价和资信四个一级指标，每个一级指标又下设若干二级指标，应该有相应的资料和数据处理过程，最终才能得到各评标指标的权重。

对于简单工程，报价权重很高，甚至达到100%，即最低价中标法。对于技术复杂、质量要求高、安全风险大的工程往往侧重于技术方案和企业资质（能力），报价权重相对低些，甚至从保证工程质量和工程实施顺利的角度出发，尽可能防止过度的价格竞争。

【案例7-1】某城市轨道交通一号线建设项目评标分值设计过程

（1）设计依据

1）建设过程的特殊性。城市轨道交通工程系统复杂，工程投资大，建设工期长，贯穿城市中心，涉及的社会面广，有许多现场周边的社会问题需要处理；工程水文地质条件极其复杂，线路上有多种地质构造。（其他略）

2）建设项目预期总目标（略）。

3）前期访问国内外兄弟城市轨道交通建设项目，收集资料，分析总结经验和教训。了解潜在承包商、供应商、设计单位、工程咨询单位的情况。

4）业主的主要实施策略。

① 由于该城市要建十几条轨道交通线路，作为第一条地铁，以安全、高质量为工程首要目标，以合理的工期和造价完成工程。通过本工程为后续线路建设积累经验，制定标准文本和管理体系。

② 不仅要委托有同类工程经验的设计和施工企业，还要有经验丰富的项目经理和现场技术人员。

③ 针对不同的工程系统和不同的标段采用不同的发包方式。要通过承包合同，让承包商承担更多工程风险的同时，给予盈利机会，来最大限度调动承包商的积极性，避免在价格上过度的竞争。

④ 在我国，业主深层次介入工程管理是有利的，要加强业主对设备和大宗材料的控制，采用以业主供应（甲供）为主的方式。

⑤ 对项目管理工作，在保证业主对项目实施严密控制的前提下，以“小业主，大社会”为原则。项目管理工作分阶段委托给设计监理、施工监理、造价咨询等单位，同时加大业主对工程实施过程的控制权。（其他略）

（2）策划结果

与当时国内普遍采用的以报价竞争为主的评标方式不同，对工程总目标和实施策略（如不在价格上过度竞争，选择可靠的实施方案、有能力和有经验的企业和项目班子），以及招标标段的发包方式、工程特殊性等进行综合考虑，并进行评标指标和分值的设计。如盾构施工2标段采用“设计—施工”总承包模式，评标指标和分值如下：

1）技术标总分为60分，分值分布见表7-2。

某地铁工程盾构“设计—施工”投标文件技术标评分细目　　表 7-2

序号	名称	分值	内容（分指标）
1	设计方案	9	设计组织和计划安排、隧道和管片设计、设计分包资质和业绩
2	工程总体计划	4	工程范围（工作分解、时间安排、逻辑关系）、进度计划的合理性和可行性
3	施工设备	7.5	盾构机选型与设计方案、管模及其他设备
4	施工方案	18	工程现场熟悉与要点把握、施工准备、盾构机掘进、建（构）筑物与管线保护、施工测量与监测、管片生产方案、联络通道和泵房施工、洞门施工及端头加固方案、补充地质勘查、交通组织
5	施工现场	3.5	施工现场布置、环保与安全文明施工、质量保证措施、现场实验室
6	项目班子成员	7	项目经理与总工、技术人员与管理人员、熟练技术工人、人员计划、技术支持、分包商资质与能力
7	投标人资信	3.5	企业资历、信誉，类似工程经验
8	投标人答辩	6	
9	合理化建议	1.5	合理化建议、其他竞争措施及优惠条件
	合计	60	

2）经济标总分为 40 分。

4. 招标文件和合同文件设计

工程项目合同有许多类型，有工程承包合同、咨询服务合同、材料设备采购合同、投融资合同等。它们还可以细分，如工程承包合同还可以分为施工合同、设计施工承包合同、EPC 总承包合同等。

（1）对于一般工程和常规的工程实施方式（承包方式），可以选择标准合同条件（如 FIDIC 合同、我国的工程合同示范文本等），需要进行专用合同条件设计。

（2）对于特殊的工程，如业主有特殊要求或采用特殊的发包和招标策略的情况，及合同关系复杂和实施过程特殊的工程（如港珠澳大桥建设项目），需要进行专门的招标文件和合同条件设计。合同条件设计过程如图 7-8 所示。

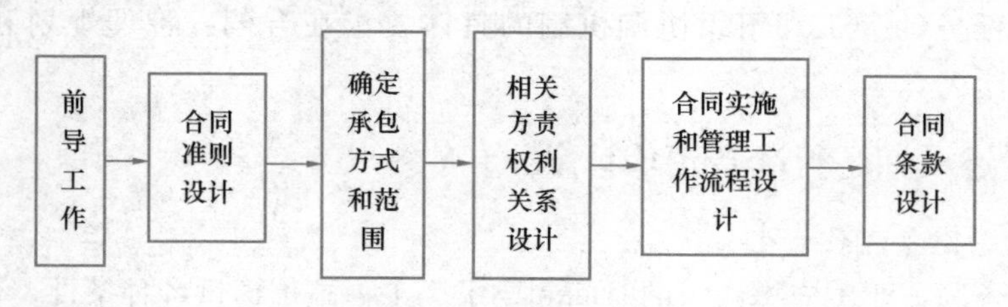

图 7-8　合同条件设计过程

如某城市轨道交通建设工程，在建设一号线时就结合本工程特殊的承发包方式、材料供应方式、项目管理方式，综合采用 FIDIC 合同、我国的示范文本等标准合同内容起草了本工程的招标文件和合同文件标准文本系列。这样不仅有更好的适用性，而且可以持续地用于后续线路的建设中，能发挥更大的价值。

对超大规模、特别复杂和不确定性大的工程，或技术新颖的工程，招标文件和合同文件需要有更大的应变能力、弹性和动态性。它常常不能仅由业主起草敲定，而是在相关方商谈的过程中逐渐形成的。这些常常需要进行许多专题研究或专项设计。

7.4.6 建设项目组织设计

(1) 建设项目组织结构描述的是业主、项目管理（咨询）、设计单位、工程承包商、供应商等的任务分工和它们之间的组织关系。有时扩大组织范围，还可以包括投资者、与工程建设项目有关系的政府职能（如国土、林业、农委、环保、消防、质监安监）机构等。

(2) 组织结构基本形式。在工程的 WBS、发包方式、标段划分和招标策划（合同关系）确定后，工程建设项目组织结构的基本形式就明确了。

工程建设项目组织通常分为直线型组织（图 7-9）、矩阵型组织、职能型组织等。

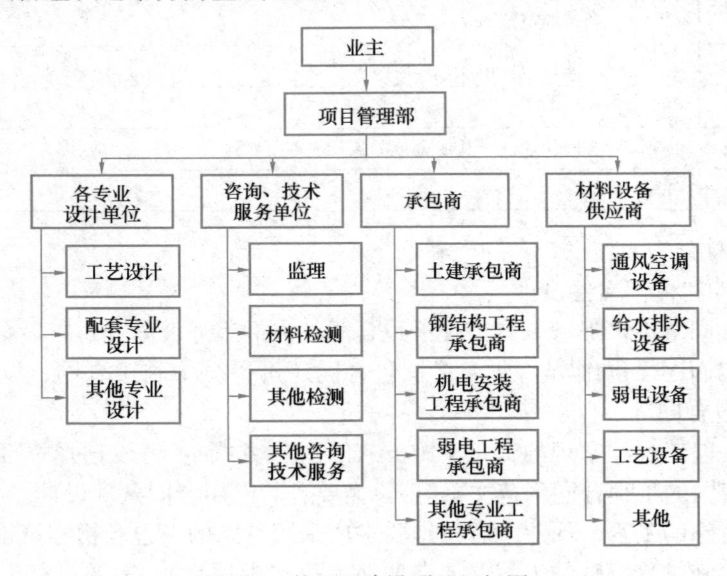

图 7-9 某工程建设项目组织图

(3) 组织任务的分工和组织协调机制的具体要求在合同、管理规划和项目手册中定义。

7.4.7 工程建设和运行准备工作计划

1. 工程建设准备工作计划

按照施工合同，业主应按约定的时间和要求为工程施工提供各种条件，包括：

(1) 提供施工所需要的现场和道路，使施工场地具备可施工条件。

(2) 接通施工现场所需水电等线路，并保证施工期间的需要。

(3) 向承包商提供信息，如勘察所取得的水文地质资料和地下管网线路资料，设计规范、图纸、放样图纸，并对资料的正确性负责，对工程参照项目（水准点与坐标控制点）进行交验。

(4) 完成应由业主办理的施工所需许可证和其他批件。

(5) 按照规定的时间、质量和数量要求提供应由业主提供的材料和设备等。

在立项后到现场施工开始前，还有许多准备工作需要业主作出安排，包括官方报批报建手续、现场准备（拆迁、平整场地）、建设项目管理体系建设、其他建设条件准备等。

有些特殊工程，如城市轨道交通建设工程，由于线路常常穿越城市中心，周边关系非常复杂，涉及面很广，前期准备工作琐碎，工作量很大。通常需要作为建设项目的一个子项目进行系统周密的计划，还需要签订许多准备工作委托合同。如某城市轨道交通一号线建设项目，为施工前的建设准备工作签订了60份合同。

2. 工程运行准备工作计划

这些工作包括工程运行维护体系设计、操作和维修手册编制（包括符合设备的操作、维修、拆卸、重新组装、调整和修复的需要）、对业主人员进行操作和维修培训、运行的物资准备、工程系统与城市基础实施系统的对接等。这可以作为成套设备供应商或EPC承包商的合同责任。

7.5 工程建设项目管理规划

7.5.1 概述

1. 基本概念

建设项目管理规划是对建设项目管理体系和过程的设计，包括管理目标和任务分解、工作范围确定、流程设计、管理组织设计、管理工作规则制定等。

按照编制时间和详细程度的不同，建设项目管理规划又被分为：

（1）项目管理规划大纲，是项目管理工作中具有战略性、全局性和宏观性的指导文件。其作用是设定项目管理目标和职责、项目管理程序和方法要求及项目管理资源的提供和安排。

（2）项目管理实施规划，是对项目管理规划大纲内容的细化。

按照编制主体和对象的不同，有业主的建设项目管理规划、监理单位的监理规划等。

2. 主要内容

在我国，《建设工程项目管理规范》GB/T 50326—2017对建设项目管理规划的内容有明确的界定，通常包括：

（1）编制说明。

1）项目概况和环境说明。

2）项目管理规划编制目的、编制依据的说明。

3）确定项目实施总的指导思想。

4）规划的内容和编制的过程。它是编制工作的范围和“技术路线”，体现规划内容构成和它们之间的相关性。

（2）工程系统规划和建设实施计划的成果描述。

1）建设项目目标和项目管理目标。

2）工程技术系统分析。在工程系统规划的基础上，确定工程系统功能、生产工艺方案，编制工艺流程图、总平面布置图、各种系统图、技术规范，并说明它们的特殊性。

3）确定项目范围和项目结构分解（WBS）。

4）项目总体工作安排、项目的实施技术方案和总的实施策略。

它们决定了工程管理任务和对象的范围。

（3）建设项目管理工作计划。其主要包含以下几方面：

1）建设项目管理模式、服务范围和总体工作思路。如建设项目管理层面主要工作关系，业主代表与咨询单位（项目管理公司、代建单位、监理单位等）的项目经理工作界面。

2）项目管理组织设置。其包括项目管理组织（包括法人组织、协调组织和现场管理组织）、项目管理职能分解、项目管理总体工作流程、人员配备及进退场计划、监理组织形式、监理人员岗位职责等。

3）主要阶段（规划设计、施工准备、施工、竣工验收）的管理流程、组织制度等。

4）项目主要职能管理计划。其包括各管理职能的目标和依据、管理工作内容和流程、组织分工、职责及主要管理措施。通常涉及进度管理、质量管理、投资管理、现场安全文明施工管理、设备材料采购管理、合同管理、信息管理等职能。

5）组织协调管理。相关组织协调的原则、协调重点内容及方法等。

6）其他保障计划。后勤管理计划（如临时设施、水电供应、道路和通信等）、工程的运行准备计划等。

7）项目竣工验收管理计划。其涉及竣工验收管理的组织职责、工作内容、管理措施、竣工验收及移交、保修管理等。

8）项目现场平面布置图。

9）技术经济指标。

10）其他。如风险应对计划、项目管理规划的支撑措施等。

11）附表。上述策划结果的详细文件、项目管理工作程序、招标投标文件和合同文件等。

3. 建设项目管理规划编制过程

（1）汇集前面工程系统规划、建设项目实施规划的工作成果，了解工程系统范围和建设工程项目范围。

1）确定项目管理的任务和目标，了解利益相关方的要求。

2）分析项目实施条件和环境条件，熟悉相关的法规和文件，掌握影响工程项目施工和运行的一切内外部影响因素，并收集投资企业的工程管理规范性文件。

3）分析建设项目管理规划编制的出发点、依据和限制条件。

（2）确定业主的项目管理实施策略和实施方法。

（3）明确项目管理范围，进行项目管理工作分解，确定管理流程。

（4）项目管理组织方式、组织结构和职责分工等方面的设计。

（5）编制项目各职能管理体系（计划）。

（6）设计成果汇总。

4. 建设项目管理规划编制的影响因素

业主的建设项目管理规划的内容、形式和详细程度受如下因素的影响：

（1）所采用的承发包方式和项目管理方式。如果采用分阶段、分专业平行承发包方式，而且工程发包分解较细，则管理规划的编制就要细化。但如果采用总承包（如 DB 或

EPC）方式，则管理规划的编制可以粗略些，管理的内容和规定是比较宏观和高层次的。

（2）建设工程项目任务的范围和特点。

（3）投资企业的工程管理标准文件（或模板）。

通常如果业主一次性仅建设一个工程，如企业投资建设大礼堂、宿舍楼，业主企业又没有建设工程项目的标准文件，则可以采用咨询单位的管理体系文件。

有些业主企业有长期建设任务，如南京地铁要建设十几条线路，需要持续建设五十年以上；国家电网公司每年都有大量的工程建设项目投资。这些企业一般都要构建建设项目管理系统，编制许多规范性的管理体系文件（见本书第10章）。对具体建设项目管理规划编制的过程、方法、成果等，需要符合企业标准，大量的内容可以直接引用企业标准文件（如管理流程、各职能管理工作规范、信息标准等），仅需要编制本工程特殊要求的部分内容。

7.5.2 工程项目管理组织设计

建设工程项目管理组织设计涉及工程上层决策机构（如投资者、工程所属企业）、业主、项目管理单位的组织构成、权责划分。它的设计除了考虑前述工程组织设计的相关因素外，还与如下因素有关：

（1）上层组织的工程项目治理结构、组织方式和管理方式，如在本书第10章中涉及的投资企业的工程管理组织设置。

（2）工程建设项目发包方式、管理方式的选择。建设项目的管理方式有多种选择，如全过程咨询（或代建）、项目管理、业主代表和监理并存、分阶段委托（如设计监理、造价咨询、招标代理、施工监理等）等，这样会形成不同的项目管理组织。

对复杂的建设工程项目（为项目群结构的），通常要分多个层次进行设计。

（1）对合资项目，投资者与业主（建设管理机构）的组织关系。

如港珠澳大桥的业主组织涉及：港珠澳大桥专责小组（国家发展改革委、国家有关部门、粤港澳三地政府参加）、三地联合工作委员会（粤港澳三地政府共同组建，广东省政府牵头）、港珠澳大桥管理局（法人，由粤港澳三地政府共同组成，承担大桥主体部分的建设、运营、维护和管理的组织）（图7-10）。

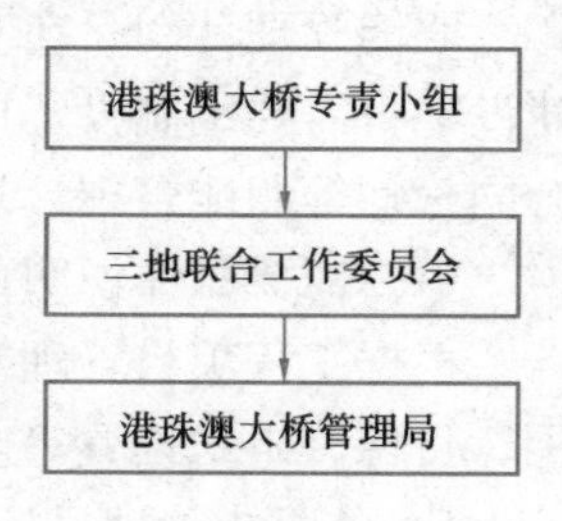

图7-10 港珠澳大桥业主组织

如果采用投资项目法人责任制，或工程属于一般事业单位的项目法人，则有项目公司的组织或所属单位与业主（建设单位）的组织关系。

（2）业主组建的建设项目管理机构。如港珠澳大桥管理局组织机构（图7-11）。

（3）对于一些大型工程，如高速公路、城市轨道交通工程、调水工程等，业主还需要设置较为复杂的现场项目管理组织，通常采用矩阵式组织形式（图3-7）。

对一个具体标段（或工程承包合同）的管理，其管理组织可能包括业主代表（业主的项目管理机构）、造价咨询单位、招标代理机构、项目管理（监理）单位等。它们共同形成建设项目管理组织关系。

（4）对于简单的中小型工程项目，可以设立直线型组织或直线职能型组织(图7-12)。

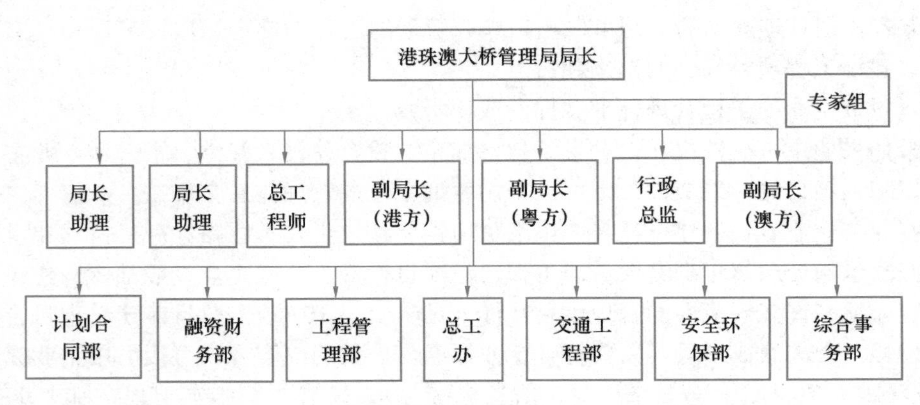

图 7-11 港珠澳大桥管理局组织机构

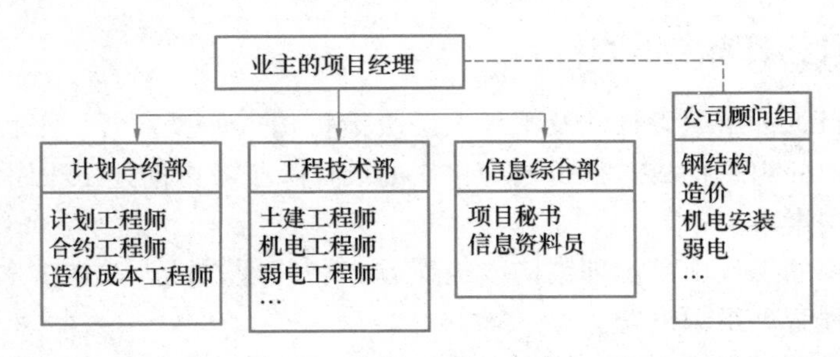

图 7-12 某工程建设项目部组织

7.5.3 各职能管理计划

职能管理计划是在实施规划的基础上编制的，是为了保证实施计划的顺利实现。通常建设项目需要编制投资控制、进度控制、质量控制、安全文明管理、设备材料采购管理、合同管理等职能管理计划。按照图 4-7，这方面的设计涉及如下三部分内容：

（1）需要具体说明（定义）的部分

根据工程项目管理模式、承发包模式和相关政策、企业标准，明确相关职能管理范围、目标、组织设置等内容。如：

1）各职能管理目标（投资、进度、质量、安全文明等）和编制依据等说明。如总投资目标需要分解到建设阶段和各子项工程的投资控制目标。

2）各职能管理的关键阶段、关键子项、控制点的说明。如：

① 对于质量管理，要明确设计、采购、施工质量控制点（关键项目、关键部位、关键工艺、质量特性等），以及相应的质量要求（标准）、关键技术指标参数等。

② 进度管理，要说明多级进度控制体系、进度控制的重点难点。

③ 合同管理，要着重说明本工程项目的合同实施计划、合同谈判和订立过程中的特殊问题或需注意的特别事项、合同实施过程中可能存在的主要风险等。

④ 设备材料采购管理，要说明采购工作范围、内容及管理标准、产品或服务的数量、技术标准和质量规范、检验方式和标准、供方资质要求、采购控制目标等。

⑤ 安全生产管理，要识别和评估危险源和不利环境因素，列出危险源清单，明确需

要编制专项控制方案的危险性较大的分部分项工程等。

3）职能管理组织及分工。针对拟建项目确定不同层级的职能管理部门，明确各部门的分工；提出部门设置、部门职责及岗位需求、人员配备要求等。如在一些重大工程中，需要设置专门的安全管理部门，需要进行跨职能部门组建。

4）工作流程及说明。明确哪些可以采用企业标准的工作流程，哪些可以采用简化的工作流程，并指出采用简化工作流程的基本原则。

（2）直接引用投资企业工程管理规范（规程）和其他规范性文件的内容

投资企业有工程管理系统，有相应的建设项目管理规范性文件，可直接引用各职能体系文件和管理工作手册，如投资管理工作手册、合同管理工作手册、质量管理工作手册等。

（3）需要专门设计的内容

它受到工程建设项目类型、规模、复杂程度和环境等因素的影响，体现本职能专业性管理工作的特殊要求、重点控制措施等。通常专门设计的职能计划内容见表 7-3。

专门设计的职能计划内容　　表 7-3

序号	职能	内容
1	投资（成本）管理	项目分解结构（工程量清单）编制 工程造价文件编制 投资（成本）分解计划等
2	质量管理	项目分解结构或项目划分表（用于质量检查检验）编制 控制点质量保障措施 质量检查检验计划等
3	进度管理	项目分解结构（确定活动） 总进度计划、控制性进度计划、资源配置计划与优化 赶工计划等
4	安全与风险管理	安全风险清单编制 安全风险评估与预控方案 专项施工方案论证（深基坑开挖与支护、高支模、起重吊装、脚手架、基坑降水工程、大构件运输方案等）
5	采购与合同管理	合同分解结构 采购需求分析 设备材料采购技术参数确定 供应商/承包商资格条件与评价选择方法、指标体系等
6	设计与技术管理	设计任务书 设计图纸审核要点清单 新技术、新工艺、新材料论证方案等
7	信息管理	项目报告清单 信息沟通流程图 信息（文档）归类与编码等

7.5.4　项目信息管理计划

建设项目信息管理要在投资企业工程信息管理系统的基础上进行。项目信息管理制度性的要求，如信息管理组织设置、项目信息管理流程、项目信息管理规则、项目信息管理平台策划等，都应该按照企业标准进行，并要求设计单位、承包商、供应商、运营单位等各参与方在统一的信息管理系统平台上运作。

此外，还需要对如下项目信息管理的专门要求和专项措施作出说明，并进行设计。

1. 对本项目信息管理的总体说明

明确本项目信息管理目标、范围，以及信息管理组织设置和人员的具体任命。

2. 引用上一层次信息管理系统的说明

如所采用的企业信息管理系统文件、所用软件功能，以及建筑信息模型的建立和运行维护等。

3. 建立工程项目的文档系统

4. 工程信息编码体系和规则设计

5. 工程参与方沟通机制设计

(1) 设置工程项目组织（业主、咨询单位、承包商、设计单位、供应单位）成员之间，以及与外界的信息沟通机制，如报告制度、会办协商制度等。

(2) 建设项目经理部内的信息沟通机制。

6. 编制项目手册

项目手册是项目参与各方沟通和项目事务性工作管理的依据，需要以专门的文件发布。通常包括如下信息：

(1) 项目概况。主要说明项目名称、地点、业主、项目编号。

(2) 项目总目标和说明。

1) 项目的特征数据。

① 工程规模，如工程的生产能力、建筑面积、使用面积、面积的总体分配、体积、工程预算、总投资、预算平方米造价、总平面布置图等。

② 主要工程量，如土方量、混凝土量、墙体面积、装饰工程量、安装工程吨位数等。

2) 项目工作分解结构图及表。

3) 总工期计划（横道图及其说明）。

4) 成本（投资）目标与计划。按成本项目、时间、工程分部等列出计划成本表，并简要说明，表明总成本（投资）的分配结构。

5) 工程质量标准和技术要求。

(3) 项目参与者。主要说明各项目参与者的基本情况（如名称、地点、通信、负责人等），包括业主、业主企业各职能部门和单位、设计单位、施工企业和供应单位、项目管理者（监理公司或项目管理公司）、政府审批部门（如城建部门、环保部门、水电部门、监督机构等）。

(4) 合同管理。内容包括：有效合同表，有效合同文本、附件目录及合同变更和补充，合同结构图、合同编号及相关图纸编码方法，各合同主要内容分析，各合同工程范围、有效期限，业主的主要合作责任，合同以及工程中的常用缩写及专有名词解释，合同管理制度等。

(5) 信息管理。

1) 报告系统。其包括项目内部以及向外正规提交的各种报告的目录及标准格式。

2）项目信息编码体系。如所采用的项目工作编码（WBS）、合同编码（CBS）、组织编码（OBS）、成本编码（CBS）、资源（RBS）编码、文件编码等。

3）项目资料及文档管理。

① 各种资料的种类，如书信、技术资料、商务资料、合同资料。

② 文档系统描述。

③ 资料的收集、整理、保管责任体系。

（6）项目管理规程。作为业主、项目管理机构与所有设计和施工参与者订立和共同遵守的管理工作规则。明确项目参与各方的管理工作职责、工作程序及要求。

项目管理规程编制的重点是，项目管理机构的工作任务、职责和权利，及部门的划分及责任矩阵表。

7. 项目组织及协调关系

绘制项目组织结构图和在工程中的主要协调关系图。

8. 事务性工作管理方面的详细规定

（1）协调会议。针对工程中的各种会议（如设计专题论证会议、施工图纸审查会议、设计交底会议、工地第一次会议、施工技术交底会议、安全技术交底会议、工地例会、其他专题协调会议、竣工验收会议、特别的协调会议等），规定会议的方式、时间、地点、组织者、参加人、会议内容、会议纪要及其约束力等。

（2）给业主的报告。对有重大意义的事件，项目管理者应及时报告业主。项目管理者应为业主决策准备所需资料，并于决策前规定期限送达业主。

（3）图纸的递交和签发。其包括设计图纸提供和审批程序、图纸上必须包括的信息等。

（4）账单的提交和审查程序。

（5）材料、设备、工程等验收程序。

7.5.5 风险管理计划

建设工程项目在实施过程中有许多风险，工程的环境、实施过程、实施主体（承包商、项目管理单位、设计单位等）、管理过程都可能产生风险，最终会影响工程目标的实现。在工程承包（施工）合同中应明确规定“业主风险”，如：

（1）政治和社会问题，如工程所在地发生战争、敌对行为、入侵、叛乱、暴动、政变、内战、暴乱、骚乱、混乱等。

（2）核污染或放射性污染；以音速或超音速飞行的飞行器产生的压力波。

（3）业主使用造成的损失或损害。

（4）业主负责的工程设计错误，以及业主人员的违约或失误引起的干扰。

（5）一个有经验的承包商通常也无法预测和防范的任何自然力的作用。

除此以外，还有承包商、咨询单位资信风险。如果这些风险事件发生，都由业主承担损失。所以，业主的风险管理范围很广，影响也很大。

风险管理在项目管理知识体系中有十分重要的地位，对工程项目的效率和交付成果影响很大。但因其管理范围很广，涉及建设项目的各项管理职能，如质量管理、HSE管理、投资控制、合同管理等。所以，一般的工程不设置专门的风险管理职能部门，而将风险管理工作分解落实到其他职能部门中，特别是 HSE 管理、质量管理、合同管理、现场管理等。

对于重大的、风险大的工程，需要专门编制风险管理计划，规范风险管理活动，作为整个项目的风险管理指导性文件。

项目风险管理计划的形式与一般职能管理体系计划相似，仅需要增加风险识别、风险评价、风险应对策略、风险监控程序等方面的内容，且常常需要对一些内容作专门的说明或进行专项设计。重点内容如下：

（1）风险管理的目标。

（2）明确风险管理组织，即人员配备、职责和角色定位。

（3）制定风险管理制度，如风险管理流程、风险管理汇报制度、风险管理评价制度等。

（4）根据对工程项目特点、施工难度、建设条件、自然条件、水文地质条件、主体、合同等的分析，识别潜在的风险因素，确定项目主要风险清单，进行风险评估及量化，并进行风险等级划分。

（5）制定主要风险的应对方案，确定风险管理方法、工具、相关责任人员和可用资源。特别是设立工期（时间）和经费储备，以应对不可避免的风险。

（6）明确风险的监控方式和策略。

如某城市地铁一号线工程建设项目，通过可行性研究以及相关项目调查得出，最大的风险是地下工程施工风险，编制风险管理计划，风险管理流程如图 7-13 所示。

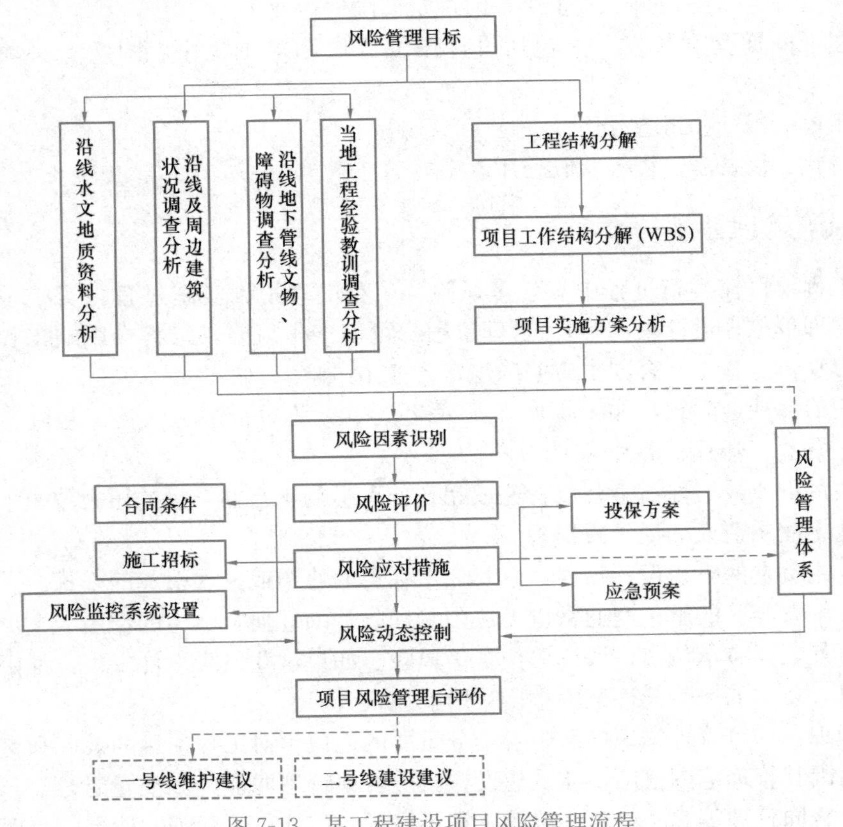

图 7-13 某工程建设项目风险管理流程

（1）风险管理目标设置。根据本项目前期策划过程中的风险分析以及项目总目标，结合其他同类工程的经验教训，设置地下工程施工风险管理目标。

（2）周边环境调查。

1）沿线水文地质资料分析。本市沿线地质条件复杂，地貌类型涉及冲积平原区（有河漫滩、古河床）和低山丘陵区。

2）沿线及周边建筑状况调查分析。地铁工程施工过程中常常会引起周边建筑不均匀沉降，甚至倒塌，必须对可能影响范围内的建筑进行具体分析。

3）沿线地下管线、可能的文物、障碍物调查分析。该市为我国著名古城，地下有许多不明地下管线和古文物，会诱发地下工程施工风险。

4）当地过去地下工程经验教训调查分析。

（3）工程项目系统分析。

1）一号线工程结构分解（EBS）。

2）项目工作结构分解（WBS）。

3）地下工程施工方案分析。根据不同的地质条件，本项目隧道施工方法涉及矿山法、明挖法、盾构法等。车站施工方法主要有盖挖逆作和明挖顺作两大类，并采用不同的围护结构，如地下连续墙、复合墙、钻孔桩桩间锚喷、挖空咬合桩、钻孔咬合桩、土钉墙等。

（4）风险因素识别。根据前面研究的结果，对具体标段和工程施工方案预测可能发生的地下工程施工风险。

（5）风险分析评价。对风险发生的可能性、发生的时段、风险发生会产生的损失进行分析，特别要分析重大施工风险的诱因。

（6）风险应对。综合采取如下措施：

1）施工招标。由于本工程为该市第一条地铁，风险大，所以必须委托能力强、有经验的施工单位，在招标中要提高施工单位资质和过去同类工程经验的分值；设置对施工项目经理的资质要求，并赋予一定的分值，降低合同价格分值。

2）合同条件。在施工合同条件中调动承包商风险管理的积极性，合理分配风险，加强承包商的风险责任，同时给承包商更多的盈利机会，如奖励措施、合同价调整条件等。

3）风险监控系统设计。采用现代信息技术，在地上、地下、施工现场及周边设置检测点，对施工过程中的地质状况进行实时监测，不断进行预警，定期重点分析。

4）引用企业风险管理体系的内容，包括风险管理的方针、组织责任、流程、控制点、管理文件等。

5）应急预案。对重点标段、重点风险型施工方案编制应急预案，有相应的应急处理计划，并准备一定量的备用资源。

6）投保方案。购买保险，在保险合同中包括相应的条款。

（7）施工过程中的风险动态控制（略）。

（8）项目后风险管理评价。在项目结束后，总结风险管理经验和教训，提交分析报告。具体包括：

1）对一号线后续的工程运行维护提出意见和建议。

2）对本地后续地铁线路建设的意见和建议。

复习思考题

1. 前期策划阶段确定的建设项目目标在工程建设项目规划阶段如何分解与论证？如何实现建设项目目标之间的协同？

2. 在各专业工程设计中如何落实工程准则？

3. 建设项目分解结构、建设项目实施策略、合同体系与建设项目组织结构有什么相关性？

4. 建设项目管理规划与建设项目实施规划有什么联系与区别？

5. 建设项目组织与建设项目管理组织有什么联系与区别？

8 施工组织设计

【内容提要】

本章主要介绍工程施工组织设计工作，内容包括：

(1) 施工组织设计的概念、作用、分类、依据和布置原则。

(2) 施工组织设计的内容和过程。

(3) 施工组织设计的前导工作。

(4) 施工组织设计主要几方面的内容，包括施工准备工作计划、工期计划、职能管理计划、施工现场布置等。

(5) 工程总承包项目实施计划的框架。

8.1 概述

8.1.1 施工组织设计的内涵

施工是工程建设领域的生产性工作。施工管理是最重要、最具体，也最复杂的现场工程管理工作。施工组织设计是以施工项目为对象编制的，是对施工过程的计划，是用以指导施工的技术、经济和管理的综合性文件。它是在 20 世纪 50 年代由苏联引入我国，原来具有计划经济的特点，注重生产计划、生产任务的完成，没有合同的概念，也没有工程全寿命期的理念。到了 20 世纪 80 年代，建筑业改革，特别是招标投标制度的推行赋予施工组织设计许多新的内涵，使其成为投标文件的一部分，由技术型文件向技术管理型文件转化，是承包商完成施工合同责任的综合性实施计划文件。

70 多年来，我国工程界已经形成一些习惯做法，如在业主招标文件中，对施工组织设计的内容、深度都有相应的要求，国家也颁布了相应的规范。施工组织设计作为施工项目的实施规划，通常包括各专业施工方案、质量管理、工期管理、成本管理、HSE（健康、安全、环境）管理、现场秩序、文明施工等方面的内容。

8.1.2 施工组织设计的分类

施工组织设计按编制对象可分为施工组织总设计、单位工程施工组织设计和分部（分项）工程或专项工程的施工方案设计。

（1）施工组织总设计。施工组织总设计是以总项目或若干单位工程组成的群体工程或大型项目为主要对象编制的施工组织设计，对整个项目的施工过程起统筹规划、重点控制的作用。通常施工总承包商或工程总承包商为施工阶段的工作编制施工组织设计。

（2）单位工程施工组织设计。单位工程施工组织设计是以单位工程（子项目、区段）为主要对象编制的施工组织设计，如一个工程的土建、安装、装饰工程。

（3）分部（分项）工程或专项工程的施工方案设计。如针对土方工程、桩基工程、主体结构工程、钢结构工程等，用以具体指导其施工过程。

8.1.3 施工组织设计的作用

从总体上说，工程施工是建筑业最主要的生产过程，是建设工程项目最核心的内容。而施工组织设计是建筑业的生产组织计划，具有如下作用：

（1）直接为投标服务。承包商编制施工组织设计作为投标文件中的技术标，以中标为目的，主要为投标、报价、合同谈判服务。它虽然不作为合同的一部分，但有重要作用。

1）向业主显示承包商的合同实施计划、施工技术和管理水平，以取得业主的信任。业主签订合同前要详细审查承包商施工组织设计的科学性、适用性、安全性和稳定性，并作为评标的重要依据。所以它应符合施工合同或招标文件的要求，对招标文件和施工合同完全响应，使业主满意。

2）作为施工成本预测的依据，并在此基础上编制投标报价。但由于时间和费用的限制，以及还要与其他投标人竞争，且并不一定能中标，承包商一般只能编制粗略的计划。

（2）中标后，承包商要按照施工合同的要求或工程师要求的内容和格式，编制详细的施工实施计划提交业主代表或监理工程师审查批准，作为施工项目实施的依据。

1）这个施工计划通常“需要对工作有精细的安排，提供关键线路、活动时差等信息，内容还要包括业主（其他承包商）的图纸、材料、设备供应计划”。这是更为细化的、全面的、更具有可操作性的施工组织设计。

2）经过业主批准的“施工组织设计”及“总进度计划”，是业主、监理工程师控制施工项目的依据，常常也是承包商提出工期和费用索赔的重要依据。

3）对承包企业，它又作为施工方案技术经济分析的依据，并在此基础上编制标准成本，进而确定项目经理部向企业承包的责任成本，以作为企业与项目经理之间签订承包责任书的依据。

（3）在工程施工过程中，施工项目经理部还有如下责任：

1）按照监理工程师批准的施工计划，对近期（下月度）的施工计划作出更为详细的安排。

2）承包商需要按工程师确认的进度计划组织施工，接受监理工程师的检查和监督。如果实际进度与已确认的进度计划不符，承包商应按监理工程师的要求修改实施计划，经监理工程师确认后执行。

3）如果出现较大的工程变更，项目经理要编制施工组织设计的调整建议书供监理工程师审批。

8.1.4 施工组织设计编制的要求

(1) 符合业主的要求及施工合同或招标文件的投标人须知中评标指标的要求，对招标文件和施工合同完全响应，争取中标。

(2) 执行国家基本建设的各项政策和法令，以及施工技术规范、规程、标准、工程建设标准强制性条文。职能管理计划也尽可能使用标准文本。

(3) 对工程要有针对性、可操作性。

1) 符合工程的技术要求和特殊性，突出施工的关键过程、重点、难点、特点和控制点。

2) 反映环境条件，如自然、地理、交通、资源供应能力、气候等，并对风险有合理的预测。合理利用永久性工程和附近已有设施，节约施工用地和临时设施费用。

3) 符合施工企业综合能力（技术和资源供应能力、以往同类工程经验）和项目管理体系的要求，实现企业管理方针和管理目标。

(4) 尽可能采用现代项目管理理论和方法。如：

1) 制定科学合理的施工程序，采用流水施工和网络计划等方法，科学配置资源（人力、设备、材料），优化资源利用，实现均衡施工，合理布置现场，节约资源、降低工程成本，达到合理的经济技术指标，满足合同工期要求。

2) 完善质量保证体系，减少现场监督工作。

3) 编制有针对性的文明施工和绿色施工措施，采取有效的绿色技术和管理措施，最大限度地减少施工活动对环境的不利影响，减少资源与能源的消耗等。

(5) 应用新技术、新方法。在施工组织设计中，要积极开发、使用新技术和新工艺（工法），推广应用新材料和新设备。如应用BIM技术模拟施工过程，采用智能建造技术、绿色施工技术等。

(6) 对工程施工提出合理化建议，以提升工程的价值。

(7) 最终提交文本应整洁、有条理，内容及格式符合规范，没有明显的错误。

8.1.5 目前存在的问题

施工组织设计从20世纪50年代初开始在我国推行，并成为我国建设工程管理的一部分。目前存在的问题主要有：

(1) 我国有施工组织设计的国家标准，但它仅提出要求框架，对内容缺乏系统性说明。传统的施工组织设计为计划经济的产物，注重生产计划、生产任务的完成，其名称和内容与现代工程项目管理理论和方法缺乏有机衔接，总体结构与现代工程项目管理体系有一定的差距。如没有合同分析、项目结构分解方法（WBS），没有工程系统的理念。

(2) 施工组织设计普遍存在针对性差、体现不出工程设计思维、不能真正指导施工全过程工作的问题，其原因主要有：

1) 施工组织设计的资料（如施工图纸）常常不能及时完全到位，如有的施工招标文件仅提供初步设计方案。由于投标文件编制时间短，环境调查不深入，信息收集不全。

2) 施工组织设计的编制存在矛盾，未能真正做到在施工项目经理指挥下各专业人员配合共同工作。如在投标阶段，通常以经营和造价部门人员为主，由于时间紧且没有中标把握，不能投入过多的人力、物力和费用，所以很难编制科学合理的施工组织设计；而在中标后，往往以施工技术负责人为主编制，同时现场又要“毫不拖延地开工”，常常也来不及编制详细的、反映实际情况的、可执行的施工组织设计。

3）项目经理缺乏精细化管理的意识，在施工过程中，对施工组织设计缺乏科学管理意识。如网络计划通常很难严格地执行。

4）施工组织设计文本内容大都借鉴范本，没有很好地结合施工项目的具体情况，有的照搬照抄以前的工程资料或模板，直接拷贝以往工程中的施工方案和保证措施；有的缺乏实质性设计内容，一般性的论述太多，内容像教科书。

（3）施工组织设计趋向模板化。实践中，为了简化施工组织设计，一些公司围绕施工组织设计的核心设计内容制定了标准模板，如施工方案、施工平面布置、进度计划采用软件计算绘制，虽然提高了编制效率，但各章内容相关性不足，体现不出施工项目目标、范围、施工方案、施工过程、实施组织和管理组织、各职能管理计划等的内在逻辑性。

8.2 施工组织设计的内容和过程

按照我国国家标准和实际工程中的情况，施工组织设计文件通常包括如下内容：

（1）工程概况。其包括工程建设项目概况、设计概况、主要施工条件等。

1）工程主体情况（工程各专业设计，如建筑设计、结构设计、机电及设备专业设计、室外工程设计等基本情况，主要工作量）、各参建方、建设地点特征和现场条件等。

2）环境条件，如地形地貌、地质、水文及气象条件、生态环境等。

3）施工项目承包范围。施工合同或招标文件定义的施工项目总体范围，主要工程量汇总表。

4）工程及其施工过程的特点、重点及难点。

（2）编制依据、内容和过程。

1）编制依据。其主要包括招标文件、施工合同条件、适用的法律法规、技术标准（如相关标准图集、相关验收标准）、相关管理规范（如建筑施工组织设计规范、建筑工程项目管理规范等）、相关定额（如工期定额、计价定额等）等。

2）内容。描述施工组织设计的主要内容构成。

3）编制总体过程。其是编制工作的“技术路线”，也体现了内容之间的相关性。

（3）施工项目的目标。其包括主要实物工程量、工期、质量、成本、安全、环境、健康等目标，目标的优先级以及工程总的指导思想等。

（4）施工项目实施计划。

1）施工过程总体策划。其包括主要的施工部署、施工流程、施工方法和措施、所采用的新技术、新方法、新工艺和新的管理措施。

① 施工部署，其是对项目实施过程作出的统筹规划和全面安排，包括项目分阶段（期）交付的计划、施工区域划分、总体施工顺序及空间组织、流水段划分、施工组织安排等。

② 主体工程施工工艺流程和方法，如现浇混凝土结构、装配式结构施工过程和方法。

③ 施工项目重点和难点分析及应对措施，如对涉及深基坑、地下暗挖工程、高支模工程的专项施工方案还应当进行专门的重点设计，并组织专家进行论证、审查。对于开发和使用的新技术、新工艺应作出特别的说明和部署。

2）工期计划及施工进度安排。其涉及总工期计划、阶段性里程碑工期计划、施工进度计划（网络图和横道图）、各单位工程施工进度（子网络图）。

3）施工准备工作计划。其包括技术准备、施工现场准备、主要资源（劳动力、机械设备、材料、周转材料）配置等。

（5）施工组织机构。其包括施工项目经理部、项目经理、项目主要领导人员、主要职能分配、岗位职责和职能矩阵，以及主要分包商、供应商、劳务供应单位（班组）等。

（6）主要施工管理计划。与业主的实施计划不同，施工管理计划是非常细致和具体的，内容涉及进度管理计划，质量管理计划（或体系），成本管理计划，对施工现场人力资源、施工机具、材料设备等生产要素和保障措施的管理计划，HSE管理计划，其他管理计划等。各职能管理计划通常包括管理目标、组织机构、技术措施、资源配置、管理制度等。

（7）其他。如合理化的建议（如工程设计创新和方案优化的建议、竞争措施和优惠条件），对分包商的选择及管理，与业主的其他设计院、承包商、供应商的配合，对业主指定分包商的管理等。

（8）施工总平面布置图。绘制现场基础施工、主体结构施工、装修施工的总平面布置图。

（9）附图表（主要材料及设备计划、劳动力使用计划、施工区域或流水段划分、总进度计划、临水临电布置图等）。

（10）其他。如按照招标文件规定提交的其他材料。

上述工作有内在的逻辑性（图8-1）。

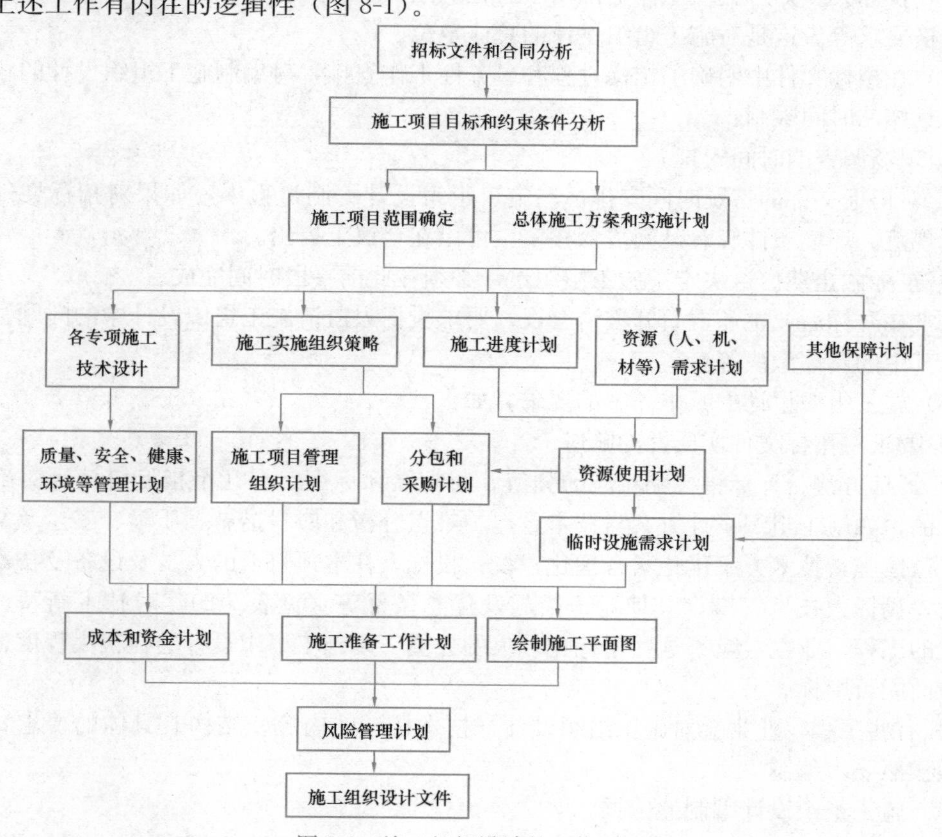

图8-1 施工组织设计的工作过程

8.3 施工组织设计前导工作

在编制施工组织设计前，必须清晰地了解施工项目的目标和约束条件。通常需要完成如下工作：

（1）招标文件分析和合同分析，了解业主的总目标、目标的优先级、意图、评标和定标的指标，以及承包商的合同责任。

（2）进行施工图纸和规范的审查，以理清施工的工程范围和质量要求。

（3）进行环境调查。对现场以及市场等一切对施工方案、成本、工期等有影响的因素进行调查，还包括当地政府和其他利益相关者的要求。

（4）进行施工项目的范围管理和工作结构分解。根据合同（合同条件、图纸、规范）分析承包商的总任务，确定承包工程的范围，并将施工项目分解到具体的工程活动。

8.3.1 招标文件分析

在投标阶段，施工组织设计编制的目的是为了中标，必须完全符合招标文件的要求。招标文件中对施工组织有重要影响的文件有投标人须知和施工合同。

1. 招标文件对施工组织的要求

（1）投标人须知首先从总体上说明了工程范围、工程概况、工期要求、质量要求、企业的资格要求等。这是对施工组织设计的总体定位。

（2）在招标文件中明确了招标过程和事务性工作安排，对编制施工组织设计的相关活动形成具体的时间限制：

1）现场调查的时间安排。

2）对招标文件的答疑时间安排。在施工组织设计编制过程中，如果对招标文件、工程图纸规范、环境条件等有疑问需要核实，可以在会议上提出。

3）投标截止期。这决定了施工组织设计必须在此前一段时间完成。

通常在开标后业主还要召开澄清会议，要求投标人澄清施工组织设计中的问题，进一步解释其中的具体做法等。

（3）施工组织设计中基本内容的要求，如：

1）要求对招标文件实质性的响应。

2）评标方法、评标指标和相应的分值。通常在评标中，有几个指标直接针对施工组织设计的，如施工组织设计方案与技术重点、难点分析和应对措施，质量、安全及文明施工等保证措施，技术方案优化与合理化建议，投标人在本项目上的人员及设备及技术力量的投入，投标人技术答辩，其他竞争措施及优惠条件等（见表7-2）。对技术新颖、施工难度大的工程，业主会赋予这些指标比较大的分值，则施工组织设计会在很大程度上决定了承包商能否中标。

3）有些工程，业主会对施工组织设计（技术标）的内容、结构有具体的要求，承包商必须按照要求编制。

（4）施工组织设计编制的依据。

1）在招标文件中，业主提供了工程技术说明，包括详细的工程范围（招标用图纸、工程量清单)、工程技术标准(技术规范、质量要求)、工程自然条件(地形地貌、工程地质条件、水文地质条件、车辆基地及周围的有关管线情况)、工程概况(工程总体布局、场区高程选择、分项工程概况、施工顺序和临时排水方案)等。

2)业主提供施工现场条件信息,有时还包括对现场管理的要求。如:业主与监理工程师的现场办公条件、施工临时用地条件、施工临时供电系统、施工临时供水系统、弃土场、道路交通条件、建筑垃圾的清运要求、施工噪声、文明施工等方面要求。

3)对工程施工方案、进度计划、质量保证、安全和环境等方面的要求等。

如某工程招标文件规定,使用 Microsoft Project 管理软件编制工期网络计划图、施工总进度横道图,并在此基础上制作主要劳动力资源计划、主要施工机械设备表等。

2. 施工合同对施工组织设计的影响。

施工项目目标、承包商的合同责任、施工项目范围、施工管理的流程和规则、信息沟通要求等都是由施工合同定义的。这些对施工组织设计的相关内容具有规定性。

(1)承包商必须按合同规定对工程进行设计、施工和竣工,并完成保修(缺陷)责任。承包商的工程范围通常由规范、图纸、工程量清单所定义。

对合同明文规定由承包商设计的部分永久性工程,承包商应在其设计资质允许的范围内完成施工图设计或与工程配套的设计,对该部分永久性工程承担全部责任。

(2)业主负责提供的地质水文等基础资料,但承包商对业主提供的资料的解释负责。承包商对现场及其周围环境调查负责,并在此基础上编制投标书。

(3)承包商决定施工方法,并对所有现场作业和施工方法的完备、稳定和安全负责。

(4)承包商应为完成上述合同责任派遣授权的代表监督工程实施,提供完成他的合同责任所必需的各种人员,提供所需要的材料、工程设备以及其他物品。

(5)承包商负责取得进出现场所需专用或临时道路通行权,自费提供他所需要的供工程施工使用的位于现场以外的附加设施,对通往现场,或位于通往现场道路上的桥梁加固或道路的改建负责;应对施工操作所引起的对公共便利的干扰,公用道路,私人道路等的占用负责;对自己在工程所需运输过程中造成道路和桥梁的破坏或损伤负责。

(6)应根据合同为业主、业主的其他承包商和工作人员、公共机构工作人员提供合理的工作机会,以及承包商维修保养的道路或通道,临时工程或现场设备等。

(7)承包商对工程进度、质量、健康、安全和环境管理的责任和相应程序性规定。

施工合同具体规定了这些职能管理的目标、承包商责任、管理体系要求和管理程序、出现问题的处理等。如涉及安全、环境和健康管理等。

1)承包商负责保证施工人员、现场的其他人员的安全、健康,现场秩序、工程保护、环境保护。应保证施工现场清洁符合环境卫生管理的有关规定,保证现场所产生的散发物、地面排水及排污不超过规范和法律规定的较小值。

2)按工程师或相关部门的要求,自费提供并保持现场照明、防护、围栏、警告信号和警卫人员。做好施工现场地下管线和邻近建筑物、构筑物(包括文物等)、古树名木的保护工作等。

这些内容对施工组织设计的编制都具有规定性,在合同管理课程中有详细论述。

8.3.2 施工项目环境调查

在招标文件中业主会提供一些环境资料，但根据施工合同，承包商对环境调查负责，对可预见的环境风险承担责任，并需要对环境风险进行评估和预警。所以，其环境调查重点在于对施工过程有重大影响的环境因素。

（1）气候和气象状况。雨季和冬季、时间、雨雪量、气温、冻害、恶劣的气候情况、风向及等级。

（2）现场水文地质状况，施工区域地上、地下管线，相邻地上、地下建/构筑物情况。

（3）当地的政治、经济和营商环境、其他利益相关者情况。

（4）现场环境。可能影响现场布置、二次搬运、安全保护措施的因素，如地形、建筑、交通、通往现场的道路、河流等状况、周边的供应（水、电、建材、通信）和排水排污条件。还需要了解工程所需资源获得的可能性，如建筑材料、设备的供应、运输的方式和价格，当地供电、供水、供热和通信能力状况等。

（5）建设项目的合同体系和主要合同关系分析，包括业主的主要合同关系，与施工合同相关的其他合同（如监理合同、设计合同、供应合同、咨询合同等）。

（6）过去同类工程资料的收集。有些业主要求投标人提供曾经承担的类似工程施工的资料，特别是相关业主的评价证明资料。

环境调查要有一定的精确度，不能遗漏重要内容，符合施工组织设计编制的要求。

8.3.3 施工项目范围的确定

施工项目范围，即承包商应完成的工程活动，其确定过程如图 8-2 所示：

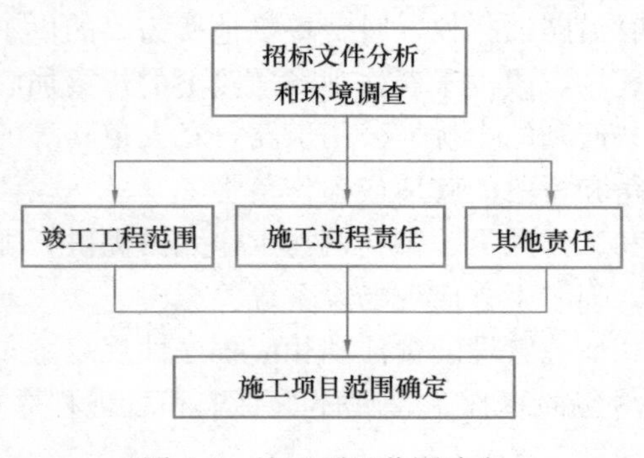

图 8-2 施工项目范围确定

（1）招标文件分析、环境条件调查和项目的限制条件研究。

（2）确定最终可交付成果，即竣工工程的结构。竣工工程的范围是决定承包商合同责任的最重要的因素。对施工合同，业主在招标文件中提供比较详细的工程技术设计文件（图纸、工程规范、工程量表）。则施工项目的可交付成果由如下几方面因素确定：

1）技术规范，主要描述了项目的各个部分在实施过程中采用的通用技术标准和特殊标准，包括设计标准、施工规范、具体的施工做法、竣工验收方法、试运行方式等内容。

2）图纸。它是交付成果的图形表达。

3）工程量清单。工程量清单是可交付成果清单，是对可交付成果数量的定义和描述。

（3）确定由合同条件定义的工程过程责任。这是由承包商合同责任定义的在可交付成果（工程）的形成过程中承包商应完成的活动。如对施工合同，承包商的主要责任包括拟建工程的施工详图设计、土建工程、项目的永久设备和设施的供应和安装、竣工和缺陷维修等。

（4）由合同条件、环境和其他制约条件产生的其他活动。这些工程活动不仅由工程可交付成果的范围确定，而且受现场环境、法律、实施方案、施工方法的影响。

1）一些为实施过程服务的，不作为最终可交付成果的工作活动，如为运输大件设备要加固通往现场的道路，为保证技术方案的安全性和适用性而进行的试验研究工作。

有些工作需要在施工组织安排中进行专门计划，需要进行独立预算。如某工程，现场比较特殊，弃土地点需要安排在距离现场较远的高速公路的另一侧，在施工中，需要对公路进行交通管制。

2）由现场环境条件和法律等产生的工作任务，如按照《中华人民共和国环境保护法》需要采取环境保护的措施，对周边建筑物保护措施，或为保护施工人员的安全和健康而采取保护措施等。

3）合同规定的其他任务，如购买保险和提供履约担保等。

这些活动共同构成承包商的施工项目活动的范围。

8.3.4 施工项目工作结构分解（WBS）

施工项目工作结构分解是将施工项目范围分解为各个施工活动，再对这些施工活动进行计划和组织。在工程项目管理中，承包商的施工项目工作结构分解是最细致的。

1. 施工项目工作结构分解的内容

在整个施工组织设计中，施工项目工作结构分解（WBS）是非常重要的工作。其包括：

（1）对施工活动计算工作量、持续时间，研究它们的逻辑关系，得到网络计划。

（2）落实这些活动的责任人，形成施工项目组织。

（3）测算这些活动所需人力，物力资源，以制定施工项目的资源计划，预算这些活动的成本。

（4）安排这些活动的实施方法。进一步就作为质量控制、安全控制、环境管理、信息管理、风险分析等的对象。

2. 施工项目工作结构分解过程

（1）施工项目交付成果的结构分析

工程量表是可交付成果清单，是对可交付成果数量的定义和描述。工程量表的项目划分是按照施工活动、材料和工艺等特性进行的，更多的是为了工程计价的需要，如我国工程量分解和计算规则。它与施工活动的划分存在不一致性。还需要从结构、现场平面、施工过程等的角度，以区段、楼层的方式划分具体落实到施工活动上。有时还要考虑业主指定的分包商和供应商等问题。

（2）按照施工项目过程分解

上述交付成果经过招标投标、施工准备、施工、竣工验收、保修过程，施工承包商需要完成各阶段不同类型的活动，罗列这些活动，构建施工项目工作目录，这即为施工项目的 WBS。但通常施工组织设计的重点放在施工准备、施工和竣工验收三个阶段。

1）施工准备阶段的工作分解。

2）施工阶段的工作分解。这阶段施工项目 WBS 的详细程度不仅与施工项目的范围、规模有关，还与如下因素有关：

①《建筑工程质量验收统一标准》GB 50300—2013。

②《建设工程工程量清单计价规范》GB 50500—2013。

③ 施工项目工作的实施方式，如：工程班组的组织（专业班组，还是综合班组），分包方式（自带劳务承包、零散的劳务承包、成建制劳务分包、专业工程施工分包等），施工用材料和设备的供应方式（如设备自有，还是租赁，或施工分包商负责供应）等。

通常更为细致的工程施工活动分解由专业工程施工小组进行详细安排。

3）竣工阶段的工作分解。

3. 定义各个工程活动

（1）工程活动编码设计。

（2）相关工作质量、工程量等方面的落实，以及工序分解、工作流程安排等。可以采用工作包（分项工程）说明表（书）或班组任务书的形式。

施工活动的工作量与工程量清单中的工程量有一定的相关性，需要将工作量清单（通常由业主在招标文件中提供的）数据分解整合到工程施工活动（WBS）中。

通常工程计价是按照工程量清单结构进行的，如按照混凝土（分不同标号或等级）、钢筋（分不同种类、等级）、模板分别计价，将工程所有同类的分项综合起来。如某施工项目有某等级混凝土 $300m^3$，模板 $1000m^2$，某规格钢筋 30t，其与施工项目 WBS 的对应如图 8-3 所示。

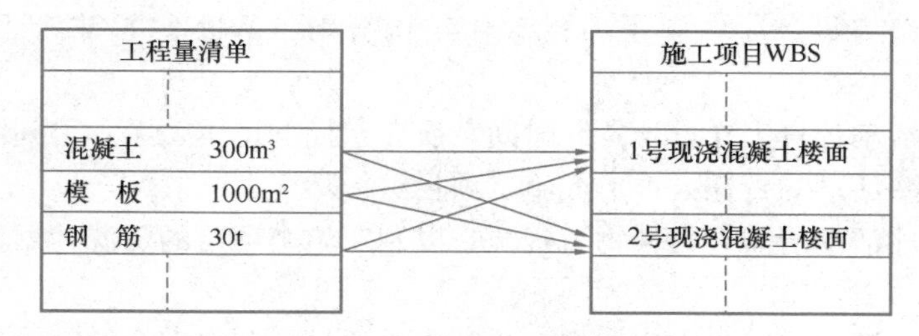

图 8-3 工程量清单与施工项目 WBS 的联系

施工项目 WBS 是按照施工过程划分的，其中 1 号楼现浇混凝土施工一次性完成，作为一项工作，里面包括支模板、扎钢筋、浇捣混凝土等工序。各工序的工程量是工程量清单分项工程量中的一部分。

8.3.5 施工项目实施策略和总体实施方式的制定

（1）施工企业战略研究。确定企业对本项目的要求，该项目在企业经营战略中的地位。

（2）确定项目实施总的指导思想和策略，如：本项目的优先级，项目各目标的权重和关系，项目的实施方式，项目的管理策略，项目采购和供应的政策等。

（3）施工项目的实施方式，包括哪些工作由企业自己完成，哪些要委托出去由其他单位完成，所采用的分包方式、供应方式等。

（4）完成工程项目任务的主要方法。包括主要施工工艺、施工设备、模板方案、运输方案、吊装方案等。

（5）施工段划分。施工段划分影响因素很多，与工程结构布置、业主招标的区段划分、地质条件、工作量等有关。

8.4 重要的设计工作

8.4.1 施工方案和临时工程设计

1. 概述

施工方案和临时设施设计具有工程技术设计的特征，涉及工程专业面广，直接影响工程的质量和安全，需要各层次工程技术和管理人员特别的重视。

施工方案设计是以分部（分项）工程或专项工程为主要对象编制的施工技术与组织方案，用以具体指导其施工过程，同时也是进行估算施工费用、制订进度计划、质量、物资采购等各项管理方案的基础。

施工方案要保证工程施工的安全性和经济性，保证质量目标、工期目标、成本目标和HSE目标的实现，需要综合考虑如下影响因素：

（1）工程要求、施工范围、规模、WBS，以及技术标准、质量要求、投标价格等。

（2）现场施工条件，如现场水文地质条件、气象条件、现场环境。

（3）总体施工安排。

（4）能够投入的资源，包括技术、设备、材料、劳动力的状况等。

2. 主要分部分项工程的施工方案

一般常规的分部分项工程做法和标准化的流程不需要详细说明，可以直接引用国家、行业或企业标准做法（如企业工法）。针对重大复杂的、危险性较大的，或采用新技术、新材料、新工艺、新设备或特殊工艺，或环境有特殊要求的分部分项工程，或对工程质量、进度和投资有重大影响的关键部位、关键结构的施工方案需要进行分析、论证，编制详细的施工方案，甚至需要进行专项设计。有些专项施工方案常常需要设置标准化的申请、审查、专家论证等工作程序。

（1）土方（基础）开挖工程。

1）场地平整。要确定场地设计标高，计算挖填土方工程量，确定土方平衡调配方案；根据工程规模、施工期限、土的性质及机械设备条件，选择土方施工机械。

2）基坑开挖。需要确定开挖尺寸、确定边坡稳定措施，进而计算土方工程量。深基坑一般采用“分层开挖，先撑后挖”方式，需要设计开挖次序和支撑方案。

3）基坑支撑与支护。确定基坑支护形式，常见的支护方案有土钉墙、排桩或地下连续墙、内支撑等多种形式，需要进行专项设计。

4）基坑降排水。降水方法通常分为排水法和人工降低地下水水位法两类。

① 排水法，需要合理设置集水坑和选择水泵，并设计防止流砂的措施。

② 人工降低地下水水位法主要方式为井点降水。需要选择适宜的井点设备，根据基坑大小与深度、土质、地下水水位高低与流向、降水深度进行井点布置，进行涌水量计算，并确定井点数量与间距。井点施工流程主要包括，施工准备、井点系统的安装、使用及拆除等工作。

5）基坑填筑。填方前，应根据工程特点、填料种类、设计压实系数、施工条件等合理选择压实机具，并确定填料含水率控制范围、铺土厚度和压实遍数等参数。

（2）桩基工程。按桩制作工程分为预制桩和现场灌注桩，应进行桩型选择和设计。

1）预制桩。应根据施工图设计要求、桩的类型、施工过程对土的挤压情况、地质探测和试桩等资料，确定预制桩的制作、桩的起吊、运输和堆放工作，选择打桩机械、确定打桩方法和顺序，以及沉桩过程的技术和安全措施。

2）现场灌注桩。需要确定现场成孔方法、清孔、钢筋笼制作和吊放、混凝土灌注、桩基检测等过程。

（3）钢筋混凝土工程。

1）钢筋工程。需要确定钢筋加工方式、接头形式，钢筋的水平垂直运输方案，特殊部位（如梁柱接头钢筋密集部位、与大型预埋件交叉部位等）的钢筋安装方案。

2）模板工程。需要确定所采用的模板材料，配备数量，周转次数，模板的水平垂直运输方案，模板支拆顺序，特殊部位的支模要点。

3）混凝土工程。需要确定混凝土运输机械、配合比配制要求，混凝土施工缝位置，混凝土浇筑顺序，浇筑机械，并确定机械数量和机械布置、混凝土振捣、养护等。

（4）预应力混凝土工程。

1）先张法。需要选择张拉设备和机具，预应力筋的下料方法，最大张拉控制应力等；对混凝土，要确定养护方案，减少预应力损失，预应力筋的放张注意事项等。

2）后张法。需要根据张拉钢筋类型选择合适的锚具和张拉设备，对孔道留设的位置、孔道直径、混凝土的最小强度和最大张拉控制力做出设计。

对孔道灌浆，需要设计水泥浆的和易性和配合比。

如采用无黏结预应力混凝土张拉和电热法张拉，应设计有针对性的张拉方案。

（5）钢结构工程。

1）钢构件的加工制作、运输和堆放。要确定运输中的成品保护措施，要有按现场安装流水顺序进行供货、配套和检查验收方案，明确钢构件堆放位置和预检项目。

2）钢构件吊装和安装。需要设计钢柱、钢梁、墙板、钢扶梯等的吊装方案，确定各结构部件的安装方案和顺序。

3）钢构件连接。需要确定钢构件之间，以及与其他构件之间的连接方法、连接顺序，技术要点等。对采用焊接方法，要设计施焊顺序和校正要求；对采用高强度螺栓连接，要确定摩擦面处理、螺栓穿孔和螺栓紧固的技术要点。

4）钢框架校正。要确定标准节框架的校正流程，选择标准柱和基准点，确定校正时的允许偏差，确定构件轴线、柱子标高、垂直度、平面标高等的校正方法。

对重大的复杂的钢构件，要对制作、运输、现场存放、吊装等全过程进行专项设计。

（6）结构件吊装工程。应确定吊装构件重量、起吊高度、起吊半径，选择吊装机械、机械设置位置或行走线路等，并绘出吊装图，重大构件吊装方案应附验算书。

（7）机电安装工程。

1）建筑给水排水工程。需要确定管道布置要点和敷设方法，管材间的连接方式，特殊部位（如穿墙、穿楼板等）施工要点等。

2）建筑电气工程。如需要确定不同配电柜等安装方法，大（重）型灯具等施工要点，调试运行安排。

3）通风空调工程。需要确定特殊部位（如穿墙、穿楼板等）施工要点；尤其要关注通风空调管道的密封和防尘措施，管道和设备的防腐隔热方法。

4）电梯安装工程。电梯属特种设备，安装前需书面报告工程所在地特种设备安全监督管理部门，对电梯井道土建工程进行检测鉴定；需要确定安装过程各工序协调技术要点和安全施工方案，以及空载试运行方案。

5）建筑智能化工程：现在建筑中的智能化系统越来越多，其种类繁多，功能各异，常常同时包括硬件系统和软件系统，应由相应的专业人员进行专项安装方案设计。

（8）防水工程。涉及屋面、地下室、厨卫间等防水施工。通常对特殊部位（变形缝、檐沟、水落口、伸出屋面管道部位、排气孔部位、上人孔、水平出入口部位等）防水节点、刚性防水层分隔缝设置、新防水材料的施工要做出专门说明。

（9）装饰装修工程，分别对各子分部工程施工要点进行说明：

1）地面工程。确定不同材料地面在交界处的处理方法，特殊部位（如变形缝、沉降缝、门洞口部位、地漏、管道穿楼板部位等）地面施工要点。

2）抹灰工程。需要确定特殊部位施工要点（如门窗洞口塞口处理方法、阳角护角方法、踢脚部位处理方法、散热器和密集管道、外墙窗台、窗楣、雨篷、阳台、压顶等），不同材料基层接缝部位防开裂措施，采用新材料抹灰的操作要点。

3）门窗工程。需要确定特种门窗工艺要点。

4）吊顶工程。需要确定特殊部位（如变形缝、管道穿越部位、灯具、排气口以及新风口等部位）吊顶施工要点，新材料吊顶工艺要点等。

5）轻质隔墙工程。确定不同材料隔墙施工或安装方法，特殊部位隔墙处理要点（底部、顶部、侧边、门窗洞口和其他预留洞口处、电线槽部位等），新材料隔墙工艺要点等。

（10）其他工程，如屋面工程、节能工程等，对一些造型比较特殊的建筑，需要进行放样和测量工程的专项设计。

有些施工方案是综合性的，内容涉及面很广，如装配式建筑的施工方案（见本章附录）。

3. 临时设施工程设计

施工过程中，还有很多为了保证施工顺利进行的临时工程，需要进行方案设计。同时，还要纳入在质量、进度、成本、安全、环境管理计划中，如：

（1）现场水平运输布置和垂直运输工程方案。

1）塔式起重机。在安装前，要进行参数校核，主要包括回转半径、起重量、起重力矩和起升高度（吊钩高度）。需要进行基础处理、辅助设备安装、顶升加节、起重机的平衡、安全生产要求等方面的设计；拆卸时，应确保处于安全状态，严格遵守先降节、后拆除附着装置的顺序进行。

2）外用施工电梯，又称施工升降机，用于运送施工人员及建筑器材。应根据建筑体型、面积、运输量等选择合适的电梯类型，并对导轨架安装、附墙架安装、吊笼安装、安全操作规程、设备管理人员和操作人员、升降机的拆卸等内容进行专项设计。

（2）临时用水排水排污、临时消防工程。综合考虑施工现场用水量、机械用水量、生活用水量、生活区生活用水量、消防用水量等，确定总用水量，选择水源，设计临时给水系统。

（3）临时用电工程。需要综合考虑全工地所使用的机械动力设备、其他电气工具及照明用电的数量等，确定总用电量，选择电源，设计临时用电系统。

（4）季节性施工方案。如夏期、雨期和冬期施工方案，应根据工程进度安排，提出防范措施，进行专项设计。

（5）脚手架工程。脚手架工程属高危险性较大工程，需要进行专项设计。对结构施工和装饰装修工程等，需要确定所采用的脚手架系统、周转方式、用量等。

1）承插型盘扣式钢管脚手架。应确定地基与基础处理方案、脚手架搭设方案、搭设顺序、拆除方案；应进行安全验算，主要包括立杆地基承载力验算、立杆稳定性验算、纵向水平杆验算、横向水平杆验算、扣件抗滑承载力验算、连墙件承载力验算等。

2）附着式升降脚手架。它由固定系统、承力系统、升降系统、上部普通脚手架和出（卸）料挑出平台等部分组成。需要对安装方案、爬升方案和拆除方案等进行专项设计。要保证各部件协调安全工作，有详细的防坠落和防倾覆的措施，以及安全施工技术要点。

3）对高大模板脚手架应进行专项设计，附验算书。

8.4.2 工期计划和资源计划

1. 概述

（1）施工工期计划是在计算施工工程量的基础上，按照业主要求工期、定额工期、工程技术和经济的特殊性、工程环境（特别是自然环境）、施工方案和组织计划、当地临近其他同类工程实际工期、风险因素等综合分析，通过相应的管理工具处理后编制出来的。总体上经过，“工期目标层层分解、工程活动工期计算、工期目标保证程度分析”的过程（图8-4）：

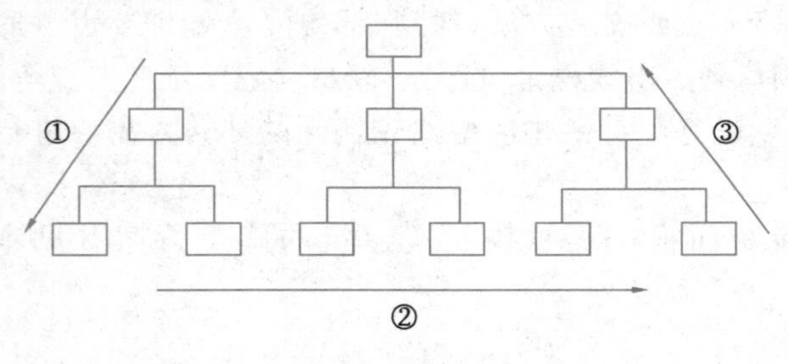

图8-4 工期目标分解过程

1）按照施工项目WBS对施工工期目标逐级分解，确定施工项目工作（或阶段）工期目标。

2）对相应层次的施工活动，编制详细的工期计划。

3）按照WBS，由下向上分析各层次活动（或阶段）工期安排能否保证工期目标的实现。

（2）工期计划是在相关部分项目工作结构分解基础上进行的，对施工项目结构分解图中各层次的工程活动（子项目、工作包）都需要确定它们的持续时间。一般经过如下编制过程（图8-5）。

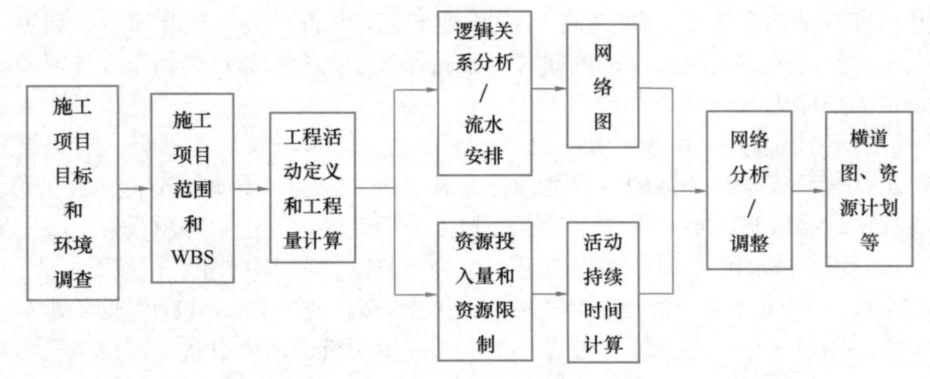

图8-5 详细的工期计划编制过程

首先确定完成施工分部分项工程的各专业工作的逻辑关系，以构建实施流程，形成施工网络图。在考虑资源条件限制的前提下，计算活动持续时间。在进行网络图分析的基础上，计算全部施工活动需要的时间。

这方面的计算过程、方法在工程项目管理课程教学中已经比较系统介绍。对施工项目，尚有一些特殊要求的内容。

2. 施工活动逻辑关系的安排

施工活动的专业性很强，需要理解施工工序的逻辑关系和流水施工，一般逻辑关系安排除了按照 2.4.4 中所述内容外，需要考虑如下因素：

(1) 对有些永久性建筑建成后可以服务于施工的，可以安排先行施工，如给水排水设施，输变电设施，现场道路工程，可以用作施工用房的部分永久性建筑等。

(2) 施工现场区段（子项目）的划分常常与工程功能区布置、地质条件、建筑结构形式等有关。

(3) 施工顺序的安排要考虑到人力、物力的限制，资源的平衡和施工的均衡性要求，以求最有效地利用人力和物力。当资源不平衡时，或资源总量不够时常常要调整施工顺序。

(4) 气候的影响。例如应在冬雨季到来之前争取主楼封顶。

有时还会考虑到资金的影响，例如为了尽早收回工程款，减少资金占用，将有些活动提前安排，或提前结束。

3. 工程活动持续时间计算

工程活动持续时间的确定是一个十分复杂的工作，不仅需要数据，需要了解环境条件和工程活动的特性，而且需要实际工作经验。工程管理人员在做安排时应与本工程活动的负责人或实际操作人员商量。

(1) 一般工程活动持续时间计算。

工程活动通常包括如下类型：

1) 能定量化的工程活动。对于有确定的工作范围和工作量，又可以确定劳动效率的工程活动，例如基坑开挖工程、钢筋工程、混凝土工程等常规分部分项工程，可以比较精确地计算持续时间。

2) 非定量化的工作。这些工程活动，如包含新技术的施工方案的设计、投标文件的编制，以及一些属于管理人员的工作，因为其工作量和生产效率无法定量化。

3) 持续时间不确定情况的工程活动。即工作量不确定，工作性质不确定，环境的变化等。如地质条件不确定情况下基础工程施工，气候变化比较大的季节中的施工活动，需要处理周边利益相关者关系的活动等。在估计这些活动持续时间时，应考虑不确定性因素的影响。

4) 工程活动和持续时间都不确定的工程活动。如在道路扩建工程施工中，需要根据现场原道路路况确定施工方案。

这些活动持续时间的计算方法在工程项目管理课程中都有介绍。

(2) 采用流水施工方法安排的工程活动持续工期的计算。

1) 流水施工的优点。在施工项目中人们经常用流水作业方法来安排一些工程活动，流水施工的各分项工程之间前后搭接，不仅比依次施工缩短了工期，还有以下优点：

① 可以消除劳动力窝工或过分集中，使劳动力和其他资源的使用均衡。

② 可以避免施工作业面闲置。

③ 可以提高施工机械的利用率等。

使用流水作业并不需要增加任何设备和费用，只是应用科学的方法组织施工。因此，它也是施工企业改进施工管理、提高施工效率的一种有效手段。

2）流水施工安排的主要变量。流水施工不仅在总体上要符合上述逻辑关系，在细节上还有一些基本参数决定工期和活动的安排，主要有施工工作面、施工段、流水节拍、流水步距、间歇时间等。

3）流水施工的种类。在流水施工中，由于流水节拍的规律不同，决定了流水步距、流水施工工期的计算方法也不同，甚至影响到各个施工过程的专业工作队数目。

按照流水节拍的特征将流水施工进行分类，主要有等节奏流水施工、异节奏流水施工、无节奏流水施工等三种方法。还有高层建筑施工流水等特殊形式。

通常，流水施工的详细安排由专业班组负责。如某施工项目基础混凝土工程由四道工序组成，具体情况见表 8-1。

某施工项目基础混凝土工程情况表　　表 8-1

工序	数量	单位	工时/单位	总工时（h）	持续时间（天）	备注
模板	1520	m^2	2.80	4256	20	
钢筋	60.2	t	75.00	4515	6	
混凝土浇筑	752	m^3	2.70	2030	10	
回填土	4104	m^3	1.00	4104	6	

如果按照各工序顺序施工，则它总工期为 42 天。

如果场地允许，在上述安排的基础上，可采用分两个施工段流水施工，施工组连续作业，则活动时间安排可见表 8-2，总工期为 33 天。

某施工项目基础混凝土施工活动时间安排　　表 8-2

顺序	施工工序	施工段		4	8	12	16	20	24	28	32	36
		Ⅰ	Ⅱ									
1	模板	10 天	10 天									
2	钢筋	3 天	3 天									
3	混凝土浇筑	5 天	5 天									
4	回填土	3 天	3 天									

由上可见，不同的安排产生不同的持续时间，其工作效率没有变化，但在持续时间上劳动力投入量发生了变化。

在确定持续时间时应考虑工程活动交接处所需要的质量检查等管理工作所需时间。

4. 网络分析方法

（1）在施工进度计划中，尽可能采用单代号搭接网络计划方式。

它的逻辑表达能力强。现代建设工程中推行的敏捷建造、并行工程、CM 承包模式等，都强调将工程活动搭接安排，则都需要采用单代号搭接网络计划方法。

国际工程中，标准合同（如 FIDIC 合同），以及涉及工期索赔的分析方法和计算规则也常用搭接网络计划。

如有些施工合同标准文本规定，承包商提供的进度计划要注明所有活动的搭接关系、最早和最晚开始时间以及结束时间、时差和关键路线，其详细程度应满足业主的要求。

（2）现在网络计划的软件都是非常成熟的，而且功能强大，使得工期计算和调整很方便。网络计划计算方法在一般项目管理书中都有介绍。但作为现场工程师，还需要熟练掌握网络计划的计算方法。在许多情况下还需要进行手算，如：

1）在现场局部活动的安排、调整，常常需要熟练掌握活动的逻辑关系、持续时间，计算出局部活动的持续时间。

2）在下达任务、活动调整，或工程变更时，需要立即确定其工期影响。

3）涉及工期的争议（索赔）的处理，要分析局部（如子网络、一条线路）影响，进而再分析对总工期的影响，常常很难都靠计算机程序完成的。

不掌握网络计算方法，没有网络的计算能力，就不能深入理解工程活动的逻辑关系，就没有在现场进行进度控制的能力。

（3）网络计划的调整。在上面工期计算的基础上，最终确定工期的目标。通常有如下情况：

1）通常如果业主要求的工期与上面计算的结果一致，则就可以确定整个工期计划。

2）如果业主要求的工期与网络计算的结果差异较大，而且按照业主要求难以按期完成，就要与业主商议“合理的工期”。一般要对业主要求的工期、定额工期、网络计划计算结果、当地临近其他同类工程实际工期、工程环境（特别是自然环境）风险等因素进行综合分析，得到“合理的工期”，并与业主商讨能够修正原定的工期目标。

3）业主要求的工期与上面计算的结果有一定的差异，可以通过对网络计划计算结果的适当调整消除这个差异。

此外，由于总工期或部分里程碑事件的时间是事先确定的情况，也需要调整网络计划，例如：

1）招标文件或合同中都有施工目标工期的限定，承包商必须按照业主的工期限定安排施工过程。

2）业主（或上级）指定工程（特别是重大或重点工程）的某些里程碑事件的时间安排。例如某条道路必须在国庆前通车，办公楼建设在厂庆那一天结构封顶或奠基。

特别是有些政府工程项目，常常将这些日期定在重大的节日或重大历史事件的庆祝日，而且预先安排政府高层领导者参与这些活动。

3）有的是其他方面的特殊要求，如：主体结构必须在雨季到来前封顶，主体混凝土工程必须在冬季到来前完成、特殊的供应商（如重要设备）提出的时间要求等。

对工期和里程碑事件上的强制性日期规定可能有：项目开工日期、整个工程计划完成日期（结束活动“最迟完成时间”）、某个重要活动或阶段的开始或完成（即重要事件）日期等。一般采取“不早于……开始”和“不迟于……完成”等的形式。

在网络计划中，这些限定作为输入的约束条件，限定了某些活动（包括开始节点、结束节点）的开始或结束时间。通常按照项目网络计划分析，刚好与限定相符的情况一般很少，都需要进行相应的调整。

这种限定经计算机网络分析后会使有些活动（常常在一条线上）出现负时差，即某些工程活动的最迟开始时间小于最早开始时间，或总时差为负值，不能确定自由时差。这表明，网络中已出现逻辑上的矛盾。为了使路线总时差为零或正值，有必要调整活动的持续时间、逻辑关系。这与在工程实施过程中工期压缩情况相似。

对工期计划中时间的强制性规定会导致计划的刚性太大，不仅造成整个项目计划和实施控制的困难，可能增加项目的风险，甚至在极端的情况下要求大规模修改项目的范围，会极大地损害项目的功能目标和成本目标。

5. 资源计划和平衡

资源计划的目标是，将施工所需要的资源按正确的时间、正确的数量供应到正确的地点，保证供应，并降低资源成本消耗（如采购费用、仓库保管费用等）。

由于施工所需资源的种类多，供应量大，需求和供应不均衡，使供应过程复杂，受外界影响大，所以承包商的资源计划是工程项目管理的重点之一。

（1）施工项目资源的种类。资源作为工程项目实施的基本要素，它通常包括以下内容。

1）人力资源，包括各专业、各种级别的劳动力，熟练的操作工人、修理工等。

2）原材料和工程设备。它构成程的实体，常见的有砂石、水泥、砖、钢筋、木材、生产设备等。

3）周转材料，如模板和支撑、施工用工器具以及施工设备的备件、配件等。

4）施工所需的施工设备（如塔式起重机、混凝土拌和设备、运输设备）、临时设施（如施工用仓库、宿舍、办公室、工棚、厕所、现场施工用水电管网、道路等）和必需的后勤供应。

5）其他，如计算机软件、信息系统、管理和技术服务、专利技术以及资金等。

对特殊的工程，如大型工业建设项目，或者对特殊的资源，如隧道施工中的盾构。

（2）资源计划过程。资源计划包括如下过程：

1）按照施工项目目标、环境、供应条件和业主要求等，确定资源的采购和供应的策略。如哪些资源由自己组织采购和供应，哪些资源由承（分）包商组织采购和供应？所需的周转材料、设备、和临时设施等是租赁还是购买？如何采购等。

2）按照项目目标、工程技术设计、施工项目结构分解和施工方案、技术规范和目标成本等，编制资源用量计划，作资源需求计划表，包括资源种类、数量、质量、规格的说明。

3）在工期计划的基础上，确定资源使用计划，即资源“投入量—时间”关系直方图（表），确定各种资源的使用时间和地点。

4）资源供应情况调查和询价。要广泛调查，了解市场资源获得渠道，采购、供应和使用的制约条件、价格，可供本项目使用的资源（例如人员、设备和物资）信息以及资源提供的能力、质量和稳定性，以此确定各个资源的单价，进而确定各种资源的费用。

5）制定采购供应计划，筹划主要的供应活动。确定各类资源的供应方案、各个供应环节，并确定它们的时间安排。如制订材料设备的仓储、运输、生产、订货和采购计划，人员的调遣、培训、招雇和解聘计划等。

6）确定项目的后勤保障体系，如依据上述计划确定现场的仓库、办公室、宿舍、工棚和汽车的数量及平面布置，确定现场的水电管网及布置。

如通常材料供应过程，确定各供应活动时间安排，形成供应网络。

（3）资源使用计划。在施工组织设计中，需要提出主要资源用量表和资源投入曲线图。

1）资源用量表，通常材料、劳动力等用量是在工程量、单位工程量的资源消耗量基础上汇总计算得到。而施工设备的使用量还与施工现场布置、工期安排等因素有关。

2）资源投入曲线。在网络分析的基础上，将各活动的资源平均分配到相应的工程活动上，再按项目进度相加汇总得到。现在，项目管理软件可以自动生成这样的资源投入曲线。

通常工程量、资源投入量、持续时间、班次、劳动效率、每班工作时间之间存在一定的变量关系，在计划中它们常常可以互相调节。

（4）资源的供应计划。如劳动力的招雇、调遣、培训和解聘计划等。它们通常是项目的准备工作计划的重要内容。

（5）资源计划的优化方法。

通常在网络分析后可以按照最早开始与完成时间输出进度表，并按照这种进度表输出资源使用计划（曲线）。由于工程施工是一个不均衡的生产过程，资源品种和用量常常会随时间进展发生很大的变化。在施工组织中，需要通过合理的安排，在保证预定工期的前提下，削减资源使用的峰值，使资源的使用比较连续、均衡，如避免劳动力过于集中使用和脉冲式的使用，或在特殊情况下能充分使用预定量的资源。

资源的平衡一般仅对优先级高的几个重要的资源，通常采用如下方法：

1）通过非关键线路上活动开始和结束时间在时差范围内的合理调整达到资源的平衡（图 8-6）。

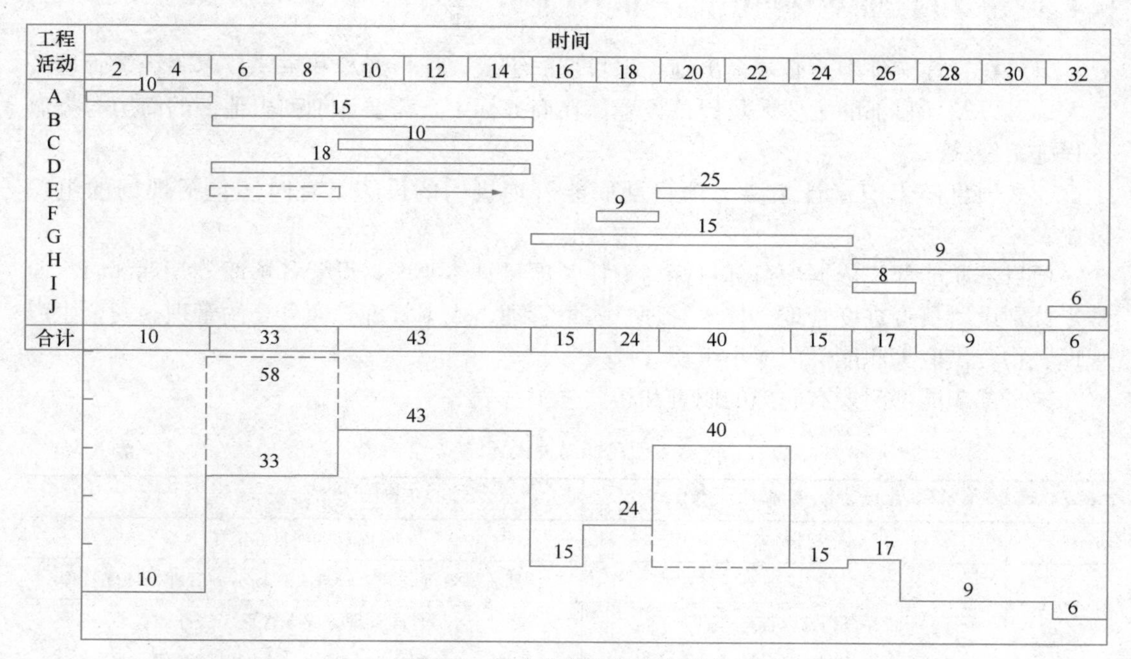

图 8-6　劳动力资源平衡进度表

2）若非关键线路的活动经移动后仍未达到目标，或希望资源使用更为均衡，则可以采取以下措施：

① 在它的时差范围内，减少非关键线路活动的资源投入强度，相应延长它的持续时间。

② 也可以考虑根据不同的资源日历充分利用延长日工作时间，或在周末工作或选定资源多班次工作的办法缩短关键活动的持续时间。

③ 在保证活动持续时间不变情况下，提高劳动效率，减少资源使用量。

但经过这样调整后，可能会出现多个关键线路。

3）如果非关键活动的调整仍不能满足要求，尚有如下途径：

① 修改工程活动之间的逻辑关系，重新安排施工顺序，将资源投入强度高的活动错开施工。

② 改变方案采取高劳动效率的措施，以减少资源的投入，如采用装配式结构以节约人工。

③ 压缩关键线路的资源投入，当然这必将影响总工期。

4）资源计划优化带来的问题。经过上述资源优化，会促使施工项目资源的使用趋于平衡。但它的副作用又是非常明显的，例如：

① 加大了计划的刚性，使非关键活动的时差减小或消失，或出现多条关键线路，或会改变原来的关键路线。在施工过程中一旦出现微小的干扰，就会导致工期的拖延。

② 资源投入的调整可能会引起劳动组合的变化，不能充分有效地利用设备，不符合技术规范等，甚至由于人员减少造成工程小组工作不协调，进而影响工作效率和工程质量。

8.4.3 施工项目部管理组织设计和项目现场组织

（1）在投标文件中，必须提出施工项目部的组成、项目经理和主要技术和经济管理人员人选，以及项目部的主要人员岗位设置。在商务标中，需要详细列出他们的简历与类似工程施工经验。

（2）项目部组织设计主要为项目部职能管理机构的设置，有时还包括现场的组织设置。

项目部职能部门依据项目部目标、责任及项目具体要求，设置各项职能管理部门。通常，分别设置负责进度管理、技术管理、质量管理、成本管理、商务合约管理、安全生产管理、物资供应等职能部门或小组。

项目部职能部门要有明确的职责和相关分工（表 8-3）。

项目部岗位设置　　表 8-3

序号	岗位负责人/职能部门	主要职责
1	项目经理	全面负责项目部工作
2	工程管理部	计划统筹管理、施工管理、现场劳务管理、环保管理
3	商务合约部（商务经理）	合同管理、成本管理、法务
4	物资设备部	物资采购、验收、维修保养管理

续表

序号	岗位负责人/职能部门	主要职责
5	质量管理部（包括质量总监）	质量检验
6	安全管理部（安全总监）	安全监督、职业健康和应急管理
7	财务部	会计和出纳事务工作
8	综合办公室	信息管理、公共关系、后勤保卫等

（3）对区段（子项目）多的重大施工项目，项目组织通常采用矩阵式组织形式，以实现项目部各职能部门对各区段（子项目）的管理和协调。

有时项目部管理层除项目经理外，还设置总工程师、生产经理、商务经理、质量总监、安全总监等职位，以分管不同的职能管理部门。如某轨道交通施工项目组织如图 8-7 所示。

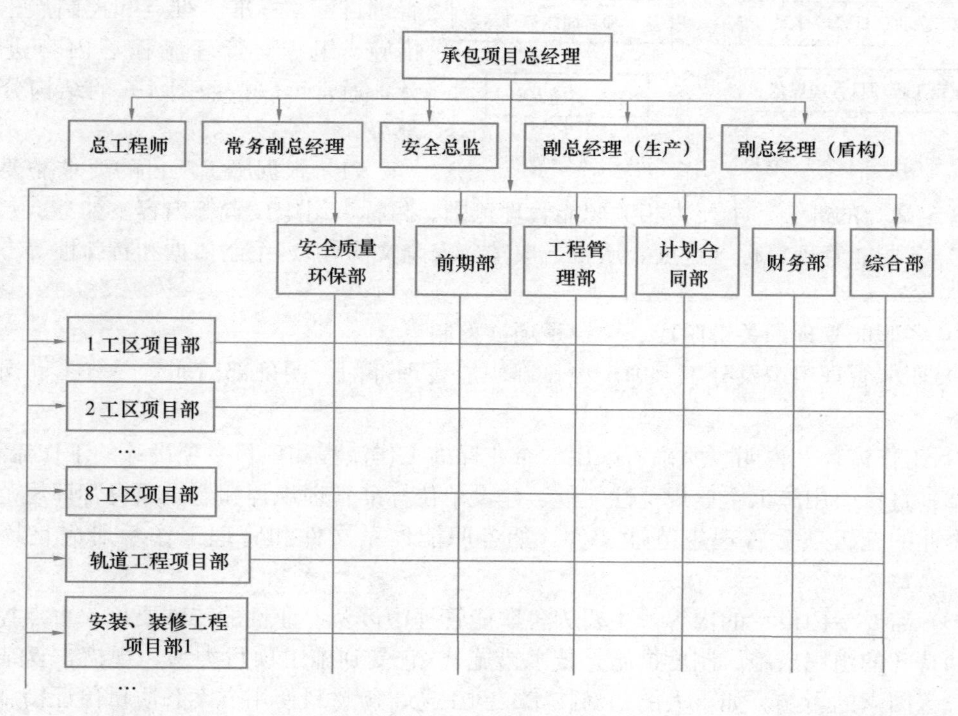

图 8-7 某轨道交通施工项目组织图

各区段（子项目）还有自身的现场管理组织（图 8-8）。

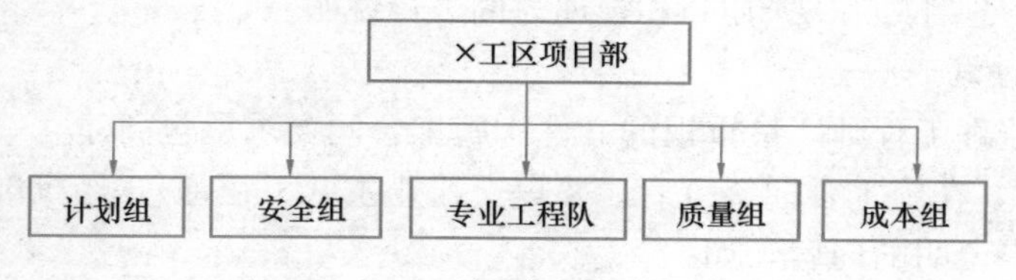

图 8-8 工区项目部现场管理组织

8.4.4 施工项目职能管理计划

1. 职能管理计划的要求

为了实现施工项目的管理目标，项目部应建立对应的职能管理体系（或计划）。常见的职能管理体系包括质量管理体系、进度管理体系、安全管理体系、成本管理体系、环境保护和绿色施工管理体系等。

在施工组织设计中，职能管理体系主要以职能管理计划的形式出现。它需要符合招标文件和施工合同、建设工程项目管理规范的要求，应与施工企业项目管理体系、项目总体实施方案保持一致（图 8-9）。

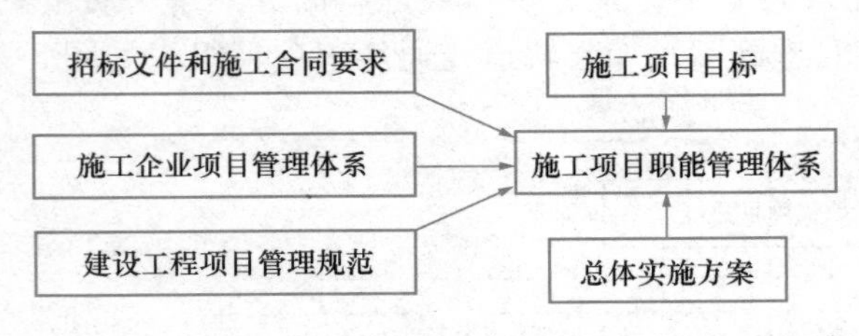

图 8-9 施工项目职能管理体系的主要影响因素

2. 施工项目职能管理计划的内容

从总体上说，职能管理计划应围绕管理目标、标准、难点和控制点、主要措施、组织、管理流程等内容进行设计，通常可以按照图 4-6 的结构分为三部分。

（1）根据施工项目的要求需要具体说明（定义）的部分。主要为相关职能管理范围、目标、组织设置等内容。如：

1）各职能管理目标（进度、质量、成本、安全文明等）、编制依据和特殊性等方面的说明。

2）各职能管理的关键阶段、关键子项、控制点。

3）职能管理组织及分工。确定项目部职能管理部门，明确部门职责、分工、岗位人员配备。

4）工作流程及说明。明确所采用的企业标准工作流程和项目专项设计的工作流程。

（2）直接引用施工企业规范性文件、建设单位标准管理规程和建设项目管理规范的内容。企业的施工项目管理规范性文件，如各职能体系文件和管理工作手册应是最主要部分。

（3）需要专门设计的内容。主要为各职能管理中涉及专业性的特殊要求、重点控制措施（如特殊的组织措施、制度措施、技术措施）。它受到施工项目类型、规模、复杂程度和环境等因素的影响。如重大的、新技术、新工艺、新材料使用方案和质量保证措施，对深基坑开挖与支护、高支模、起重吊装、脚手架、基坑降水工程、大构件运输方案等专项施工管理方案设计，重大风险源的预控应对方案等。

下面以质量管理计划和现场 HSE 管理为例进行说明。

3. 质量管理计划

这是业主（监理工程师）最重视的文件。施工合同要求承包商建立一套质量保证体系和 HSE 管理体系，在施工合同签订后，要提交给业主（工程师），经批准后执行。

（1）需要作出说明的内容。如：

1）确定质量管理目标。按照施工合同要求确定质量目标并进行目标分解，说明相应的质量要求（标准）、关键技术指标参数等。

在我国有不同级别和类别的优质工程奖项，可以有创优质工程目标，则需要有专门的管理程序和措施。

2）质量管理组织机构。包括：

① 建立项目质量管理的组织机构并明确职责。

② 质量管理组织应以项目经理为牵头人、以质量管理职能部门经理为负责人，其他部门配合的整体协调组织机构。所以，一般项目的质量管理组织机构就是项目部组织机构。

3）设立质量控制关键点。质量控制关键点设置对象包括：

① 施工过程中的重要项目、关键分部分项工程、关键部位和工艺及薄弱环节。

② 影响工期、质量、成本、安全、材料消耗等重要因素的环节。

③ 新材料、新技术、新工艺的施工环节。

④ 质量信息反馈中缺陷频数较多的项目。

应列出质量控制点清单，并列出技术要求和监控措施。

(2) 引用标准文件的内容。施工企业有企业质量管理体系，有标准的质量管理体系文件，可以直接引用企业质量管理标准。如质量过程检查制度、质量管理程序、质量事故处理程序、工程验收程序等。

通常还可以细分为：质量控制关键点设置管理程序，首件工程样板预验收管理程序，设计文件审核程序，开工报告管理程序，材料检验、试验与检测管理程序，重大设备管理程序，新技术、新工艺、新设备、新材料应用申报审批程序，质量问题整改程序，竣工预验收管理程序，工程保修管理程序，质量奖励与处罚管理程序等，以及相应的标准文件。

(3) 需要专项设计的内容。主要是质量控制措施。

1）与专项施工方案设计相关的质量保证措施，包括设计控制、施工方案和工艺标准，明确施工要点和质量控制措施。

2）需要针对本工程设计的特殊的质量保证合同措施、经济措施、管理措施。

3）对于重大和特殊的工程，成品、半成品保护、工程交付与交付后服务保证措施等。

4. HSE 管理计划

这方面包括很多内容，如现场和环境管理、绿色施工管理、施工职业健康和安全管理等。它们的内容体系是相似的，可以采用统一的管理模式，构建统一的管理体系。

HSE 管理是通过对危险源和风险的识别，进行人员培训，制定防护措施、生产方案，并进行检查等系列管理手段，预防工程事故发生，最大限度地降低人员伤亡、环境污染，减少财产损失。

以安全管理为例，其管理计划的流程如下（图 8-10）：

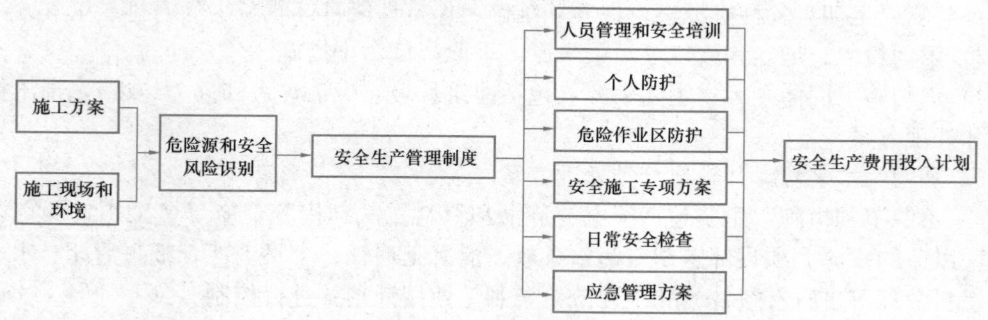

图 8-10　安全管理计划流程

(1) 需要说明的部分。

1) 制定 HSE 管理目标。

2) 建立项目 HSE 管理的组织机构并明确职责分工。

3) 对危险源和安全风险进行识别，列出重要的危险源、控制点。

通过现场环境的调查，考察地质、水文、现场平面布置等因素，对施工方案可能的安全隐患进行分析。在此基础上，邀请技术专家、现场管理人员、工人等对危险源和安全风险进行系统梳理，并将结果记录成表，它们是安全管理的对象，是安全生产方案的基础。

(2) 引用标准文件的部分。应根据企业安全管理制度，规范安全生产管理，做好常规性的安全生产计划，包括安全教育培训、个人防护用品、危险作业区域防护材料、安全标志、标语、消防器材、应急设施等。严格执行安全生产制度，保证全面的安全检查，包括日常巡查、专项检查、季节性检查、定期检查和不定期抽查等。

(3) 需要专项设计的内容。主要包括现场 HSE 保护技术、控制和资源配置措施。

1) 特种作业人员上岗培训等。

2) 特殊作业（高空作业、特殊结构的安装作业）的安全措施等。

3) 特定危险作业区域的防护方案，特殊机械设备和施工机具的安全保障方案。

4) 针对重大危险源、危险性大的工程需要编制安全管理和技术方案，或应急预案。如：

① 深基坑工程的围护方案、支护方案和降排水方案。

② 高大模板方案中支撑系统的搭设方案、混凝土浇捣方案。

③ 悬空作业或操作平台的稳定和平衡保护方案。

④ 起重机械设备的安装、拆卸方案。

⑤ 场内机动车辆运输材料的装卸、搬运或堆放方案，工程施工现场的土方挖掘、夯实、搬运施工方案等。

5) 针对工程和现场特点的事故应急预案。应急预案包括应急救援、事故报告与处置等方案并定期组织演练。

(4) 环境和绿色施工方面的计划。环境和绿色施工计划与安全施工计划过程、内容、方式相似。需要专门说明和专项设计的内容如下：

1) 对环境因素进行识别，确定重要环境污染因素，并列出清单。

2) 识别施工作业机械设备噪声源，将发出噪声机械尽可能布置在远离居民区，并尽量对产生噪声的工作进行封闭；做好强噪声作业及夜间作业的工作时间；对噪声作业区定期进行监测；定期对各种机械进行保养和维修，保持性能良好，减少噪声排放量等。

3) 识别粉尘、烟尘和废气等污染来源，采取降低污染措施。

4) 识别施工固体废弃物主要来源（包括建筑垃圾、生活垃圾和办公垃圾），提出控制措施和处理方案。

5) 列明污水来源，并提出分类处理方案。

6) 资源节约措施，主要包括节电、节水和材料二次利用等，应尽量采用“绿色施工技术”以节约资源。项目部定期对污水排放、混凝土消耗、木材消耗、纸张消耗、水电消耗、燃料消耗等进行有效计量和统计分析，制定使用计划并进行控制。

8.4.5 施工现场布置图设计

1. 概述

(1) 基本内涵

施工现场布置是施工项目管理最富特色的方面。它对施工项目安全、稳定、高效率、高质量地完成和施工成本有非常重要的影响。它是施工项目经理、建造师必须具备的能力。

施工现场布置的设计成果通常为施工平面布置图。一般按地基基础工程施工(如支护及桩基施工、土方施工、地下结构施工)、主体结构工程施工、装饰装修和机电设备安装施工、室外景观施工等分别绘制施工现场布置图，以及临时设施平面布置图、临时用水用电布置图等。现在可以用BIM等软件绘制三维或四维动态的现场平面布置图。

(2) 施工总平面图布置的原则

1) 在满足施工要求的前提下布置紧凑，少占地，不挤占交通道路。

2) 施工现场平面分办公区、生产区，分开进行布置。

3) 合理布置临时设施位置，最大限度地缩短场内运输距离，尽可能避免二次搬运。如物料应分批进场，大件置于起重机下；材料和半成品仓库的位置尽量布置在使用地点、塔式起重机和施工电梯附近，以减少工地内部的搬运。

4) 在满足施工需要的前提下，尽量减少临时工程的工程量，降低临时工程费。应尽量利用已有房屋、管线和前期完工的永久工程，尽量采用可拆移结构。

5) 充分考虑劳动保护、环境保护、安全相关的法律法规的要求等。

(3) 施工总平面图的布置依据

1) 调查收集现场周边对施工平面布置有影响的信息：现场红线、临界线、测量基准点，相邻的地上、地下既有建(构)筑物，水源、电源位置，以及地质勘查成果等。

2) 设计资料，包括拟建工程的建筑总平面图、竖向设计、地形图、区域规划图，建设项目范围内的一切已有的和拟建的地下管网位置等。

3) 总进度计划及各种资源需用量计划。

4) 施工总体部署和主要施工方案。

5) 安全文明施工及环境保护要求。

6) 绿色文明工地要求。

7) 工地业务量计算参考资料。

2. 施工现场平面布置的工作过程和主要内容

(1) 现场平面布置的工作过程

现场平面布置需要按照进度计划、资源使用计划、现场条件等设计(图8-11)。

(2) 现场布置的主要内容

1) 生产区布置。其主要包括施工现场围挡及大门，施工临时道路，堆放场地布置及防雨设施，现场实验室、标养室及其他临时设施布置等；钢筋、模板、脚手架、机电安装、装饰装修等材料和工艺设备的现场加工场、半成品制备站、仓库和堆场。

2) 场内外交通运输方案。场外运输方案应充分利用已有道路设施，场内运输需在主要建筑物四周修建临时道路，垂直运输方案主要包括塔吊和物料提升机的布置等。

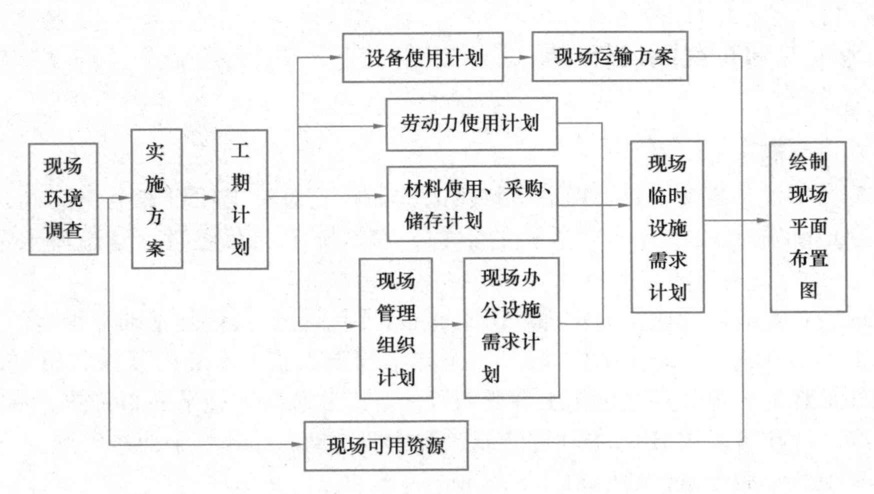

图 8-11 现场平面布置工作流程

3）办公区布置。应布置办公区以及管理人员生活区。办公区包含办公室、会议室、医务室、活动室、阅览室等，院内设停车场（库）、旗台、绿化带等。

4）生活区布置。应设置职工宿舍、食堂、淋浴室、活动室、篮球场、招待所、厕所等设施，满足职工休息以及文化活动的需要，尽量做到为工人提供舒适整洁的生活环境。

5）临时用水方案。其包括临时消防用水布置和生活用水布置，明确临时用水接入口和管网布置方案。

6）临时用电方案。布置内容应包括供电接入口、配电网络布置和电缆线路敷设方案。

7）现场排水、排污布置。其包括车辆出场清洗处，施工现场排水、排污管道和生活区排水、排污管道，取土、弃土、弃浆的临时用地位置等。

8）消防和安保设施，消防水泵房和消火栓的位置，大门、围墙和门卫，现场视频监控等。

9）CIS（Corporate Identity System，企业形象设计）形象布置。为展示施工单位公司形象而进行的施工现场"美化"设施。如施工现场"五化"，即"亮化、净化、绿化、美化、硬化"；现场"新概念、新环境、新品质"为目标的"三新"建设，主要目的通过现场宣传布置，使现场的安全生产、文明施工和施工现场管理深入人心并共同执行。

3. 现场布置中的重点设计工作

（1）现场工作人员生活设施的计划及其供应安排

1）生活设施（宿舍、食堂、厕所、娱乐设施等）需要量的确定。按劳动力曲线确定的现场劳动力最大需要量以及相应的勤杂、管理人员使用量为依据，人均占用面积可以按过去经验数据或定额计算。它不得小于法律规定的人均最小面积。

2）供应量的确定。一般参考以下三个方面：

① 应尽量利用现场或现场周围已有的（如借用、租赁）的房屋，这一般比较经济。

② 在工程实施过程中可以占用已建好的永久性设施。如已建好的但未装修的低层房屋，可以暂时用作宿舍、办公室或仓库。这要综合考虑工程建设计划和资源需求计划。

③ 可以在现场新建临时设施，用以补充上述供应的不足。

3）设置要求。

工人宿舍一般宜设在场外，并避免设在低洼潮湿地及有烟尘不利于健康的地方，应符合法律规定的劳保卫生条件；食堂宜布置在生活区，也可视条件设在工地与生活区之间；生活区与生产区应分开，行政管理用房布置在工地进出口附近，便利对外联系；生活福利设施宜设在工人较集中的地方，或设在工人出入必经之处。

（2）仓储面积的确定及其布置

1）仓储面积按照计划仓储量和该类材料单位面积的仓储量计算。各种材料单位面积的仓储量有参考数字可以查阅（见参考文献［16］）。

有效的物流管理可以减少仓储量，这种方法在国内外的项目中都取得了很大的成功。

2）仓库的布置一般应接近使用地点，其纵向宜与交通线路平行，装卸时间长的仓库应远离路边。仓库位置距各使用地点要比较适中，以使运输吨公里尽可能小。仓库应位于平坦、宽敞、交通方便之处，且应遵守安全技术和防火规定。

一般材料仓库应邻近公路和施工地区布置；钢筋、木材仓库应布置在其加工厂附近；水泥库、砂石堆场则布置在搅拌站附近；油库、氧气库和电石库、危险品库宜布置在僻静、安全之处；大型工业企业的主要设备的仓库（或堆场）一般应与建筑材料仓库分开设立，一般笨重的设备应尽量放在车间附近。

（3）加工厂和混凝土搅拌站的布置

1）应使有关联的加工厂适当集中，通常布置在工地边缘，使半成品运到需要地点的总运输费用最小，同时使生产与建筑施工互不干扰。

2）混凝土搅拌站。尽量采用装配式构件和商品混凝土，可以大幅度减少现场的仓储和搅拌站的面积。对特大型工程项目，混凝土搅拌站集中布置可以提高机械化、自动化程度，从而节约劳动力，保证重点工程和大型建筑物、构筑物的施工需要。同时，混凝土质量有保证。集中搅拌站的位置，应尽量靠近混凝土需要量最大的工程，且至其他各重点供应工程的服务半径亦应大致相等。

根据建设工程分布的情况，适当设计若干个临时搅拌站，使其与集中搅拌站有机配合。

3）砂浆搅拌站以分散布置为宜，随拌随用。

4）钢筋加工厂。对需进行冷加工、对焊、点焊的钢筋骨架和大片钢筋网，需要设置中心加工厂集中加工。而小型加工件，小批量生产利用简单机具成型的钢筋加工，则可在分散的临时钢筋加工棚内进行。

（4）现场水电管网的布置

这涉及水电专业设计问题。一般考虑工程中施工设施运行、工程供排需要、劳动力和工作人员的生活、办公、恶劣的气候条件等因素，设计工程的水电管网的供排系统。

1）现场用水，包括生产（施工生产用水和施工机械用水）、生活和消防用水三方面。

2）用电设施设计。需要进行用电量测算和工地供电的布置。

尽量利用施工现场附近原有的高压线路或发电站及变电所。如果在新开辟的地区施工，或者距现有电源较远或能力不足时，就需考虑临时供电设施。

（5）内部运输道路布置

通常要注意如下几点：

1）临时道路要把仓库、加工厂、堆场和施工点贯穿起来。

2）按货运量和结构件形态大小设计双行环行干道或单行支线，使车辆进出自如，道路末端要设置回车场。

3）有些永久性道路可以为施工服务，可安排提前修建路基和简单的路面。

8.4.6 信息管理计划

1. 施工项目信息管理涉及的主要方面

根据图1-8，施工项目的信息管理计划需要服从业主的建设项目管理规划和企业的工程项目管理系统。

(1) 按照业主建设项目管理规划中信息和沟通管理的规则、内容和格式要求、编码规则等进行管理。

这方面包括施工项目部与业主、设计、工程师、其他方的沟通所需的信息，如需要按照规定向业主提供各种计划、实施情况的报告，签证、索赔文件。

如施工合同规定，承包商提交工程进度报告应包括各个关键日期和每项工作实际进展情况，详细记录劳动力、设备、材料的实际投入和使用情况。它的内容和格式通常要经过工程师的批准。

(2) 按照企业工程项目信息管理系统的要求进行管理。

1）与企业及相关职能部门沟通所需的信息，如给企业相关部门的报告、报表等。

2）施工项目部内正常实施和管理所需的资料，如各种日报、现场用工单、用料单、各种文档（资料）等。

这部分一般在施工组织设计中不作具体描述。

2. BIM 实施计划

在工程设计基础上，利用BIM模型和相关功能软件可以进行进度计划、成本计划、施工过程、场地平面布置等的动态仿真，进行可视化、综合性的施工计划管理（图8-12）。

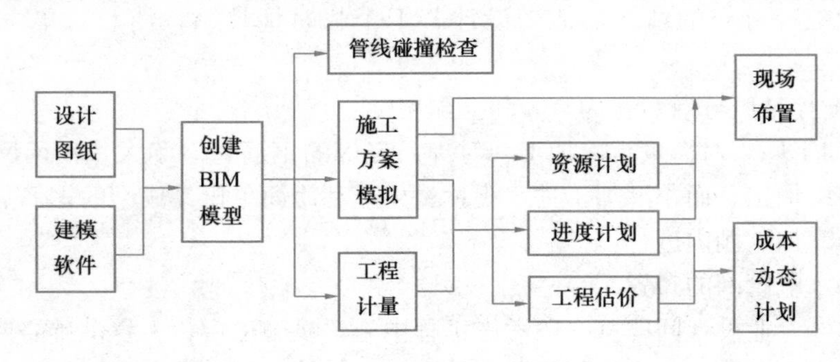

图8-12 基于BIM的施工计划管理流程

涉及施工组织设计方面的内容主要有：

(1) BIM模型创建及碰撞检查

在Revit或Bentley平台上，设计师建立项目三维几何模型。通过专业软件，例如，Navisworks，提前预警项目中不同专业（包括结构、暖通、消防、给水排水、电气桥架等）空间上的碰撞冲突。碰撞检查可以减少施工阶段可能存在的返工风险。设计师根据冲突报告，制定解决冲突的方案，修改设计（BIM模型）。

（2）进度仿真

制订进度计划，在进度仿真软件（如 Navisworks）中，将 BIM 模型构件与进度计划关联，进行 4D 施工进度仿真，将项目的时序变化情况进行可视化展示。同时，运用工程量统计功能，实现工程量动态测算。

（3）场地布置

将 BIM 三维模型输入场地布置软件中，再输入进度计划信息。利用工程量统计功能，分阶段统计材料堆放位置和所需空间，在场布软件中进行展示。根据以上输入信息，安排塔吊以及施工电梯等机械运输方案。最后，就可以对项目整体分区及周边交通进行三维建模布置。

（4）施工模拟

对于复杂、危险或质量要求高的施工工艺和方案（如土方工程、大型设备及构件安装、垂直运输、脚手架工程、模板工程等）进行仿真模拟，及早发现风险和缺陷。将 BIM 模型、场地布置模型输入施工模拟软件，利用动画技术，明确工序之间、工序和环境之间以及人与机械之间等的互动关系。

（5）成本动态计划

在造价相关的 BIM 软件中，根据计量计价规范和施工方案等，进行成本计价、核算、报表管理等。利用支持 BIM 的成本软件得到工程量清单，输入价格信息，计算施工成本。加入时间维度，每个构件关联时间和预算成本等信息，实现动态成本计划。

3. 智慧工地平台设计

在施工现场管理中，采用信息化手段和物联网技术实现质量、进度、成本和安全相关内容的监控和管理，称为“智慧工地平台管理”。目前，智慧工地系统的技术实现可按照施工五类要素（即“人、机、料、法、环”）进行分类和建设（表 8-4）。

智慧工地主要建设内容 表 8-4

序号	要素	智慧工地实现手段
1	人	VR 体验及多媒体安全教育系统 劳务人员实名制管理系统 智能 WiFi 教育系统 电子巡更系统 移动巡检系统 视频安防系统 烟感报警系统
2	机	塔机安全监控系统 施工升降机安全监控系统 工程车辆车牌识别系统
3	料	无人值守自动过磅系统
4	法	深基坑自动化监测系统 模板支撑体系监测系统 临边、洞口防护自动监测系统 BIM 技术管理系统
5	环境	扬尘噪声自动监测系统 施工用水自动监测系统 施工用电自动监测系统 水环境自动监测系统

8.4.7 其他管理计划

（1）施工准备工作计划。施工准备涉及许多复杂琐碎的工作内容，在施工合同签订后的详细实施计划中作出安排，有时需要作为一个子项目进行精细计划。如某大型施工项目准备工作计划流程如图 8-13 所示。

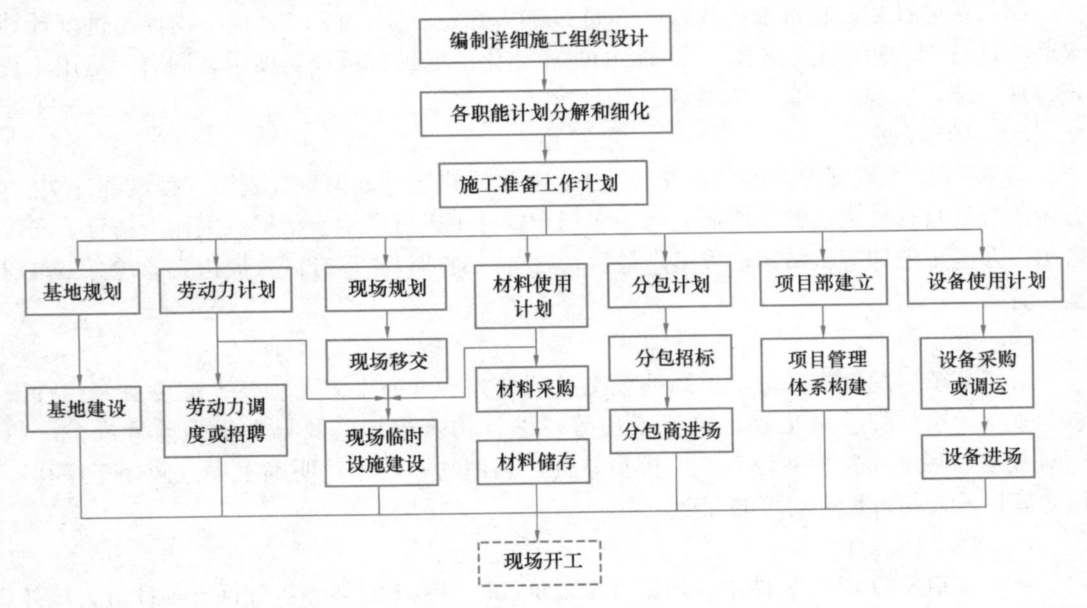

图 8-13 某大型施工项目准备工作计划流程

1）根据工程施工计划和各职能管理计划提出施工准备工作的具体需求。

2）一些职能型前期工作的安排，劳动力的前期安排、现场规划和临时设施建设、材料的准备、分包的招标和进场、项目部建设、设备的前期准备、技术准备等。

有些工作还需要复杂的分解和计划，如技术准备就涉及图纸会审、技术资料准备、施工方案细化、测量器具配备、检验试验设施或装置准备、样板计划、新技术推广应用措施等，有些还需要对工程进行深化设计。

又如，在施工前期对物资（材料和设备）可能有加工订货计划、进出场计划、租赁计划、运输计划、储存计划等。

3）涉及现场和基地的规划和建设工作。如对一些特殊的大型工程，承包商需要进行基地建设，它本身就是一个很大规模的工程建设项目。

4）按照合同，前期还有一些事务性工作，如提供保险、担保（履约担保、预付款担保）等供业主审批。

（2）结合工程特点所需要作的一些特殊安排，如地下管线及周围构筑物、文物保护措施，防汛、防寒措施，交通疏导配合措施。

（3）投标人对工程提出合理化建议（价值工程），包括主要施工方案的技术经济论证与说明，相应的实施性技术方案的施工组织设计。

8.5 工程总承包项目实施计划框架

在国际和国内工程中，总承包（D+B 总承包，或 EPC 总承包）越来越多。

总承包项目实施计划的内容范围与建设项目策划（第 7 章）相似，也服从图 7-2 的总体逻辑，但它的文本结构形式可以是灵活的。

如某工程总承包实施计划采用《总承包项目实施计划大纲》《设计建议书》《采购建议书》《施工建议书》的形式（图 8-14）。

第一部分：总承包项目实施计划大纲

（1）总纲（总说明）

1）项目概况。简要介绍建设项目的发起、立项概况、基础资料、当地法律、环境等。从工程全寿命期的视角介绍工程的目的、使命和总目标。

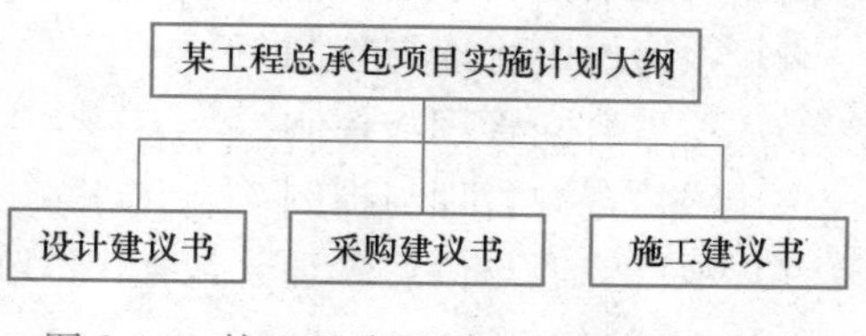

图 8-14 某工程总承包项目实施计划框架

2）工程建设项目目标。根据招标文件分析工程的功能、质量标准、总投资、工期、HSE 等目标要求。

3）服务范围。由招标文件确定的总承包合同工程的范围说明，列出总承包工作范围表。

4）编制依据和过程。

① 编制依据是业主的招标文件、总承包合同条件、业主要求、适用的法律法规、技术标准等。

② 内容和编制总体过程。描述主要内容、编制工作过程。它既是编制工作的“技术路线”，也体现了相关内容（总册与几个分册）之间的联系。

（2）工程总体实施方案

1）工程实施的准则。工程实施的总体原则、设计准则、采购准则、施工准则等。

2）简要论述设计建议书（标前设计）、采购建议书、施工建议书的总体结论。

（3）工程实施方式和项目部组织

1）工程范围内设计、采购和施工工作的实施策略、主要任务承担者。如设计单位、供应单位、施工单位，以及其他方的总体安排、分工和责任。

2）项目部管理组织结构、职能部门设置、职责分工、主要人员配置等。

（4）项目实施过程和总进度安排

1）项目阶段划分和实施过程总体安排（里程碑计划）。

2）项目进度目标、总进度计划。

3）总承包项目资源计划。

（5）总承包管理工作计划

总承包管理方案包括总承包管理总体设想、管理工作内容、管理机构的设置（责任矩阵）、管理制度等，还要具体落实如下管理内容：

1）前期工作管理计划，如设计招标及管理、施工招标、施工准备工作、许可申请等。

2）设计和施工管理计划。

3）竣工验收管理计划，如竣工验收流程、验收方案、项目结算、验收备案、工程移交、工程质量保修等。

4）运营准备和运维管理工作计划等。

（6）各职能管理计划

说明各职能管理的目标、工作流程、工作职责分工、控制方法和措施等。

1）项目进度管理与控制。

2）项目质量管理与控制。

3）项目安全、环境和职业健康管理与控制。

4）项目投资管理与控制。

5）项目合同管理与控制。

6）项目资源管理与控制。

7）项目沟通与信息管理（包括BIM应用）计划。

（7）风险分析

第二部分：设计建议书

在设计建议书中，承包商需要提交的“标前设计”是项目的方案设计，主要确定总体技术方案和技术原则。其作为确定工程范围和技术条件、制订项目实施计划、编制采购建议书和施工建议书，以及投标报价的依据。在合同签订后，作为绘制施工图、做详细的进度计划的依据。

（1）综述

其包括项目概况、对标前设计成果的总体说明等。

（2）标前设计的依据

其包括业主要求、法律法规、技术规范标准、工程的功能要求、质量标准、环境条件等。

（3）设计的总体思路和主要成果

其包括工程设计的理念、设计准则、总体功能设计、主要单体工程的方案设计，以及可能有的工艺流程图、总布置图、技术说明（规范）、工程系统范围等。附有标前设计文件。

（4）设计的总体安排和资源配置

1）设计的总体工作安排、设计进度计划等。

2）设计资源配置（人员配置、设备配置），如设计分包企业资质、主要专业设计人员，过去设计工作业绩等。

（5）设计管理措施

1）设计文件（包括方案设计、初步设计、施工图设计等）审查的主要内容和程序。

2）设计在工程各阶段服务的承诺和措施，包括工程设计在工程准备阶段、施工阶段、竣工交付阶段、运行阶段的服务责任，与工程采购、工程施工的协调配合。

3）设计的质量保证措施、进度保证措施等。

第三部分：采购建议书

（1）综述

其包括项目采购概况、对标前设计成果的总体说明等。

（2）采购的依据

其包括业主要求、法律法规、技术规范标准、标前设计成果、环境条件等。

（3）采购总体思路和成果

1）采购方针及目标、采购原则、采购总体范围等。

2）设备采购计划表。

（4）采购的总体安排和资源配置

1）设备采购流程。

2）设备采购方案。

3）主要供应商名单和业绩。

（5）采购管理措施

其包括设备采购计划管理、招标管理、采购过程的进度管理、采购过程的质量监督与控制、运输管理、检验管理、交付管理等方面。

第四部分：施工建议书

施工建议书是针对业主要求和标前设计编制的。

（1）综述

1）工程概况，包括工程总体情况、招标要求、设计特征描述等。

2）工程环境描述，包括工程地理位置、工程地质水文、气候、现场施工条件等。

3）编制依据，包括业主要求、法律法规、技术规范标准、标前设计文件等。

（2）施工项目目标和范围

（3）工程施工总体安排和资源配置

1）总体施工方案。

2）关键施工技术、工艺及工程项目实施的重点、难点和解决方案。

3）新建造方式、新材料、新工艺的应用。如预制装配式、装配式钢结构、BIM 技术应用、智慧工地实施方案等。

4）施工实施组织总体设想（主要专业工程的施工单位）。

（4）施工的总体实施计划

1）工期总体进度目标、主要节点控制目标。

2）工程总进度计划、施工进度计划、关键线路。

3）阶段施工进度计划安排说明（支护施工阶段进度计划、工程桩基施工阶段进度计划、地下室结构施工阶段进度计划、地上结构施工阶段进度计划、外墙装饰及幕墙施工阶段进度计划、机电安装施工阶段进度计划、精装修施工阶段进度计划、室外工程施工阶段进度计划等）。

4）劳动力、机械设备和材料投入计划，以及各项资源投入保障计划。

（5）施工管理计划

1）施工准备工作计划和竣工工作计划等。

2）施工项目主要职能管理计划。如进度管理计划、质量管理计划、资源管理计划、信息管理计划、HSE 管理计划等。

3）分包商管理计划。其包括分包工程项目及范围、分包商确定的方式和招标投标管理（分包商确定的方式、分包商的招标投标管理）、主要分包商名单和业绩等。

（6）季节性施工计划

（7）施工现场管理计划

1）已有设施、管线的加固、保护等特殊情况下的施工措施。

2）产品（已完工程）的管理计划。

3）施工现场平面布置和临时设施管理等。

附件：装配式建筑施工方案的框架

（1）编制依据。列出相关的国家标准、行业和地方标准、标准图集和其他相关文件。

（2）工程概况。如工程建设概况、工程设计概况、施工场地环境条件、技术保证条件等。说明预制构件种类、数量、安装区域、标高布置等情况。提供主要类型构件的安装连接节点构造图。

（3）项目管理组织。其包括专项工程项目管理组织结构和人员。

（4）施工计划。主要施工方案包括吊装机械设备、工况、吊装场地安排，编制施工进度计划、相关的材料与设备供应计划、劳动力计划。

（5）施工工艺技术。应明确装配式混凝土工程安装的工艺流程、各分项工程施工技术要点。

1）构件的生产管理、构件的出厂验收。

2）构件运输。应明确预制构件运输的车辆选择、运输方案和运输安全管理及成品保护的要求。

3）构件堆放。应明确预制构件堆放场地的地基处理、堆放要求等。

4）吊装流程和方法。主要步骤如下：

① 预制构件吊装次序图。明确预制构件吊装次序，吊装的方案，材料、设备调运方案。

② 吊装中的测量放线方案。

③ 楼面弹线、水平标高测量。

④ 满堂支撑排架搭设。需有明确的满堂脚手架的搭设方案。

⑤ 叠合梁吊装。应明确叠合梁起吊设备和详细起吊、就位技术细节，叠合梁水平位置、标高调整及脱钩、校正方案。

⑥ 叠合板吊装。明确叠合板起吊设备和详细起吊、就位技术细节，特别突出维持叠合梁吊装平衡的方案，叠合板在叠合梁上的就位要求，水平位置调节和校正方案。

5）混凝土梁板现浇层施工。应明确钢筋绑扎及水电管预埋方案、混凝土浇筑及养护方案。

6）套筒灌浆。明确现浇板和预制板钢板套筒连接钢筋的定位方法，明确封堵灌浆孔和排浆孔，明确接头灌浆充盈度检验方法，明确漏浆、灌浆孔或排浆孔不出浆的纠正方法。

7）外脚手架防护系统。应明确外脚手架防护基础的处理、外脚手架搭设方案等。

（6）装配式施工质量管理。涉及：

1）预制构件出厂、进场检查和验收。

2）模板构配件检查与验收。

3）支撑模架安装检查与验收。

4）吊装准备作业。其包括组织、技术、设备、施工用水电等措施的准备情况，以及地基与基础的检查与验收。

5）混凝土浇筑检查。应检查混凝土技术指标是否符合要求、浇筑过程是否符合施工方案技术要求。

6）预制构件位置复核。部品部件安装就位后应及时校准、临时固定，并进行复核校正，然后进行灌浆等工作。

(7) 施工安全保证措施。明确项目管理人员组织机构、危险源辨识、构件安装安全技术措施，装配式混凝土结构在未形成完整体系之前构件及临时支撑系统稳定性的监控措施。

(8) 施工应急救援预案。施工应急救援预案指挥机构、应急救援准备、应急响应人员组织、应急救援资源供应等。

(9) 计算书及相关图纸。

1) 叠合梁支撑层承载力验算。主要进行立杆设计及承受荷载验算、横杆承载力计算、斜杆承载力计算、可调托座和可调底座承载力计算、支撑基座地基承载验算、叠合梁底龙骨承载验算。

2) 外脚手架安全防护系统设计验算。要进行纵向水平杆验算、横向水平杆验算、扣件抗滑承载力验算、立杆稳定性验算、脚手架架体高度和稳定性验算、连墙件承载力验算、立杆地基承载力验算等。

3) 吊装能力验算。要进行塔吊的设置验算和吊装能力、卸扣的吊装能力、钢丝绳吊装能力等验算。

4) 叠合梁验算，主要为叠合梁裂缝计算和多段式叠合梁挠度计算。

复习思考题

1. 阅读实际工程的施工组织设计，了解其结构、内容的逻辑关系。
2. 简述 WBS 对施工组织设计的重要作用。
3. 施工组织设计与招标文件和施工合同有什么关系?
4. 施工项目资源有哪些? 说明资源需求计划、工期计划和资源使用计划的关系。
5. 简述施工组织设计中职能管理计划与施工企业项目管理系统中职能管理体系文件的联系与区别。
6. 临时设施工程的方案设计内容有哪些，选择一项临时设施工程，说明其设计过程。
7. 结合具体案例，分析招标文件或环境调查中有哪些因素会影响施工工期的确定。
8. 调查实际施工项目，总结常用的施工项目组织形式，并说明其优缺点。
9. 简述施工项目质量管理计划的主要内容。
10. 简述施工项目 HSE 管理计划的主要内容。

9 工程承包企业项目管理系统设计

【内容提要】

本章主要介绍工程承包企业的项目管理系统设计工作，内容包括：

(1) 工程承包企业项目管理系统设计的概念、目标、要求和范围。

(2) 工程承包企业项目管理系统设计的内容和过程。

(3) 承包项目范围和流程设计。

(4) 工程承包企业施工项目管理相关组织设计。

(5) 施工项目职能管理体系设计。

(6) 工程承包企业工程项目信息管理相关设计工作。

(7) 工程承包企业项目管理系统建设中应注意的几个问题。

本章以某工程承包企业项目管理系统设计为依据进行分析。

9.1 概述

9.1.1 基本概念

工程承包企业[1]通常在某个或多个工程领域（如房地产、交通、核电、化工等）中承担许多工程项目的实施工作，属于项目型企业，进行多项目管理。

工程承包项目的规模大，企业同时承接的承包项目数量多，为了实现企业项目管理的集成化、标准化、信息化、精益化，提升企业的工程项目管理水平、效率和效益，需要构建企业项目管理系统。

在具体工程的施工组织设计（见第8章）中，许多设计内容应该直接引用工程承包企业的项目管理标准。如在技术方面，企业可能有标准、工法、专利技术、技术实施的标准

[1] 目前，我国建筑业企业工程承包范围较大，承包方式比较灵活，有EPC总承包、施工总承包、专业工程施工承包等。但企业的核心业务仍是工程施工，是企业项目管理系统建设的重点和难点。因此本章用词，涉及企业就用“工程承包企业”或“企业”，涉及“项目”就用“施工项目”或“项目”，不做进一步区分。

流程；在管理方面，企业可能有规范化的管理流程、职能管理体系文件、信息管理标准等。

从20世纪80年代开始，我国工程承包企业在推行现代项目管理方面做了很多工作，如进行ISO 9000、HSE、ERP等管理体系建设（贯标），推行精益建造、敏捷建造、智能建造等先进的工程建造方式，对工程承包项目管理产生了很大的影响。但在部分企业中没有达到应有的成效，主要存在如下问题：

（1）这些管理体系主要用于一些职能型管理系统，通常由相关职能部门主持或牵头编写，都从自身工作需求角度进行系统建设，重点关注相关的职能管理工作，缺少总体和综合性的“系统设计过程”，缺少总体流程和总体系设计，人们仅将它作为一些管理“措施”，改善（或优化）原有的管理流程和方法。

（2）这些管理体系没有与工程项目实施过程相结合，没有“落地”，忽视了承包企业和工程项目的特殊性，缺少相关联的施工项目管理工作模型、标准和体系构建。许多管理体系没有细化到项目工作层面，更没有贯彻到现场的施工工作中，相关流程专业性不强，存在与实际业务“两张皮”的现象。

（3）各职能管理工作自成体系，全员参与不足，部门之间协同性较差。在进行一个管理体系建设时，较少考虑对相关联的职能管理体系的影响，很少考虑与其他系统的集成；职能流程调整不充分，容易导致相关联管理工作的缺失；责任主体不明确，结果会产生组织界面问题和责任盲区。

（4）非一体化的多种管理体系带来管理要求的多样性，容易产生不一致性。许多职能管理体系建设造成管理工作内容重叠、责权不清、相互推诿现象；重复的组织和流程设置、规范性文件的编制，导致管理体系运行过程冲突、效率低下、信息重复及管理成本增加。

（5）企业与项目、各项目间、项目部各职能部门之间信息共享机制不健全，缺乏信息的横向沟通。

（6）重视一些需要贯标的职能，如质量管理、HSE管理等，而一些重要的承包项目职能管理体系普遍较弱，如合同管理、成本管理、信息管理等，导致关键性管理工作和流程缺失。

（7）提到什么管理职能，什么就是“最重要”的，所以在我国许多承包企业都有“质量第一”“安全第一”“用户第一”“以合同为核心”等各式各样的口号。实际上在执行中仅本部门重视，其他部门并不是很重视，这会给现场实施管理带来影响。

由于这些问题导致我国工程承包近四十年来引进许多先进的管理体系，但却不能有效施行，都没有达到应有的效果，并没有使我国摆脱粗放型管理的状况。

我国工程承包企业的项目管理模式一直处于变革中，从20世纪80年代开始，推行现代工程项目管理制度（称为“项目法施工”）。其主要措施就是项目经理承包制，它的运行对管理系统的要求不高。承包企业并没有按照现代项目管理理论和方法构建精细化的项目管理系统，也没有解决管理流程、项目经理部定位、部门组织制度、核算体系、考核体系等一系列理论和实践问题。现在有些大型企业又推行“法人管项目”，但仅在责任制方面做一些调整，企业的项目管理系统并没有进行相应的重构，所以也都没有收到预期的效果。

由于长期以来我国工程承包企业实行粗放型管理，基础管理工作还比较薄弱，甚至现代项目管理的基础性工作（如定额、劳动组织研究、劳动效率研究、科学化的进度管理、精细化的成本管理等）也比较弱化，所以推行现代项目管理缺乏基本的组织、知识、方法和信息条件，需要解决几乎从“泰勒”管理到HSE管理，再到强化企业的社会责任和历史责任的所有问题。

与工程承包企业的项目管理系统设计有相似需求的还有工程咨询类企业、房地产企业、软件开发企业、军工研发部门等，它们也都是工程领域的项目型企业。

9.1.2 系统设计的目标

工程承包企业项目管理系统设计要达到如下目标：

（1）通过企业项目管理系统设计落实企业发展战略，全面推进企业的经营管理顶层设计，为企业战略和总目标的实现提供基础和保障。

（2）促进现代项目管理理论和方法在企业中的全面应用，改进传统的项目管理方式，完善企业项目管理的组织、制度，促进企业工程承包项目的实施和管理的标准化和精细化，全面提升项目管理效率和效果，摆脱粗放型实施和管理状态。

通过对工程项目各管理体系（如质量管理、HSE管理、进度管理、成本管理、财务管理、合同管理、风险管理、人力资源管理等）的系统梳理和整合，实现精细化和标准化管理，持续改进，使企业更好地为业主服务，使业主满意，实现更大的价值创造。

项目管理系统建设是工程承包企业项目管理成熟的标志之一。

（3）按照国际通行的项目管理标准建立企业项目管理系统，推动项目管理的国际化。

（4）促进施工企业的数字化转型，为企业项目管理信息化、数字化平台建设提供基础性支持。目前这对于大型工程承包企业尤为重要。

近年来，我国许多大型工程承包企业为适应新的发展战略，根据市场推行的总承包、PPP项目融资等要求，重新构造企业的项目管理系统。

9.1.3 系统设计的要求

（1）体现企业特征和工程所属领域的特征，符合工程、工程承发包市场、施工合同和施工实施方式的要求。系统设计要关注企业的实际需要、应用能力和管理水平。

企业项目管理系统具有独特性，不同行业有不同的特点，不同规模的企业有不同的要求，项目管理关注点不同，重点也不同，是不能用标准的模式来解决问题的。

（2）应用现代项目管理理论和方法进行总体系统设计，应该将“企业项目管理系统设计”工作与企业战略管理、ERP系统、企业经营管理体系、质量管理体系、资产管理体系等建设工作相衔接，且必须考虑与施工企业已有的和将来需要开发的信息管理系统相衔接，进行系统集成。

（3）适应企业经营和工程承发包方式的变革，考虑业务范围的扩展，系统设计要有高度的动态性和灵活性。

现在许多企业能够承担不同承发包模式的工程项目，如EPC总承包项目、施工总承包项目、专业工程施工项目等。一般按照承包范围最大的实施方式设计管理系统，在系统应用中保持可选择性，达到广泛的适用性，要能够适应：

1）不同领域的工程承包任务，不同的工程系统、工程实施方式。

2）不同的工程承包范围，如专业工程施工、施工总承包、设计施工总承包、EPC总承包等。

3）企业独立承包，或与其他单位（如设计单位、供应商）组成联营体承包。

4）企业对项目部采用不同的责任制形式等。

通常系统设计以施工项目管理为核心内容，将视野扩展到EPC总承包模式，以适应从专业工程施工承包到EPC总承包的不同模式。同时，要促进精益建造、敏捷建造、并行工程、装配式和智能建造等先进的工程建造方式的应用。

（4）强化责任制和成本核算工作，提高承包项目管理的精细化程度，促进企业的经营管理水平和经济效益的提升。

（5）考虑企业的历史发展过程、企业文化和组织状况，充分利用企业和项目部已经取得的在施工项目管理研究和开发方面的成果，以及过去工程施工的经验和数据。不能盲目地追求“先进”的管理模式和工具。

（6）企业领导要直接参与和领导管理系统建设工作，企业各职能部门和项目部必须积极支持和配合，与系统设计人员共同工作，不能当作系统设计外包项目。这是管理系统建设成功的保证。

9.1.4 企业项目管理系统设计的范围

现代工程承包企业管理的范围很广，通常包括：

（1）以工程承包项目为对象的经营和管理过程。施工项目是企业的主营业务。

（2）企业的资产管理职能。企业可能有多领域投资项目，会参与PPP项目融资，或有多种经营业务等。

（3）企业管理和行政管理（社会管理）职能。

工程承包企业的项目管理系统设计并不涵盖企业的所有经营范围和管理职能，其设计对象主要包括：

（1）工程承包项目全过程，包括投标阶段、施工准备阶段、施工阶段、竣工阶段、保修阶段。

（2）组织层面，包括企业为工程承包项目服务的各职能部门、项目部和施工现场组织，以及为施工项目提供资源（劳动力、材料、构件和设备等）的分公司。企业的其他业务（如多种经营）、与施工项目无关的职能部门，以及党团、工会等组织可以不考虑。但有些大企业组织结构比较复杂，如分为“集团总公司—子集团—子公司—分公司—项目”多个层次。通常以项目部，以及与项目部直接相关的管理层次为重点。

（3）承包项目的各管理职能和为承包项目服务的管理职能。

（4）工程承包项目目标、实施流程、组织结构和责任体系、各职能管理体系、信息管理体系（包括企业项目基础数据仓库）等。

在设计过程中，要将项目管理系统与企业的经营管理系统一体化，在财务资金管理、市场营销、成本核算、合同管理、物资管理、设备管理、劳务管理等方面有良好的界面。还要构建上下游企业的联系，如与设计单位、供应商、分包商联系的界面。特别是要将分包商、劳务供应商纳入管理系统，达到更好的协同，提升合作效率。

以工程施工项目管理为核心构建管理系统，同时要有工程总承包（或建设项目全过程管理），甚至工程全寿命期管理的视野。它的好处是：

（1）有利于工程承包业务的扩展。在现代工程中，业主的需求是动态的，承包企业的业务范围也在不断扩展。

（2）为业主提供全面服务的需要。实质上，即使承担施工项目，要为业主提供优质服务，也要从建设工程全过程或工程全寿命期角度进行管理，提供合理化的建议。

9.2 系统设计的内容和流程

工程承包企业项目管理系统设计工作内容和过程如图 9-1 所示。

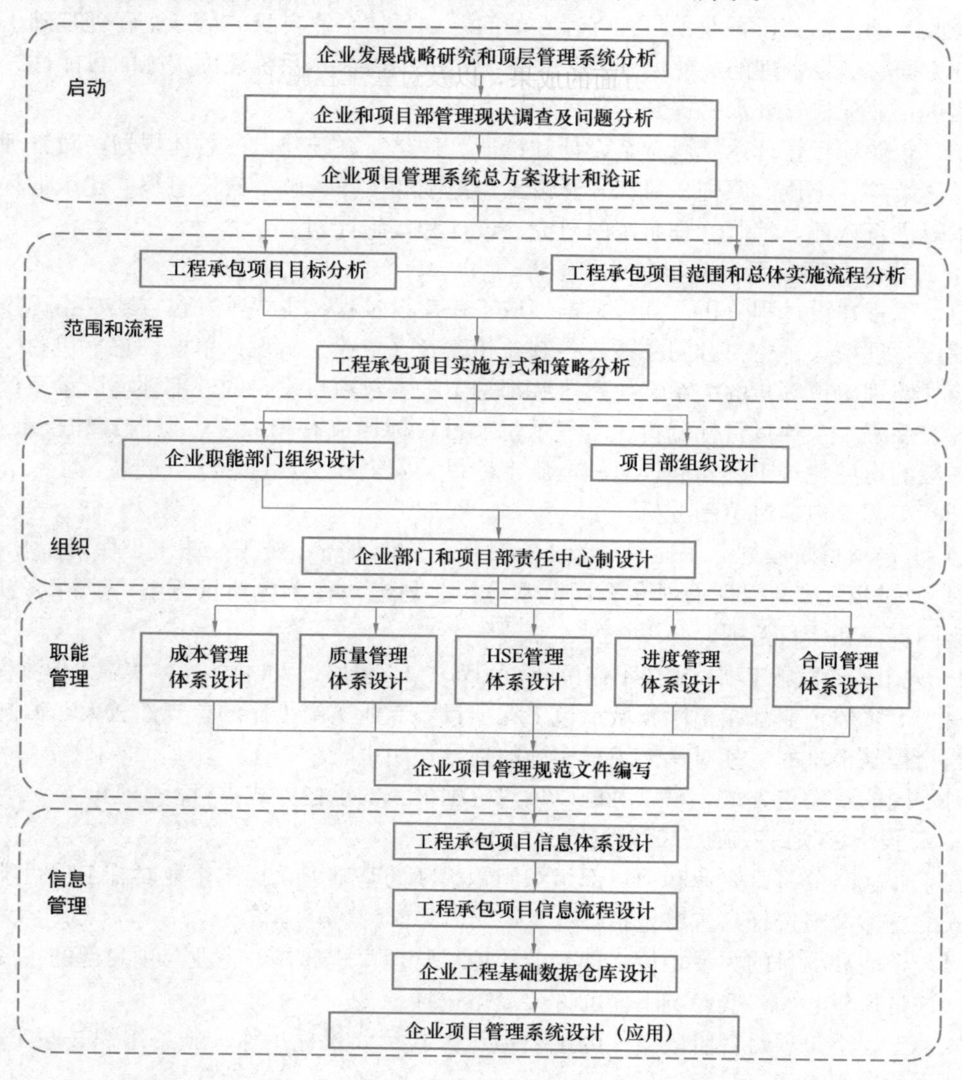

图 9-1 工程承包企业项目管理系统设计工作内容和过程

1. 前期咨询与企业调研工作

（1）企业发展战略研究和顶层管理系统分析。

（2）企业和项目部管理现状调查及问题分析。这是对企业系统建设需求的深度挖掘，通常需要了解：

1）企业组织设置、施工项目组织实施方式、企业项目责任制和“企业—项目”责任划分。

2）施工项目的主要合同关系，施工项目的专业分包及劳务分包方式，供应情况。

3）全面分析目前企业和承包项目的管理体系文件，如ERP、质量管理体系、成本管理体系、合同管理体系等，充分了解企业管理方面的文件，对工程承包项目管理现状和存在的问题进行分析和诊断。

4）企业及施工项目特殊性分析，如工程领域、承接项目的数量、主要承包方式等。

在此基础上，分析企业项目管理存在的问题，评估企业自身的情况、管理基础、需要改进的方面、项目管理的成熟度和差距、系统建设的需求、系统建设实施的可能性、通过建设促进企业项目管理水平提升的程度等。

（3）企业项目管理系统总方案设计和论证。这是对系统建设的总体规划，对管理系统建设总体策略、定位、原则、目标、建设工作范围和工作分解、建设组织、建设进程和关键技术等进行认证，编制管理系统的研究、设计和实施计划。

2. 工程承包项目目标分析和范围管理

（1）工程建设过程分析。其包括本领域工程建设过程、主要承发包方式、招标投标方式、建设管理模式、主要合同关系、各利益相关者（与业主、设计单位、总承包商、设备供应商、监理单位等）的关系定位，这些都是工程承包项目重要的外部环境因素。

（2）工程承包项目目标分析。工程承包项目目标构成有相似性，但内容和权重不同。如与一般的房屋建筑工程不同，对核电施工项目，安全和质量目标权重最高。

（3）工程承包项目范围分析。

1）承包项目阶段划分。通常分为投标过程、前期准备、施工、竣工、保修阶段。

2）通过招标文件和工程承包合同范本分析，划定工程承包项目范围，厘清承包商的主要合同责任和项目范围。

3）列出各阶段施工项目主要工作目录（WBS），构建比较标准化的总体实施工作流程。

由于大多数企业都在不同领域承包工程项目，专业实施工作的差异性较大，编制详细的实施流程是很难的，其对具体工程实施的指导作用也较小。

对不同的承发包方式，可以考虑以承包范围最大的承包方式进行范围管理。

3. 工程承包项目实施方式和策略分析

在企业战略分析、企业和项目部组织问题诊断的基础上，提出企业对施工项目组织实施方式的总体策略选择，主要包括：

（1）企业和项目的关系定位，即企业的项目管理模式选择，企业与项目部的主要权责关系。这是最核心的，会影响下面的许多策略选择。

（2）工程承包项目各阶段工作的主要组织方式。如投标工作、施工组织、竣工工作、保修工作的组织方式。

（3）承包项目的主要供应方式，如劳务、设备、构配件采用自有形式还是外包形式，或由企业内的分公司供应；项目资金的供应方式等。

（4）项目经理的责任制定位、责任制形式、选择方式、考评方式等。

（5）企业对项目管理的深度，企业部门（和分部/分公司）与项目部的关系定位等。

4. 企业部门和项目部组织结构及责任体系设计

(1) 施工现场组织方式。按照施工工程量、现场工作面、同时施工的单体工程数量确定现场实施组织。

(2) 项目部组织模式选择，设置项目部职能管理部门。

(3) 企业与承包项目相关的部门设置。构建企业与施工项目相关的，或为项目实施服务和提供支持的部门。企业职能部门的设置通常是固定的，但管理权责的分配可以是动态性的、灵活的。将项目资源、各种管理职能在企业和项目部两方面进行定义。

(4) 按照责任中心制和组织结构，确定各责任中心的管理责任和经济责任范围，以及相应的考评方式，构建完整的管理责任和经济责任分解和考核体系。

对于工程承包范围差异比较大的企业，项目部的组织设计可以粗略些，大致确定几种模式。

5. 项目管理体系建设

(1) 按照工程项目各阶段和各个管理职能，编制项目管理工作详细目录。

(2) 按照施工合同的要求和工程项目管理原理，进行管理流程设计。

1) 确定施工项目管理工作范围。

2) 确定工程承包项目计划（如施工组织设计）、控制、竣工等综合流程。

3) 构建工程承包项目职能管理总体流程，重点是成本管理、进度管理、HSE 管理、质量管理、合同管理、资源管理、技术管理、采购和物资管理、信息管理等。

(3) 按照项目管理工作目录，编制各个阶段的项目管理工作细部流程。

(4) 对各项目管理细目工作作详细说明，编制项目管理工作说明表，内容包括管理工作名称、简要说明、工作成果、前提条件、控制点、负责人（部门）、后续工作等。

(5) 按照质量管理体系的范式，编制施工项目各职能管理体系规范性文件，实现各职能管理体系的一体化、规范化，使各个职能管理之间界面清晰，又充分集成。

6. 企业工程承包项目信息管理相关工作设计

(1) 工程承包项目信息体系设计。分析和罗列上述工程项目实施和管理工作中产生的和需要的各种原始资料、报表、报告、文件，进行分类、结构化。

(2) 工程承包项目信息流程设计。将项目的实施过程和管理过程转变为信息流程。

(3) 企业工程基础数据仓库设计。如工程承包市场数据、生产要素市场数据、企业定额数据库、劳动效率数据、过去工程档案库、在建工程数据库、企业规章制度数据库、工程标准库等。

(4) 施工企业和项目管理系统设计（应用）。在引用标准化的商品项目管理软件时，要根据企业和项目的需求进行二次开发。相关设计工作在下面几节进行介绍。

9.3 承包项目范围和流程设计

1. 概述

(1) 与一般企业情况不同，施工项目是企业的主营业务，企业的业务流程是围绕施工项目进行的，要按照施工项目的工作范围和过程进行流程设计。

(2) 流程要符合工程承发包市场和业主的一般性要求，特别是与工程施工项目招标投标过程和施工合同的规定一致。

(3) 对 4.3.3 节中提及的流程有不同的处理：

1) 对一些专业性施工企业，主要在某工程领域承包施工项目（如核电、化工、桥梁、房地产等)，由于施工项目的专业性强，工程系统相同，则企业可以构建标准化的施工工作专业流程，针对这些施工工作（工作包）落实标准的工艺过程、质量要求、劳动组织方式以及材料、设备、劳动力、费用消耗标准和劳动效率标准等。

对于承包不同领域和种类工程的企业，由于工程系统、工程承包范围都存在差异，很难构建统一的专业实施流程，一般在具体工程施工组织设计中进行详细设计。

2) 不同施工项目的阶段综合性流程差异较小，可以构建一定程度标准化的流程，作为企业项目实施的重要依据。

3) 项目职能管理总体流程的差异较小，可以编制标准化的流程，作为各职能管理体系设计的依据。

4) 项目管理细部流程可以标准化，在各职能管理体系中进行详细设计。

2. 流程设计的主要内容和过程

流程设计的主要内容和过程如图 9-2 所示。

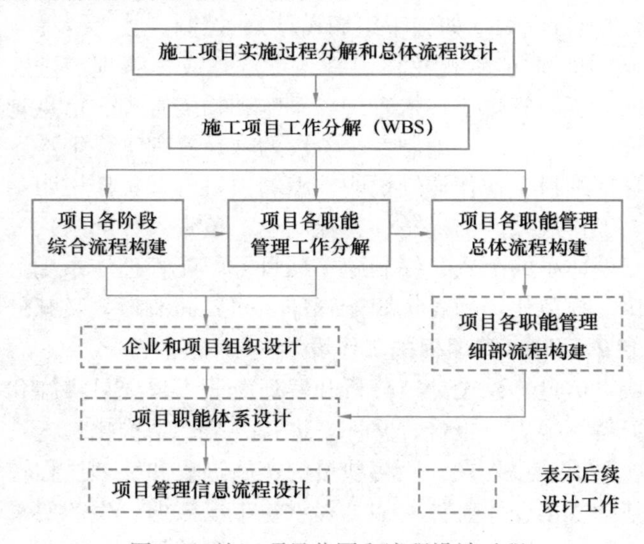

图 9-2 施工项目范围和流程设计过程

(1) 施工项目实施过程分解和总体流程设计。根据施工合同，将施工项目划分为几个阶段，形成总体流程。通常施工项目分为投标和合同的签订、施工准备、施工、竣工和交付、保修等过程。

(2) 施工项目的工作目录（WBS）。划定各阶段施工项目专业性工作和事务性工作范围，以每个过程为对象列出工作目录（WBS）。

(3) 各阶段综合性流程图绘制。在企业项目管理系统建设中只需要构建各阶段总体工作流程，展现它们之间的逻辑关系，在具体施工项目的实施中再进行详细的分解和流程构建，如投标阶段综合流程、施工准备阶段综合流程、施工流程、保修阶段综合流程等。

(4) 施工项目管理工作分解和管理工作总体流程设计。施工项目职能管理流程设计与职能管理体系建设直接相关，属于后面的项目职能管理体系建设的内容，并在管理规范化文件中对管理工作要求、责任人（单位）等进行具体描述。

9.4 企业项目管理部门组织设置

9.4.1 概述

1.“工程承包企业—项目”组织关系

施工项目是企业的主营业务，是企业经营管理的中心。企业的施工项目管理在性质上属于多项目管理。

企业部门组织具有稳定性，而施工项目部是临时性组织，具有高度的动态性。承包企业项目组织设计的重点是企业职能管理部门组织和项目部组织设计。

2. 组织设计的原则

（1）构建企业完整的项目管理组织系统（企业职能部门、分公司、项目部和工程队）和责任体系，使组织结构清晰，职能明确，有助于施工企业推行精细化、集约化管理，确保项目目标的实现。

（2）使项目和企业职能部门都有积极性。不仅要最大限度地发挥项目部的主观能动性和积极性，而且要保证企业职能部门对项目部进行强有力的职能管理和资源支持。这就要尽可能使项目间利益均衡化，部门和项目间利益均衡化，使各方面都感到公平。

（3）企业对项目实行有效控制，使项目符合企业战略和最高利益，对战略的贡献大。项目应在企业的控制下实施，不失控，特别是在财务方面不能失控。

（4）在项目中能发挥企业的整体优势，或各个合作企业的优势，集中力量，争取高效益的工程项目。实现企业或企业间资源的优化组合，防止在项目上的小生产行为。

3. 组织设计主要工作和流程

企业项目管理组织设计流程如图 9-3 所示。

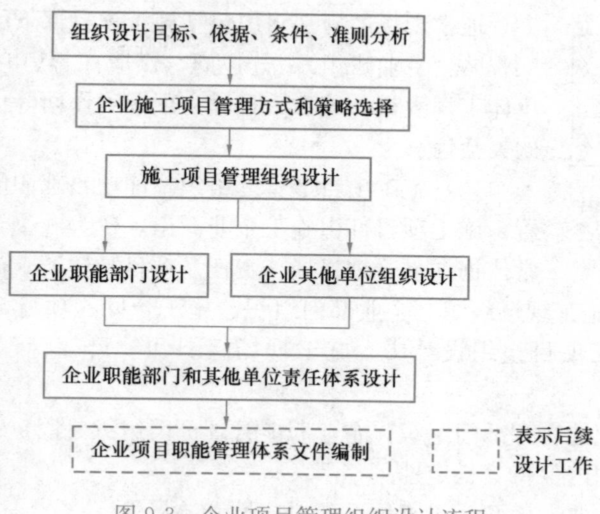

图 9-3 企业项目管理组织设计流程

4. 企业项目管理组织设计的影响因素

企业项目管理组织有多种形式，各有其适用范围、使用条件和特点。在设计项目管理的组织模式时，主要需要考虑以下影响因素：

（1）企业承接项目的特点以及项目数量

1）施工项目情况，如项目的规模、实施难度、复杂程度、项目结构状况、子项目的数量和特征、施工项目的地点等，如在国外或远离总部，需要给项目部充分授权。

2）工程承包市场方式和市场关系分析，如工程的招标投标方式、主要合同关系、工程利益相关者（投资者、业主、设计单位、设备供应商、监理单位等）的关系定位等。

3）企业同时实施的项目数量，及其在项目中承担的任务范围。

企业承接项目越多、规模越大、项目分布越广，越需要权力下放，企业的组织机构会在水平、垂直、空间各个方向扩展，复杂程度也越大。

（2）企业自身情况

企业自身情况包括企业的规模和复杂度、规范性，如规模越大，结构越需要扁平化，越需要放权；企业承接的项目的差异性越大，个性化要求越多，组织结构也就越复杂；企业相关资源供应部门（子公司）的属性、供应关系等。

（3）项目目标及目标的优先级

1）在企业同期承接的项目中，权重大、优先级高的项目（如国家重点项目、企业的形象工程）一般要成立专门的组织，采用独立的项目组织或强矩阵组织，给项目部充分授权。

2）如果是成本目标优先的项目，则需要落实项目经理责任制，采用偏向项目型项目组织形式。如果是以质量、安全、环境为优先目标的项目（如核电项目），则企业的这些管理职能需要强化。

5. 施工项目三个组织层次的相关性（图 9-4）

（1）施工现场组织。这是工程的生产性组织，应作为施工组织设计首先要解决的问题，是整个施工项目组织设计的基础，相当于制造业的车间生产组织。

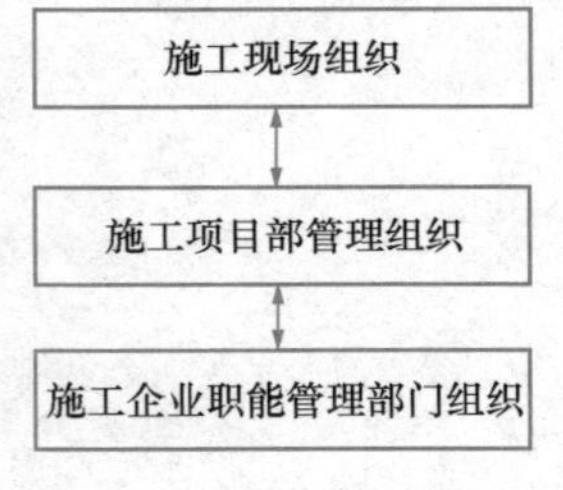

图 9-4 施工项目组织层次的相关性

通常现场的施工组织包括施工项目部下的子项目部（区段）、工程队（专业班组）、分包商、供应商等。它是按照同时施工的单体工程数量、施工工程量、现场工作面等设计的，结构有较大的灵活性。

（2）施工项目部管理组织。即项目部职能部门（人员）的设置。施工项目部由施工企业派出，作为施工合同的执行主体。通常依据项目管理目标、责任及项目具体要求设置项目部职能管理部门（人员）。它受施工现场组织、企业部门组织、施工合同、项目部与企业责任制合同的影响。在具体施工项目组织设计中，施工现场组织和项目部管理组织结构是论述的重点。

（3）施工企业职能管理部门组织。企业职能管理部门组织是固定性的组织，通常一次性设置，在一段时间内保持其稳定性。

在组织设计中，要考虑几个组织体系的对应性和差异性。

9.4.2 企业施工项目经理责任制策略选择

企业施工项目经理责任制策略选择与承包企业所采用的项目责任制形式相关。

施工项目作为一次经营活动，为利润的载体。对施工项目整体，施工企业要考核实现的利润。但对负责项目实施过程的施工项目部，必须有更为细化的责任制形式。

我国工程承包企业项目经理责任制经过了一个长期的发展过程。我国从 1984 年开始推行“项目法施工”，探索施工项目责任制，且一直采用“施工项目经理责任制”形式。

对施工项目经理，不同的企业有各种不同的责任制形式。

1. 施工项目部作为成本中心定位

（1）运作方式

1）在投标阶段，承包企业组织投标，对合同价格负责；估价、合同谈判、编制施工组织设计由企业职能部门负责，通常都集中企业的力量，发挥企业经营的优势。投标报价要服从和贯彻企业战略和经营策略。

按照业主要求，投标人应在投标文件中指定项目经理，并要求他在澄清会议上答辩，对拟定的项目经理要进行考核和审查，并赋予一定的评标分数。

所以施工项目经理在编制投标文件阶段就已经确定，而且要参与投标和合同的签订过程。这样做的好处有：

① 符合招标文件的要求，能够使业主满意。

② 项目经理的前期介入能保证施工项目管理的连续性和一致性，使实施更为顺利。

③ 让项目经理参加投标和合同谈判过程，能够在一定程度上防止他推卸工程损失的责任，使内部责任制更为完备。

2）合同签订后，再选择项目经理，并以内部契约的形式委托项目经理管理工程。这个阶段要筹建项目经理部，并做好现场准备工作，同时集中企业的优势，使各部门为项目提供资源供应和技术保障。

项目经理承担的责任成本是经过数据分析和处理的，按照企业的消耗定额和标准价格计算，主要为项目经理部能够控制的直接成本，要剔除经营的因素和一些风险的影响。

3）在施工阶段，项目经理主要负责项目的实施，对项目安全、质量、工期等目标的实现及施工成本负责，按照设计和计划实施工程。企业部门经理对项目中涉及的专业工作负责，并进行总体控制，如技术方案的选择、设备的选择和供应等。

虽然项目经理不参与投标报价和合同的签订，但与传统的成本中心不同，项目部需要承担一些市场经营性工作，如合同价款的结算、变更和索赔等管理工作；有些还要负责专业分包、劳务分包、劳务派遣等合同的签订、结算和相关的管理工作；要管理企业负责的材料采购合同的执行；负责一些非集中采购材料的购买，或招标、谈判、合同订立和执行等。所以，项目经理部属于特殊的偏向成本中心的责任制形式。

4）工程竣工阶段的主要工作是竣工验收、调试、交付、试运行等。企业介入较多，要验收项目成果、进行工程决算、考核项目经理部工作、进行工程回访、总结施工项目的经验等，项目经理部逐渐解散。

5）保修阶段一般由企业负责。有些企业专门成立维修分公司负责这方面的工作。

我国许多大型工程承包企业都采用这种责任制形式。

（2）优点

1）企业掌握市场、技术、资源，能在多项目上优化资源的使用，提高整体资源利用效率，使企业价值最大化。

2）有利于企业对项目的全面控制，统一指挥、集中领导，有效的贯彻公司战略及文化。

3）更符合现代项目管理的理念和组织实施方式，有利于进行大型及特大型项目管理和企业组织扁平化管理。

（3）缺点

1）项目经理的权利较小。施工项目部作为直接为业主服务的机构，需要处理与业主的许多经营性业务，如进行工程价款结算、处理合同价格的调整（索赔）问题，需要在当地采购材料，分包工程。如果企业将这些权利都收归企业部门，则不能发挥项目部的积极性。

2）决策权集中，决策周期长、反应慢、不能应对多变的环境。如果业主要求高，环境风险较大，项目又远离企业总部，项目经理必须有较大的自主权，这样才能够保持灵活性，增强抗风险能力。

3）由于施工项目的特殊性，使项目部责任成本的确定、核算和考核存在困难。

（4）运作所需条件

1）企业需要构建完备的责任制体系，特别是项目部责任成本的计算和考核体系。

2）项目与企业管理部门和资源供应部门（分公司）的界面清晰，具有完备的管理制度。

3）对企业施工项目管理系统的要求较高，对企业的项目管理成熟度要求高。

4）需要企业建立标准工程数据仓库（如企业工程定额库）等。

这些在施工企业，甚至大型施工企业都很难做到。

2. 施工项目部偏向利润中心定位

（1）运作方式

项目经理直接以企业的名义组织投标，承接工程承包项目，按照合同总额的一定比例向企业缴纳利润。这是一种偏向利润中心的责任制形式，通常采用独立的项目组织形式或强矩阵组织形式，即项目经理的指令权较大，而企业部门经理的权利较弱。通常项目经理有很大的经营权和独立性，可以直接向外采购材料、劳务，租赁设备，决定施工组织和实施方案。项目部一般为独立的项目组织（即项目型项目组织）。在20世纪八九十年代，我国大多数施工企业采用这种责任制形式。

（2）优点

1）它能够最大限度地调动项目经理的积极性，项目部有自主权和积极性，机动灵活，具有执行力，能迅速根据情况处理问题，使业主满意。

2）信息反馈迅速，传递成本低，减少决策失误。

3）企业收益比较稳定，责任制的考核比较方便。

4）对企业项目管理系统和核算机制的依赖性小。

（3）缺点

1）施工项目的独立性大，企业内项目之间的整体协调和整合困难，资源利用率下降，企业失去多项目的规模效应，如资源不能集中采购和在项目间灵活调度。

2）项目上容易产生本位主义，各自为政，企业对项目部的控制力下降。

3）项目部容易产生短期行为，即在投标和项目实施中，只关注项目责任成本的降低和利润的实现，而忽视企业的长期战略，以致损害企业整体利益，容易造成项目失控风险。

4）不适用于注重安全性和社会责任的工程施工。

5）以合同产值的百分比来确定上缴管理费和利润指标的方式过于粗放，也是不科学和不准确的。

这是带有小生产特征的项目责任制形式，很难进行大项目的管理，无法实现企业项目责任制所要达到的总体目标。

（4）运作条件要求

1）要求企业给予项目部充分的决策权、资源采购权、人事调动权和资金使用权。

2）项目经理是稳定的，不能更换，对时间周期长的项目，难以落实项目经理责任制。

3）对项目经理素质、能力、知识的要求很高。

4）对企业项目管理制度建设的要求不高。在20世纪八九十年代，我国大多数施工企业（特别是一些民营施工企业）都采用这样的方式。

3. 介于上述两者之间的其他形式

实际上，大多数施工企业采用中间形式的责任制。不同模式产生企业部门和项目之间不同的权责分配（图9-5）。

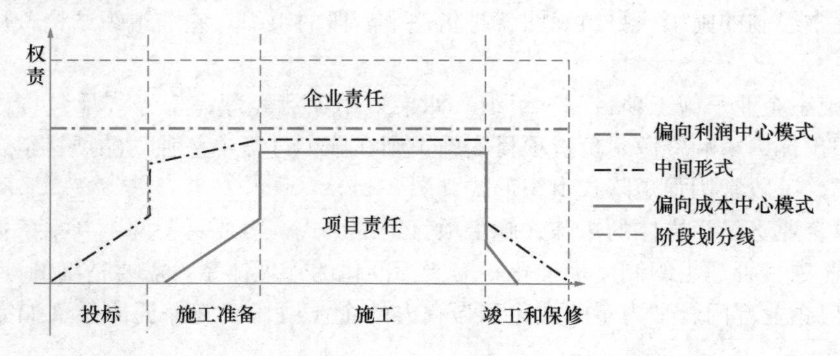

图9-5 不同责任制形式的“项目部—企业”权责分配

对企业责任和项目责任的部分要作具体说明，要落实到具体的职能管理上。

9.4.3 施工项目组织设计

施工企业具有稳定的部门组织结构，而施工项目组织是高度动态的。在施工项目实施过程中，不同阶段有不同的组织形式和组织关系（图9-6）。

1. 投标阶段

通常工程承包企业在投标阶段成立临时性投标小组，它是以经营部牵头的跨部门小组，包括技术、管理、经济（成本）、市场方面的专家。在工程承包企业组织内，它属于临时性的寄生式（即职能式）项目组织形式。如果企业同时投标的项目很多，会有弱矩阵形式的项目组织。

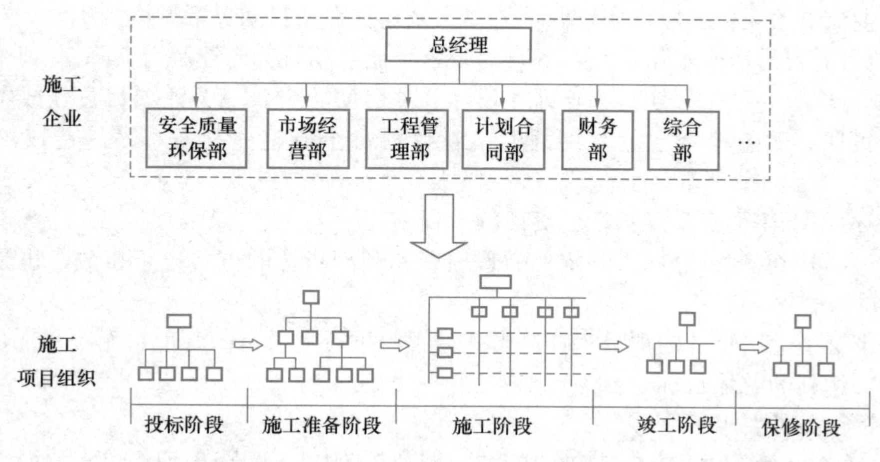

图 9-6 "施工企业—施工项目"组织关系

2. 施工准备阶段

签订承包合同后，就要开始构建施工项目经理部。在这一阶段，需要集中企业的优势编制实施方案、调动资源、安排人员、采购材料和设备、完成施工合同规定的义务（如提供保函、办理许可或审批手续等），所以企业职能部门的权利要大些，企业与项目部的组织关系呈弱矩阵型，或平衡矩阵型。

3. 施工阶段

人们通常绘制的施工项目组织图就是指这个阶段的组织。它的组织结构分析通常又有两个层次：

(1)"施工企业—施工项目部"组织。如果采用项目经理完全经济承包责任制，由项目经理组织投标、采购资源、负责项目实施，则在施工过程中呈独立的项目组织形式。在其他情况下，一般常用强矩阵式组织形式（图 3-11）。

采用以企业责任为主体的矩阵式施工项目组织形式，需要具备两个基本条件：

1）企业项目管理组织制度标准化，需要标准化的管理体系，需要精细的计划。

2）需要企业部门管理力量的强化和强有力的企业项目实施保证体系（如完备的供应系统）。

对一些特别重大的工程以及企业的重点项目，通常也偏向于采用独立的项目组织形式。

(2) 施工项目部的组织形式。按照施工项目所有规模和区段（子项目）的数量，施工项目部的组织形式可能采用职能式组织形式（图 3-9）或矩阵式组织形式（图 3-10）。

由施工项目部负责现场的工程实施和管理，企业职能部门负责资源的供应和总体控制，施工项目部职能部门人员由企业对应的职能部门调度和配置。

4. 竣工阶段

企业要参与项目的竣工验收，处理与业主的结算等工作，项目经理也承担很大的责任，呈平衡矩阵形式。

5. 保修阶段

在竣工后项目部解散，承包项目的收尾工作由企业负责（保留项目部的部分人员）。

维修工作由企业的保修（分）公司负责。如果企业有许多施工项目处于维修阶段，其维修组织属于弱矩阵型项目组织。

9.4.4 企业与施工项目相关的组织设计

企业与施工项目相关的组织涉及如下方面：

1. 企业项目职能管理部门设置

在企业层面上，需要设置与承包项目职能相关的部门，形成企业职能部门与项目部职能部门清晰的组织关系。由于这些部门主要为项目实施提供服务和支持，所以应注意与施工项目部职能部门组织结构的对应性分析。即项目部职能与企业部门职能最好一一对应，尽量减少交叉，以保障企业部门对施工项目比较完备的“对口”支持。如：

（1）项目部各职能部门人员可以对应从工程承包企业职能部门中调动。

（2）调动公司的资源，全力保障项目顺利实施，完成交付。

（3）保证在施工项目实施过程中公司跨部门沟通协作渠道的畅通。

如某大型企业设置 14 个部门，其中工程技术部、采购部、质量保证部、安全部、财务成本部、合同管理部等部门与施工项目部相关部门直接对应。

2. 企业为施工项目服务或提供资源的组织单位

许多大型施工企业还有一些为施工项目提供服务或资源的单位，如劳务（分）公司、构件厂、钢结构（分）公司等。这些单位通常有一定的经营自主权，可以为本企业的施工项目服务，也可以为其他企业的施工项目服务。

3. 施工企业项目经理管理部门（PMO）的设置

现在许多工程承包企业设置项目管理办公室（PMO），它在企业战略管理、经营管理、项目管理中都发挥了重要作用。

（1）PMO 从企业战略的高度对项目进行总控，监控所有项目的进展情况，提供健康运行指导，降低项目风险。

（2）根据项目特点选择合适的项目经理，有效地利用企业的项目经理资源。

（3）为项目经理提供支撑，及时帮助项目经理解决项目实施中遇到的问题。

（4）在项目实施过程中，以及项目结束后，及时总结和传播项目经理的经验和知识，促进企业项目管理系统的变革，完善规章制度。

（5）抓好项目经理人才队伍建设，提升项目经理的能力。如作为项目经理的学习提升、知识和经验的交流平台，作为项目经理的培养基地等。

现在，施工企业如何建设好 PMO，以及如何更好地发挥 PMO 的作用，还有许多工作要做。企业需要通过规章制度定义 PMO 的角色、运作规则，以及与其他部门的关系。

9.4.5 企业责任中心制设置

1. 概述

（1）基本内涵

我国从 1984 年开始推行“项目法施工”，探索施工项目责任制问题。到目前，一般都采用“施工项目经理责任制”形式。

企业的项目责任制是一个完整的体系，不仅需要设置施工项目部的责任体系，对于与

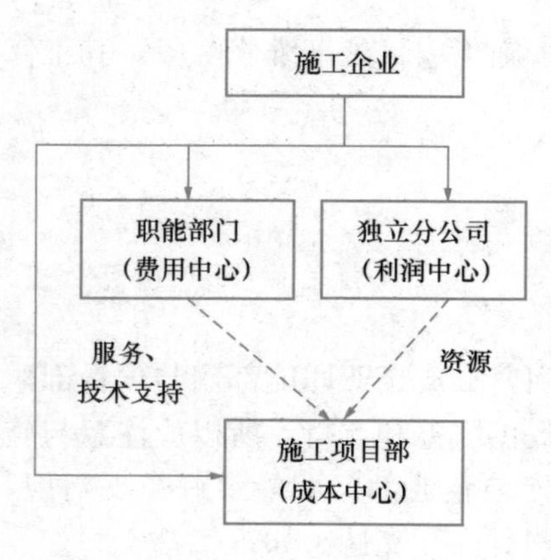

图 9-7 施工企业责任中心的关系

施工项目相关的管理部门，为项目提供资源、完成专业性工作、提供技术支持、产品（如构件）的子公司等，也都要有配套的责任体系，以形成完备的施工企业责任制体系。

通常在施工企业中，施工项目部与企业职能部门、提供资源的独立分公司的关系如图 9-7 所示。

（2）责任制设计的主要工作内容

按照企业经营管理的顶层设计、项目管理体制和组织结构，构建完整的管理责任和经济责任的分解和考核体系，确定各部门、项目部责任中心的定位，明确管理责任和经济责任范围，以及相应的考评方式。

企业责任制的构建是一个自上而下的过程，主要设计内容和工作流程如下：

1）在企业组织设计的基础上，确定各组织单元。

2）构建施工企业责任中心体系，对象是施工项目部、企业职能部门、企业为项目提供资源和服务的机构等。

3）明确项目部和企业各部门的责任范围、业绩评价指标等。

4）各责任中心考核方案和责任制的运作机制设计。

2. 施工企业责任中心制的几个方面

（1）施工项目部责任中心定位

通常施工项目部的责任中心定位是整个施工企业责任中心制的核心，其他责任中心的定位都需要与它相匹配。

1）对施工企业而言，施工项目作为独立经营的对象，在投标报价决策中应该重点确定利润水平，在工程结束后应该考核实现的利润。所以，它属于利润中心。但施工项目部是在施工项目中承担阶段性任务的组织单元，它所承担的责任应该与它所拥有的权利相匹配。两者应该有所区别。

2）由于这种矛盾的存在使得施工项目部采用成本中心形式和利润中心形式都有问题，各有利弊，常常需要采用灵活的、介于两者之间的形式。

施工项目部责任中心的形式是多变的。有些企业给予项目部充分的授权，注重利润的考核，同时又加强企业的集权控制和资源优化配置，它具有综合性特点。

（2）企业职能部门的责任中心定位

企业各职能部门提供一定的辅助性或专业性管理服务，提供技术支持，没有直接产生可以用于计量的经营成果，与施工项目交付成果没有直接的联系。

各职能部门基本都可以定位为成本（费用）中心，一般通过费用预算的形式予以控制，通过实际发生的各种费用与费用预算的比较确定差异，用以评价工作绩效。各部门可控成本包括职工薪酬、办公费、差旅费、业务招待费等，固定资产折旧、劳动保护费、修理费、低值易耗品摊销、水暖电费等均作为不可控费用。

（3）企业所属的提供资源的独立分厂、分公司的责任中心定位

这些独立单位为项目提供支持，包括提供资源、产品（如设备公司、构件厂等），或完成专业性的工作（如劳务公司等）。它们通常有充分的自主经营权，在生产和销售方面

是相对独立的，是企业的利润中心，企业对其进行利润考核。

它们为企业的所有项目提供资源或服务，在施工项目成本中占的比重较大，对项目部经济责任的影响很大。同时，如果核算的价格不合理，或者项目上的需求不足，它们还有权将产品直接拿到市场上去销售，即对其他企业的工程项目提供资源或服务。所以，它们与施工项目之间都需要划清界限，明确经济责权利关系。

3. 责任中心考评体系设计

确定考核和衡量项目经理部绩效评价的指标体系，要根据工程规模、技术特性、企业的项目治理模式、项目责任中心定位及其特殊性等因素决定。由于施工项目的特殊性和矛盾性，它虽为成本责任中心，但对它的考核也常常是综合性的，如某施工企业项目部绩效考核指标体系见表 9-1。

某施工企业项目部绩效考核指标体系　　表 9-1

一级指标	二级指标	三级指标
财务指标	成本指标	直接成本指标（人工费、材料费、机械费）；间接成本（项目部管理费）；成本降低率
	项目效益状况指标	主营业务收入（合同产值完成率、变更索赔收入、合同外收入）；净利润（利润完成率）；产值利润率；经济增加值
	资金运营状况指标	资金周转率；工程款到位率
项目运作层面指标	质量管理指标	分部分项工程合格率、工程优良率；创优获奖项；重大质量事故次数；返工损失率；材料、设备合格指标；试验合格率指标
	进度管理指标	开工准时性；完工及时性；工期实现率
	安全管理指标	安全事故率；安全事故伤亡人数
	技术管理指标	新技术推广项数；自主研发新技术获奖数
	文明施工水平指标	工程投诉数；媒体正面宣传次数；环境保护合格情况
	合同管理指标	投标文件合理性；合同履行情况；索赔处理情况
业主相关指标	业主忠诚度指标	同一业主投标中标率
	业主满意度指标	业主投诉数；合同履行率；社会信誉度；市场占有率
学习与成长指标	项目员工管理指标	员工满意度；全员劳动生产率；员工保持率；员工人均培训次数；人均合理化建议条数；员工战略意识水平
	文化与战略指标	项目目标与企业战略兼容性；企业文化对工程项目的影响力

在具体应用中可以按照企业和项目的特殊性进行取舍，同时对指标赋予不同的权重。如为了鼓励项目部及时获取工程款，设置工程款到位率；为了引导项目部加强索赔管理工作，设置变更索赔收入指标、合同外收入指标；为鼓励项目部关注施工项目实现的利润，设置净利润指标，但分值不宜过高。

对一些临时性组织，如投标小组的定位为成本（费用）中心，责任考核以工作效果为核心，辅以投标费用指标。

4. 责任中心考核运作机制的设计

（1）企业必须解决项目和部门的经济核算问题。责任制落实的基本条件是企业需要构建项目经济核算体系，有一套核算考核方法和内部指标（定额）体系。

确定核算考核方法的基本原则，具体如下：

① 符合企业的最高利益，使企业的总利润最多。所以，应该尽量鼓励施工项目使用

本企业分公司提供的资源或服务。

② 使部门和项目部都有积极性，达到利益均衡。

③ 企业各个项目利益的均衡性，使各方面感到公平。

④ 有利于项目的责任制和部门的核算，有利于今后在项目上的报价和与业主的结算。

（2）必须建立考核和衡量项目部项目管理成果的指标体系。

（3）部门（分公司）向项目提供资源和服务的数量和价格的确定方法。这个问题对考核项目部和部门（分公司）的业绩是十分重要的。企业内部结算价格的确定有如下方式：

1）仅以部门成本（包括变动成本，不包括固定成本）为依据。这样企业的利润都归结到项目上，最后项目上实现的总利润是虚假的，包括供应或服务部门的固定费用。这会造成部门收益不均，不能调动部门的积极性。这种方法仅适用于成本责任中心的部门，即公司对这些部门的考核仅以成本的降低率或降低额决定奖励。

2）以资源或服务的市场价格为基准，内部价格等于或略低于直接采购的市场价格。其好处有：

① 项目上的核算是比较真实的。

② 为以后报价和业主的核算提供条件，口径一致。

③ 各部门、各项目的责任清楚，不容易推诿。

3）影子价格。对紧缺的资源，如企业内特殊的设备、特殊的专业技术、特殊的专业人才或专利技术等，需要采用影子价格进行计算，它又被称为效率价格、最优化价格等。

（4）需要保证责任成本的合理性和准确性，需要相应的企业基础数据库支撑。企业基础数据库是责任目标设置的根本依据，没有完善的基础数据库作为支撑，责任中心体系的推行与落实都将难以实现。工程基础数据和资料要符合现代项目管理的要求，需要精细化的成本管理工作。

（5）在考核中，需要剥离责任中心不可控因素的部分。如对施工项目部，由于市场风险和业主造成成本的增加由企业承担，应从项目部责任成本中剥离。如：

1）由于投标报价存在错误或报价策略（如让利）选择错误可能导致合同价格与现实不符，造成预算责任成本产生偏差。

2）设计变更及其他原因引起的工程量增减。

3）政策调整或市场风险下人工、材料、机械单价的大幅度波动引起的成本波动。

4）合同变更、签证（包括索赔）、施工方案修改。

5）企业集中采购的材料和机械设备节约的费用等。

9.5 各职能管理体系设计

9.5.1 概述

1. 目标

按照统一的范式构建工程项目管理各职能管理体系，实现企业施工项目管理一体化、规范化。

按照企业和施工项目管理要求，通常需要构建如下职能管理体系：成本管理体系、质量管理体系、HSE管理体系、合同管理体系、人力资源管理体系、技术管理体系、进度和统计管理体系、财务管理体系、采购和物资管理体系、信息管理体系等。

2. 工作成果

（1）该职能管理总体说明书。

（2）该职能管理依据施工项目阶段或主要管理过程的工作分解。

（3）详细管理工作说明表。

（4）相关职能管理体系文件。

3. 设计工作内容和流程（图9-8）

（1）相关职能管理目标设置。

（2）职能管理范围确定和工作分解，按照项目阶段罗列职能管理工作目录。

对于成本管理体系构建，可以分解为报价工作、工程责任成本确定、工程成本控制、工程成本核算、工程成本分析、工程成本诊断、工程竣工成本决算和分析、信息储存等工作过程。

（3）编制该职能管理总体工作流程。

（4）对各项职能管理工作进行详细分析，绘制细部工作流程。

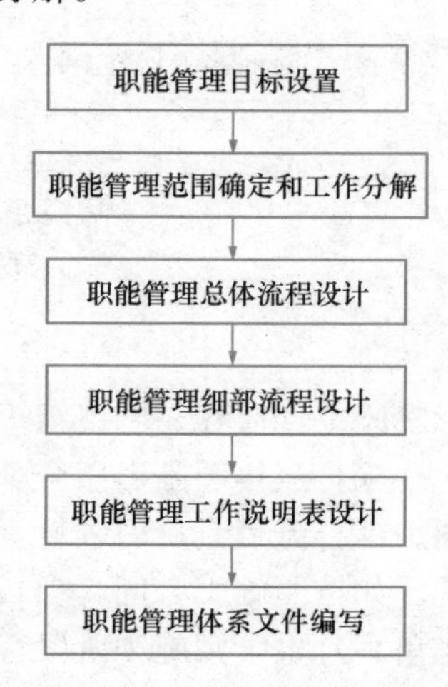

图9-8 职能管理体系设计

（5）汇总上述成果，编制管理工作说明表。

（6）职能管理体系文件编写。

4. 要求

（1）最终成果应符合管理体系文件的范式要求。

（2）各职能管理体系应该符合该职能的专业性要求。如成本管理体系需要体现工程量清单、成本要素、责任单位的成本核算、对比分析和考评要求等，而合同管理更注重合同评审、合同分析、合同责任的落实、索赔和反索赔等方面的要求。

（3）各管理体系应该保证相关性和一体化。

5. 设计依据

（1）现代管理理论，如系统论、信息论、控制论、PDCA循环理论等。

（2）各职能管理相关的理论和方法体系。

（3）前述施工项目管理流程设计原理，特别是相关职能管理的总体工作流程设计。

（4）前述企业和施工项目组织结构设计，企业责任中心制设计。

（5）企业所采用的ERP、ISO 9000等相关标准体系文件，保证与企业的其他标准文件的基本范式一致。

9.5.2 施工项目管理流程设计

工程施工项目管理流程体系可以划分为综合流程、总体流程和细部流程三个维度，如图9-9所示。

（1）按照建设工程项目管理原理和我国建设工程管理规范的要求，确认工程项目投标阶段、施工准备阶段、施工阶段、竣工阶段、保修阶段各个阶段的项目管理工作范围和工作目录。在此基础上绘制各阶段综合管理流程，宏观把握整个阶段的管理工作内容，如投

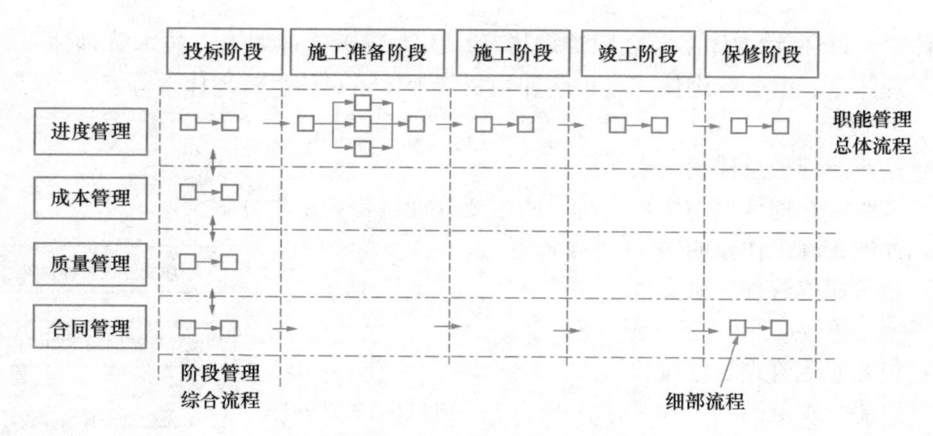

图 9-9 工程施工项目管理流程体系

标阶段综合流程、施工组织设计综合流程等。

综合流程图是由一个个子流程图块所组成的（或子流程图块和活动混合组成的）流程图。综合流程具有引领性，通过综合流程的编制可以对工程的实施过程有一个综合的把握。如按照施工合同，项目经理要提交下月（阶段）实施计划供工程师批准，月底要提交账单和月报，则施工阶段综合性管理流程如图 9-10 所示。

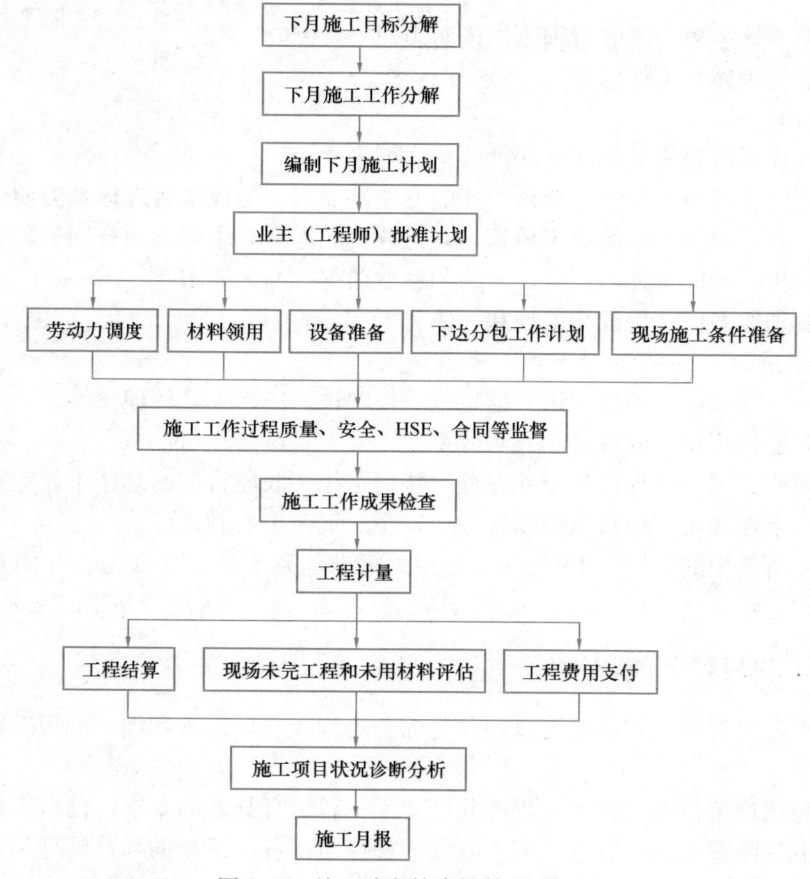

图 9-10 施工阶段综合性管理流程图

(2) 将施工项目各阶段某职能管理的工作列出，绘制该职能管理的总体流程。它具体描述在施工项目全过程中该管理工作的程序。施工项目管理总体流程分为质量管理、进度管理、成本管理、HSE管理、采购管理、合同管理、风险管理、技术管理、分包商管理、劳务管理、信息管理等总体流程。职能管理总体流程的编制有助于规范和引领各个细部流程的编制。

(3) 细部流程图是一个个单一活动组成的活动链图，是最低层次的流程，由各管理职能关键控制工作构成。通常应按照综合流程、总体流程、项目管理工作目录编制各个阶段的细部流程。细部流程是对综合流程关键模块的解释、深化、说明、细化，是为了加强对综合流程中核心环节的控制。

如对于质量管理职能模块总体流程，可以将其细分为质量目标体系管理流程、质量管理体系建立流程、试验检验流程、施工工艺控制流程、施工质量过程控制流程等细部流程。

例如合同管理总体流程下可以分为：投标阶段的合同评审与合同签订；施工准备阶段的合同分析、合同履行计划、合同移交与交底、合同保证体系构建等；施工阶段的合同控制、索赔与反索赔、合同变更管理等；竣工和保修阶段的合同检查、合同争议的解决、合同后评价等细部流程。

细部流程图具有专业性，它的绘制相对比较简单，跟踪每项活动的转移就能清楚地知道该流程是如何运作的，可以一步步记下各活动名称和活动之间的关系，把它们连接起来就形成了特定的细部流程图。由于细部流程图的形式比较多，应根据需要选择合适的形式，进行定义、绘制。

综合流程和总体流程都是由许多细部流程整合和浓缩起来的。某企业施工项目管理流程体系见本章附件。

9.5.3 施工项目成本管理流程设计

下面以施工项目成本管理流程设计为例进行详细说明。

1. 施工项目成本管理流程构建的基本要求

工程成本管理是施工企业最基础的管理工作。在成本管理总体流程中，相关的成本管理工作，如工程估价、施工预算、标准成本、责任成本、成本核算与分析等，也都是由一系列成本专业工作（活动）构成的，有更为详细的流程，这些流程表现为数据处理过程和信息流通过程。

(1) 符合项目管理实施控制的一般过程，即包括成本的监督、跟踪、诊断、变更等工作。施工项目要构建严密的成本控制体系，在施工过程中不断分析和把握施工项目的盈亏，不能到项目结束时才真正得出项目的盈亏。

(2) 符合生产过程的成本管理过程，即包括成本预测、成本计划、成本控制、成本核算和分析、成本改进措施决策、成本考核和信息反馈等过程。

(3) 与投标报价、企业的会计核算系统、现场的人工、材料、机械、费用等管理系统集成、融为一体，而且与施工企业项目责任制形式、施工项目实施方式和分包方式等相适应。

进行精细化的施工项目成本管理，需要将成本管理工作目录和流程细化，需要从多角度进行成本核算，如：

1）按照责任中心进行核算（工程队、分包商、部门）。

2）对生产要素的成本核算（人工、材料和设备）。

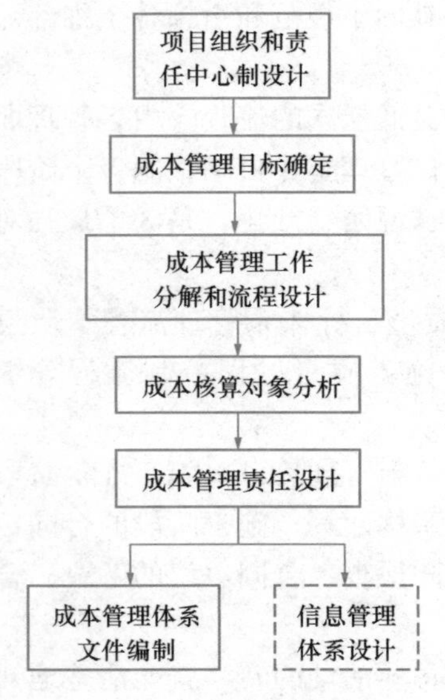

图 9-11 施工项目成本管理体系设计总体流程图

3）对分部分项工程的成本核算（工程量清单项目）。

4）施工专项费用核算（如现场费用、项目管理费用等）。

（4）制定成本管理体系，包括对成本预测、计划、控制工作等详细具体的规定，规定成本批准、核算、审核和变更等程序，明确相关的控制权利和组织责任，并形成书面文件。施工项目成本管理体系设计总体流程如图 9-11 所示。

2. 成本管理总体流程

在施工项目全过程中，成本管理工作经历成本估算、责任成本、成本执行与控制、成本核算与分析、信息反馈等过程，其总体流程如图 9-12 所示。

3. 施工项目成本管理工作的内容

施工项目成本管理工作落实在施工项目各阶段，形成如下成本管理工作过程。

（1）投标阶段的成本管理工作

投标阶段主要为成本预测工作，在招标文件与合同条件分析、环境调查、承包范围分析的基础上，按照施工组织设计进行工程量估算、资源（人工、材料、设备）消耗量估算，进而进行工程成本估算，其结果作为投标报价和签订合同的依据。

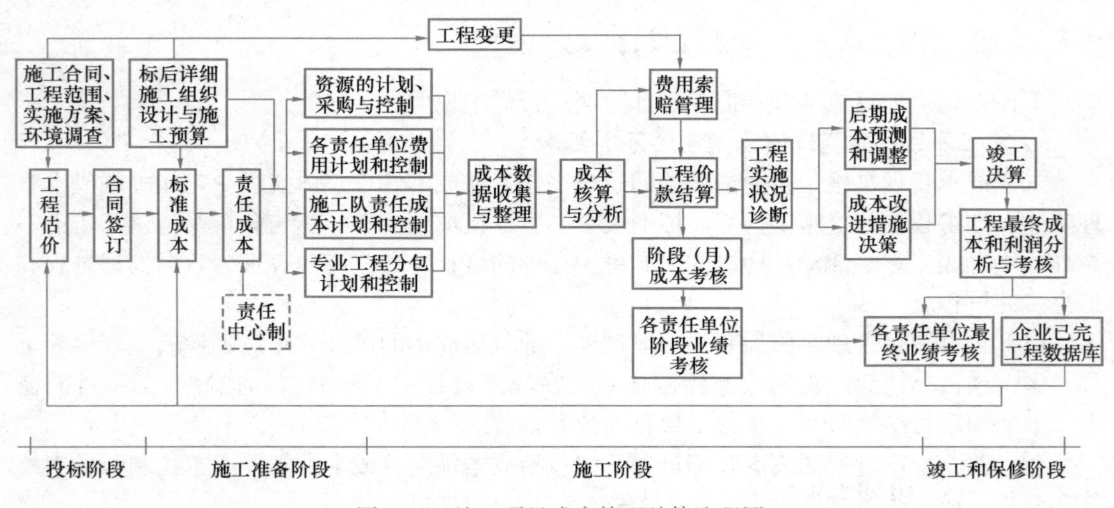

图 9-12 施工项目成本管理总体流程图

工程报价计算的细部流程如图 9-13 所示。合同价包括企业预期的施工项目的成本支出和经营收益。估算方法与工具通常有工程预算定额方法、类比估算法、专家经验判别法、参数模型法等，这是“工程估价”课程的内容。

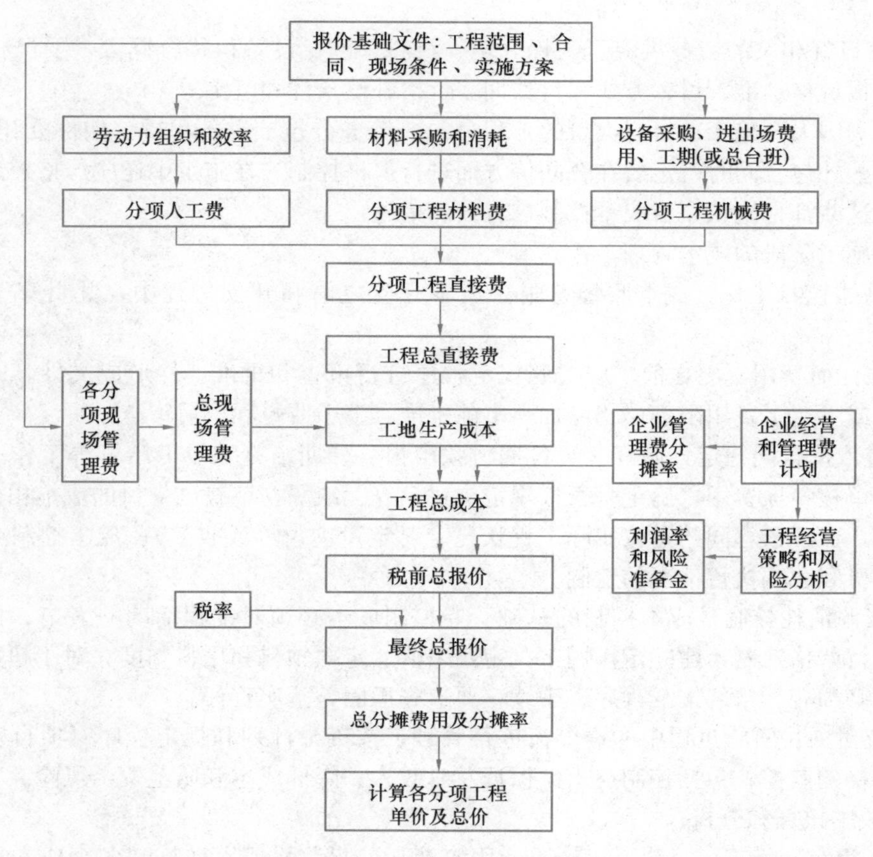

图 9-13 工程报价计算的细部流程

(2) 施工准备阶段的成本管理工作

1) 标准成本编制。在合同签订后，还要编制详细的实施性的施工组织设计，按照环境（市场价格、周边自然环境等）、实施计划（供应、分包、施工组织方式等）、企业定额等信息编制标准成本。这是施工项目具有可执行性的成本目标，在我国有些施工企业又被称为“目标成本”。它是从企业角度编制的、反映实际情况的、详细的计划成本。

2) 责任成本分解和各方面详细的成本计划。根据施工项目实施组织和资源配置方式，以及企业项目责任制，将标准成本分解，落实到各组织层次（项目部、企业部门等）、工程活动、分包合同的责任成本，作为各单位成本控制的目标。

① 对成本控制影响最大的是施工项目经理部的责任成本。它是经过分析的，与项目经理部责任制形式相关，体现了企业对项目经理部目标责任成本的要求。

② 项目经理部再将分项工程或项目单元的成本目标落实到工程小组或职能部门，还要下达与工程量相应的资源消耗（如用工、用料、费用）和工作效率指标。

3) 按照成本目标和责任成本，编制降低成本措施，进行定额控制，落实资源消耗和工作效率指标，对各种影响成本的因素和条件（即成本控制要点）采取预防和调节措施，以保证成本管理目标实现。

① 做好相应的资源计划、各责任单位费用计划、专业工程分包计划、施工队（班组）

实施计划等。

② 签订好相关的劳务供应、工程分包、材料采购、设备租赁合同等，要严格控制合同价，包括价格水准、付款方式和付款期、价格补偿条件和范围等。

由于我国大型施工项目有大量的工程分包、劳务分包、设备租赁、构件委托加工等，在签订这些外包合同时一定要在合同价方面进行严格控制。在施工中还应严格控制各款项的支付，这些都是施工项目成本控制最有效的措施。

(3) 施工阶段的成本管理工作

1) 成本监督工作。成本监督着眼于成本开支之前和开支过程中，并贯穿于项目全过程。

① 在任何费用支出之前，应按照规定程序进行审查和批准，并形成文件。即使已经做了计划或下达了费用限额，仍需加强事前批准、事中监督和事后审查。

② 应依据合同约定，做好各类各期付款申报、分期结算和竣工结算等工作。监控成本开支，审核各项费用，确定是否按规定支付，有无缺漏，审查已支付的成本相关工作是否已完成，保证依合同约定按实际工程状况定时定量支付（或收款）。成本控制必须加强对工程变更和合同执行情况的控制。

③ 资源消耗控制是成本控制的基础。要控制成本必须对工程活动的人工、材料和机械消耗进行严格控制，建立定额用工、定额采购、定额领料和用料制度。对于超支或超量使用的，必须有严格的批准程序、手续，要追查原因，落实责任。

④ 应对项目实施过程中的资金流进行管理，按资金计划和规定程序对项目资金的运作实行严格的监控，包括控制支出、保证及时收入、降低成本和防范资金风险。

2) 成本核算和分析。

① 汇集实际人工、材料、机械、费用等消耗信息，将成本计算到各个成本核算对象上，与前面的成本分解和成本计划相对应，这里有大量的信息收集和数据处理工作，包括成本发生的原始凭证，如施工任务单、入库单、领料单、加工任务单、物料采购的发票、工资领用票等。

② 编制实际成本执行情况分析报告，从各个成本角度列明成本支出状况，确定实际与计划的偏差，确保成本报告能准确反映项目成本状况。对各分项工程、各资源消耗、各费用项目（人材机费、措施费、间接费等）控制情况进行对比分析。分析内容包括计划完成情况、成本超支与结余情况、成本升降的原因和建议降低成本的途径和方法。

③ 收入计量，进行中间结算，向发包人办理工程结算。

④ 由于工程变更等会引起实际成本的增加，需要进行费用索赔，调整工程价款。

如成本分析过程需要和产生大量的成本基础信息（图 9-14），要以成本管理数据标准及规范、成本管理基础数据分类为基础进行管理。

3) 成本诊断，即评估成本执行情况。包括：

① 成本超支量及原因分析。如果成本偏差超出规定的限度，应分析偏离原因并采取措施。对责任成本与实际成本的差异进行分析，区分项目责任的（项目可控的）偏差和非项目责任的（项目不可控的）偏差。

② 剩余工作所需成本预算和工程成本趋势总体分析。根据项目进展情况以及各种可能影响合同成本和收入变化的因素，周期性地对工程总成本和合同总收入进行预测，监控

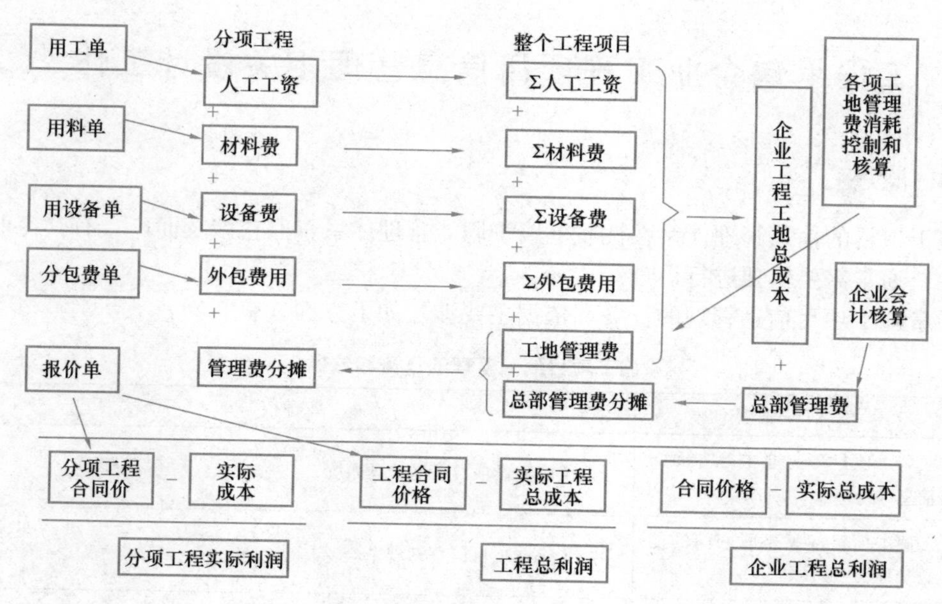

图 9-14 工程成本数据分析

项目盈亏情况，对后期工作可能出现的成本超支状况进行预警，制定调控措施，防范风险。

4）成本相关改进措施决策。

（4）工程竣工后的成本管理工作

1）进行竣工决算。按照合同约定向业主进行工程价款的最终结算。

2）对整个工程的最终成本和利润进行分析与考核，并对责任单位进行考核、奖励。

3）对整个项目成本执行情况进行分析研究，总结该项目成本管理的经验，编制最终项目成本执行情况报告。

4）工程成本信息反馈。将本项目实际成本数据进行分析整理，形成已完工程成本基础数据和资料，输入企业已完工程数据库，以作为将来项目投标报价和编制标准成本的依据。

9.5.4 工程承包企业项目管理体系文件编制

目前许多工程承包企业都编制项目管理体系文件，如某核电施工企业编制了 19 个管理体系文件，项目流程有 1000 多个；某大型工程承包企业编制了 17 个职能管理体系文件。

项目管理体系文件通常包括如下方面：

（1）施工技术管理方面，按照施工合同、规范、项目的责任体系构造技术管理工作流程，将技术规范、质量要求、技术创新要求等落实到施工过程中。

（2）管理标准文件。涉及管理组织（项目部）结构、管理流程、责任体系、职能管理体系（分册、管理规范）、信息管理体系文件等。

（3）现场工作标准等文件。

企业的项目管理体系文件需要有比较详细的工作说明书和实施操作标准，需要有可套用的易于操作的模板。

9.6 工程承包企业工程项目信息管理相关设计工作

9.6.1 概述

施工项目的信息管理体系在性质上属于职能管理体系，但它涉及面广，有其专业上的独特性，通常需要单独进行设计。

通常施工项目信息管理的任务和依据主要涉及如下方面（表9-2）：

施工项目信息管理的任务和依据　　表9-2

序号	信息管理任务	管理依据
1	施工项目部与业主等方面的信息沟通	业主的建设项目信息管理系统
2	施工项目部与企业部门的信息沟通	施工企业项目信息管理系统
3	施工项目部内的信息管理	业主的建设项目信息管理系统、施工企业项目信息管理系统、施工组织设计
4	施工项目信息资源开发和利用	施工企业施工项目信息管理系统、施工企业工程数据仓库

（1）施工项目部与业主、设计单位、项目管理机构的信息沟通。这是施工项目部的信息管理活动，需要按照业主的建设项目信息管理计划执行。

（2）施工项目部与企业部门的信息沟通，由施工企业的项目信息管理系统规制。

（3）施工项目部内的信息管理工作，由业主的建设项目信息管理系统、施工企业项目信息管理系统和施工组织设计规制。

（4）对施工项目信息资源的开发和利用。这通常需要通过构建企业的施工项目信息管理系统和工程数据仓库实现。

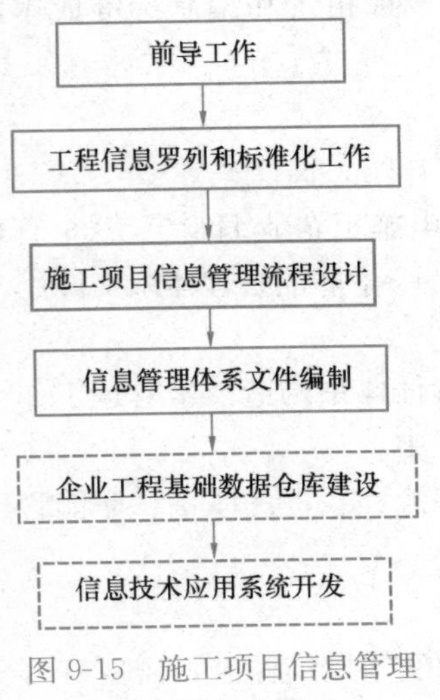

图9-15　施工项目信息管理体系构建流程图

9.6.2 施工项目信息管理体系构建

企业的项目信息管理体系在性质上属于职能管理体系，基本范式与9.5节所述的一致，需要按照前述第5章介绍的内容进行设计。它的构建过程如下（图9-15）：

（1）前导工作。企业施工项目信息管理系统设计必须在施工项目范围、流程、组织、其他职能管理系统设计的基础上进行。

（2）工程信息罗列和标准化工作。分析和罗列企业在施工项目投标、施工和竣工过程中产生的和需要的各种原始资料、报表、报告、申请表、文件，并进行分类、结构化、规范化。重点是表9-2所列第2、3方面的信息，它确定信息管理的对象范围。

（3）施工项目信息管理总体流程和细部流程设计。需要将前述的项目实施过程和管理过程转变为信息流程。

总体流程包括从投标开始直到最后工程结束，资料归档进入企业工程数据仓库为止的全过程。

细部流程涉及其中信息（资料、数据、文档）相关工作的详细过程，如文档管理流程、电子资料管理流程、基础数据管理流程、信息系统建立流程、软硬件管理流程、信息管理评价流程、信息管理总结与改进流程等。

（4）信息管理体系文件编制。其范式与9.5.4节所述的管理体系文件一致。

（5）企业工程基础数据仓库建设。企业需要构建工程项目基础数据仓库，以支持整个工程项目管理系统的运作。

（6）信息技术应用系统（软件引入）开发。现在我国工程承包企业都有企业版的工程项目管理系统软件，具有比较完备的项目信息管理子系统功能。

这方面的具体设计工作专业性很强，通常要与信息管理系统设计和软件系统开发相结合。

9.6.3 企业工程基础数据仓库构建

工程基础数据仓库是企业工程“大数据”的基础之一，是投标文件编制、施工组织设计、目标成本和责任成本编制、成本控制、成本核算以及责任成本划分、绩效考核等工作的基础，是企业项目管理系统运行的数据支撑平台。

它的建设需要在施工和管理过程、组织和责任中心运作、各职能管理工作梳理的基础上，对施工项目过程中涉及的信息流进行归纳分析，并对工程基础数据进行体系设计。

1. 企业工程基础数据的分类

（1）按照数据的对象层次，企业基础数据可以分为企业和施工项目两个层次。

1）企业层主要为反映企业的发展历史、工程承包市场、竞争对手情况的信息，反映企业生产力水平的企业定额，反映企业各项规章制度、企业定岗定员的信息等。

2）施工项目层主要为描述具体项目的数据，如过去曾经承担的工程信息、在建工程的信息等。主要涉及这些工程的基本情况、招标投标、进度、质量、组织、成本、资源等信息。

（2）按照数据的内涵，企业基础数据仓库通常包括工程承包市场数据、生产要素市场数据、企业定额数据、劳动效率数据、已完工程档案库、在建工程数据、企业规章制度数据、工程标准等。

（3）按照数据的变动情况，企业基础数据可以分为：

1）静态数据，如历史工程数据。这些数据是相对稳定的，一般不进行修改操作。

2）动态数据，如在建工程数据。在建工程数据会随着工程的进展不断增加新的内容，其市场情况数据也会不断增加。

2. 企业工程基础数据仓库构成

企业工程基础数据内容非常广泛，是“大数据”，可以从许多方面进行分类和架构。从总体上说，通常包括如下几方面内容：

（1）企业基本信息。它由从各个维度反映企业形象的数据构成，如：

1）企业的发展历史、现状信息。

2）企业组织机构设置，如集团、分公司、项目部等信息。

3）企业的资本、法律、经营、组织、经济、财务、规章制度、人事、资源（人力资源、设备、资金等）、体制机制等方面的信息。

4）各管理系统对象涉及的信息，包括企业ERP、财务管理、会计管理、人事管理、设备管理、质量管理、采购管理、仓储管理等。

（2）企业工程定额数据。主要包括如下方面：

1）工程业务主要报价对象（如工程量清单确定的分部分项工程）的人工消耗定额和材料消耗量定额。

2）工程现场费用项目的定额或指标。

3）施工项目相关工作（活动）的时间、费用定额或指标。

4）资源价格数据，如人工、材料、设备（采购/租赁）等各类基础价格数据。

各类资源价格数据可以通过供应商、分包商等获取，资源价格数据仓库需要不断充实新的数据。通过价格数据仓库，还可以挖掘出一批合适的供应商。完善的价格动态数据仓库能够提高施工企业采购成本控制的能力。

（3）工程承包市场数据。其包括企业工程承包业务相关上下游市场主体（投资者、承包商、设计单位、咨询单位、分包商、劳务供应商等）状况数据，如市场规模、占有率、竞争状况、合作状况等；还包括一些主要竞争对手的经营情况。

（4）已完工程数据。已完工程数据是企业最基础的工程数据，也是企业最有价值的经验数据。工程承包项目结束后，应系统整理工程资料，并进行项目后评价，作为历史档案归入已完工程数据仓库。已完工程数据主要包括：

1）已完工程总体特征数据（以描述施工项目的基本形象，包括工程环境数据和工程实体特征数据等）、组织（包括企业、项目部的组织划分和人员组成）数据、总体费用（如人工费、材料费、机械费、措施费、现场管理费、企业管理费等）数据、利润及税金数据等。

2）以分项工程、单位工程为基本对象，施工时间和所发生的人工、材料、机械消耗量及价格（包括市场询价、采购价等）和成本等方面的数据。

3）现场管理费分项的详细数据。

4）工程各职能管理涉及的反映过程和结果情况的数据。

5）施工过程中的签证、变更单、合同文件及合同索赔文件、经济指标等。

（5）在建工程数据。在建工程数据仓库中的数据是在建工程的“历史性数据”，绝大部分属于动态数据，在工程建设过程中随工程进展要不断增加。它通常包括：

1）在建项目的基本信息。

2）招标投标过程中的各种信息。

3）施工准备阶段的各种信息。

4）施工过程中的各种信息。

5）工程竣工过程中的信息。

最后通过保修期，工程合同义务全部履行，再对全部资料进行归纳整理，输入已完工程数据仓库。

9.7 工程承包企业项目管理系统建设过程中应注意的问题

(1) 项目管理系统的设计和推广要因地制宜、手段灵活，没有标准化的解决方案。

1) 企业项目管理系统建设是一个自上而下的过程，要有顶层设计和整体系统设计方案，需要制定工程管理系统建设短期、中期和长期规划。

2) 调研试点。调研试点一般放在正在进行的项目上进行，这样才能够发现问题，把握企业工程管理的现状。

3) 推广试点。新管理系统建设通常先试点，取得经验后再推广，再根据应用情况持续改进和不断完善，与企业自身发展和项目管理成熟度相适应。

推广试点一般为新承接或刚开工的施工项目，这样从头开始让员工先接受并适应新的管理系统，应用比较容易获得成功。通常对已经进行的项目进行组织和管理系统变革是困难的。

4) 在管理系统设计过程中，要结合企业实际进行设计和推行，不要“买系统”，或由“咨询机构”设计再在企业中推广，而应该让企业、项目部、工程管理人员参与设计和推广。

(2) 在工程管理系统设计过程中，以及在推广应用前要进行设计交底。

1) 在设计的每阶段工作完成后，或进入下阶段工作前，应进行设计交底工作。对本阶段的工作目标、依据、设计思想、过程、成果、后续工作应注意的问题进行交流，使下阶段工作人员了解。所有设计成果和编制的基础资料应形成可追溯的文件，并予以保存。

在实施设计成果前，应组织专家对设计基础资料、设计过程、设计成果文件进行评审，要检查成果对目标的满足程度和适应性、完备性、科学性、可行性。

2) 在整个设计完成后、推广应用前应向企业各部门和项目部人员进行设计交底，介绍管理系统实施方法与步骤，使大家了解设计思想、自己的工作任务、作用等，能全面贯彻系统设计意图。

3) 注重共同工作。管理系统设计需要集成化，需要各个组织层次之间和各个实施小组之间互相了解，解决界面（接口）问题。建立跨流程、跨业务、跨专业、跨单位、跨部门的协同工作机制，识别工程管理协同需求，明确协同职责及要求，并将其融入资产管理标准制度，确保工作协同开展并持续改进。

(3) 设计成果应该有规范性和约束力，尽可能遵照执行，不能过于频繁地修改。

1) 要争取各参与方，包括企业管理者、项目经理、各职能部门、分包商、供应商、工程专业班组等对设计成果达成共识，应将其提供给项目相关者，经其认可，并争取他们的支持。

2) 设计和推广相关的工作应分解落实到各部门或单位，得到他们同意。

3) 要使人们了解他们为完成目标和任务应当遵循的指导原则，完成任务所拥有的必要的权利、工具和资源。

(4) 关注组织对变革的抵抗。

在我国工程承包企业中，项目管理系统的构建、运行和变革是非常困难的，不仅需要解决系统设计的科学性和实用性问题，而且需要企业有推行现代项目管理的决心、执行力，以及企业文化的变革。企业各层次管理人员对项目管理系统建设必须有统一的认识和决心。

工程管理的规范化和精细化能提高管理效率和效益，提升企业的素质，但需要精细化的技术实施和管理工作，需要细化各组织的责任和考核指标，需要及时收集和反馈信息。这会增加许多管理工作量，会使企业部门管理人员、施工项目部和工程队感受到许多约束和麻烦，从而产生组织抵抗。人们更习惯传统的管理方法和流程，希望自我控制，而不希望被监督和信息透明。而且工程项目各方面的责任落实、考核也是非常困难的，还需要大量的信息积累。通常需要经过两年甚至更长时间的适应过程，以后就会好转。

（5）加强培训工作。

现代工程项目管理对人员素质、能力、知识等方面的要求很高，需要企业成为学习型组织。在系统设计和运行过程中，需要进行针对性人员培训，推动系统的落地应用。

1）对整个设计组进行全面的系统总体设计介绍和现代项目管理知识讲座。开展工程管理系统基础理论培训，介绍工程管理系统框架，为开展工程管理系统建设工作奠定基础。

2）每个阶段前做讲座，介绍系统设计各阶段的基本内容、工作流程及成果要求。

3）设计方案完成后进行系统运行的培训和辅导。

① 面向企业项目管理所有相关员工，统一思想认识，理解、领会工程项目管理的理念、工作模式和相关要求，使全体员工能够全面了解系统建设相关知识和内容。

② 在全员宣贯培训的基础上，面向与工程管理系统相关的各专业部门就新的业务流程及方法应用进行培训，使其掌握系统运行所要求的技能，确保工程管理各项要素及通用技术方法有效落地。

③ 开展工程管理系统实施规范培训，使各级管理人员掌握工程管理系统实施内容，确保工程管理系统实施活动务实、高效开展。

④ 组织各基层单位逐级开展工程管理系统培训，发放工程管理手册、操作文件，开展知识普及、管理技术训练，确保落实到实际的业务活动中去。

（6）设计成果的持续改进。

设计成果应该具有可变性，需要随着管理的变化而调整，持续改进。

1）建立跟踪反馈机制，定期召开总结会，跟踪应用工作情况，及时沟通解决存在的问题，发布推广应用报告，使各部门、各单位人员及时了解推广应用工作的进度和问题，便于决策和调整，并广泛征求各相关部门和单位的意见，对成果不断补充、修改和完善。

2）在实施过程每个阶段结束时，进行应用效果评价、问题分析，提出进一步优化的需求。在整个系统设计过程中要不断反馈、总结提高。

3）推广应用过程中可进行跨部门研讨，让每一个成员都清晰、直观地明白问题所在，确保问题的定位准确、措施得当。

4）及时掌握总体进度、部门（各单位）分项任务完成的情况，全过程对系统建设工作进度进行持续性的跟进、反馈、调整，确保系统建设与运行有序开展。

如某企业对管理流程文件，每半年进行一次小优化，每年进行一次大优化，优化后的流程经会签审批，发布到公司的流程文件网站上，供全体员工随时查看，员工必须按照最新的模板来完成工作交付。

附件：某企业施工项目管理流程体系

(1) 投标综合流程。其细部流程包括：招标文件分析流程，技术标编制流程，报价流程及商务标编制流程，投标文件评审及投标决策流程，投标文件递交流程。

(2) 施工准备综合流程。其细部流程包括：施工组织设计流程，项目部组织建设程序等。

(3) 合同管理总体流程。其细部流程包括：合同评审流程，合同签订流程，合同实施计划流程，合同交底流程，合同变更签证流程，进度款支付和合同结算流程，索赔和反索赔流程，合同争议管理流程，合同后评价流程。

(4) 质量管理总体流程。其细部流程包括：项目质量管理体系建立流程，试验检验流程，施工过程质量控制流程，不符合项管理流程，质量事故调查与处理流程，质量管理体系监督与检查流程，质量管理评价流程，分部分项工程质量验收流程，质量管理改进流程等。

(5) HSE管理总体流程。其细部流程包括：项目HSE管理体系建立流程，安全专用器材、仪表、劳保用品管理流程，安全培训与授权流程，入场控制流程，出入管理与治安保卫流程，危险源识别、风险评价及控制流程，环境因素识别和控制流程，班组安全管理流程，现场作业基本安全控制流程，高风险作业控制流程，职业健康与卫生防疫控制流程，物料的定置化管理流程，应急管理流程，事故处理及问责流程，HSE管理评价流程，HSE管理总结与改进流程等。

(6) 进度管理总体流程。其细部流程包括：进度计划编制流程，进度计划跟踪流程，进度计划更新流程，进度统计分析和报告流程，进度协调会组织与实施流程，进度绩效考核流程，里程碑计划调整流程，工程部内外部接口管理流程，进度管理改进流程等。

(7) 采购总体流程。其细部流程包括：材料需用计划流程，采购计划编制流程，供应商管理流程，采购招标或询价流程，采购合同签订流程，材料到货管理流程，材料验收流程，材料库存管理流程，材料现场管理流程，废旧物资处理流程，物资调拨管理流程，设备计划流程，设备采购招标管理流程，设备进场验收流程，设备使用管理流程，设备持证上岗管理流程，设备标识、使用前交底管理流程，租赁/分包单位设备管理流程，设备调拨管理流程，设备报废处理流程，委托加工计划管理流程，委托加工合同管理流程，委托加工资料管理流程，委托加工过程管理流程，委托加工产品验收管理流程，采购管理改进流程，采购管理绩效考核流程等。

(8) 成本管理总体流程。其细部流程包括：成本估算流程，成本测算流程，目标成本编制流程，责任成本编制流程，施工准备阶段成本控制流程，施工阶段成本控制流程，成本数据收集流程，成本核算流程，成本分析流程，竣工结算流程，成本管理总结、评价与改进流程，成本管理考核流程等。

(9) 技术管理总体流程。其细部流程包括：施工方案编制和评审流程，作业指导书编制流程，设计文件管理流程，图纸会审流程，测量方案的编制和实施流程，设计和技术方案交底流程，施工文件的变更与澄清申请流程，重大技术方案管理和技术问题处理流程，技术管理评价流程，技术管理经验总结与技术管理改进流程，科研创新管理流程等。

(10) 分包商管理总体流程。其细部流程包括：分包商资格管理流程，分包商选择流程，分包合同签订流程，分包商进场与劳务培训流程，分包商绩效考核流程，分包管理改进流程，分包合同后评价流程等。

(11) 劳务管理总体流程。其细部流程包括：劳务需求计划编制流程，劳务资格管理流程，劳务分包商选择流程，劳务教育培训流程，劳务录用与进场流程，劳务分包合同管理流程，劳务分包款支付流程，劳务绩效考核和结算流程，劳务管理总结、评价与改进流程，劳务分包合同关闭流程等。

(12) 风险管理总体流程。其细部流程包括：风险识别流程，风险评价流程，风险应对措施计划编制流程，风险监控流程，风险预警流程，风险应对措施实施流程，风险管理总结、评价与改进流程。

(13) 信息管理总体流程。其细部流程包括：文档管理流程，电子资料管理流程，基础数据管理流程，信息系统建立流程，软件、硬件管理流程，信息管理评价流程，信息管理总结与改进流程等。

(14) 竣工阶段综合流程。其细部流程包括：工程竣工验收及报验流程，设备验收、检查资料移交流程，竣工资料移交流程，竣工文件质保审核流程，施工资料整理流程，竣工资料整理和移交流程，竣工图绘制流程，施工项目总结流程等。

(15) 保修阶段综合流程。其细部流程包括：外部保修报验流程、内部质量验收流程等。

复习思考题

1. 简述工程承包企业项目管理系统建设和应用情况、问题、原因调查和分析。
2. 工程项目管理系统设计如何适应不同的承发包方式？
3. 调查我国施工企业工程项目责任制的形式、运作方式、优点和缺点。
4. 工程咨询类企业如何构建工程项目管理系统？

10 工程全寿命期管理系统设计

【内容提要】

本章主要介绍工程所属企业的工程全寿命期管理系统设计，内容包括：

(1) 工程所属企业工程全寿命期管理系统设计的概念、目标、要求和范围。

(2) 系统设计的内容和过程。

(3) 工程范围和流程设计。

(4) 工程管理相关组织设计。

(5) 工程全寿命期各阶段管理系统设计。

(6) 工程职能管理系统设计，并以工程全寿命期费用管理为例介绍。

(7) 工程全寿命期信息管理体系设计。

工程全寿命期管理系统是非常复杂的，涉及面很广，不同的工程领域情况也有很大的差异。本章仅介绍系统设计的总体情况，主要以国家电网工程全寿命期管理系统建设为例进行分析。

10.1 概述

10.1.1 基本概念

在我国，许多工程领域实行投资项目业主全过程责任制，企业承担工程的投资决策、建设、运行和偿还贷款的任务，对工程的全寿命期负责，需要对工程进行决策、设计、施工、运行维护、改扩建等全寿命期管理，如铁路工程、城市轨道交通工程、化工工程、核电工程、交通工程、电网工程、高新技术开发区工程等领域。这些工程领域有如下特征：

(1) 工程系统有相同的结构形式（EBS）、相同的专业工程设计和实施（施工）技术，标准化程度高。

(2) 工程投资、建设和运行管理的一体化程度较高，工程的实施方式和管理模式具有一致性，组织责任体系完备。如我国道路桥梁工程推行“建养一体化”模式。

(3) 已完成同类工程的建设、运行维护和健康监测信息对新工程的决策、设计、计划、实施控制、运维管理和健康诊断等有更大的可参照性和可比性。

这些企业在某个工程领域投资，进行同类的多项目或项目群管理，需要构建工程全寿命期集成化管理系统。从企业总目标和工程总目标出发，对工程寿命期各阶段（前期策划、规划设计、采购、建设、运行维护、健康管理、改扩建、报废拆除）、全过程进行集成化管理，追求工程全寿命期价值最优目标。

其他如采用PPP方式融资的项目公司，签订“设计—施工—运行维护”（即DBO）合同的工程承包企业，开发持有物业项目的房地产企业等，都需要构建一体化的“设计—施工—运行”管理系统。

在承担全过程咨询项目的企业中，工程管理系统设计的视野也应是工程的全寿命期，需要通过工程全寿命期管理系统规范各相关工程项目的实施和管理。如前述第6章前期策划中工程项目的可行性研究应该按照企业的标准编制；前述第7章建设工程策划的程序、组织、规则应该按照企业标准执行，许多管理文件应该引用企业的工程管理标准文件，或者根据它来编制。

工程管理是企业资产管理的一部分，需要执行资产管理的标准。2014年1月10日国际上通用的资产管理体系标准ISO 55000族标准正式发布实施，它由英国资产管理协会（Institute of Asset Management，IAM）和英国国家标准委员会（British Standards Institution，BSI）制定并于2004年发布。于2008年重新修订PAS 55族标准并再次发布，它的内容包括从全寿命策略到日常维修管理最佳实践的28个方面。

它共包括三个标准，即《资产管理 概述、原则和术语》ISO 55000：2014、《资产管理 管理体系 要求》ISO 55001：2014和《资产管理 管理体系 ISO 55001应用指南》ISO 55002：2014。

它涵盖了资产管理相关方面，共包括10个部分，即范围、引用标准、术语和定义、组织所处的环境、领导、策划、相关支撑、实施、绩效评价和改进（见本章附件）。

我国通过等同转换形成系列国家标准GB/T 33172、GB/T 33173和GB/T 33174。

2012年，国家电网公司按照PAS 55族标准，制定发布国内首个资产管理相关的企业标准《资产全寿命周期管理规范》Q/GDW 683—2012，并于2015年重新发布了2015版《资产全寿命周期管理体系规范》Q/GDW 1683—2015。其对资产全寿命期管理的目标、组织、方法和手段等进行了有机集成，将各个阶段紧密衔接起来，实现对资产管理的全过程控制和整体优化。

在企业的工程管理系统设计中，需要执行企业资产管理体系标准。

10.1.2 系统设计目标

从总体上说，企业工程管理系统设计是以工程全寿命期过程为主线，将工程管理融入企业资产管理体系中，与企业战略管理、经营管理、运行（生产）管理、设施运维管理融为一体，以企业的部门管理系统（如物资采购、财务、人力资源管理、安全质量管理、科技信息管理、合同法务管理等）为支撑，实现企业总体战略目标和工程全寿命期总目标。具体地说，包括如下方面：

（1）对工程全寿命期各个阶段进行集成化和精益化管理，实现流程、资源、制度、标准、方法的高效协同，促进企业资产管理水平的提高，改进资产管理绩效，提升工程投资效益。

（2）以工程全寿命期整体最优作为管理目标，提升工程系统的质量和可靠性，提高建设管理和运维管理水平和效率，延长工程使用寿命，使工程资产增值。注重工程全寿命期的资源节约、费用优化、与环境协调、健康和可持续发展。

（3）促进企业所管理的工程标准化、信息化，为企业的信息化、数字化和智能化提供基础平台。

（4）引领和促进行业（领域）工程管理标准化建设。对一个工程领域来说，构建标准化的工程全寿命期管理体系具有战略意义，有利于整个行业工程管理整体水平的提升，使整个领域工程的信息形成一个整体，实现基础信息统一管理和维护，保证其正确性和一致性。

10.1.3 企业工程管理系统设计的特殊性

（1）工程全寿命期时间跨度大、业务范围广、管理层级多、涉及面广、组织变动大，需要从企业层面进行综合性工程管理系统建设，进行企业的顶层系统设计并层层分解，使独立的业务之间建立关联，保证企业内各工程项目运作的一致性和统一性。

（2）要处理好工程管理工作与企业部门业务管理工作的关系。

企业有自己的主营业务，工程是为企业主营业务服务的，为其提供经营的产品、设施或服务，所以工程是企业资产的重要组成部分。许多企业对工程实施和管理已经有比较完备的业务内容和管理过程，通常工程各阶段工作和各专业职能工作都实行归口管理，形成条条块块的工作形态，有相应的规章制度和管理标准。

工程全寿命期管理不能完全打破现有的企业部门业务流程和管理工作过程，或推倒重新设计和建设，也不是将已有的工程各阶段实施过程和职能性管理工作简单跨部门组合。而是在现有业务和管理工作的基础上集成、优化、协同，将企业业务与工程管理相融合，重新审视现有各个职能管理体系，处理好企业经营管理工作、工程寿命期阶段性管理工作与部门职能管理工作之间的关系。

根据对一些企业的调查，现有的工程管理工作可能有三种处理选择：

1）保持现有工作内容和方式方法，但需要注入工程全寿命期的内涵。

2）需要按照全寿命期管理要求进行“再设计”，修正业务流程，进行整合（集成化）、提升，增加一些中间接口，使运行过程、管理过程、组织一体化。

3）需要重新构建管理体系，如LCC（全寿命期费用）管理体系、信息管理体系等。

（3）它不是对一个具体工程的全寿命期进行决策、计划、建造和运行维护管理，而是面向企业所管理的全部工程，构建标准化的管理系统。既要符合工程管理系统设计的原则、要素和一般过程要求，还要体现企业资产全寿命期管理的特殊性，有广泛的适用性。

（4）全寿命期管理的关键是集成化管理，必须用集成化管理方法，统一进行系统设计。工程全寿命期管理既强调阶段的划分，同时又要求将各管理要素融合在一起，实现阶段间的紧密衔接，形成规范化、标准化的管理模式。

（5）企业投资的工程有不同的特性，要构建统一的管理系统存在许多困难。要求系统设计在标准化和柔性化管理之间找到平衡，能够适应不同工程的要求。如企业投资的工程可能有：

1）不同的专业特征和构成，如房屋建筑工程、输变电工程、水电站工程等。

2）不同的规模，如单项工程、大型项目群工程等。

3）不同的新颖性和风险程度，如一般的房屋建筑工程、高科技开发项目、环境和地质条件复杂的水电站工程等。

4）不同的实施方式，如采用不同的融资模式、承发包模式和管理模式等。

10.1.4 工程全寿命期管理设计需要解决的问题

（1）工程寿命期各阶段的目标、工作内容和性质、组织形式、运作方式、规则等有比较大的差异，同时各阶段工作存在不均衡性，具有不同的专业特点。而传统的企业工程管理系统是分阶段设计的，主要针对项目的某一个阶段，如可行性研究、设计和计划、施工、运行，一般不进行统一的系统设计。在工程管理中，强调阶段的划分和有序性，各阶段和各部门的工作目标、范围和侧重点不尽相同，也难以统一到一个总体目标上。各部门更关注自身目标的优化，对整个系统考虑不够，缺乏沟通协调，在工程的目标设置、组织责任、管理流程、信息共享、费用核算体系等方面尚不能构建一体化的管理过程。这种工程管理是近视的、局限性的，视角太低，这也是我国工程领域存在许多问题的根源之一。

（2）工程全寿命期管理不仅要在企业内进行跨部门协同，还要在工程实施业务的上下游企业，如承包商、设计单位、供应商、提供咨询和服务的企业间协同，管理一体化程度比较高，信息量大。

对企业而言，工程管理工作涉及的业务链条长、业务范围广、参与部门多，需要对工程管理相关的组织职能进行科学设计，完善企业现有组织机构、管理层次以及管理职责。

（3）工程组织具有高度的动态性，存在工程总目标的终极性与各阶段组织及其人员的临时性的矛盾，造成了组织责任的缺失和离散。许多组织成员对工程整体效益不承担责任，与工程最终成果没有直接的利益关系，容易造成责任盲区，短期行为的现象比较严重，如工程建设管理者有仅考虑如何将工程尽快建成、竣工交付的思想，较少考虑工程的运行效果和整体利益。

由于工程组织的临时性，组织成员的归属感不强，组织的凝聚力较小，利益冲突比较激烈，信任基础薄弱，行为离散，协调和沟通更为困难，组织摩擦大。这给工程组织设计带来许多需要解决的问题。

（4）由于工程全寿命期工作的阶段性、组织责任断裂等原因，造成工程寿命期中信息的衰竭和信息孤岛现象，加剧信息不对称，给信息管理系统建设和运行带来了许多新的课题。

（5）工程全寿命期管理属于企业资产管理的一部分。我国许多企业缺少资产管理的“系统设计”，有的企业按国际标准建设了资产管理体系，但建设工作流于形式，可用性不强，或在建设过程中关注形式上符合规定（主要为程序），缺乏对业务的深入研究和管理流程的细化。

国际资产管理体系建设的流程是比较宏观的一般过程，应用的前提是企业业务流程是科学和完备的，要根据企业业务对象和管理工作特点进行细化和具体化。

10.2 工程全寿命期管理系统建设的内容和过程

工程全寿命期管理体系建设也是一个项目过程，通常包括如下工作内容：

1. 前期策划工作

（1）企业发展战略研究。企业的发展战略是在社会和国民经济发展计划分析的基础上，进行企业 SWOT 分析以及企业的内外部环境分析，确定企业的中长期发展战略和计划。工程管理系统建设要落实和体现公司价值体系，如公司使命、宗旨、发展理念、准则、总目标和企业精神。

（2）企业工程管理现状调查和问题分析。通过对企业内外部环境的分析、对企业部门和工程管理过程的调查，对工程管理现状做出综合评价，包括优势、存在的问题、工程管理的成熟度等。

（3）根据企业工程全寿命期管理体系建设总体规划，提出总方案建议。对工程管理系统建设的总目标、总体实施策略定位、原则、要解决的重点问题、路径等进行讨论和认证，并对系统建设相关工作进行计划。

2. 工程目标系统、实施和管理范围及流程设计

（1）本企业投资工程的目标系统结构和特性分析。

（2）工程系统分析。对有些工程领域（如电网工程、城市轨道交通工程、核电工程、房地产等），工程系统是有相似性的，可以对其进行总体的结构分解。

（3）工程全寿命期过程分析。从工程前期策划开始直到退役为止，合理划定工程寿命期阶段，确定各阶段的主要任务、总体过程等。

（4）工程寿命期各阶段业务流程分析。

（5）工程各阶段实施方式和实施策略。

由于投资企业通常都将工程的专业性实施工作和实施层的管理工作委托出去，自己承担的主要是事务性工作和高层次管理工作，所以可以统一归为业务流程的分析。

① 按照工程全寿命期管理的目标和任务，构建工程总体实施过程，确定工程决策、设计和计划、建造、运行、更新改造、退役各阶段工作范围，进行工作分解，列出工作目录。

② 确定各阶段工程管理任务和工作范围。

③ 确定各阶段工程管理工作详细目录。

④ 设计各阶段工程管理总体流程。这方面的工作重点是业务流程设计。

3. 组织设计

组织设计涉及企业的项目治理和各阶段项目管理的方式。

（1）企业部门和工程寿命期阶段临时性组织结构设计。在企业战略分析、企业和项目部组织问题诊断、同类企业组织调研的基础上，优化企业部门和各临时性组织设置建议方案。

企业部门组织是稳定的，按照工程特性和工程寿命期各阶段实施和管理工作的不同，动态设置临时性组织，合理解决企业部门组织和工程寿命期各阶段临时性项目组织的关系。

（2）责任中心制设置。构建企业责任中心体系，明确企业各部门、各阶段组织的责任中心定位，确定各责任中心的管理责任和经济责任范围，以及相应的考评方式，构建完整的管理责任和经济责任的分解和考核体系。

4. 工程管理体系设计

(1) 以工程全寿命期阶段为对象的管理体系设计。如前期策划管理体系、施工管理体系、运行管理体系等。

(2) 工程职能管理体系构建，如工程 LCC 管理体系、质量管理体系、HSE 管理体系、信息管理体系等。

5. 工程管理信息化体系构建

(1) 工程信息管理流程设计。将工程的实施和管理过程转变为信息流程。

(2) 工程信息管理体系文件编制。

(3) 工程基础数据仓库设计。

(4) 工程全寿命期管理软件系统设计（应用）。在引用标准化的商品项目管理软件的基础上，要根据企业工程管理的需求进行二次开发。

(5) 信息化相关的基础设施建设等。

6. 系统运行和持续改进

某企业工程全寿命期管理系统设计流程如图 10-1 所示。

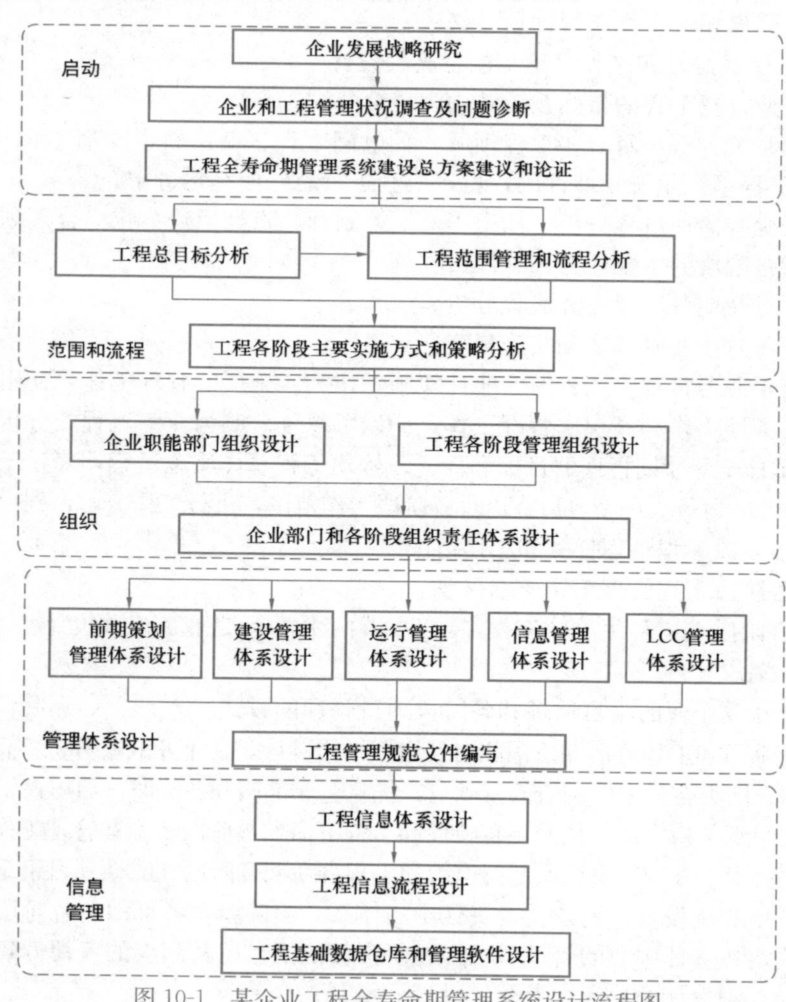

图 10-1 某企业工程全寿命期管理系统设计流程图

10.3 工程范围管理和流程设计

10.3.1 工程寿命期各阶段的工作范围和内容

企业投资建设的工程系统具有多样性，时空环境都是独特的，项目具有一次性。在范围管理和流程设计中，专业性的实施工作和流程不能分得太细和太具体，而事务性工作和管理工作可以相对较细。下面以国家电网为例简要说明各阶段工作范围。

1. 工程前期策划阶段

在第6章论述了一个工程的前期策划工作过程，而这里需要从企业层面对所管理的工程立项前的工作进行业务活动分解。在工程项目立项之前企业主要有如下工作：

(1) 从企业发展战略、社会（或市场）需求、企业经营、企业资源等角度，对整个企业的投资活动和工程建设进行中长期的总体规划，形成拟建工程储备库。其可能包括企业各式各样的项目，如新建工程、扩建工程、技术改造、技术开发等。

(2) 按照企业资源、市场需求、近期投资计划，对各类项目进行组合管理、投资风险评价，确定项目群以及各项目的优先级等。

(3) 对确定建设的工程进行前期策划，包括提交建设项目建议书、编制项目可行性研究报告和投资估算，初步形成本项目的投资计划，经企业综合平衡各类项目的资金需求后核准和批复，本项目立项。

2. 工程建设阶段

企业要成立建设管理机构，以业主的身份从事宏观的建设项目管理工作，而建造和现场管理工作都委托出去，企业相关部门需要进行配合，承担一些业主方的管理工作。

(1) 工程建设前期工作。这些具体工作内容与前述第7章相似，需要从企业层面对工程系统规划、设计、工程建设计划、工程采购（招标工作）、现场条件准备等提供支持、协调和审批，并对多项目进行综合平衡。同时，完成工程建设的各种行政性审批手续，获得各种许可。

(2) 工程施工。这些具体工作内容与前述第7、8章相似，需要从企业层面对工程施工、设备安装、设备调试及投运（生产）前的准备工作等提供支持、审批，拨付工程款，并对多项目或项目群的建设进行综合平衡。

(3) 竣工验收。该阶段企业部门介入较多，包括对竣工决算书的审核、批准，核对工程范围和设备，进行审计，完成项目后评价等。

(4) 投运转资。主要由企业部门完成增资转资、投运转资、资产移交、创建设备台账、建立资产卡片、资产产权管理等工作。

3. 运行维护、检修

运行维护流程通常为企业管理的一部分，不同工程领域企业间的差异较大。

(1) 日常的运行维护。涉及运维计划、设备巡视、缺陷管理、设备清扫、检测维护等工作。

(2) 检修管理。涉及各种检修计划、例行或诊断性试验检修、故障抢修等工作。

(3) 状态评价。涉及设备监控管理、设备监视、评估设备当前状态和未来发展趋势等工作。

（4）技术改造。涉及对工程进行更新、技术改造等工作。

4. 退役处置

退役处置包括进行退役资产评估、编制退役执行计划、进行资产退出账务处理和报废处理、物件的循环利用等。

同样，各阶段的工作还可以进行详细分解，列出工作目录和说明表。

10.3.2 工程总体流程设计

根据上面的各阶段工作分解，可以绘制工程全寿命期总体流程图（图10-2）。从总体上构建工程全寿命期工作的实施流程，包括前期的投资决策过程、建设前期的工程设计和准备过程、施工和竣工过程、运行维护过程和退役过程等。各阶段综合流程需要按照工程的特殊性和领域常用的实施方式构建。

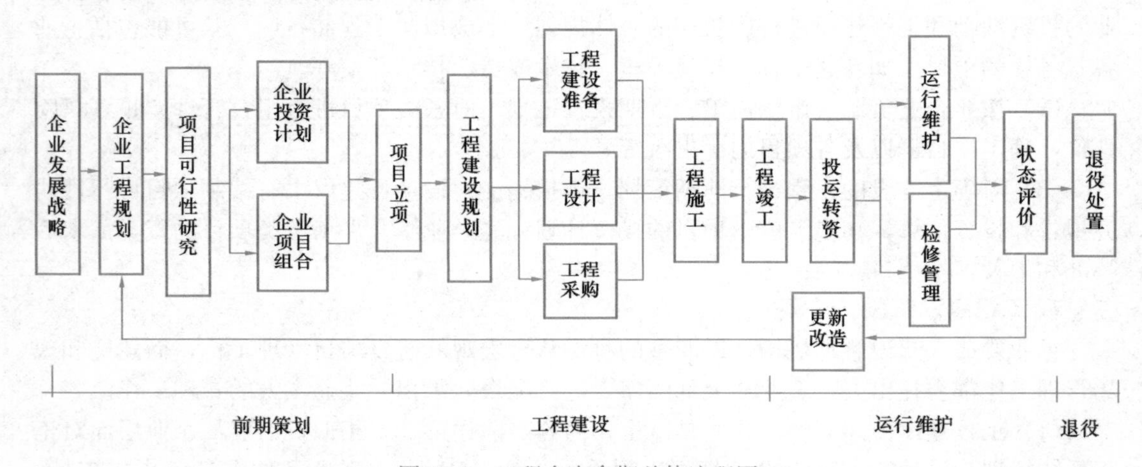

图10-2 工程全寿命期总体流程图

有些阶段的工作流程在前面已经论述，就不再重复，如工程项目前期策划、工程建设项目策划可以参照前面第6、7章的内容。

10.3.3 工程寿命期各阶段流程设计

1. 投资与开发管理

（1）企业的工程战略规划过程如图10-3所示。

1）进行国民经济发展规划、地方发展规划、土地利用规划和社会发展计划研究。企业的工程中长期规划必须与各级规划相衔接，确保工程的合规性、合理性和可行性。

2）企业战略规划研究。

3）工程产品需求预测，使投资开发与产品或服务的市场需求相吻合。

4）企业目前工程存在问题分析。

5）企业工程投资原则和策略研究。

6）企业工程中长期规划，罗列出企业在中长期准备投资建设的工程目录。

7）企业工程储备库。将准备投资建设的工程列入企业的工程储备库中。

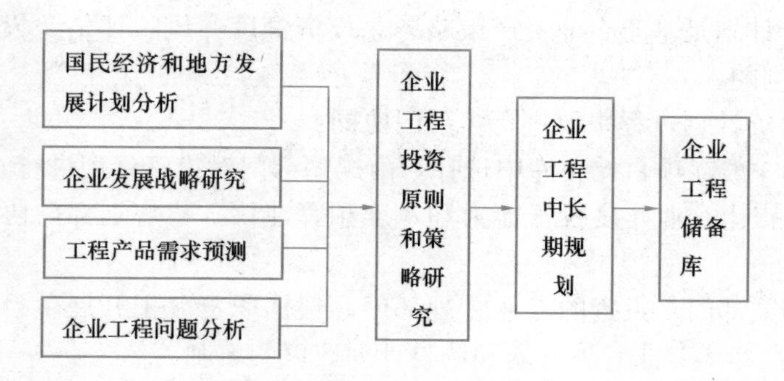

图 10-3 企业的工程战略规划过程

这是从企业战略层面进行项目机会研究和工程投资的中长期规划。

（2）项目立项过程。从企业角度设置项目的立项过程，主要包括：在企业工程规划和企业工程储备库基础上提出建设项目建议书、可行性研究报告、企业层面的综合投资计划和项目组合管理，在投资项目批准立项后，提出企业的建设资金计划等（图 10-4）。

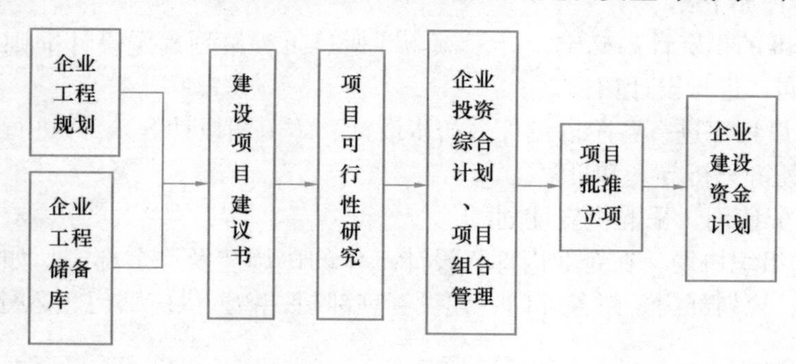

图 10-4 工程建设项目立项过程

（3）相关的组织协同管理。前期策划工作需要成立研究工作小组，需要企业相关部门参与，如工程需求、生产、营销、信息等部门提供运行方式、存在的问题等基本信息，参与项目可行性研究报告的编制、评审。在可行性研究阶段，招标投标部门会同规划部门开展可行性研究招标，签订可行性研究委托合同。

（4）规章制度建设。针对该阶段的工程管理工作，需要编制如下管理文件：

1）项目投资与开发管理制度（投资管理制度、经营管理制度、项目审批制度）。

2）项目投资与开发管理操作工具（项目投资回收分析表、企业年度经营计划书、投资项目竞争分析调研表、开发成本分析表、项目可行性研究报告编制规范、可行性研究方案评估选择规则等）。

3）投资与开发管理工作流程（企业经营决策管理流程、年度经营计划编制流程）。

4）投资与开发管理方案设计文件范本等。

2. 工程建设项目前期阶段管理

（1）企业投资计划。项目批准立项要进行投资分析，做工程预算，纳入企业投资计划，作为建设项目投资控制的目标。

1）工程投资计划主要包括新建、更新改造、扩建等专项计划。

2）企业投资计划是基于企业资产策略、总投资额度、风险评估、投资项目综合平衡后，按照年度编制的。

3）在编制投资计划过程中要进行多部门协同：

① 投资项目一般在项目储备库中选择，由规划部门对投资计划进行牵头统一管理。

② 财务部门提出企业年度投资能力和年度预算建议，与规划部门协同进行投资计划的综合平衡。

③ 企业各相关部门是投资的专业管理部门，根据职责分工开展项目实施过程中的相关专业管理工作，如本专业专项计划和调整计划建议的编制。

④ 对各下属单位上报的投资计划建议进行审核。

（2）工程立项后组建业主项目部。它以企业的建设管理部门为主，其他部门配合，形成一个跨部门的项目管理班子。

（3）涉及土地使用权、城市规划等各种审批手续的办理。

（4）工程设计。

1）设计过程如下：

① 按照批准的投资计划确定设计限额，并通过工程策划确定设计准则，编制设计任务书和设计合同，进行设计招标。

② 按照建设程序进行各阶段设计（初步设计、施工图设计等），并进行设计评审（全寿命期评价、经济分析等）和批复。

③ 编制物资使用、采购供应计划。

2）设计的组织协调。在企业内部，设计工作的协调涉及许多部门，如工程使用部门（生产、营销）、规划部门、财务部门、建设管理部门、物资供应部门、运行维护单位、审计部门等。

设计中与相关工程任务承担单位的协调，包括设计单位、监理单位、施工承包商、供应商等。

与外部单位的协调，包括环保、国土、气象、地质、城市规划等政府部门，以及供水、供电、通信等单位。

3）设计管理流程和制度设计，如设计管理工作流程、设计管理制度、设计审查制度、设计变更管理流程等。

4）设计管理操作工具（设计任务书、任务和文件修改审批表、设计跟踪检查记录、设计输出文件审查表）。

5）设计管理相关标准文件设计，如设计合同书、设计任务书、设计评审和审批文件等。

（5）工程采购。

1）需要进行设计、物资（设备、材料）供应、工程施工、咨询（监理、技术服务）等采购招标，建立标准化的招标管理体系，设计标准的采购文件，如工程招标申请书、资格审查文件、招标文件、标准合同文本、施工合同评审表、招标合同会签表等。

2）工程采购由建设管理部门和企业的招标部门牵头，与工程和物资需求部门、物资供应部门、规划部门、各专业技术和管理部门、法律和监察部门以及设计单位协同工作。对重大工程的招标，需要设立跨部门的招标投标工作领导小组。

3）按照项目的实施计划提出招标计划和需求。

4）各工程管理单位及技术部门参与组建评标专家库，设立评标委员会。

专业技术部门分别为企业系统招标活动提供专业技术支持；法律部门为企业系统招标活动提供法律支持和保障，提出法律意见；监察部门负责组建监督组；审计部门对企业系统招标活动进行审计监督。

5）由于工程相关采购的重要性，以及其容易出现腐败问题，所以企业要建立严密的组织体系和规章制度，并在招标过程中严格执行。

（6）工程前期的其他准备工作。如办理各种审批手续、开工许可手续、征地、拆迁补偿、现场准备等工作。

3. 工程施工管理

投资企业工程施工管理是以合同管理为中心、以总进度计划为主线进行的。建设管理部门负责具体的管理工作，对承包商、供应商、设计单位、咨询单位进行管理，与企业相关专业部门进行协调，同时与工程所在地政府部门进行协调。

（1）具体施工管理方面的工作内容在前面第 8 章已有介绍，而企业在这方面的管理系统设计需重点做好如下工作：

1）施工管理工作流程设计，如施工管理流程、施工进度控制流程等。

2）施工管理制度建设，如项目经理部管理制度、承包商管理制度、监理制度、技术交底制度、临时水电使用制度、工程变更签证管理制度等。

通常要设计统一的施工管理操作工具，如施工组织设计审批表、施工进度计划表、开工申请单、技术交底记录、施工工作量签证单、进度计划调整审批表、各种报表等。

3）重大施工方案的审核和批准，如总体施工方案、特殊专项施工方案需要进行专项审查、专家论证，经过一定的审批程序。

4）投资控制，如按照合同和工程进展及时拨付工程款，控制工程变更等。

（2）工程竣工。建设管理单位组织相关部门和单位进行竣工验收、召开验收协调会、办理各种竣工手续。这个阶段有大量的专业性、事务性和管理性工作，需要收集和整理大量的资料，企业相关部门都要参与。建设管理单位需要设计详细的工程竣工工作流程，作为工程承包合同设计的依据。这在工程承包合同中有具体的介绍。

（3）投运转资。在企业资产管理中，投运转资是一个重要的里程碑。在工程竣工后，投运转资工作包括：提出工程设备清册、创建工程设备台账、编制工程决算报告、工程转资、进行企业固定资产管理等（图 10-5）。

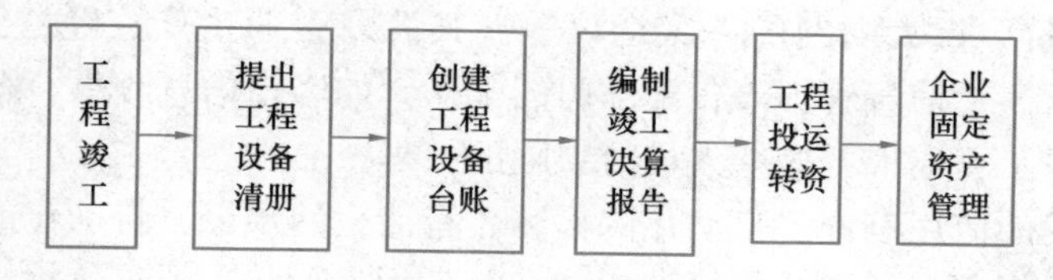

图 10-5　工程投运转资过程

项目管理部门、资产管理部门、财务部门、运行管理等各部门共同参与工程竣工和投运转资过程。

（4）项目后评价。它是将工程建设、运行成果和状况与可行性研究、评价体系和工程建设项目总目标进行对照，对建设及管理成效作出综合评价。这需要对项目前期、建设准备、施工、竣工、运行状况的信息进行收集、整理、统计分析，常常还需要召开工程相关部门、工程相关单位、外围相关组织的座谈会、访谈会。

对有持续大规模建设任务的企业需要构建完备的工程建设管理规则。

4. 运行维护和健康管理

运行维护是工程运行阶段的常规性工作，其工作基本流程如图 10-6 所示。其中重要的工程管理工作包括：

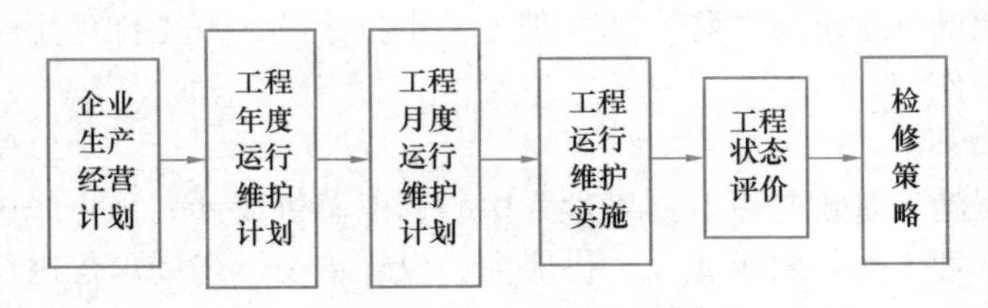

图 10-6 工程运行维护流程

(1) 运行管理体系构建和实施。运行管理体系构建通常在建设阶段就必须完成，现在这项工作常常由总承包商或者设备供应商负责，作为工程竣工交付的前提条件。对运行管理体系的构建应该设有规范性的要求和程序。运行管理的实施主要是企业工程运行（或生产）单位的任务。

(2) 工程状态评价。

1) 评价体系建设。评价的对象是工程系统结构（EBS），评价的重点是工程运行状态以及主要设备、结构的状态。按照各评价对象的技术特性和要求设置评价指标，并划分体现劣化程度的状态量。

2) 关键状态量数据的获取。工程状态评估涉及工程的历史（规划、设计、建设计划、采购、施工、竣工、运行、维修）资料数据和工程的运行状态实时监测数据。

3) 状态评价方法。通常可以采用数据分析、状态量权重分配、状态量扣分值等方法。

4) 状态评价结果。评价工程运行的风险状态，如正常状态、注意状态、异常状态、严重状态。通过对工程健康情况进行诊断，确定运行维护和更新改造策略，分配维修费用等。

5) 工程状态未来发展预测、问题处理（如检修、更新改造、退役等）策略和方案建议等。收集工程运行检测综合分析设备的运行及缺陷信息，生成状态评价报告。

6) 常规性评价、重大问题的专家会议等。其涉及企业生产、经营管理、工程建设、物资供应、制造厂商、信息管理等各个部门的工作，如客户信息收集、企业生产部门工作记录、运维人员对工程巡视、检修人员对缺陷的处理。

现在信息技术的应用有许多自动化的检测、智能化的预警、自动化的缺陷管理系统。

(3) 工程检修管理。工程检修管理工作涉及工程运行状态评价、检修策略选择、检修计划制订和实施、检修工作总结等（图 10-7）。在特殊情况下，还要进行应急抢修。

在这个过程中要进行设备风险评价，需要使用设备寿命期的数据，以及过去工程的故障统计数据。对重要的和重大的维修需要由设计单位进行图纸设计。

(4) 工程更新改造。由于各工程系统的使用寿命是不一样的，如建筑主体结构的设计

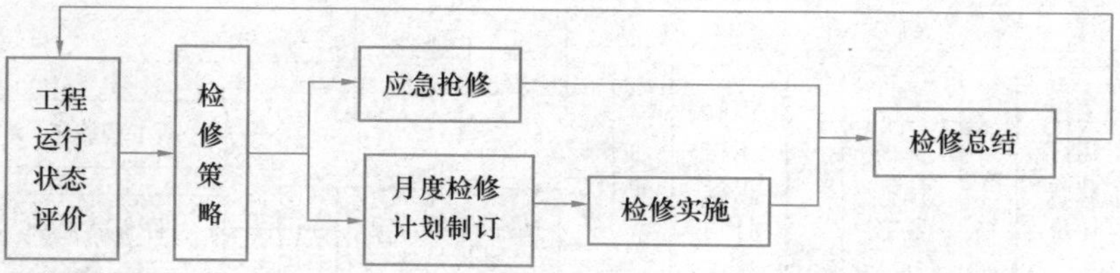

工程运行状态评价
检修策略
应急抢修
月度检修计划制订
检修实施
检修总结

图 10-7 工程检修管理业务过程

使用寿命为 100 年，而有些工程系统的寿命较短，如电梯的寿命通常为 25 年左右，通风空调系统的寿命为 10～20 年，这些系统需要定期进行检修更新。

由于经济发展变化快、规划调整等原因，工程扩建改造在有些领域已是常态，如电网的扩容，电厂的“小改大”等，在工程运行一段时间后就需要进行更新。工程更新改造业务流程如图 10-8 所示。

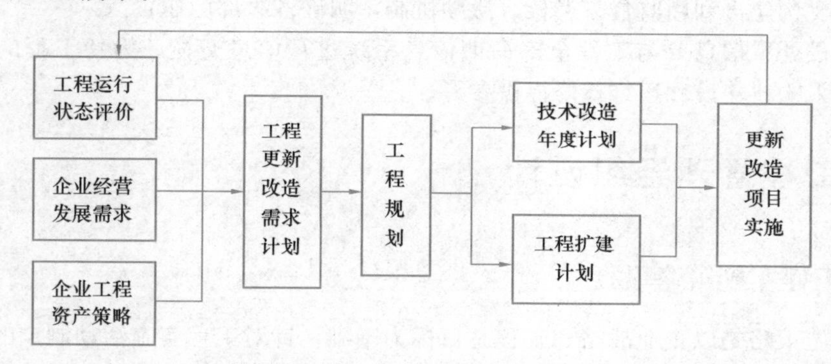

图 10-8 工程更新改造业务流程

1）工程更新改造通常是基于现有工程的运行状态评价结果、企业经营发展需求、企业工程资产策略等，向相关部门提出更新改造需求计划，作为一个新的工程项目，需要进行可行性研究，经过评审纳入工程储备库统一管理。

2）按照企业的计划和预算，规划部门进行统筹安排。对一般面广量大的小型技术改造项目安排年度计划，通常采用职能型（或寄生式）项目组织，由相关部门牵头，而对大型的更新改造项目（如规模大的扩建工程），就按照建设项目程序进行管理。

3）将更新改造项目交付实施，这与前面的建设过程是一致的。

5. 工程退役处置

（1）工程退役处置是整个工程寿命期的结束，工程退役处置有三种结果：

1）无法继续使用的退役设备，经过技术鉴定后予以报废处置，要规范拆除管理。

2）能够继续使用的部分设备或构配件，转入备品库存管理。

3）在确保安全的前提下，直接再利用。

在我国，由于经济发展快、规划调整、工程质量缺陷等原因，导致工程运行年限短，退役时有些工程系统、设备、构件尚具备重复使用价值。强化退役工程更新循环和再利用，能延长工程使用寿命，提高工程投资回报率。

（2）为了确保资产保值增值，需要有规范化的处理程序（图 10-9）。要进行严格的技

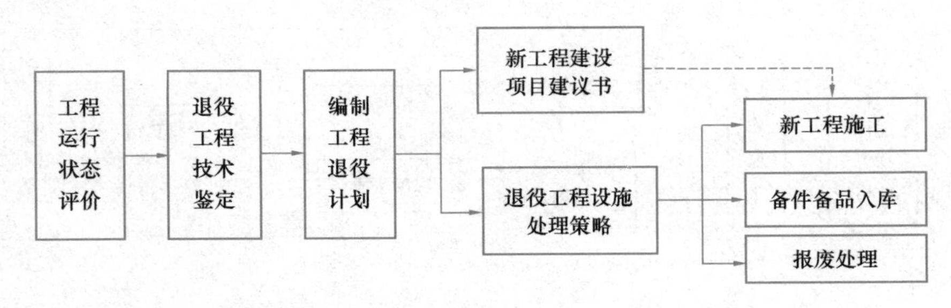

图 10-9 工程退役过程

术鉴定，从工程技术寿命和经济寿命比较角度进行评估，做技术处置方案比选，还需要履行审批手续，进行账务处理。

（3）再利用的资产要在新工程的规划、设计、工程施工、技术改造等项目中得到优先就地使用，要构建再利用监督、考核、激励机制，明确各级部门职责。

（4）退役处置信息要与工程全寿命期信息系统进行信息交换，为新工程的规划、设计、计划、采购、建设和运维检修提供参考。

10.4 工程管理组织设计

10.4.1 工程实施策略设计

工程实施策略是以企业战略和工程总目标为基础，针对工程实施活动制定的一系列准则、实施方式、资源配置方式等，以指导工程实施组织和管理体系的设计。现在，这方面工作常常作为企业投资项目治理的内容。通常包括如下方面：

（1）工程投资决策程序。

（2）工程建设所采用的主要投融资方式，即工程所需资金的来源渠道。

（3）工程项目治理方式，即投资项目各方责权利关系的设计。

（4）工程各阶段实施任务的委托方式，即采用什么样的承发包方式。如：

1）可行性研究由企业内部机构完成，还是委托给咨询公司？

2）建设项目采用“设计—施工”总承包，还是分阶段、分专业平行承发包？

3）工程运行维护工作由企业自己承担，还是签订DBO合同由工程承包商承担，或委托给运行管理公司？

这决定了工程实施主体的构成和实施过程。

（5）各阶段工程管理的实施方式。如：

1）工程投资决策过程由哪些部门参与？

2）建设管理由企业的哪些部门参与？投入强的管理力量（如我国的一些企业），还是采用国外业主全权委托项目管理的模式？采用代建制，还是业主自管？

这决定了工程各阶段临时性组织的构成原则、方式，以及与企业部门组织的关系。

（6）各阶段一些重大问题的策略选择。如工程项目组合策略、工程规划策略、设计选型策略、工程招标策略、运行维护和生产管理策略等。

10.4.2 工程管理组织设计的范围和原则

1. 企业与工程相关的组织部门分类

企业与工程投资决策、建设、运行维护、更新改造、退役相关的管理部门很多，通常分为：

（1）为企业主营业务服务的组织部门。企业通常有自己的主营业务，有比较稳定的部门组织。它通常提出工程需求，并运用工程系统生产产品或提供服务，它们是工程的“用户”。

（2）为工程管理服务的常设组织部门。对有持续建设、更新改造任务的企业，一般都设置工程建设管理部门，并保持这些部门组织的稳定性。如国家电网有常设的工程建设管理部门（如基建处），其他部门如财务部门、物资供应部门、法务部门等也都会为工程实施提供技术或管理服务。

（3）为具体工程服务的临时性组织机构。如可行性研究小组、建设阶段的工程项目部、工程大修小组（或项目部）等。

2. 设计原则

（1）组织设计应服务于工程总体目标，支撑远期、中期、短期目标的实现。

（2）应保持工程全寿命期组织责任的一致性和连续性，规避短期行为，构建一体化的工程责任体系。

（3）建立集成化的工程项目团队，各部门之间权责应分明。同时，使规划计划、建设、运维检修、退役处置阶段管理职能一体化，尽可能保证相关组织部门广泛介入。

1）在工程寿命期中，前端业务部门对后期实施工作应承担指导、告知、咨询等方面的义务。

2）同时后端业务部门（如运维、检修、退役处置）应尽可能提前介入，将相关的要求、工程数据和信息反馈给前端业务，有助于实现更科学的规划设计、采购和施工。

3）新工程的投资决策、建设计划、运维计划等要充分利用过去工程的数据，这就需要构建企业的工程基础数据仓库。

（4）企业各职能部门和业务部门应实现高效协调，通过企业常设机构和非常设机构（项目型组织）的集成，使各部门的资源和能力优势发挥最大效益。

（5）通过工程合同设计和企业部门责任体系设计，分解落实工程总目标。如在设计合同中要求设计单位对工程的运行维护负责；在施工合同中要求承包商对功能负责等。

10.4.3 组织结构设计

企业与工程相关的管理机构和部门组织设置包括如下内容：

（1）企业资产管理机构。在宏观层面上，工程管理属于资产管理的一部分。

工程投资的高层管理决策团队由公司决策层人员组成，其任务是确保公司在市场上有正确的产品定位，保证资金投向正确并控制投资。对一些集团型企业或大型投资企业，常常需要设置专门的资产管理机构，如某企业资产管理委员会结构图 10-10 所示。

（2）工程各阶段组织结构设计。

企业投资建设一个工程，要按照工程特性和各阶段实施和管理工作的不同，动态设置

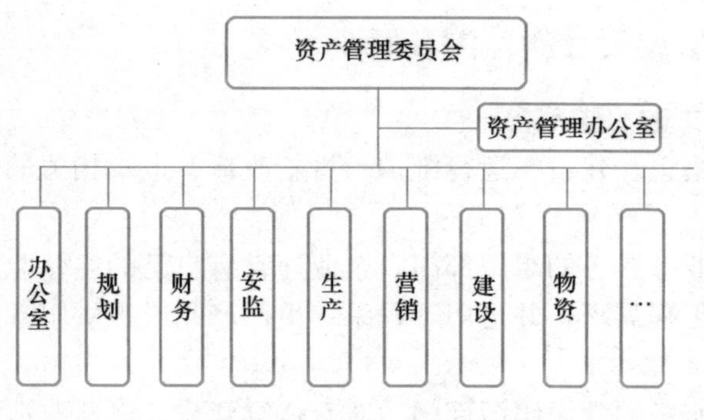

图 10-10 某企业资产管理委员会

临时性工程管理组织。它是由不同职能部门人员组成的跨部门团队，承担工程的策划、设计和施工管理、运维管理和退役管理等工作。它与企业常设部门（如开发、市场、生产、采购、财务、制造、技术等）之间存在复杂的组织关系（图 10-11）。

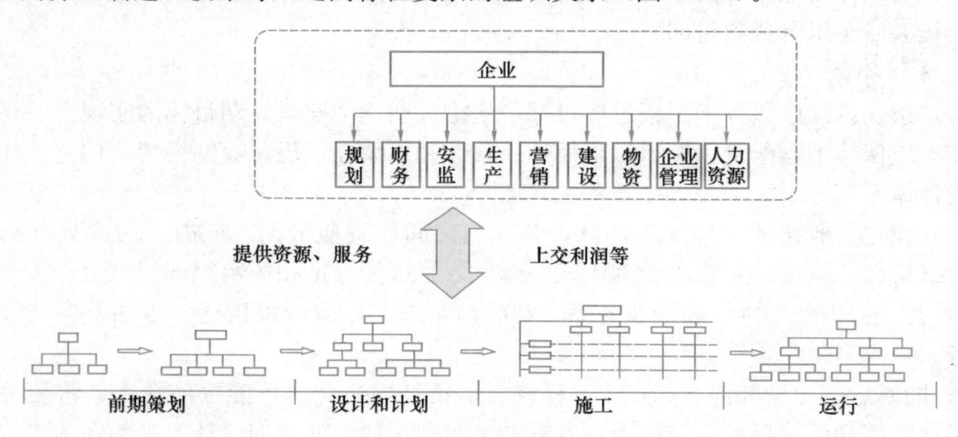

图 10-11 企业常设组织部门和项目临时性机构的关系

工程各阶段项目组织设计受到工程性质、工程规模、融资模式、业主管理模式及工程任务发包方式等的影响。

1）工程前期策划阶段，在企业高层形成工程构思后，成立一个临时性的研究小组探索工程机会，做总目标研究。这时仅为一个小型的临时性、研究性组织，通常由企业一个部门牵头，组织成员虽涉及企业许多部门，但大家都不是专职的。临时性小组寄生于企业职能部门，属于寄生式的项目组织。

在可行性研究中，需要对工程产品的市场、工程运行计划、建设总体计划、融资计划进行专题研究，对工程的市场、金融、环境、社会等问题进行预测；还要对工程现场做调查和勘探，并作出各种评价。可行性研究阶段有许多事务性工作（如各种审批手续）、协调（如与相关政府部门沟通）和管理工作，此时需要成立一个临时性的管理班子（见第 3 章图 3-12）。

在本阶段，企业的市场部门起主导作用，需要牵头工程（基建）部门、设备供应部门、生产部门、财务部门等人员共同工作。

对大型工程项目，需要委托咨询公司做可行性研究；对公共工程，还需要委托勘察单位做地质勘探工作。

2）在建设项目立项后，以工程建设管理部门为主，牵头成立工程建设管理组织，主要承担业主的角色。在工程设计、计划、采购、现场准备过程中，需要企业生产、设备、运维、财务等相关部门的配合。这个阶段的组织形式受工程规模、特殊性、资本结构、设计工作的复杂性、建设管理模式、工程发包方式等因素的影响。这个阶段一般采用直线式、职能式或者直线职能式组织形式。

3）在施工阶段，工程建设组织与咨询（监理）单位一起管理许多承包商、供应商、工程检测等单位。施工阶段的组织规模一般都很大，其组织形式也较为复杂。对于子项目较多的工程，通常采用矩阵式组织形式。

4）随着建设阶段的结束，工程交付运行。其由企业的运行管理组织（生产部门）负责，具体负责运行维护、健康管理和安全管理工作。在运行过程中，若对工程进行更新改造、扩建，则需要构建相应的项目组织。

5）退役处置阶段。需要组织人员对工程（设备）进行技术与经济评估，选择处置方案（如选择报废或是再利用），物资部门对鉴定为报废的工程进行处置。

由于采用业主全过程投资责任制，上述过程由公司全面负责。

由于企业陆续投资建设了很多工程，会出现前期策划、建设和运行组织并存的情况。如南京地铁总公司在很长时间以来，多条已建成的线路在运行，多条线路处于建设中，多条线路处于规划中，形成了非常复杂的组织关系。这给企业的工程组织结构设计、组织规则制定、组织运行、工程信息化都带来了深刻的影响。

10.4.4 组织责任制设置

1. 工程投资项目责任基本制度

我国实行建设项目法人责任制，业主（项目法人）要对项目策划、筹资、借贷、建设、经营、还贷等全面负责。在企业中，从工程全寿命期角度，工程为投资责任中心。通常企业（工程所有者）应该具有应有的权利：

(1) 对项目的整体策划、筹资方式的选择以及建设实施和投产等一系列活动的决策权。

(2) 投资建设和经营中的重大问题决策权。

(3) 对下层责任中心的管理权。

2. 业主投资责任制存在的基本问题

项目法人责任制的实行并不能减轻企业或项目上层管理者对工程控制的责任。由于工程寿命期太长，工程实施采用委托代理制等，工程组织十分容易产生责任盲区和短期行为。

(1) 业主代表随项目阶段的变化而更迭，会出现一些短期行为，追求近期的业绩以及个人的成就。

(2) 项目前期决策失误（产品定位出错、投资预测错误等），在建设和运营过程中才能暴露出来。由于人事的更替，前期决策者和建设、运营的管理者可能都不承担责任。

(3) 建设阶段，业主在性质上属于成本责任中心（对投资预算负责）。通过招标签订承包合同，业主在合同执行方面的任何疏忽、计划的改变、随意的干预都可能受到承包商的索赔，使项目的投资不断增加；也可能造成工程质量问题，使将来的运行效率受到影响。

(4) 工程建成后，工程产品市场的开拓和经营是十分重要的，但这是企业的责任，工程前期决策人员和建设者都很难对它承担责任。

3. 工程全寿命期阶段责任中心设置

在工程的不同阶段，责任中心是不同的，其责任形式划分如下：

(1) 前期策划阶段为费用中心，在这个阶段应有相应的费用预算和考核机制。

(2) 建设期的业主为成本中心，项目控制的重点是成本（投资、工程造价）控制。承担建设项目工作的承包商、设计单位、供应商、项目管理公司（或咨询单位）为下层次的成本责任中心，合同价格就是成本责任中心的目标成本。业主的项目管理部门（建设单位），一般作为成本（费用）中心。

(3) 在运行阶段，项目作为企业的一部分或成为独立的新企业（如城市地铁建成后的地铁运营公司）运作，为独立的生产经营单位，有经营权，其责任是完成利润指标，所以项目在该阶段成了利润中心。对一些没有收入的公共工程（如图书馆、运动场等），运行阶段的组织为成本（费用）中心。

(4) 退役阶段需要对工程的废弃物和遗址进行处理，通常为费用中心或收入中心。

所以，对于不同阶段和层次的工程组织，需要按照不同的性质设置不同的评价和考核指标体系。

10.5 工程管理体系设计

10.5.1 概述

(1) 投资企业工程管理体系设计的两个角度。

1) 工程各阶段的管理体系。在上述10.3节各阶段工作分解和流程设计的基础上进行各阶段管理体系设计，如可行性研究管理体系、建设准备阶段管理体系、施工管理体系、运行维护管理体系等。

2) 职能管理体系设计。投资企业需要对一些重要的管理职能构建全寿命期管理体系，如质量管理、全寿命期费用（LCC）管理、信息管理等。

(2) 工程管理体系文件的要求。

1) 需要按照管理体系的统一范式编制各阶段和各职能管理体系文件，形成一套标准化的流程、组织、规章制度、方法、信息处理文件等。

2) 需要构建工程组织与企业相关部门的工作关系，实现一体化和规范化的管理，使各个管理体系之间界面清晰，又有集成性。

3) 需要对各阶段和各职能管理工作作详细说明，编制管理工作说明表，内容包括管理工作名称、简要说明、工作成果、前提条件、控制点、负责人（部门）、后续工作等。

(3) 管理体系设计的内容和流程会随着管理对象（工程）、企业状况等的不同有一定的差异，但总体上需要按照第4章所述的原理进行。

下面以工程全寿命期费用（LCC）管理体系设计为例进行系统介绍。

10.5.2 工程LCC管理体系设计

1. 概述

(1) 工程LCC包括项目实施过程中设计、设备和材料采购、施工、安装、试验等一系列费用所构成的建设费用，还包括项目投产后运营中的使用、保养、维修、能源、保险、报废等费用。

(2) 工程LCC管理是以全寿命期费用优化为目标的一种管理理念和方法，既关注工程造价的降低，又追求工程的长期经济效益，其结合产品生产的特点，确保工程有高的可靠性，维护工作量小，维护成本低，使工程LCC最低。

(3) 近几十年来，LCC管理有许多研究成果，有相应的国际管理标准，在许多工程领域有比较好的应用。如国家电网在2008年就提出在工程设备采购中引入工程LCC评价方法，要求供应商在投标文件中提出设备每年的运行维护费用和能耗数据，以进行分析和评价，供应商必须按照要求提供信息。

但在实际工程中，LCC分析模型提出得较多，应用却很难，需要解决许多基础性管理问题，要对如下几个方面进行规制：

1) LCC管理体系构建。这需要设计LCC管理制度，规范LCC管理工作流程、操作工具（LCC预算书、计量表等)，采用全面预算管理方法。

2) 工程LCC结构分解和标准化。

3) 工程LCC计算方法和汇集规则，将费用核算落实到工程系统（EBS）上。这涉及会计核算方法、工程的分类和分解标准、招标投标、工程造价等方面新的改革。

4) 工程LCC评价和优化方法。为工程的建设、运行、维护、报废处理方案提供经济评价方法，从而优化LCC。

但由于工程领域的信息管理标准化程度较低，各投标人的LCC范围、划分标准、核算方式、评价方法不统一，无法进行对比分析，也无法收集过去工程的历史数据进行统计分析和核实。

如果工程领域有全寿命期数据仓库，有过去设备的LCC和能耗记录，对在用的设备进行维护费用和能耗跟踪，就可以获得一整套数据，可以对各个供应商提供的数据进行准确性分析，从而对各个供应商的设备作出反映实际情况的评价。

2. 工程LCC分解和标准化方法

对工程的LCC进行结构分解，明确费用要素构成，建立LCC分解方法和分解结构编码体系。其可分为如下两种：

(1) 工程分解结构（EBS)，即按照企业工程类别和系统构成划分各费用结构。LCC管理首先要建立以工程系统为对象的台账，便于进行投资目标分解、限额设计、合同（工程价款）支付、运行维护费用汇集等工作。

(2) 按费用类别分解，就是从工程费用属性角度进行费用结构分解，通常可以分为建设费用（投资)、工程运维成本、工程检修成本、工程故障处置成本和工程报废处置成本五大类，各类费用还可以进一步分解。电网工程LCC分解结构如图10-12所示。

对同一个工程领域，LCC的分解应该标准化，在行业内设计通用的LCC结构。

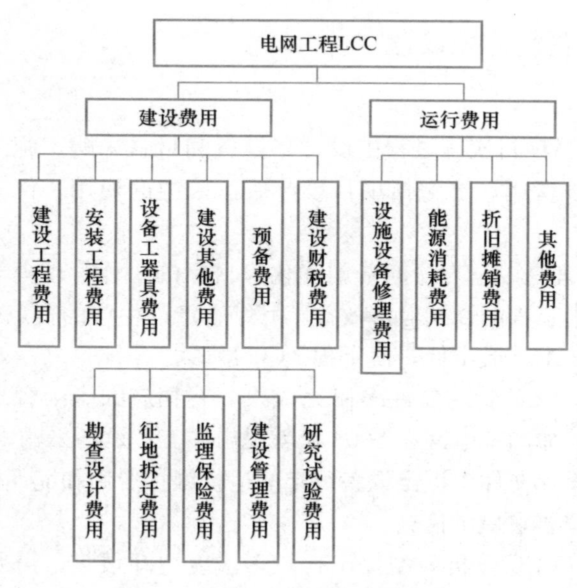

图 10-12 电网工程 LCC 分解结构

3. LCC 管理总体流程设计

要达到工程 LCC 分析、评价和优化的科学性，必须构建连续、一体化的 LCC 核算过程。在工程全寿命周期管理中对 LCC 进行连续的预测、决策、计划、核算、分析和反馈，形成一个渐进的、不断深化和完善的总体过程（图 10-13）。其涉及如下管理工作：

（1）在可行性研究中，应根据工程总目标、功能、规模、产品标准、环境条件等初步估算建设费用和运行维护费用等，计算工程全寿命期资金流，并进行工程全寿命期经济性评价，作为投资机会筛选、多方案比较和立项决策的依据。

可行性研究报告一经批准，LCC 估算值应作为工程设计、采购、施工、运行维护方案选择的依据。

（2）在设计和计划中，按照设计方案、建设计划和运行计划，可以对采购和建设费用、财务费用、运行所需的流动资金、运行维护费用等进行进一步计算，以形成工程的 LCC 概算。

在确定工程功能的基础上，按照工程系统分解结构，在选择技术方案时明确技术方案涉及的工程 LCC，并采用系统分析、价值分析、方案比较等方法进行优化，以此作为工程设计、采购、施工合同签订和控制的依据。

（3）在设备采购或工程总承包招标中，要求投标人在投标文件中提出 LCC 概算，并进行 LCC 评价，作为评标的主要依据。通过设备采购合同和工程承包合同，为 LCC 管理提供契约保证。

在签订各承包合同、供应合同、咨询合同后，按照供应商（或总承包商）提出的工程运行维护费用预算，包括运行能耗、维修费用等，可以比较准确地得到 LCC 预算。

（4）工程施工阶段 LCC 的计算。在工程施工中，按照合同进行结算，通过计量和支付形成实际工程费用，工程竣工后进行工程竣工决算。在此过程中，由于设计和计划的修改，可能需要调整采购和建设费用。

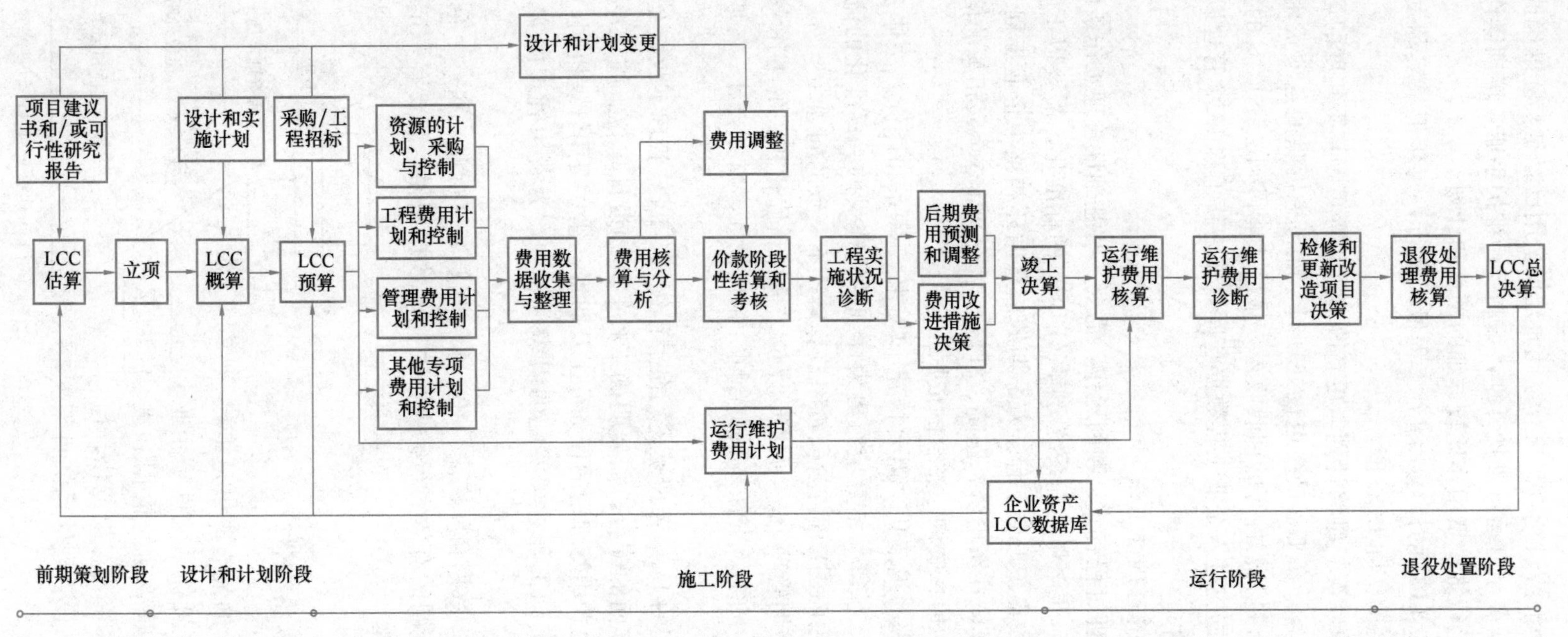

图10-13 工程全寿命期费用（LCC）管理总体流程图

(5) 建设阶段结束时应进行竣工决算，此时建设费用已经是实际准确值。

在投入运行前，需要制订运行维护计划，编制运行维护手册，培训操作人员，准备运行所需资源，可以对运行维护费用作比较详细的预算和计划。

(6) 运行维护阶段 LCC 的计算。随着工程投入运行，每年汇集实际发生的运行维护费用，进而计算已发生的实际 LCC 值。

根据工程运行健康状况、维修计划、更新改造计划等可预算下年度的运行维护费用。

(7) 工程 LCC 决算。在工程最终退役处理时，除考虑拆除的各项费用外，还要考虑可循环使用的设备、材料和构件等的回收收入，最后才能得到工程 LCC 的实际值。

上述 LCC 所有数据应进入企业工程数据仓库，作为新工程 LCC 管理以及各环节工程方案决策的基础性资料。

4. LCC 管理体系的基础性工作

要使上述 LCC 管理过程有效且顺利运作，需要一些基础性管理工作条件：

(1) LCC 分解的标准化和工程系统分解（EBS）的标准化。需要以 EBS 为对象进行 LCC 的核算和信息的收集，形成工程全寿命期的信息循环和整个企业工程 LCC 信息的共享。这就像一个人一样，在派出所、医院、社区、学校等都有个人相关的信息记录，需要以个人身份证号码作为信息查询、整合的依据。

(2) LCC 核算流程的规范化。需要构建 LCC 核算体系和评价方法体系。对图 10-13 中 LCC 的估算、概算、核算、结算应有更为详细的、连贯的、标准化的流程，并应有相应的管理细则。特别要解决工程各阶段费用核算口径不一致的问题。

(3) 在工程全寿命期管理中，与 LCC 评价、核算、优化相关的工作需要与企业经营管理和工程管理过程中的组织责任体系、合同、招标投标、财务会计、各职能管理等保持一致性，实现集成化。

(4) 建立科学合理的 LCC 管理模式。在工程领域，LCC 管理不仅仅是业主（投资企业）的工作，需要各方面的配合，需要明确工程的规划设计单位、施工单位、设备供应商、运营单位等各方在费用管理中的任务分工及职责，建立费用管理机制，确定费用管理人员，将费用管理落实到工程管理实施的组织过程中，为费用管理的实现提供系统性保障。

(5) 企业工程 LCC 数据仓库构建。在一个工程领域（行业）和一个企业，工程 LCC 评价、优化、计划和控制的有效实行需要长时间的数据积累，需要有一定量过去工程的 LCC 信息。其也是工程“大数据”的重要组成部分。

10.5.3 工程管理体系文件

工程管理体系设计的最终成果是工程管理体系文件。工程管理体系文件是企业开展工程全寿命期管理活动的依据和准则，是企业工程管理系统化、规范化、精益化的工具。某企业工程管理体系文件架构如图 10-14 所示。

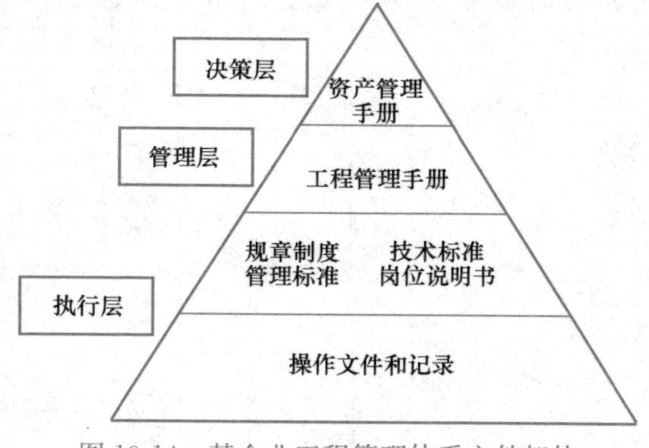

图 10-14 某企业工程管理体系文件架构

1. 工程管理手册

工程管理手册是工程管理体系的纲领性文件，是按照企业的《资产管理手册》要求编制的。一般包括如下内容：

（1）概述，主要阐述工程管理工作背景及工作目标。

（2）范围，主要对工程管理的工程范围、项目范围、业务范围等进行说明。

（3）术语和定义，主要对工程、工程管理、工程管理体系、风险管理等进行说明。

（4）总体要求，主要对工程管理各业务环节、核心业务流程提出具体要求。

（5）组织机构及职能分配，主要对工程管理的组织设置、运行等方面作出规定，如工程管理牵头部门、责任部门、配合部门的主要管理职责、工作流程等。

（6）管理要求，依据企业工程管理规范的基本要素，对管理职责与管理要求等作出说明。

（7）手册管理，主要对手册的编写、审批、颁发、归档、修订、停用等进行规定。

（8）附录，工程管理体系职责分配表等。

2. 工程管理实施文件

工程管理实施文件是工程管理手册的支持性文件，规范各项管理活动的顺序、内容、方法，以及各相关部门管理活动的具体要求。其内容更加具体和细化，涉及各部门间的横向协同联系，共涵盖 25 项管理要求，以指导企业工程管理体系及各项业务活动的开展。具体内容如下：

（1）适用范围，规定本控制程序的适用范围，并对其内容进行概述。

（2）规范性引用文件，描述本控制程序需要引用的其他规章制度，当所引用文件有版本更新时，最新内容适用于本控制程序。

（3）工程管理活动，具体描述本管理要素的详细管理过程和流程图。若涉及其他业务活动，可作出简要说明，并标明引用的相关规章制度文件。

（4）支撑性规章制度表，列出在“管理流程及控制”所引用的规章制度清单。

（5）记录，在本管理要素活动中所有产生的记录清单。

（6）附录，包括工程管理体系现状评价报告、总体目标、总体策略、改进计划、审核工作方案、审核检查表、不符合项报告表、审核报告、不符合项纠正和预防措施状态控制表等模板。

3. 管控措施

管控措施对体系文件的编制、审查和批准、发布、修订、改版、废止作出规定。

4. 工程管理规章制度

（1）投资控制与合同管理制度，包括招标管理办法、工程合同管理办法、资金拨付管理办法、签证管理办法、工程变更及索赔管理办法、竣工结算管理办法等。

（2）材料设备管理制度，包括材料设备管理办法、甲供材料设备管理办法、甲控乙供材料设备管理办法、租赁材料设备管理办法等。

（3）工程项目管理制度，包括工程施工管理办法、工程现场管理办法、工程检查与考核办法等。

（4）技术管理工作制度，包括技术设计管理办法、技术文档综合管理办法等。

（5）配套工程工作制度，包括临时水、电、气、通信等配套设施协调工作管理办法、市政基础配套设施协调工作管理办法、供水、供电、供气等方案协调管理办法等。

(6) 安全质量制度，包括安全生产及文明施工管理办法、质量管理办法、防台防汛应急处理、突发事件应急处理等。

(7) 综合管理工作制度，包括会议制度、文秘制度、办公用品管理制度、印章管理制度、档案制度、值班制度、劳动用品发放管理制度、车辆使用与管理制度等。

(8) 工程信息系统工作制度，包括工程信息系统应用实施考核办法等。

10.6 工程全寿命期信息管理相关的设计工作

10.6.1 概述

(1) 工程全寿命期信息是一个广泛的概念，它涵盖了前期决策过程、建设过程、运行维护过程中有关技术、经济、管理、法律等方面的各种信息，如工程原址信息、工程决策信息、规划和设计文件，以及招标投标、施工、工程运行维护、工程扩建、工程健康诊断等所产生和需要处理的各种信息。

(2) 通过构建集成化的工程信息管理体系，使整个工程的信息形成一个整体，实现基础信息的统一管理和维护，保证基础信息的正确性和一致性。工程全寿命期中各阶段、各组织成员、各专业都有各自的信息体系，企业各部门围绕工程都需要做台账。同时，他们又需要共享信息。

(3) 工程全寿命期信息管理，将工程决策、工程建设项目、工程运行维护、工程健康管理中的各种专业工程系统和管理系统软件（如各专业设计软件、预算软件、计划软件、资源管理软件、合同管理软件、成本管理软件、现场施工管理系统、健康诊断软件、办公自动化软件、企业职能管理软件等）集成起来，形成一个统一的集成化系统。

(4) 工程全寿命期信息是企业和行业的信息资源，可以为企业和行业工程的高效运行和健康诊断提供信息支持，为新工程的决策提供依据。

10.6.2 工程全寿命期信息管理标准化工作

工程全寿命期信息管理必须用集成化方法进行统一的系统设计，它的关键是信息的标准化。

(1) 构建企业工程全寿命期信息管理体系，对企业各工程和工程各阶段的信息进行规范化管理。企业全寿命期信息管理需要有具体详细的运作规则，将信息管理责任落实到各个部门。

(2) 在一个工程立项后就应赋予其唯一的工程身份编码，作为它身份的标识，应建立工程身份编码规则体系。

随着设计的深入，还要对设备进行分类编码。在工程立项、建设、固定资产卡片和设备台账之间联动，保持实物、设备台账和资产卡片的一致性、一体化，以满足技术、经济、财务会计、企业管理、工程相关者等各方面的需要。

1) 招标环节。在设备招标文件中，明确“ID”标签的制作和安装规范，要求供应商在设备出厂前完成实物“ID”标签安装，在信息系统录入设备参数信息。在合同或补充协议中明确对供应商在实物“ID”标签安装和信息录入方面的相关要求，依据实物“ID”编码规则自动生成实物"ID"编码。供应商在设备出厂前完成实物"ID"标签的安装。

2）物资验收、入库、出库、安装等环节。现场物资验收时，检查实物"ID"，依据货物清单核对实物及配件数量、资料，完成现场物资收发货。对于库存物资，基于实物"ID"完成物资收发货，并进入现场安装。

3）竣工验收环节。工程和设备清册中应有相应的"ID"码，并一一核准。由生产部门负责审核，运检人员通过手机客户端（APP）扫描等方式将台账信息自动写入PMS系统中。

4）工程转资环节。通过工程和设备"ID"码与财务科目编码对应规则，在ERP系统中开发对应校验功能，确保数据准确，提升自动转资业务效率。转资后要设置每个设备台账，通过信息系统和业务流程规范账卡联动，从而达到资产"账卡物"一致。

5）运行维护环节。企业在工程运维、财务会计、实物管理等方面对工程进行"账卡物"一致性及联动管理。如维护人员通过二维码扫描在线实时录入现场运维信息，直接读取设备全寿命期关键信息，简化信息获取流程。

6）退役报废环节。通过对设备全寿命期归集信息进行分析，作出设备退役报废处置决策，实现设备报废成本的归集。

（3）工程系统结构分解及标准化工作。

在工程中需要许多编码体系，如工程系统（EBS）、工程项目、工作分解结构（WBS）、组织部门和单位（OBS）、材料、设备、合同、文档、成本（LCC）、风险、会计科目等都需要相应的编码，以符合不同的管理要求。

这些分解结构和编码在工程全寿命期过程中成为信息沟通的语言，它的标准化是实现工程信息集成和共享的前提。这些编码相关的信息有不同的适用和影响范围，需要不同的规范化程度，应建立工程编码的规则体系。

1）有些编码需要国家统一设计和颁布。如工程和设备的"ID"编码规则，应该由国家（或行业）统一规范。

2）有些编码需要行业统一设计和颁布。对于某个工程领域，制定行业统一的信息标准，构建工程信息管理规则，形成一些行业惯例，如对已完工程按照统一的费用结构和规则统计数据，使数据高度透明、口径一致。

3）有些编码需要企业统一设计规则。如工程项目编码、组织编码、合同编码、风险编码、工作分解结构（WBS）编码等。我国一些工程领域（或企业）在编码设计上做了许多工作，如国家电网根据企业工程全寿命期管理需要进行工程设施统一身份编码建设，设计工程设施的"ID"编码，每个编码在全网范围内是唯一的，规则是通用的，通过后台数据库可以实现信息的索引和查询。

4）有些编码由建设项目组织按照一定的规则设计。如现场的一些资料编码、信件编码等。

10.6.3 工程信息平台建设

1. 工程信息平台基本作用

工程信息平台应在工程立项后建立，直到此工程拆除为止。它可以包括规划、设计、采购、施工、运行、维护、拆除等所有信息，对工程信息进行持续地统一管理，保持较高程度的透明性和可操作性。

工程信息平台可以面向工程全寿命期的各个参加者（业主、设计单位、承包商、设备供应商、运行单位等），将可行性研究、勘察设计、计划、招标投标、施工、竣工验收、运行维护、工程健康诊断等专业工程系统和管理系统集成起来，一体化实现工程全寿命期信息共享（图 10-15）。

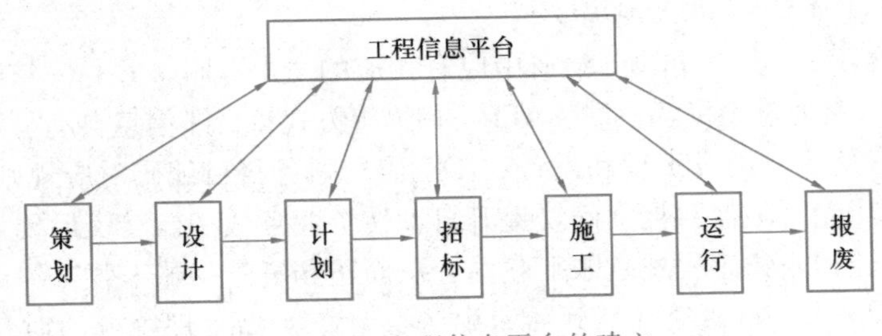

图 10-15 工程信息平台的建立

工程信息平台为在建和在运行工程的实施和管理提供统一的信息平台。如对一条高速公路，通过工程全寿命期信息体系和现代信息技术可以实现许多功能，可以在计算机上呈现公路地图，通过点击鼠标可以出现任何桥梁或路段的全寿命期历史信息，包括：

（1）该桥未建时的地形状况、工程水文地质信息及周边情况的信息。

（2）工程决策过程所产生的信息，如原投资单位、可行性研究单位、研究报告、各方面（如环境、社会、地质灾害等）的评价报告等信息。

（3）设计单位、设计图纸（方案设计、施工图设计）。

（4）工程招标和投标文件、合同文件、计划文件（如建设项目规划）。

（5）主要供应商情况。

（6）施工组织设计和施工过程信息（包括工程过程出现的问题和处理）。

（7）电子化竣工文件，如竣工图、竣工决算文件、竣工验收文件、维修手册等。

（8）工程运行状况和维修状况，如运行费用、维修（包括大修、中修）费用和过程信息。

（9）工程运行过程中经受的灾害和处理情况。

（10）工程健康状态，如历次健康诊断数据、目前的健康状态等。

以上信息可以通过现代信息技术实现可视化，可以通过 GIS 和 GPS、录像镜头等直接看到桥梁的状态、路面的状态，进行数据的实时采集，不断更新。

在工程结束后，对所有工程资料进行收集整理，打包储存进企业已完（退役）工程数据仓库，作为企业工程的历史资料。

随着信息管理系统的逐渐成熟，以及工程数据的持续收集和积累，为企业和本行业工程大数据分析提供基础，工程信息的价值就会发挥出来。

2. 工程信息平台结构

工程信息平台的构建以工程全寿命期信息为对象。工程全寿命期信息的范围很广、内容复杂，从不同的角度进行系统构建，就会有不同的结构形式。总体上，工程信息平台结构有如下内容（图 10-16）：

（1）工程基本信息

1）基本形象信息，如位置、工程名称、工程用途、结构类型、楼层、地下室、总楼面面积、建设时间等。

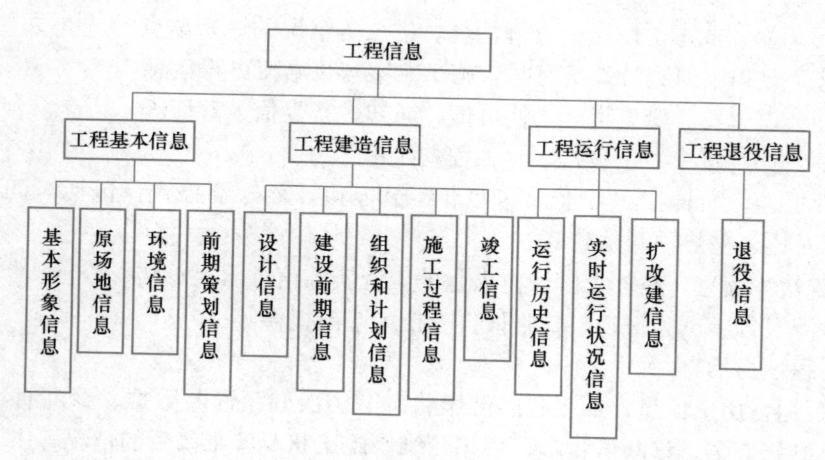

图 10-16 工程信息平台结构

2）原场地信息，如水文地质资料、地形图、地质地貌、生态信息等。

3）环境信息，主要包括：影响工程建设与运行的环境方面的信息，如当地气候、周围基础设施、动植物生长情况、台风、暴雨、泥石流、山体滑坡、地震、海啸等自然灾害发生的频率等，市场情况、物价指数、工资指数、外汇波动、政治动态、国家法律、政策等。

4）前期策划相关信息，包括项目建议书、可行性研究报告、评价报告（如环境、社会、地质灾害等），以及在项目前期的一些专项研究报告及相关资料。

（2）工程建造信息

1）设计信息，主要包括：工程规划文件、设计技术标准、各专业工程的规范、图纸、设计参数、环境参数、设计依据资料等，以及在施工过程中的设计变更等信息。

2）建设项目前期的各种信息，主要包括：

① 工程招标信息，如各种工程招标文件和投标文件、合同文件及附件，在招标投标过程中形成的其他文件（备忘录、修正案、补充说明、各种审查文件、记录文件）等；投标人的报价文件，包括各种工程预算和其他作为报价依据的资料等。

② 工程的各种法律批准文件。

③ 现场准备的各种信息。

3）工程建设组织和计划方面的信息，主要包括：

① 项目组织和项目管理组织方面的信息，如项目管理组织、施工单位、设计单位、分包单位、监理单位、材料与设备制造单位、供应单位、政府质量监督机构等信息。

② 建设项目的实施计划。

③ 业主认可的各方工程实施计划（如施工方案、施工组织措施等）。

④ 项目手册等。

4）施工过程中的各种信息，主要包括：

① 工程现场的交接记录（如场地平整情况、施工用水、电和临时道路情况等）、图纸和各种资料交接记录；工程中送停电、送停水、道路开通和封闭的记录和证明等。

② 材料和设备信息，如采购、订货、运输、进场、使用方面的记录、凭证和报表等。

③ 现场工程实施信息，如：

A. 实际工期、成本、质量、资源消耗、进度等情况的原始信息。

B. 在施工过程中遇到特殊情况时，施工方案与技术变更等信息。

C. 各种会议纪要、变更指令、认可信、通知、答复信、签证等。

D. 其他，如工资单、工资报表、工程款账单等。

④ 各种报告，如日报、月报、重大事件报告和各种专题报告，包括对问题的分析、计划和实际对比、趋势预测信息等。

5）工程竣工信息，在竣工阶段有大量的工程实施信息需要总结、分析、提交、储存，包括各种检测报告、试验报告、验收报告、技术鉴定报告等。

（3）工程运行信息

1）工程运行历史信息，如工程的健康状态、历次健康诊断数据、诊断日期、问题名称、原因、维修方案、诊断工程师、费用、维修施工状况、维修后的情况等。

2）工程的实时运行状况监测，如各种监测数据和报告、运行情况、健康状态分析报告等。

3）工程扩建、改建、更新改造等方面的信息。

4）运行过程中的其他信息，如环境信息、受灾害情况以及处理信息等。

（4）工程退役阶段的信息

包括工程退役评价信息、遗址处理项目信息、遗址处理的费用和收益信息等。

附件：资产管理体系（ISO 55000）的基本范式（图10-17）：

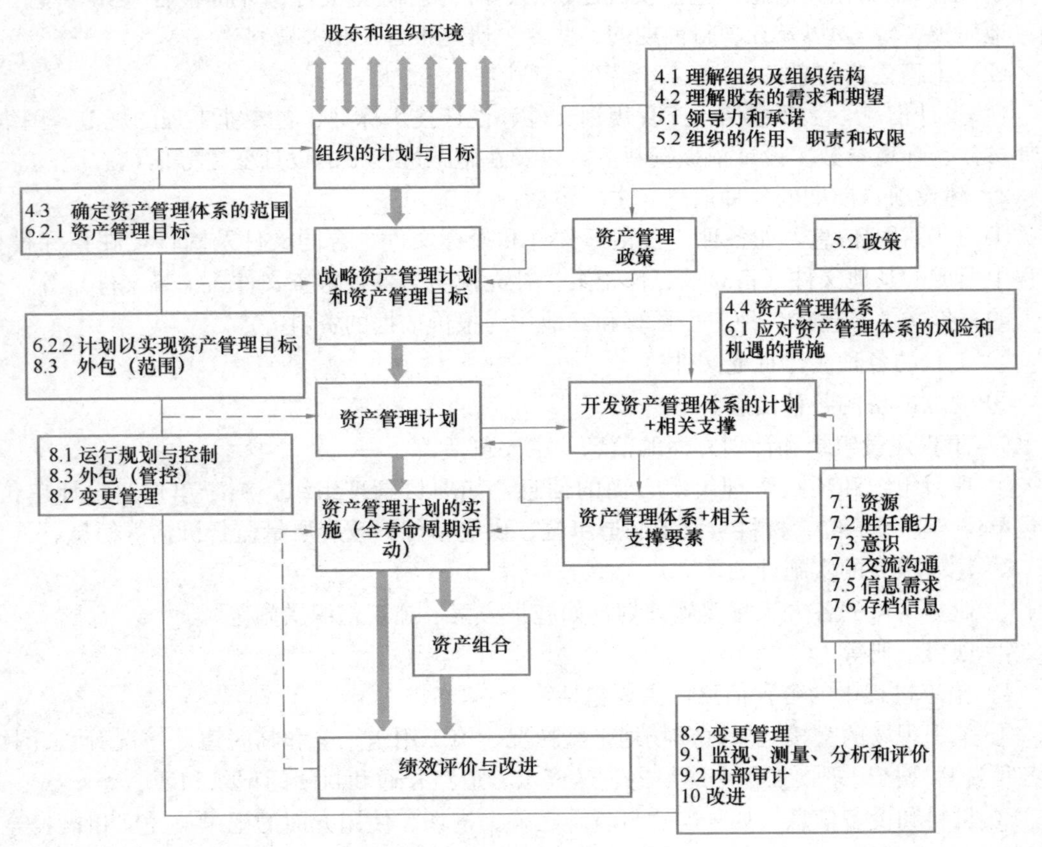

图10-17 资产管理体系（ISO 55000）的基本范式

复习思考题

1. 简述企业工程（资产）管理系统建设和运行情况、问题调查及原因分析。
2. 企业的工程有不同的类型、规模，由此会有不同的实施方式，如何适应不同的实施方式？
3. 如何实现一个行业的工程全寿命期数据共享？

第3篇 工程管理设计能力训练

11 工程管理专业毕业设计

11 工程管理专业毕业设计

【内容提要】

本章基于工程专业毕业设计的一般要求，结合工程管理设计的特殊性，讨论如何通过毕业设计环节培养学生的“工程管理设计”能力。

由于各个学校对工程类专业本科生的毕业设计都有标准化的程序、文件、要求、评价指标等，本章仅对工程管理专业几个特殊的方面进行简单的讨论。主要包括如下内容：

（1）工程管理专业毕业设计的目的和原则，以及存在的问题等。

（2）目前工程管理专业“毕业设计”的主要选题和任务。

（3）毕业设计的主要交付成果。

（4）毕业设计过程管理，应用项目管理方法进行毕业设计过程的管理，使学生得到基本的项目管理训练。

（5）工程管理专业毕业设计成果的考核评价。

（6）关于团队联合毕业设计的讨论。

11.1 概述

作为工程类专业，工程管理专业本科生做“毕业设计”已经是国内工程管理教育界的共识，教育部工程管理和工程造价专业教学指导分委员会（简称专业指导委员会）和住房和城乡建设部高等教育工程管理专业评估委员会（简称评估委员会）都有这样的基本要求。

1. 毕业设计的目的

毕业设计是工程管理专业学生在本科毕业前完成的综合性训练。通过毕业设计，使学生能综合运用所学的知识，提升解决实际工程管理问题的能力，达到本专业培养目标的要求，为将来从事实际工程管理工作或进一步深造打下基础。

毕业设计也是评定毕业成绩的重要依据。学生完成毕业设计后，答辩成绩合格才能毕业。

2. 毕业设计的要求

在绪论 0.4 中提及的“工程管理设计能力”的训练，在毕业设计中可以转化为如下几个具体要求：

（1）毕业设计的“项目管理”能力。即在毕业设计过程中，了解设计工作的目的、原则和目标，熟悉设计工作范围、内容、过程，能合理安排各项工作，并进行有效的范围和时间（进度）管理，能够高质量地完成毕业设计工作。更进一步，能够领导一个小组在规定时间内针对一个工程背景提出符合预定要求的综合性毕业设计文件。

（2）对涉及工程管理（如项目管理、合同管理、工程造价等）的内容能进行方案设计（包括专项设计），能进行多方案比较、经济分析和综合评价等。

（3）所提交的设计成果文件符合要求。从总体上说，设计成果文件应该内容完整、条理清晰、语言表述流畅、依据充分、符合工程管理逻辑，使学生起草工程管理文件的能力得到充分训练。

（4）答辩过程中，学生在提炼和浓缩工作成果、PPT 制作、演讲等方面的能力能够得到训练。

3. 毕业设计的原则

对于毕业设计的选题、总体过程、工作范围、提供的最终成果、过程控制和最终评价等方面的要求，现在各个学校都有规范性文件，范式趋于一致。

毕业设计既要符合工程教育的统一要求，又要考虑本专业的培养目标和特殊性。

（1）从专业培养目标的要求出发，体现专业知识的综合应用和综合能力的训练。毕业设计应该属于大学专业知识的综合应用。它的任务范围大、边界条件复杂、解决方案的综合性强，既要体现工程管理设计的内容、原则、相关性等，还要构建相关知识、信息、过程的联系，同时，又要有深入的专题研究分析报告或专项设计报告。

（2）围绕“设计”能力的培养和项目管理的训练，既注重结果，又注重过程。毕业设计本身就是一个项目过程，要体现项目管理方法的实际应用。

（3）符合实际工程需求，与工程管理岗位工作有更紧密的联系。按照实际工程要求编制设计文件，需要熟悉工程系统，了解工程环境，熟悉各种规范和标准文本，要关注设计方案的科学性和可用性。

（4）从工程管理专业培养目标和实际工作的特殊性出发，要鼓励与其他专业人员共同工作，以培养学生领导小组工作的能力。如 IPMP 的 C 级项目管理专业资质认证将小组共同工作作为一种重要的方式，赋予很大的权重。

在工程实践中，需要毕业生能够带领一个小组参考投标，对编制标书的过程、主要工作、各个环节、资料来源等非常熟悉，能够起草符合要求的投标文件。所以工程管理专业毕业设计机制的选择要有利于专业培养目标的实现，不能为了防止抄袭或方便考评（包括对学生毕业设计工作量和教师工作量的考核）一定要“一人一题”，或一定要“独立完成”。

（5）强化创新能力培养。如在毕业设计中，应提倡运用新的工程管理理念、理论、方法和技术，尽可能运用现代信息技术，要有多方案的比选优化等。

4. 目前工程管理专业毕业设计存在的问题

从总体上说，工程管理专业毕业设计的运作方式和机制尚不完全成熟，还不能有效地支持培养目标的实现。

（1）学生设计意识不强，逻辑不清，缺乏工程管理思维能力方面的训练。如对工程管理内容和过程之间的内在联系认识不足，设计内容和过程缺乏逻辑性。

(2) 学生缺乏工程实践经验，不熟悉工程环境，不了解工程背景，对项目管理实践过程不够熟悉，参照标准规范和模板的内容较多，有设计内涵的内容较少。

由于工程管理文件多有标准内容和格式，学生工程管理设计成果只呈现结果，不呈现过程，存在较为普遍的照搬照抄和素材堆积的现象。

(3) 设计成果缺少技术含量，做不深也做不实，很难达到理想的效果。学生对工程系统的概念不清晰，普遍对工程图纸研究较少，不能清楚定义和充分分析工程技术系统(EBS) 和项目工作 (WBS)，较少触及施工技术方面的内容。

(4) 对于许多综合性选题，表面上看设计成果文件系统性较强、面面俱到，但“蜻蜓点水”，专项设计和专题研究较少，深度不够。

(5) 现在工程软件使用非常广泛，教学易“游戏化”，学生不关注专业技术和管理技术问题，而关注表现形式。如有些毕业设计用10多种软件做方案，但很少有人关注软件之间数据接口是否顺利，有没有数据丢失的情况。

另外，对通过信息技术获得的数据也很少做深入的分析，学生的工程管理设计能力没有得到充分的训练。

11.2 毕业设计主要选题和设计任务

1. 毕业设计概况

(1) 工程管理专业方向较多，毕业设计选题方向也多元化，可选的方向有房地产开发、建设项目管理、工程造价、工程管理信息化等。

(2) 设计内容也是多样的，最常见的有房地产开发和策划方案、招标文件、施工组织设计、投标报价、基于BIM的管理方案等，其他也有做可行性研究报告、建设项目管理规划等方面的内容。

(3) 按照设计成果的范围，设计选题主要分为两大类。

1) 综合性设计选题。设计对象是内容比较综合的管理文件，如可行性研究报告、建设项目管理规划、招标文件、施工组织设计等。

这样的选题设计内容综合性强，范围较大。通过毕业设计，学生能够对工程管理设计有较好的系统性把握，综合性能力能得到训练。但由于内容繁多、设计工程量大，毕业设计时间有限，或者设计资料不全，常常会导致设计深度不够，工程管理方法和工具应用的训练不到位。为了弥补这方面的缺陷，通常可以要求学生在其中选择一个重点内容进行深化设计，如在建设项目管理规划中对合同体系策划做专项设计；或选择一个专题进行深入研究，如在施工组织设计选题中还做该施工项目的合同评审和风险研究（以小论文的形式)。综合性选题的工程项目规模一般不能太大。

2) 专项设计选题。这类设计选题的范围很广，设计对象既可以是一个具体工程的专项管理方案，也可以是工程技术（或施工技术）方案，或对工程技术方案的经济分析、多方案比选等。如对一个具体的工程做融资方案设计、市场调查和产品定位、标底编制、投标报价、工程合同体系策划等。甚至有技术性较强的专项设计选题，如施工现场的土方调配、深基坑开挖方案的设计等。

专项设计选题的工程项目规模可以是大型的，而且要求有较大的设计深度，有一定的设计技术和方法的难度，如需要应用结构计算方法，或需要进行统计数据的分析，或需要有多方案的对比分析，或对BIM的应用有较高或较多的要求等。

当然还有一些其他形式的选题。

（4）在形式上，大多数采用“一人一题”的形式。这符合学校对工程类专业毕业设计的一般要求。同时，团队联合设计也是近年来许多高校提倡的形式，并进行了许多教学试验研究。团队联合设计是按专业内容或按阶段将一个综合设计文件分为多个专题设计，团队分工合作，既注重各部分设计内容和方法，又突出各部分内容的衔接，即界面和接口设计。

2. 毕业设计的主要选题和设计内容

（1）工程项目前期策划

1）工程项目可行性研究报告编制。设计内容涉及经济、技术、环境、法律、金融等多方面，工程视野广阔，设计工作量大、范围广，一般可以选择其中的重点问题进行专项设计，如融资方案、财务评价等专项设计方案。

2）房地产项目开发与策划。相当于房地产开发项目的可行性研究，在给定城市规划条件以及有关宗地资料数据条件下，从房地产公司或咨询单位的角度，进行房地产开发项目的前期策划与评价，编制营销策划书或物业管理策划书等。

由于房地产项目开发与策划方案内容多，一般将策划内容分为多个专题，作为团队毕业设计，由多人协作完成；也可择其一部分内容进行深化设计，由1人独立完成。

3）工程项目投资。目前这方面选题主要集中于PPP项目，内容为在项目的可行性研究报告和PPP实施方案等资料的基础上，做PPP项目的物有所值评价和政府财政承受能力评价等。

（2）工程建设项目实施规划

对给定的工程项目，分别从建设单位（或咨询单位）、承包商的角度，进行工程项目管理规划、招标文件和投标文件的编制。其选题和设计内容可能包括：

1）工程项目管理规划。它是从业主角度对建设项目管理体系和过程进行设计，内容包括投资计划、工期计划、承发包方式和合同策划、招标策划、项目管理组织计划、质量管理和安全文明管理计划、风险管理计划、信息管理计划等。

2）施工招标文件设计。招标文件设计方面的选题较多，主要从业主角度，在明确工程范围和招标方式的基础上，依据相关标准招标文件内容进行设计，包括招标公告、投标须知、评标指标和方法、合同条件（通用条件和专用条件）、工程量清单图纸、技术标准、投标文件格式等。大多数情况下，会包含招标控制价的编制。

3）施工组织设计，或以施工组织设计为主的施工投标文件技术标编制。从投标人或承包商角度，以单位工程为对象进行设计，主要内容包括施工范围分析、施工方案、项目组织、进度计划、施工资源计划、职能管理计划和控制方案、施工现场布置图等。

这方面的选题既可以作为综合管理文件，按照施工组织设计规范进行设计，也可以选择其中一部分内容做专题设计。此外，施工组织设计的许多内容，如工程量计算、进度计划、场地布置等大多数会使用BIM技术进行辅助设计。

4）监理规划。在给定工程范围、业主方的项目管理规划和施工合同等基础上，进行项目监理组织机构，及质量、进度、成本、安全等职能管理计划和控制方案的设计，其格式和内容通常要符合监理规范的要求。

（3）工程造价

对给定工程的施工图纸，在施工方案和相关计量和计价规范的基础上，从业主（工程咨询单位）或者施工单位的角度，确定标底价或承包商的投标报价。这是工程管理专业造价方向最普遍的选题。其中工程量清单和招标控制价的计算大多结合信息技术的应用，如使用 BIM 技术。

（4）工程管理信息化

如基于 BIM 技术及 RFID 技术，应用大数据方法开展工程项目的成本管理、安全管理、设备维修管理、空间管理和资产管理等。

随着全寿命期管理理念在工程管理中的应用，一些学校在毕业设计中增加了既有建筑运维管理的专项管理或综合管理方案方面的选题，如：

1）采用 BIM 技术和大数据方法进行工程运维阶段能耗监测、结构（或设施）健康状况评估和优化方案设计。

2）应用 BIM 技术进行建设工程运维阶段成本管理、安全管理等方面的优化方案设计等。

11.3 毕业设计主要交付成果

工程管理毕业设计最终提交的成果文件各校都有相应的规定和范式要求，尽管其设计成果文本的结构和形式各不相同，但多以提交设计成果文件为主，如特定工程项目的招标文件、施工组织设计等，但缺乏设计过程的展示，也无法体现设计方法。由于这些工程管理设计文件在实践中都有标准格式，内容也有相似之处，所以学生提交的成果文件内容雷同，抄袭现象多有发生。

为了加强毕业设计的过程呈现，本书参照土木工程结构设计成果形式，将管理设计成果文件重构为三部分：第一部分为设计背景材料，即设计总体说明，用以说明设计背景资料、环境条件、设计依据等；第二部分为设计成果资料，即管理设计成果文件，内容和格式保留目前常用的标准管理文件格式，是对设计成果的完整呈现；第三部分为可选深化材料，用以展示设计文件中重点和核心内容的设计过程。设计过程呈现，目前已有一些类似做法，如进行招标文件设计时，教师经常要求学生提交工程量清单的计算书。本书在此基础上做些扩展，如招标文件除了要求学生提交工程量清单计算书，还可要求学生提交评标指标和方法的设计过程，专用合同条件设计过程，类似地，施工组织设计文件可要求学生提交进度计划设计过程，施工方案要求提交支护方案设计计算书等，见表 11-1。

工程管理专业毕业设计选题和设计成果构成 表 11-1

选题类型	设计背景材料	设计成果材料	可选深化设计材料
综合性设计选题	设计总体说明	可行性研究报告、项目融资方案、建设项目管理规划、招标文件、施工组织设计等	深化专项设计报告、专题研究报告、计算书等
专项设计选题		设计报告、设计图纸、系统图等	

1. 设计背景材料

设计背景材料通常是指设计总体说明，是毕业设计选题、项目背景、工程基本情况、设计过程和方法等信息的综合。

(1) 项目背景。可能包括：项目的产生背景，社会（行业或企业）发展状况、问题和需求，项目的目的和使命等。

(2) 工程概况和环境条件分析。可能包括：建设项目的总目标、工程规模、工程系统总体构成、系统特点、主要环境因素以及特殊性等。

(3) 设计目标和设计依据。可能包括：设计任务的要求、法律法规、技术标准和规范、前期研究成果、同类工程资料、环境调查资料等。

(4) 设计内容和过程。设计内容主要包括对设计成果做出的综述和文件目录；设计过程包括主要设计工作的时间安排和设计内容的逻辑关系。

(5) 所使用的设计技术方法等。

2. 设计成果材料

设计成果材料是指在实际工程中需要作为最终设计成果提交的材料，就像结构设计提交的施工图。

它的内容构成和描述形式与选题范围及类型有关。

(1) 综合性设计选题。按照规范或业主要求、任务书要求提交成果，如可行性研究报告、项目融资方案、建设项目管理规划、招标文件、施工组织设计等。其内容应有完整性和综合性，这在前面第6～8章中有介绍。如以施工组织设计为选题的毕业设计指导书可见本章附件1。

(2) 专项设计选题。按照设计任务书提交设计报告、设计图纸、系统图等。

如以施工组织设计中深基坑支护方案为选题的毕业设计任务书见本章附件2。

3. 可选深化设计材料

对于内容庞杂、设计工程量大的管理文件，因为毕业设计时间有限，或者设计资料不全，无法对全部内容提供过程设计文件，可选择部分内容提供其设计过程材料(表11-2)。

选择的内容应该是设计成果之中的难点、要点，对其进行深化设计或进行专题研究（如深化专项设计报告、专题研究报告），或提供详细的设计支撑材料（如计算书、分析报告），其目的是强化毕业设计的深度，使学生在工程管理或工程技术和方法的应用方面有相应的能力训练。

不同的设计选题，可以有如下选择：

(1) 专项设计。它是设计成果材料中一些设计方案的细化，可以展现其设计过程和方法。在可行性研究、施工组织设计和建设项目管理规划等设计选题中，可选产品定位和营销方案设计、工程融资结构和资金筹措方案设计、网络计划编制、现场平面布置图设计、合同体系设计、评标指标设计、智慧工地场景设计等；还可选择多方案对比分析、建议新方案（新技术、新理念）的设计、现代信息技术应用方案的设计等。

(2) 专题研究。它是设计成果材料中的基础性支撑研究。如房地产项目开发与策划，可补充市场调查和研究、环境方面的专题研究，再如招标文件编制，可补充BIM模型算价后的调整分析、合同风险分析等专题分析；也可以是对设计成果材料的分析研究，如设计方案的不足之处、敏感性分析、应用条件和可能存在的问题或效果分析、对合理化建议的深入分析等。它通常可以采用“小论文”的形式作为最终交付成果。

(3) 计算书。其主要用于工程造价以及结构工程、施工技术方面专业性强的专项设计选题，如深基坑设计、高支模设计、土方调配设计等。一些常见毕业设计选题的可选深化设计内容见表 11-2。

常见毕业设计选题的可选深化设计内容　表 11-2

毕业设计选题	可选深化设计内容
建设项目管理规划	WBS、项目管理组织设计、招标策划、合同策划、业主资金安排、质量管理策划、安全文明管理策划、风险管理策划、信息管理策划
招标文件	评标条件、合同条件，工程量清单、招标控制价
施工组织设计	WBS 分解、施工方案、项目管理组织、进度网络计划、资源计划、质量管理施工平面布置图、进度管理、成本管理、安全管理、绿色施工、智慧工地
工程管理信息化	基于 BIM 技术的项目施工建造与技术方案优化设计、基于 BIM 模型的建设项目施工场地规划与优化、基于 BIM 技术的某项目预制构件参数化建模与生产协同管理
项目融资方案	资金筹措计划、资金结构设计、融资风险分析、不确定性分析
标底、投标报价书	工程量清单计算书、组价计算书、单价分析表、组价策略分析、投标报价策略分析

11.4　毕业设计过程管理

在工程专业的毕业要求中有“项目管理”的能力，工程管理设计的过程本身就是一个“项目”，要让学生有意识地采用项目管理方法管理毕业设计过程，得到比较系统的“准工程”项目管理训练。

毕业设计项目管理的重点是质量管理和进度管理。出于项目管理能力培养的要求，学生的“项目管理”状况和表现应该作为毕业设计最后评分的重要方面。所以，在设计任务书中应该明确提出各阶段对学生的具体要求，如需要完成的工作任务、提交的阶段性成果，以及需要达到具体的能力训练等。“毕业设计项目”过程可以分为如下几个阶段：

1. 前期策划阶段

(1) 这是毕业设计的选题过程，与工程项目一样需要提出建议书，进行可行性研究，提出开题报告并作出评估，最后需要与指导老师商讨一致后“立项”。通常教师与学生进行双向选择，由专业进行综合平衡。

(2) 毕业设计选题要考虑的因素和选择内容。与工程项目的前期策划相似，要引导学生从将来行业发展趋势、个人发展战略、兴趣、现有的条件、资源等方面进行毕业设计选题（项目选择）。

1) 专业方向选择。如房地产、建设项目管理、承包项目管理、工程造价或工程管理信息化等。

2) 工程背景选择。这是要选择一个具体的工程对象。工程系统（包括系统构成、结构形式）不要过于复杂，也不要过于简单；工程规模不要太大，要满足毕业设计的难度和时间要求。尽量选真实的工程（已经完成的、正在进行的或拟建的），这样能“真题真做”，要有地点的要求，便于调查和实习，更贴近真实。

3）设计范围的选择。

① 综合性选题，如一个具体开发项目的可行性研究、工程建设项目管理规划、招标文件编制、施工组织设计等。

② 专项设计。对给定的工程项目进行专项设计，范围较小，研究和设计会很深入。由于选题的对象范围较小，它的设计工作要比上述“综合性选题”更为深入，技术性更强，要使学生的工程技术或工程管理方法和工具的应用能力得到很好的训练。

4）其他因素，如采用个人设计还是采用设计小组的形式。

（3）可行性研究。应从设计工作任务和范围、工程特点、设计难度、设计条件、基础资料来源和可获得性、调研工作、时间限制、设计技术和方法的选择等方面分析“设计项目”的可行性。

（4）提交开题报告。其需要列出主要设计选题的依据、目标、任务、条件、工作分解、设计过程、最终交付成果、里程碑时间节点安排等。

在这个阶段，师生要进行多轮讨论，要启发学生对设计选题的兴趣，一步步引导，发挥学生的主观能动性，最好不越俎代庖，更不能直接安排好细节。在开始阶段最好能提出多种选择，经过论证、筛选后，逐渐收敛，得到一个有比较成熟的设计思路的选题。

对选定的题目，需要有开题的讨论会，学生需要简要介绍选题依据、前期工作过程、前期工作成果等，要对选题的设计方案有较成熟的思考，对项目的成功有信心。

通常在性质上，“毕业设计项目”具有“工程项目”的属性，与做学术性毕业论文的“过程”不同，毕业设计开题时就要有确定的目标，对设计范围、总体工作过程、时间安排、设计所用技术和方法等有比较成熟的思路，能够有比较具体的工作任务安排，不能有过大的不确定性。

2. 方案设计和计划

这相当于工程项目的设计和计划阶段。

（1）毕业设计目标分析、工作范围管理，包括阶段划分、最终交付成果范围、工作范围确定和工作分解。

（2）编制毕业设计实施计划。

1）工作方案设计。这是学生熟悉毕业设计工作内容和范围的主要环节，学生应在参照标准文件的基础上（如有），回顾并融汇专业知识，进行设计（或研究）方案和技术路线构思，如确定环境调查和相关资料收集方法、设计（研究）方法选择等。

由于工程管理设计文件以管理设计为主，以往毕业设计并不注重设计方法的选择，也没有体现设计过程，为学生照搬照抄创造了条件，因此设计方法的选择应作为毕业设计实施计划中重点关注的内容。有些专项设计或专题研究需要针对性很强的技术方法和工具。工程管理常用的设计方法，如系统分析法、PDCA 循环控制法、CPM 法等，有时还可以采用案例分析、调查问卷、统计方法等管理研究方法。

2）实施时间和进度安排。围绕上述工作分解、时间安排等，尽量做比较细致的时间安排计划（即工程中的进度计划）。

3）参与设计人员组织安排。对于团队毕业设计，如采用多专业团队联合方式进行毕业设计的，要进行精细的组织分工，并制定沟通规则。

4）下达设计任务书。毕业设计的实施计划由老师通过毕业设计任务书的方式下达。

毕业设计任务书应写明设计依据、设计要求、设计内容和方法、最终交付成果、进度安排、参考文献等内容。下达任务书应尽量接近真实工程设计任务的要求，就像编制一个工程的投标文件，需要按照招标文件设定的过程、各阶段的要求和时间节点，形成工程项目的“实景”。

在上述过程中，要注意以下问题：

① 师生之间要进行详细讨论，由学生作为计划的主体，学会项目计划的编制。要引导学生阅读作为样板的实际工程文件或标准规范文件。

② 要有贴近真实的计划，使学生有明确的目标意识和具体的任务压力。现在普遍存在的问题是，设计任务书过于粗略，许多描述都是概念性的、相同的，甚至与学术性论文研究任务书一样。

③ 计划工作可以与下面设计依据的收集和调研工作并行。

④ 在下达任务书后应召开交底会议，要求学生详细介绍实施计划过程和内容，并对近期计划作出详细安排。

(3) 设计准备工作，主要是设计依据的收集和调研。

1) 设计依据的准备。设计依据通常有：

① 管理规范，如定额文件、计价规范、计量规则、建筑工程安全管理条例、建设工程项目管理规范、建筑施工组织设计规范等。

② 标准化文件，如标准招标文件等。

③ 技术标准文件，如国家和地方的建筑标准设计图集等。

④ 参考文献，包括要求学生阅读的书籍、学术论文以及实际工程资料，特别是已完同类工程的资料等。

要求学生阅读（或浏览）这些规范标准，理解它们与设计工作和成果的相关性，具体应用在设计过程中。不能虽列出标准规范，但却束之高阁。

对包含创新性内容的毕业设计，应要求学生收集阅读一些有关研究成果的文献和实际工程应用文献。

2) 环境调查和分析。这方面的工作很重要，可行性研究、投标报价、方案、管理规划编制前，要做深入的环境调查，了解对设计方案有影响的环境因素，如自然环境、地质水文条件、经济环境、利益相关者要求等。

① 在环境调查前要列出调查大纲和拟调查的内容。

② 调查后要整理调查资料，进行分析和判断。

③ 要分析环境的特殊性，及其对工程管理设计的影响。这需要学生在讨论中作出专门说明。

④ 有时学生不一定能收集到完整资料，需要在教师指导下自拟假设条件。这就像在实际工程中，承包商有时会到一个陌生的地方进行工程投标，得到的工程资料和环境资料也是不完全的（如图纸很粗略、来不及进行详细的环境调查），常常需要在不完全信息条件下进行投标文件的编制和投标报价。

3) 设计现场准备。毕业设计项目组成立，要按照项目管理方法工作，尽可能贴近实战要求，形成项目的氛围，如设计工作计划和任务分配要有文件，项目组成员要有明确的分工，甚至 WBS、横道图和任务分工表要上墙。

3. 设计过程管理

这相当于工程项目的施工阶段。

（1）总体要求。设计要按照进度计划循序渐进，每个阶段都应进行上阶段完成情况检查与讨论、下阶段任务布置与要求、中间指导、交流与检查等环节，应该按照设计程序严格控制，遵循“输入（设计依据和参数）—设计过程（设计流程和方法）— 输出（管理文件）”的过程，保证设计工作的连续性。在设计过程中要有意识地培养学生按计划工作的习惯，进行自我时间管理。

毕业设计的每个阶段结束时，指导教师应当对每位学生的表现给予阶段性的成绩考评作为平时成绩。

（2）设计条件分析。

1）阅读工程文件（如图纸、工程说明、招标投标文件、合同条件和其他给定的工程文件），熟悉工程要求。

① 学生要通过工程技术文件的阅读，建立工程系统的概念，要能够熟悉工程系统的细节。如通过阅读工程图纸，使学生在头脑中形成工程实物形象（如工程规模、系统构成、主体结构和构造、工程量等），进一步详细分解工程活动（WBS），最终形成实施过程的概念，并对实施方法、工艺、工序、所用的材料和设备等形成完整的认知。

在讨论中要求学生能清晰地讲述这些认知。即使现在应用 BIM 技术能够清晰形象地展现三维工程系统和实施过程模型，还是需要关注学生在这方面能力的训练。在施工现场，这是一个工程师应有的基本能力。

② 要求学生能对工程的特殊性进行明确的描述。

③ 为了加强设计的针对性，还应结合设计资料进行重点、难点分析，如特殊的项目类型、业主要求、评标条件和特殊的合同条款、结合前面特殊的环境条件需要采用特殊的措施和方法，以及由此形成的实施过程等。

2）设计内容之间的逻辑关系分析。

许多工程管理设计文件的内容是综合性的，由许多部分（如模块、子系统、专业方案、职能管理计划等）构成，需要针对设计任务构建各部分内容之间的逻辑关系。在实际工程中，这常常代表各专业或各职能管理人员之间的工作关系，以及应有的设计工作程序。它体现了工程管理的思维方式，其在整个设计文件的系统构建中有重要的地位。在设计文件中应该对此作出专门的说明。如在前述实务篇的许多章节中，许多流程图就体现了这样的逻辑关系，如图 6-1、图 7-2、图 8-1、图 9-1、图 10-1 等。

这方面的设计有一定的难度，但这是工程管理专业学生应有的能力，在毕业设计过程中，应该对学生进行专门的训练。

3）各部分（如模块、子系统、专业方案、职能管理计划等）的方案设计。

① 综合应用以前学到的相关专业课程知识构建设计方案，如承发包方式和合同体系方案、招标方案、风险分配方案、安全防护方案、现场运输方案等。

② 选择合适的设计方法。这与选题相关，如技术性强的设计方案需要采用结构设计方法；工程经济相关方案需要采用统计分析方法；管理方案设计需要采用结构分解、流程设计、组织设计等方法。

③ 对方案要进行分析评价，学会方案评审方法，设置评审指标，有意识地引导学生

互相对设计方案进行评审。

④ 作为阶段性设计成果，学生要能够清晰地介绍设计方案，如设计思路、方案选择、优点缺点、应用条件、可能存在的问题等。

设计过程相关工作应形成文件，阶段性工作成果要有可追溯性。

4）进行系统集成和设计成果整合。设计完成后，应按照设计过程和设计内容之间的逻辑关系，以一定的格式将各部分设计成果整合成最终设计文件（参见表 11-1），并检查各部分内容的相容性（或一致性）。

设计成果文件不仅能表现学生对专业知识的掌握程度和专业水平，正确描述设计成果，而且能体现设计工作的严谨性。

① 设计成果的各部分内容之间应该有逻辑性，能清晰表达设计过程和内容之间的相关性，不能只是一些资料的堆积。

② 对一些综合性设计文件，系统集成和设计成果整合是非常重要的，难度也很大，特别是在多专业团队联合设计中。在整个毕业设计任务的分配、下达任务书、计划、各部分方案设计过程中，都要关注各部分（如模块、子系统、专业方案、职能管理计划等）内容之间的相容性，如解决好各职能管理计划和各专业方案之间的接口问题。

4. 结束阶段

（1）提交设计成果。其要求如下：

1）应符合设计任务书的要求。

2）应符合工程设计文件的要求，尽量用图表表示设计成果，不要过多地用大段文字论述。

3）成果文件应结构清晰、文字通顺、表述正确、版式规范且统一等。

现在在这方面离要求普遍存在比较大的差距，应该进行严格管理。

（2）答辩。对工程管理专业的学生来说，这方面的训练是非常重要的，就像在实际工程投标过程中，作为项目经理在澄清会议上答辩一样。

1）浓缩上述设计的选题、过程和最终成果，并准备好答辩材料。答辩时间通常较短（在 15min 之内），所以 PPT 页数一般不能过多，重点放在研究成果的介绍上，其他东西仅作简单介绍。另外，一张 PPT 上字不能太多，一般列出提纲即可，成果多用图表表示，不能将论文的内容整页直接粘贴上去。

2）进行演讲训练，做好答辩准备。PPT 做好后自己要练习几遍，一方面熟悉内容，另一方面掌握答辩时间。在答辩过程中应该显示自信、对论文内容的熟悉，语言流畅。

（3）设计的后续工作、考核评价和项目后评价。经过答辩可能会发现其中的问题，指导教师应要求学生对设计成果资料做出相应的修改和完善，有始有终，这是一个工程师应有的工作态度。其还应引导学生对自己的毕业设计“项目”进行后评估，总结经验、教训，这将是一个很好的项目管理经历。

11.5 工程管理设计成果考核评价

毕业设计成绩通常按照设计过程表现和贡献（如为团队设计）成绩（占 30%）、设计成果资料成绩（占 50%）、答辩成绩（占 20%）综合评定。

按照本书所述毕业设计的目的和原则，工程管理设计成果文件可从知识应用、设计过程、设计成果等几个方面去评价：

（1）应体现专业知识的综合应用。不同于课程设计，毕业设计文件的内容都是综合性的，涉及技术、组织、合同、经济、管理等多个方面，学生应在毕业设计中体现这些知识的应用，做到概念清楚、所用的设计技术和方法正确。

（2）管理设计过程的完整性和合理性。设计过程是重点考察对象，应从以下几个方面进行评价：

1）设计依据的完整性评价。不仅要符合现行管理规范和技术规范，还要重点检查和项目相关的个性数据（如合同）和资料（如地质资料）是否完整。

2）设计内容评价。管理设计应重点关注组织设计、管理系统设计和信息系统设计等以往毕业设计中不明晰的内容，关注其分析过程是否合理，流程是否完整正确。

3）设计过程逻辑清晰，内容具有相关性。

4）设计方法的科学性和合理性评价。如管理系统设计要正确应用系统分析方法；控制方案要体现 PDCA 控制原理；合同条件的拟定要符合合同风险分配，体现风险控制的要求等。

（3）创新性，如新技术应用。应鼓励学生在毕业设计中使用新技术，如 BIM 技术、专项设计中的优化设计方法及专用软件、模拟软件（如碳排放模拟软件）等，重点关注软件应用的合理性，其要为设计内容服务，而不是炫技式的软件展示。

（4）设计成果的实用性和可靠性。设计成果要可靠就应做到：计算结果要正确合理；管理方案要符合相关管理规范及基本建设程序或相关法律法规；管理流程应清晰，具有可操作性。

（5）设计文件体系清晰、文字流畅，设计撰写符合规范要求，标识正确且统一。

11.6 关于团队联合毕业设计

11.6.1 团队联合毕业设计的必要性

（1）工程专业毕业要求。通过团队联合毕业设计的训练，有助于培养学生领导小组工作的能力和团队协作能力，更能满足“毕业要求”中环境和可持续发展、职业规范、个人和团队、沟通、项目管理、终身学习等方面的能力要求。同时，有利于提高学生的综合竞争力和解决实际问题的能力，扩展专业面，使学生得到全面的训练。

（2）工程管理设计的属性和工程实践需求。

1）几乎所有的工程管理设计文件都是综合性的，不是工程管理专业人员单独完成的。如可行性研究报告、房地产开发策划报告、总承包投标文件、全过程咨询实施计划文件、投标文件（施工组织设计）的编制都是由一个小组中不同专业、不同职能的人员共同完成的。

2）在工程实践中推行“设计—施工—运行维护”一体化、工程总承包和全过程咨询等，给各工程专业和工程管理专业共同工作提出了更高的要求。

（3）团队联合毕业设计以工程系统和工程项目为对象，更符合 CDIO 教育模式。它以产品从研发到运行的生命周期为载体，让学生以主动、实践的方式学习工程，强化专业之间和课程之间的有机联系。以更接近实践的方式学习，增强“人际团队”能力、“工程系统”能力、组织沟通能力和协调能力。

工程管理专业应积极主动与其他专业联合，不能自我封闭。在整个联合毕业设计组织中，工程管理专业能够发挥价值引领、系统集成、实施计划和统筹控制的作用。

（4）几十年来，国际项目经理资质认证（IPMP-C级）一直采用项目组共同工作的形式考察项目管理能力。

这几年，有些工程软件开发公司举办毕业设计大赛，把设计、招标、投标报价、施工组织设计等都做成模块，让大家自由组合，进行团队联合设计。

11.6.2 团队联合毕业设计的形式和机制

团队联合毕业设计最常见的有两种形式。

1. 工程管理专业内不同角色（或职能管理）选题的联合

如针对一个招标工程及其设计图纸，毕业设计小组成员分别从招标单位、咨询单位、施工单位不同角度编制设计文件，小组成员的毕业设计工作具有内在的关联性。这样小组内各成员的具体设计工作既能互相制约，又能互相印证和核查。每位同学必须与其他同学一道自始至终参与全过程设计工作，按照分工负责或配合完成具体工作，完成综合性训练。

（1）设计内容和分工

给定一套工程图纸、现场平面图和工程项目背景等资料，几个学生组成一个小组，分别完成如下设计工作：

1）从业主的角度进行建设项目管理规划的编制。

2）从业主的角度进行合同策划和招标文件的编制。

3）从承包商的角度进行投标文件编制，重点是施工组织设计。

4）工作量清单的编制和报价（或标底价）。在其中常常需要应用BIM技术。

（2）设计过程

1）就工程背景进行共同讨论，确定工程建设项目目标、总体实施策略、建设方案、总进度计划、合同总体策划、各职能管理方案等。

2）确定招标的基本原则和总体方案，进行招标文件和合同文件策划，编制投标须知、合同条件、评标办法等招标文件的相关内容。

3）投标人（施工单位）按照工程图纸、环境条件、招标文件的要求选择施工方案，编制施工组织设计，最终形成投标文件。

4）根据工程图纸、施工条件和方案，应用造价软件编制投标报价文件。

小组每位成员应全程参与组内设计文件的编制，对每个人都要有明确的工作任务分工和最终交付成果的要求。

（3）设计成果要求

团队联合毕业设计具体成果文件正文包括以下三部分：

1）毕业设计团队工作过程说明（包括工程概况、设计任务、设计工作过程），小组成员分工等。

2）小组集体综合设计成果。将各成员的设计成果按设计过程和内容逻辑顺序组合起来，形成概要性的小组综合设计成果。

3）每个人所承担设计任务的具体成果，个人侧重和主持的工作。

2. 不同专业的联合

如由工程管理专业牵头，与建筑设计、结构工程、暖通、给水排水、电气工程等专业，面向某个具体的建设工程联合进行毕业设计。

（1）合理性和可能性

根据土木建筑类各专业培养目标和“卓越工程师”培养要求，这些专业的毕业生都要做毕业设计，如建筑学专业学生以规划、建筑方案设计为主，土木工程专业学生以结构设计为主，暖通专业学生以空调和采暖系统设计为主，工程管理专业学生以建设管理规划、施工组织设计、工程造价文件编制为主。

它们的毕业设计环节也是相同的，可以进行整合、强化，由相关专业师生组成综合设计团队，开展跨专业的“综合实训”毕业设计，提高学生的跨专业综合协同能力、创新能力和沟通能力，使各专业毕业生得到综合性和系统性的专业训练，以满足复合型、高素质、创新型卓越工程师的培养目标。

这在实际工程中也是非常普遍的，如EPC总承包项目投标、全过程咨询实施计划的编制等，常常需要在信息不完全、有时间限制的情况下按照预定要求编制出工程实施和管理设计文件，这需要市场、相关工程技术、工程项目管理、工程估价专业人员共同工作。

（2）多专业团队联合毕业设计的运行机制

多专业团队联合毕业设计带来许多新的问题，要达到培养目标，需要设计一整套保障机制。

1）指导小组。根据毕业设计涉及专业组成导师指导小组实施指导。一般各专业有一个老师带一个学生参与。

2）选题。工程规模和范围不要太大，参与设计的专业也不要太多。

3）设计过程管理。小组完全按照咨询项目运作，进行时间管理、专业协调、共同讨论，以及专业问题和矛盾的处理。除了要符合前述“11.4 毕业设计过程管理”的要求外，还要关注以下问题：

① 要关注工程的背景、目的、使命、准则和总目标，分析可行性研究报告或项目任务书中业主对工程的要求，要明确说明工程的限制条件（环境要求）和工程的特殊性，提升工程设计文件的高度，拓宽各专业学生的工程视野。

从工程总目标出发，大家共同讨论，构建工程的设计准则（如方案的可施工性、可维护性、LCC优化设计、绿色设计等），并提出具体要求。

② 所有专业人员共同讨论并确定工程的系统范围和系统结构、功能、投资分配（限额设计）、时间计划等。

③ 在各专业工程设计文件中，不能仅关注本专业工程符合设计准则的技术实现（方案），要关注专业方案之间的互相影响。

④小组定期进行讨论。各专业老师指导、审查，并提出问题由学生解答，如各专业学生对本专业技术实现的正确性，本专业的图纸、计算过程、专业知识的应用，写出体系清晰、文字流畅且符合基本范式的“工程设计文件”。

4）工程管理专业学生的角色。在多专业毕业设计团队中，工程管理专业的学生要在指导教师的带领下，积极发挥作用。

① 要完成自己的专业性工作任务，这是最基本的，如按照工程设计方案编制建设项目管理规划，或投标文件，或施工组织设计。

② 要承担领导小组工作和协调的责任，如编制小组工作计划、构建协调机制、组织日常协调会议和小组的信息管理等。

③ 要尽可能发挥如下作用：

A. 在整个设计工作过程中进行价值引领。如：

a. 引导设计小组构建工程的价值体系，并在整个设计过程中经常性地向大家宣讲，以贯彻这个价值体系。

b. 在工程功能分析、工程系统规划、工程准则设置中起引领作用。

c. 按照这个价值体系设置评价指标，对各专业设计成果（方案）进行评审。

B. 系统分解和集成，以及设计过程中的专业协调。如：

a. 按照工程功能分析和工程系统规划进行工程系统分解。

b. 对各工程系统设计方案进行集成，对其中的问题进行查找和协调解决（如采用BIM模型进行结构和管道的碰撞检查）。

c. 最终承担汇集设计成果和起草设计文件的工作等。

C. 信息技术的应用。如构建BIM模型，为各专业联合设计构建软件平台，促进各专业设计方案深层次的联合。

D. 提出引入新技术、新方法，引导和促进各专业系统的创新设计，使项目创造更大的价值。如：

a. 对给水排水专业提出雨污分流、中水回收利用方案的建议，并进行全寿命期费用分析，按照设计准则进行比选。

b. 对空调系统提出采用不同的节能方案，或对选用不同的设备进行LCC比选等。

E. 支持相关专业设计提出合理化的建议方案，并进行工程经济分析等。

（3）答辩环节设置

一般采用小组集体答辩形式。先由小组长（或召集人，通常为工程管理专业学生）介绍设计总体说明、工程价值体系、设计总体方案、设计工作过程等，再由各专业人员介绍各专业设计方案（包括工程管理专业的管理规划、施工组织、报价等）。

（4）成绩评定

对毕业生的考核评价可以考虑如下因素进行综合评分：

1）小组集体成果状况。整个设计项目的目标设定、工作结构分解（WBS）、任务分配、计划（工作逻辑、时间安排）、协调机制、设计的依据和展现效果等方面；总设计方案的科学性、专业集成，以及各专业相互影响的处理；大组答辩中设计项目过程介绍、设计成果总体介绍状况。

2）本人在毕业设计团队中的作用及其表现。

3）本人专业设计工作成果的科学性和适用性等。

4）本人在最后答辩中的状况等。

11.6.3 问题和矛盾

从21世纪初国内一些高校就进行团队联合毕业设计的试验，但仍存在许多问题：

(1) 各专业设计工作有先后次序关系，如建筑学、结构工程设计方案在前，后面为各配套专业设计和工程管理专业设计。在具体的方案设计中，后续专业的设计工作需要依据前导专业的设计方案。这样在时间上存在矛盾，后续专业设计的时间就很紧张，会出现前松后紧的现象，后期需要大量加班。当然，在多专业联合毕业设计中，也可以提前（如第7学期）进行毕业设计组织构建，布置任务，不要等到最后一学期。

(2) 不同专业的毕业设计可能使用不同的专业设计应用软件，在不同软件交互使用时存在接口问题，会有信息丢失，需要大量的处理障碍的工作。

(3) 各专业学生的软件应用水平参差不齐，会影响进度，需要一个专业知识和软件应用都很好的工程管理专业的学生作为项目经理为大家服务，统领全组工作。

(4) 对教师的要求很高，需要双师型教师，同时需要教师投入大量时间和精力。许多学校的实践证明，要使团队联合毕业设计有好的培养效果，需要一批有奉献精神和牺牲精神的教师去做这件事，这是最重要的！

虽然，团队联合毕业设计还有很多问题和矛盾，但它符合工程师（相关专业工程师、建造师、咨询工程师、造价工程师等）的培养目标，且与工程实践要求一致，对学生能力训练的效果提升非常显著，应该积极推进。有些存在的问题可以通过教学研究、制度设置，以及程序和方法的设计逐步解决。

附件1：单位工程施工组织设计指导书

1. 毕业设计的目的与要求

(1) 目的

施工组织设计是工程实施者对项目施工过程的具体安排和设计，目的是为了使项目的工期、质量、成本、安全和HSE等达到预期目标。

施工组织设计是综合设计文件，主要设计方案包括施工范围确定和分解、施工方案设计、进度计划设计、资源计划设计，以及进度、质量、成本、安全、环境等施工管理方案设计。

学生在设计过程中，要综合应用“工程项目管理”“土木工程合同管理”“工程结构”“工程施工”等多门课程知识，从施工项目设计基础资料收集，到运用多种管理和技术设计方法，最终提交综合性设计文件，进行系统的专业能力训练。

(2) 总体要求

1) 施工管理目标清晰，掌握设计基础资料的获取途径，有进行招标文件和合同条件分析的能力，熟悉设计内容之间的逻辑关系和设计过程，有进行设计工作计划安排的能力。

2) 通过阅读图纸，熟悉施工工程的结构和构造，熟悉施工方案和流程。

3) 掌握施工范围分解、施工工程量计算、网络计划编制、资源计划编制、施工项目组织设计、施工现场平面布置等的设计方法和流程。

4) 熟练使用施工组织设计相关标准规范和定额等。

5) 定期进行讨论和检查，各阶段应有明确的中间成果和能力实现要求。

6）毕业设计撰写必须符合规范化要求，达到“行文规范、表述准确、附件齐全、印制美观”的要求。在取得指导教师审阅定稿后，方可进行打印、装订。未达到规范要求，不能参加答辩。

2. 设计基础资料和限制（假设）条件

（1）招标文件，包括投标人须知、施工合同条件、施工图纸和工程量清单。设计所需要的其他资料由学生自己收集。

（2）对施工组织设计内容有重大影响的“假设条件”，如：

1）企业确定的项目实施策略和工程实施方式。

2）项目目标的优先级。

3）如果选择进度计划作为深化设计专项，则可以假设主体结构（或基础工程）施工经过冬雨期。

4）如果选择平面布置作为深化设计专项，则可以假设现场位于市中心，周围有高楼，临时用地受限。

5）企业的资源条件限制，如机械设备、劳务人员最高数量等。

这些对施工项目的实施和管理方案设计有重大影响。

3. 设计成果

（1）设计总说明

1）项目背景。说明项目的建设目的、资金来源、建设规模、建成用途等。

2）工程概况。其包括：

① 工程项目主要情况：工程名称、性质、地理位置和业主的主要合同关系，以及各专业工程概况，包括建筑工程、结构工程、机电及设备安装工程和环境工程等。

② 主要施工条件：工程所在地气象、地形和水文地质、地上地下管线及邻近建/构筑物、道路交通、水电情况等。

③ 工程承包范围，对项目施工的重点和难点进行简要分析。

对学生的要求：通过阅读招标文件、图纸，做现场环境调查等，学生要能够清晰地描述工程概况、工程的特殊性、施工条件，施工工程的结构、构造、现场基本情况等。

3）设计目标。根据招标文件要求，确定主要实物工程量、工期、质量、成本、安全、环境、健康等目标，目标的优先级以及工程总的指导思想等。此外，还可能包括装配化率、智慧工地覆盖率等。

对学生的要求：分析这些目标的来源（招标文件要求、施工企业对本项目的要求）、优先级、存在的矛盾、实现的困难及原因等。

4）设计依据。

① 标准规范类，包括《建筑施工组织设计规范》GB/T 50502—2009、《建设工程项目管理规范》GB/T 50326—2017、《建设工程施工合同（示范文本）》GF—2017—0201、《建设工程工程量清单计价规范》GB 50500—2013、《房屋建筑与装饰工程工程量计算规范》GB 500854—2013、《建筑安装工程工期定额》TY01—89—2016、本省建筑与装饰工程计价定额、本省建设工程费用定额、本省施工机械台班定额、本省施工机械台班单价表、《建筑工程施工发包与承包计价管理办法》《中华人民共和国招标投标法》《建筑工程建筑面积计算规范》GB/T 50353—2013、《建筑工程施工质量验收统一标准》GB 50300—

2013、《危险性较大的分部分项工程安全管理规定》、国家建筑标准设计图集（22G101-1、22G101-2、22G101-3 等）、相关的工程建设标准图集等。

② 业主的施工招标文件以及其他文件，如建设项目管理规划、项目手册。

③ 环境条件，如地形地貌、地质、水文及气象条件、生态环境等。

④ 与工程有关的资源供应情况，如资金、劳动力、设备、材料等的市场供应情况或企业供应能力。

⑤ 施工企业的生产能力、机具设备状况、技术水平等。

⑥ 其他，如类似工程施工组织设计案例、施工企业的工程管理体系文件等。

对学生的要求：

① 阅读 8.3.1，进行招标文件、合同条件分析，并分类列出对设计有影响的内容。

② 浏览本项目涉及的标准，了解它们在施工组织设计的具体作用。

③ 对照 8.3.2 中环境调查需要关注的重点，结合项目实际情况，列出需要重点关注和应对的环境条件。如缺乏相关资料，也可根据项目特点提出一些情况假设。

④ 环境、市场、企业能力因素的分析，要用表格的形式列出因素影响表，在此基础上确定施工项目的实施策略，并识别项目施工风险。

5）设计内容和过程。

① 设计内容。结合设计资料和指导教师要求，确定本毕业设计的内容。

② 设计过程。

对学生的要求：参照图 8-1，结合工程背景和设计任务，绘制毕业设计工作流程图。

6）使用的技术方法。

① 工程范围管理和工作结构分解方法（WBS）（参照 8.3.4）。

② 施工流程分析和设计技术，用来确定工作活动、分析工作活动之间的逻辑关系。

③ 网络计划和分析技术，用来进行工作进度计划设计。

④ 组织结构图和职能矩阵，其是进行项目管理组织结构和人员职责设计的工具。

⑤ PDCA 循环，用于进行施工管理和控制方案设计。

⑥ 工程结构计算方法，对于临时设施施工方案的设计和校核。

⑦ BIM 技术和信息技术。

⑧ 其他方法，如调研、访谈、头脑风暴等，用于施工条件、重难点分析等。

7）设计成果综述和文件目录。按照招标文件、施工合同，参照《建筑施工组织设计规范》GB/T 50502—2009，罗列施工组织设计内容。

对学生的要求：熟悉施工组织设计的主要内容，了解编制依据、所用的方法和工具、内容的相关性等，对整个设计内容有总体把握。

（2）设计成果文件

基于施工组织设计内容和过程图，应用相应的技术方法，进行相关方案设计。

1）主要施工方案和施工部署。

① 按照《建筑工程施工质量验收统一标准》GB 50300—2013 中分部分项工程的划分原则，对主要分部分项工程制定施工方案。

② 施工组织机构及人员分工、岗位职责。

③ 施工技术等方面的重点和难点分析。

2）施工进度计划。

① 主要施工内容及进度安排、施工流水段的划分（按地基基础、主体结构、装饰装修和机电安装划分等）。

② 网络计划图（优先采用单代号）、横道图。

3）施工准备与资源配置计划。其应包括劳动力配置计划、主要材料和设备计划、主要周转材料和施工机具计划等。

4）施工现场平面布置图。

5）HSE 管理计划。

6）职能管理计划。

7）其他项目管理方案。如水土保持、季节性施工、住宅质量通病防治、工程创优（质量、安全、绿色等）、成品保护、保修服务或相关单位配合（选做）等。

（3）可选深化设计文件

这部分是针对上述设计成果中特定内容进行支撑性质的专项设计或专题研究。

1）招标文件分析和施工合同评审（包括合同风险分析）。要求完成如下工作：

① 阅读招标文件，列出施工管理目标和施工重难点分析，完成招标文件分析表(表 11-3)。

招标文件分析表 表 11-3

主题	内容
管理目标分析	质量目标、工期目标、合同价格（预估）、HSE 目标等
评标条件（技术标）	施工方案及质量、进度等的保证措施要求 安全文明施工、环保等方面的措施要求 新技术、新材料的应用 智慧工地或 BIM 技术应用等
技术说明（图纸、技术规范等）分析	工程范围 工程自然条件（地形地貌、工程地质条件、水文地质条件、车辆基地及周围和地下管线情况） 取土、弃土场和土方运输的要求 文明施工、噪声、灰尘、垃圾清运等要求
合同条件分析	合同类型、计量、工程进度款支付、竣工结算等条件 履约担保数额和方式 工程量清单错误的修正情形和方式 暂估价项目 预付款（如有）的发放和返还方式、时间等 安全文明费支付条件、比例和时间等 不可抗力或施工风险的责任分担 工期延误、质量事故、安全事故等的惩罚条款 奖励条款 永久性、临时设施和配套工程的设计范围 业主提供现场条件，如无障碍现场、施工临时用地、供电、供水、交通条件等 需要为业主的项目管理人员提供办公场所或办公设备等 有关进度、质量、健康、安全和环境管理的责任及相应的程序性规定 工程照管、成品、半成品保护要求 对施工现场地下管线和邻近建筑物、构筑物、古树名木的保护要求等

② 阅读图纸和调查工地人员，分析环境和地质条件，列出环境条件分析表(表 11-4)。

环境条件分析表 表 11-4

主题	分析内容
气候和气象状况	雨雪量及其持续时间，恶劣的气候情况、气温、冻害、台风风向等
工程地质与水文地质	地质条件、地下水位、地下水类型、不良地质等
周边环境	周围构筑物，相邻地上、地下建/构筑物情况、地下管线、周边道路等 取土、弃土坑、垃圾填埋或处理地点 周边的供应（水、电、建材、通信）和排水排污条件 可能影响现场布置、二次搬运、安全保护措施的场地条件
施工条件及交通情况	施工场地布置限制条件，需要拆除的构筑物、园林绿化、拟建的围挡设施，通往现场的道路，周边交通通行等
材料供应	资源获得的可能性和渠道，如建筑材料、设备的供应、运输方式和价格等

③ 建设项目的合同体系和主要合同关系分析，包括业主的主要合同关系及与施工合同相关的其他合同（如监理合同、设计合同、供应合同、咨询合同等）。

④ 施工项目风险分析。按照一定的管理目标建立风险识别体系（RBS)，并结合一定的调查和访谈方法建立工程项目的风险清单，同时提出可能的应对策略。风险识别和分析表格可按表 11-5 建立。

施工项目风险识别和分析表 表 11-5

风险类别	风险名称	风险描述	可采取的应对措施
投标和合同风险			
技术风险			
质量风险			
安全风险			
进度风险			
成本风险			
环保风险			
人员健康风险			
其他风险			

对学生的要求：要求学生根据工程项目实际资料进行分析和调查，如果资料不全，可在指导教师的指导下参考同类工程的施工组织设计，进行假设，将工程项目放到实际情境中，根据限制条件进行设计，这符合实际工程的实际过程，也符合管理设计的特点。

2）施工项目范围确定。依照招标文件、工程图纸和工程量清单等资料，确定工程范围，并进行 WBS 分解，单位工程应按照《建筑工程施工质量验收统一标准》GB 50300—2013 中分部分项工程划分方法进行划分，分解到施工工序，满足施工工程量计算和进度计划编制的要求。

对学生的要求：要求学生熟悉相关标准设计图集，按照 11.4 中设计条件分析的要求阅读图纸、工程说明等其他工程文件，形成工程系统和工程实施过程的概念，在此基础上结合 GB 50300—2013 进行 WBS 分解。要求分解到施工工序，可使学生在工作任务分解过程中全面熟悉各分项工作的施工方案和施工过程。

3）施工工程量计算。在工程量清单的基础上，计算施工工程量。

① 依据工程量清单计价和计量规范，手工编制施工工程量清单。

② 进行工程量清单计算机建模计算（BIM 应用技能训练），学习有关造价软件，建模并机算工程量清单，与手工计算书校核。

对学生的要求：要求根据工程量计量规范，熟练掌握工程量计算规则和方法，完成手工工程量计算书，并能应用 BIM 造价软件进行建模和计算工程量。

4）施工进度计划。

① 调研一般施工任务的劳动力、设备等资源配置情况。

② 依照施工工程量和工期定额，计算各分项工程持续时间，要求有计算书。

③按照施工工作之间的逻辑关系，绘制单代号网络进度计划，要求采用软件绘制。

④横道图计划（网络计划软件输出）。

⑤工程资源计划。依据施工方案的劳动力、设备、材料等需求，在进度计划的基础上结合相关定额进行劳动力计划、资金计划、材料设备计划的编制。

对学生的要求：要求学生熟练掌握工期定额手册，调查了解劳动力和设备在施工中的配置情况，掌握工程持续时间的计算方法，熟悉施工工艺流程，并能进行工作任务的逻辑关系分析，掌握手工和软件进行单代号网络计划的计算和绘制方法。

5）项目管理组织设计。

① 根据项目管理目标分析管理任务。

② 根据项目管理目标和工程规模选择合适的项目组织形式，并进行组织结构形式比较分析。

③ 按照第 4 章工程管理系统设计原理，进行施工项目经理部组织设计。

④ 项目管理人员及职责设计。

对学生的要求：要求学生在阅读第 3 章的基础上，结合项目管理目标、规模和特点，选择合适的组织结构形式；并结合第 4 章的内容，完成工程项目管理组织设计。

6）职能管理计划。

① 选择质量、工期、成本、安全、绿色工地（HSE）管理职能中的一项或多项，进行职能管理计划编制。

② 在明确项目职能管理目标的基础上进行职能管理组织设计，并进行管理任务分解。

③ 建立职能管理体系，按照组织设计方法进行职能管理组织机构设计，并绘制职能责任矩阵图。

④职能管理方案设计。针对职能管理的难点重点，设计技术、管理、组织等方案，按照 PDCA 控制理论绘制职能管理工作流图。

对学生的要求：掌握 PDCA 控制原理，熟悉第 3 章工程组织设计原理和第 4 章工程管理系统设计原理，能根据职能管理特点设计职能管理组织，并熟悉流程设计方法，能进行职能管理工作流程和制度设计。

7）临时设施计算书。选择深基坑支护、脚手架工程、临时用电工程、临时用水工程或临时消防工程中的一种方案，进行结构计算和校核。下面以深基坑支护方案为例，简要介绍计算书内容。

① 设计依据。

A. 相关规范和参考文献，包括建筑结构荷载规范、建筑基坑支护技术规程、混凝土结构设计规范、建筑地基基础设计规范等技术规范，以及《土力学》《基坑工程》《简明深基坑工程设计施工手册》等参考文献。

B. 设计资料，包括工程概况资料、工程地质条件和水文地质情况方面的资料。

② 设计内容、方法和设计计算书。其包括支护方案选型、排桩设计计算、支撑结构设计计算、基坑稳定性验算等内容。

这方面作为可选深化设计，与附件2作为独立专项设计的内容相似，但设计范围和难度都可以小些。

对学生的要求：要求学生熟悉技术标准，了解结构计算参数的选取，熟悉结构计算和校核的公式与方法。

附件2：工程项目施工组织设计——深基坑支护方案设计任务书

1. 目的与要求

(1) 目的

深基坑支护是保障地下结构施工及基坑周边环境安全的常见措施，深基坑支护方案设计是对工程项目施工与组织设计课堂教学的补充和深化，通过设计让学生加深对基坑施工安全理论的理解和运用，进而提高和培养学生分析、解决工程实际问题的能力，为以后从事相关工作奠定坚实的基础。

(2) 总体要求

1) 学生在分析教师提供的相关设计资料和相关文献资料的基础上，结合当地的气候条件、地质条件、水文条件以及给定的周边环境条件，拟定深基坑支护的初步方案，通过支护结构的受力分析，进行支护结构体系设计，包括构件尺寸、混凝土等级和配筋等，并对基坑稳定性进行验算。

2) 对支护方案进行成本测算和可靠度评价，以便选择满足安全要求的最优成本方案。

3) 对深基坑支护提出风险管控方案，包括风险识别、评估和应对等。

4) 学生在教师指导下要独立完成毕业设计规定的任务，严肃认真，实事求是，通过毕业设计提高自身的业务能力，不得弄虚作假，不得抄袭和拷贝别人的工作内容。

5) 学生定期主动向指导教师汇报毕业设计工作的进展情况，接受指导。

6) 毕业设计撰写必须符合规范化要求，达到"行文规范、表述准确、附件齐全、印制美观"的要求。在取得指导教师审阅定稿后，方可进行打印、装订。未达到规范要求，不能参加答辩。

2. 设计基础资料和限制（假设）条件

(1) 基础资料

1) 工程概况资料。其主要包括工程规模、结构形式、建筑总平面图、结构施工说明、基础设计图等。

2) 工程地质条件。提供工程地质勘查报告，包括基坑开挖影响范围内的土层分布情况及物理力学指标。

3) 水文地质情况。由于水位受气候及季节变化影响，指导教师需给出地下水位埋深和季节变化导致的大气降水情况。

(2) 限制(假设)条件

1) 本次设计重点考察"钢筋混凝土钻孔灌注桩为围护体系和钢筋混凝土梁为水平支撑体系"的深基坑支护方案设计。

2) 钻孔灌注桩、混凝土内支撑等围护结构均采用线弹性本构模型。

3) 不考虑基坑开挖过程中引起的各土层弹性模量的变化。

4) 不考虑施工过程中的风荷载、雪荷载以及一些临时荷载对基坑开挖的影响。

5) 基坑周围建筑物的荷载以及施工过程中产生的施工荷载均简化为均布荷载。

3. 设计成果

(1) 设计总说明

1) 工程概况。其主要包括工程结构、工程地质和水文地质等。

2) 设计目标。根据设计任务书要求,结合工程实际确定深基坑支护体系的安全和成本目标。

3) 设计依据。

① 标准规范类,包括《建筑结构荷载规范》GB 50009—2012、《建筑基坑支护技术规程》JGJ 120—2012、《混凝土结构设计规范》GB 50010—2010、《建筑基坑工程监测技术标准》GB 50497—2019、《建筑地基基础设计规范》GB 50007—2011、《钢结构设计标准》GB 50017—2017、《江苏省建设工程费用定额》(2014年)、《江苏省建筑与装饰工程计价定额》(2014版)《建筑安装工程工期定额》TY01—89—2016、《建筑工程施工质量验收统一标准》GB 50300—2013、《危险性较大的分部分项工程安全管理规定》等。

② 工程合同,主要指有关本工程±0.000以下工程施工的合同要求。

③ 环境条件,如地形地貌、地质、水文及气象条件、生态环境等。

④ 与工程有关的资源供应情况,如资金、劳动力、设备、材料等的市场供应情况或企业供应能力。

⑤ 其他参考文献,如《简明深基坑工程设计施工手册》《建筑工程设计施工详细图集——基坑支护工程》《土力学》《基坑工程》等。

4) 设计内容和过程。

① 设计内容,包括支护方案选择、荷载分析、结构计算、稳定性验算、成本测算、风险管控方案制定等。

② 设计过程,主要包括支护方案选型、排桩设计计算(含土压力计算,桩长确定和桩截面尺寸、混凝土等级确定及配筋计算)、支撑结构设计计算、基坑稳定性验算、支护方案实施成本测算、深基坑支护风险管控方案等。分析设计工作的先后逻辑关系,绘制工作流程图。

5) 使用的技术方法。

第一步,支护方案选型。根据给出的工程相关资料,充分考虑周边地层条件和周围环境条件,选择技术上可行、经济上合理的支护方案。

第二步,排桩设计计算。

① 土压力计算。首先根据本工程的地质资料,取各土层的设计计算参数;其次,按照库伦土压力计算理论或朗肯土压力计算理论,计算主/被动土压力。

② 基坑支护结构计算。其主要有静力平衡法、布鲁姆法、有限单元法、等值梁法以及支撑逐层开挖支承力不变法等，学生和指导教师共同商量选择具体计算方法。

首先，桩长确定。通过确定弯矩零点位置至基坑地面距离、弯矩零点位置以上各土层土压力合力及作用点距离，计算支撑轴力，最终计算桩长。

其次，桩截面尺寸、混凝土等级确定及配筋计算。初选桩截面尺寸和混凝土等级，计算支撑点与反弯点间最大弯矩和反弯点以下最大弯矩以及桩顶位移，根据强度和允许变形准则进行排桩配筋计算。

第三步，支撑结构设计计算。初选水平支撑梁截面尺寸和混凝土等级，计算支撑轴力、支撑弯矩和偏心距，进行支撑梁配筋计算。

第四步，基坑稳定性验算。此部分包括整体稳定性验算、抗倾覆稳定性验算、抗隆起验算和抗管涌验算。

第五步，支护成本计算。采用资源消耗测算法和市场价格调查法进行计算。根据拟定支护方案，分析计算实施该支护方案的人工、材料和机械费用，以及相应的管理费。

第六步，深基坑支护风险管控。运用相关风险管理理论方法进行分析。针对拟定支护方案，进行风险识别、风险估计与评价，制定风险预防和应急管理方案，重点考察“基坑监测方案制定”。

6）设计成果综述和文件目录。

① 成果综述。围绕“支护系统设计”“支护成本测算”和“风险管控（基坑监测）”三部分内容来综述设计成果。

② 文件目录。展示本次设计成果目录。

（2）主要设计成果

主要设计成果包括以下几部分内容：

1）撰写支护系统设计计算书。设计计算书主要包括资料分析（工程结构、设计规范标准、工程地质和水文地质等）、支护方案比选、选定方案设计计算和验算过程等。

2）绘制支护设计图。其包括基坑支护平面布置图、剖面图以及配筋图等。

3）支护方案成本计算书。其包括人工、材料和机械的数量和单价，以及管理费测算等。

4）深基坑支护风险管控方案。其包括风险识别方法、识别过程及风险清单，风险估计与评价过程结果，以及风险预防和应急管理方案，含基坑监测方案制定。

复习思考题

1. 如何以项目管理方法管理毕业设计过程?
2. 对相关的选题，如何进行“可选深化设计”?
3. 在多专业团队联合毕业设计中，如何更好地发挥工程管理专业的带头作用?

参 考 文 献

[1] 高等学校工程管理和工程造价学科专业指导委员会．高等学校工程管理本科指导性专业规范[M]．北京：中国建筑工业出版社，2015．

[2] 曹双寅，舒赣平，冯健，等．工程结构设计原理[M]．4版．南京：东南大学出版社，2018.

[3] 王旭育，刘忠辉．工程管理专业本科课程体系与教学体系国际比较与发展研究[M]．上海：同济大学出版社，2019.

[4] 贾士军．房地产项目策划[M].2版．北京：高等教育出版社，2011.

[5] 中华人民共和国住房和城乡建设部．工程网络计划技术规程 JGJ/T 121—2015[S]．北京：中国建筑工业出版社，2015.

[6] 成虎，陈群．工程项目管理[M]．4版．北京：中国建筑工业出版社，2016.

[7] 成虎．工程全寿命期管理[M]．北京：中国建筑工业出版社，2011.

[8] 佘健俊，成虎，苏振民．大型建设项目管理流程控制研究[J]．建筑管理现代化，2007(3)：9-12.

[9] 佘健俊，杜存坡，陈贞柒．基于BIM的工业化协同建造管理流程再造研究[J]．建筑经济，2017(7)：40-43.

[10] 佘健俊，苏振民．大型建设项目管理流程集成研究[J]．建筑经济，2007(11)：5-8.

[11] 佘健俊，成虎，蒋黎晅．工程系统分解结构(EBS)及其应用方法研究[J]．建筑经济，2013(10)：35-39.

[12] 佘健俊，成虎，陈俞蒙．核电工程项目管理流程体系设计研究[J]．建筑经济，2014(9)：27-30.

[13] 佘健俊．建筑工程施工技术与管理[M]．南京：河海大学出版社，2014.

[14] 中华人民共和国国家市场监督管理总局，中华人民共和国国家标准化管理委员会．项目管理指南 GB/T 37507—2019[S]．北京：中国标准出版社，2019.

[15] 中华人民共和国住房和城乡建设部．建设工程项目管理规范 GB/T 50326—2017[S]．北京：中国建筑工业出版社，2017.

[16] 国家技术监督局．信息处理—数据流程图、程序流程图、系统流程图、程序网络图和系统资源图的文件编制符号及约定 GB 1526—89[S]．北京：中国标准出版社，1989.

[17] 陆彦．工程项目组织理论[M]．南京：东南大学出版社，2014.

[18] 李泽红，孟静．建设工程委托代理制度研究[J]．各界，2018(16)：171-172.

[19] 乐云，等．工程项目前期策划[M]．北京：中国建筑工业出版社，2011.

[20] 高华，李丽红，段继效．项目可行性研究与评估[M]．第2版．北京：机械工业出版社，2019.

[21] 张毅．工程项目建设程序[M]．北京：中国建筑工业出版社，2018.

[22] 丛培经．工程项目管理[M].5版．北京：中国建筑工业出版社，2021.

[23] 王卓甫，杨高升．工程项目管理：原理与案例[M]．北京：中国水利水电出版社，2021.

[24] 孙宗虎，罗辉．绩效考核量化管理全案[M]．北京：人民邮电出版社，2012.

[25] 国家发展改革委，建设部．建设项目经济评价方法与参数[M].3版．北京：中国计划出版社，2006.

[26] 叶苏东．项目融资[M]．北京：北京交通大学出版社，2010.

[27] 财政部政府和社会资本合作中心．北京市兴延高速公路(项目)[EB/OL]. https：//www.cpppc.org：8082/inforpublic/homepage.html＃/projectDetail/0ebb60d257c84831b4ce6f1dacd96d64.

[28] 财政部．关于印发《PPP物有所值评价指引(试行)》的通知[EB/OL]．(2015-12-29)[2022-09-30].

http：//jrs. mof. gov. cn/zhengcefabu/201512/t20151228 _ 1634669. htm.
[29] 中华人民共和国住房和城乡建设部，等．建筑施工组织设计规范 GB/T 50502—2009[S]. 北京：中国建筑工业出版社，2009.
[30] 祁顺彬，李永红．建筑施工组织设计[M]. 北京：北京理工大学出版社，2019.
[31] 方洪涛，蒋春平．高层建筑施工[M]. 3 版．北京：北京理工大学出版社，2019.
[32] 宋世军．机电安装工程管理与实务[M]. 北京：中国环境科学出版社，2005.
[33] 张蓓，高琨，郭玉霞．建筑施工技术[M]. 北京：北京理工大学出版社，2020.
[34] 资产管理体系应用指南编写组．资产管理体系应用指南[M]. 北京：企业管理出版社，2016．
[35] 舒印彪，寇伟，栾军．电力企业资产全寿命周期管理体系建设与评价[M]. 北京：中国电力出版社，2017.
[36] 高星林，戴建标，阮明华．港珠澳大桥招标策划与实例分析[M]. 北京：中国计划出版社，2020.
[37] 张琼．经营性高速公路合理收益率研究[J]. 广东公路交通，2014(2)：60-64.
[38] 姜早龙，廖佳洋，等．公路 PPP 项目合理收益的确定及其调整决策研究[J]. 公路工程，2018，43(1)：240-243.